FLUGGESELLSCHAFTEN WELTWEIT

Über 360 Fluggesellschaften werden beschrieben und mit farbigen Abbildungen vorgestellt

B.I. Hengi

Das Ende einer Ära! Die Concorde war über 27 Jahre bei Air France und British Airways im Einsatz . (Foto: Air France)

NARA-Verlag

FLUGGESELLSCHAFTEN WELTWEIT
B.I.Hengi
Herausgeber: Josef Krauthäuser
5. Auflage 2003
ISBN 3-925671-45-5

NARA-Verlag
Postfach 1241
D-85388 Allershausen
Tel.: 08 166 / 85 30
Fax: 08 166 / 85 30

E-Mail: info@nara-verlag.de
http://www.nara-verlag.de

Satz: twenty four designz

Design, Konzept und Layout
© 2003 NARA-Verlag

Printed in China

Fotos Umschlag-Vorderseite:
Josef Krauthäuser
Ken Petersen
Florian Morasch
Frank Schorr

Fotos Umschlag-Rückseite
Daniel Klein
Jan-Alexander Lück

Vorwort zur 5. Auflage

Mit der Neuauflage von FLUGGESELLSCHAFTEN WELTWEIT wird dem Leser wieder ein aktuelles Bild der gesamten Szene vermittelt. Autor und Verlag waren auch bei dieser Neuauflage wieder bemüht, die neuesten Fakten und Veränderungen einzuarbeiten.

Und diese Veränderungen waren in den letzten zwei Jahren so nachhaltig von Ereignissen geprägt, deren Ursprung nicht in der Luftfahrt zu suchen war. Der 11. September 2001 war der bisher schwärzeste Tag für die Zivilluftfahrt. An diesem Tag wurden moderne Verkehrsflugzeuge als tödliche Waffen missbraucht. Die Ereignisse in New York und Washington, als drei Flugzeuge in das World Trade Center und das Pentagon gesteuert wurden, ein weiteres an diesem Tag ebenfalls zum Absturz gebracht wurde, hinterlässt so tiefe Wunden, von denen sich die Luftfahrtindustrie bisher noch nicht erholen konnte.

Milliardenverluste der gesamten Industrie, Konkurse und Zusammenbrüche von vielen bekannten Fluggesellschaften in aller Welt waren die Konsequenz.

Foto: Ken Petersen

Auch die Weltwirtschaftskrise, die Kriege in Afghanistan und im Irak, dazu noch Seuchen wie SARS haben in der heutigen Zeit mehr Einfluss auf Verkehrsabläufe denn noch vor Jahren. Oftmals ist auch Panikmache im Spiel und die Interessenlagen für solche Krisen sind sehr unterschiedlich.

Mehr als 20 Jahre war sie das Prestigeobjekt der französich-britischen Luftfahrtindustrie und von Air France und British Airways. Die Concorde wird wohl nach 2003 für immer (?) ausser Dienst gestellt werden und beendet damit eine Ära der revolutionärsten Entwicklung der zivile Verkehrsluftfahrt.

Ein weiteres Phänonem ist, besonders in Europa, die sogenannten "Billigfluggesellschaften", die das bisher geordnete Bild durcheinander bringen. Allen voran Ryanair, die sich aufmachte Europa für sich zu erobern. Inzwischen gibt es viele Nachahmer und allein in Deutschland so viele, dass in naher Zukunft ein Verdrängungswettbewerb nicht ausgeschlossen werden kann. Alles im Sinne der Verbraucher, die günstige Preise fordern, argumentieren die einen, während die anderen die mangelnde Qualität des Angebotes ablehnen. Wo sind die Grenzen wenn ein Ticket von Köln nach Lissabon 19,90 EUR kostet, der Parkplatz am Flughafen aber bereits teurer ist? Wann wird es die ersten "Billigflughäfen" geben? Die zivile Luftfahrt bleibt in ihrer Entwicklung auch weiterhin spannend.

Allen Freunden und Helfern, die auch am Zustandekommen dieser neuen Auflage mitwirkten, besonders den vielen neuen Fotografen, sei hiermit herzlichst gedankt. Autor und Verlag freuen sich bereits wieder auf die Meinungen, Anregungen und Tipps der Leser.

Allershausen / München / Zürich im Frühjahr 2003

B.I.Hengi

Inhaltsverzeichnis

Foto: Boeing 767-200 N791AX (Josef Krauthäuser / Phoenix)

ABX AIR

Airborne Air Park, 145 Hunter Drive, Wilmington Ohio, 45177 USA
Tel.: 937-3821229 Fax: 937-3823838
E-Mail: mail@abxair.com Web: www.abxair.com

ICAO-Code / IATA-Code	IATA-Nr.	Länderkennung	ICAO-Callsign
ABX (GB)	832	N	Abex

Die Firma Airborne Freight begann Ende der 40'er Jahre mit dem Import von Blumen aus Hawaii. Diese wurden eingeflogen und gelangten vor allem in Kalifornien auf den Markt. Midwest Air Charter aus Elyria, Ohio spezialisierte sich schon in den 70'er Jahren sowohl auf Kurierflüge für Banken als auch für das Frachtunternehmen Airborne Freight Corp. Zum Einsatz kamen Kleinflugzeuge wie Aerstar, Beech 18, Piper Aztec und Lear Jet, zu denen 1978 noch fünf Caravelle erworben wurden. Ein Jahr später übernahm Airborne die Firma und installierte damit eine eigene Flugoperation, die sich Airborne Express nannte. Sie erhielt im April 1980 die FAA-Zulassung und expandierte schnell. Neben den Caravelle wurde als schnelles Turbopropflugzeug die NAMC YS-11 eingeführt. Vom eigenen Flugplatz, dem Wilmington Airpark, wo eine der größten Paketsortieranlagen in den USA angeschlossen ist, bediente man immer mehr Ziele in den USA. DC-9 lösten die Caravelle ab und wurden schnell zu dem am häufigsten eingesetzten Typ. 1983 beförderte man bereits 43000t Fracht. Längere Strecken und größere Mengen an Fracht wurden mit der DC-8 transportiert die ab 1984 zum Einsatz kamen. Das Airbus-Konsortium bot als Ersatz für ältere Flugzeuge die Frachtversion des A300 an. Man entschied sich jedoch für die Boeing 767-200. Hier kamen ab Ende 1997 die ersten umgebauten Passagierflugzeuge zum Einsatz. Für weitere Expansionen bestellte man auch die Frachtversion der Boeing 767. Im März 2003 kaufte DHL die Airborne Express Ground Operation. Das führte zur Teilung von Airborne Express mit der eigenständigen Gesellschaft ABX Air Inc. Der Flugbetrieb von Airborne Express nannte sich so, doch ist dieser nun auch rechtlich selbständig. Durch umfangreiche Verträge übernimmt ABX Air auch weiterhin den Flugbetrieb für DHL und andere Fracht- und Expressanbieter.

Routen

Linienfrachtflüge innerhalb der USA zu mehr als 140 Zielen. Bedient werden neben Kanada auch Ziele in der Karibik

Flotte

30 Boeing 767-200
20 (Boeing)McDonnell Douglas DC-8/61/63/63F
72 (Boeing)McDonnell Douglas DC-9/10/30/40

Foto: Airbus A320-200 VP-BVB (Frank Schorr / Miami)

ACES COLOMBIA

Calle 49, No.50-21 Piso 34, Ed del Cafe, Medellin 6503,
Kolumbien; Tel.: 4-56-053 Fax: 4-2511677
Web: www.avianca.com

ICAO-Code / IATA-Code	IATA-Nr.	Länderkennung	ICAO-Callsign
AES (VX)	137	HK	Aces

Die private Aerolineas Centrales de Colombia -ACES- wurde bereits im August 1971 gegründet und befindet sich im Besitz der Vereinigten Kaffeeanbauer Genossenschaft. Mit Saunders ST-27 begann am 1. Februar 1972 der regionale Flugbetrieb von der Basis Medellin nach Bogota und Manizales. Zu kleineren Airports konnte man ab September 1976 auch mit der De Havilland DHC-6 Twin Otter verkehren. Zum Ausbau des weiteren Streckennetzes benötigte man zudem Strahlflugzeuge. Boeing 727-100 kamen gebraucht von Eastern Air Lines und flogen ab 1981. Die ST-27 konnte bis 1987 eingesetzt und dann von Fokker F27 ersetzt werden. Das Streckennetz umfaßte zu diesem Zeitpunkt über 20 inländische Ziele und wurde weiter ausgebaut. 1991 begann eine umfassende Flottenerneuerung. ATR42 ersetzten nach und nach die F27 und auch die älteren Boeing 727-100 wurden eingetauscht in neuere Baureihen. Mit der Aufnahme einer Linienverbindung nach Miami am 1. Juli 1992 wurde erstmals ein internationales Ziel bedient. Der Aufbau dieser Strecke erforderte weitere Boeing 727-200 Adv., die 1994 und 1995 geleast wurden. ACES wurde von der Postverwaltung zur Beförderung von Briefen und Päckchen eingesetzt, auch bediente man viele Karibik-Ziele mit Charterflügen. Im Rahmen einer Flottenerneuerung kamen die ersten Airbus A320, als Ersatz für Boeing 727 und mit einer revidierten Farbgebung, ab Anfang 1998 zum Einsatz. Zur besseren Effizienz der gesamten kolumbianischen Fluggesellschaften wurde im Mai 2002 Aces Colombia, SAM und Avianca Colombia zur Alianza Summa fusioniert. Die Gesellschaften behalten-vorläufig- noch die bekannten Namen, die Operationen werden jedoch zentral gesteuert. Eine veränderte Farbgebung der Flugzeuge und ein neues Corporate Identity kamen Ende 2002 erstmals zur Anwendung.

Routen

Apartado, Armenia, Bahia Solana, Barrancabermeja, Barranquilla, Bogota, Bucaramanga, Cali, Cartagena, Condoto, Cucuta, Fort Lauderdale, Ipiales, Lima, Manizales, Medellin, Miami, Monteria, Nuqui, Ocana, Otu, Panama City, Puerto Plata, Punta Cana, Quito, San Juan, Santo Domingo

Flotte

10 Airbus A320
4 ATR 42-300
6 ATR 42-500
3 De Havilland DHC-6 Twin Otter

Foto: Airbus A320-200 S5-AAC (Josef Krauthäuser / München)

ADRIA AIRWAYS

Kuzmiceva 7, 61000 Ljubljana, Slowenien
Tel.: 386-13691000 Fax:386-14369720
E-Mail: prc@adria.si Web: www.adria.si

ICAO-Code / IATA-Code	IATA-Nr.	Länderkennung	ICAO-Callsign
ADR (JP)	165	S5	Adria

Im Jahre 1960 kam es zur Gründung von Adria Airways. Den Flugbetrieb begann man im März 1961 mit einer einzelnen DC-6. 1969 wurde die Fluggesellschaft ein Teilbereich der Aktivitäten des Handelshauses Interexport. Der Name lautete künftig Inex Adria Airways. 1970 wurden mit neuen DC-9-32 Flugzeugen die ersten Linienflüge von Ljubljana nach Belgrad durchgeführt. Ab 1985 flog Inex auch erstmals nach München, und zwar im Liniendienst nach Ljubljana. Neben diesen Liniendiensten wurden für verschiedene Reiseveranstalter auch Charterflüge durchgeführt. Mit Ablieferung des ersten Airbus A320 änderte die Gesellschaft im Jahre 1989 die Bemalung ihrer Flugzeuge und übernahm wieder den ursprünglichen Namen. Alle Anteile lagen nun wieder in Händen des Staates. 1992 wurde Adria Flagcarrier des selbständigen Staates Slowenien, nachdem es sich von Jugoslawien gelöst hatte. Eine Teilprivatisierung der Gesellschaft erfolgte 1996 und die ersten Canadair Regionaljets kamen zum Einsatz. Die Flotte wurde auf den geringeren Bedarf optimiert, wobei die DC-9 und Dash 7 ausgemustert wurden. Auch das Streckennetz wurde komplett überarbeitet. Nach Jahren eines Konfrontationskurses änderten sich nach dem politischen Umschwung auch die Beziehungen mit Serbien und führten im Dezember 2002 zur Aufnahme von Direktflügen zwischen Belgrad und Ljubljana. Wichtigstes Ziel im europäischen Ausland ist aber Frankfurt, wozu auch die enge Kooperation und Partnerschaft mit Lufthansa beiträgt.

Routen

Amsterdam, Belgrad, Brüssel, Dubrovnik, Frankfurt, Istanbul, Kopenhagen, Ljubljana, London-Gatwick, Moskau, München, Ohrid, Paris, Podgorica, Pristina, Sarajewo, Skopje, Split, Wien und Zürich im Liniendienst, Charterflüge von vielen europäischen Flughäfen zu Zielen in Kroatien und Slowenien, dazu kommen noch spezielle Gastarbeiterflüge.

Flotte

3 Airbus A320
4 (Bombardier) Canadair Regional Jet

Foto: Avro RJ 100 SX-DVD (Stefan Schlick / Korfu)

AEGEAN AIRLINES

572 Vorliagmenis Avenue 16451 Athen, Griechenland
Tel.: (210) 9988350
E-Mail: wwwcontac@aegeanair.com Web:www.aegeanair.com

ICAO-Code / IATA-Code	IATA-Nr.	Länderkennung	ICAO-Callsign
AEE (A3)	-	SX	Aegean

1987 gründeten Antonius und Nikolaos Simigdalas die Firma Aegean Aviation. Als erste private Gesellschaft erhielt Aegean Aviation 1992 das Air Operators Certificate der griechischen Luftfahrtbehörde und konnte nun ohne Einschränkungen mit zwei Learjets Charterflüge weltweit anbieten. Neue Investoren, darunter die Vassilakis Gruppe, führten im März des Jahres Jahres 1999 zur Gründung von Aegean Airlines. Zwei fabrikneue Avro RJ 100 wurden ab Mai des Gründungsjahres zu Zielen innerhalb Griechenlands eingesetzt. Basis und Heimatflughafen war Athen-Hellenikon und nach dem Umzug 2001 der neue Flughafen Eleftherios Venizelos. Bereits im ersten Jahr wurde das Liniennetz durch neue Destinationen erweitert und so ergänzt ein dritter Avro-Jet die Flotte. Die lokale Air Greece, mit einer Flotte von drei ATR-72 und einer Fokker 100, wurde noch im Dezember 1999 übernommen. Damit expandierte Aegean Airlines dermaßen schnell, dass bereits 10 Ziele auf den griechischen Inseln und dem Festland bedient wurden, wobei der Anteil an Fluggästen stets zunahm und Aegean Airlines somit eine Konkurrenz zur staatlich subventionierten Olympic Airways wurde. Mit der 1994 gegründeten Cronus Airlines fusionierte Aegean Airlines im März 2001. Cronus Airlines war mit einigen Boeing 737 als Linien- und Chartergesellschaft aktiv und hatte den Schwerpunkt auf europäische Ziele -besonders auf Deutschland- gesetzt. Mit der Übernahme erhielten die Flugzeuge für einige Zeit Doppeltitel "Cronus Aegean", seit 2002 wird aber nur noch der Name Aegean Airlines verwendet. Neben den Linienflügen kommen einige der Flugzeuge auch zu Charterflügen für einige Reiseveranstalter ganzjährig zum Einsatz. Die Vereinheitlichung der Flotte auf die Boeing 737 ist langfristig geplant.

Routen

Athen, Alexandroupolis, Chania, Düsseldorf, Frankfurt, Heraklion, Ioannina, Kavala, Köln, Korfu, München, Mykonos, Mytilini, Rhodos, Rom, Stuttgart, Thessaloniki

Flotte

3 ATR-72
6 AVRO RJ 100
4 Boeing 737-300
4 Boeing 737-400

Foto: Boeing 737-300 F-GNFD (Albert Kuhbandner / Salzburg)

AERIS

1-BP 44, 31702 Blagnac, Frankreich
Tel.: +33561167600 Fax: +335561167699
Web: www.aeris.fr

ICAO-Code / IATA-Code	IATA-Nr.	Länderkennung	ICAO-Callsign
AIS (SH)	-	F	France Charter

1990 als Air Toulouse gegründet, erlebte die Gesellschaft einige Jahre wechselvoller Geschichte. Mit zwei SE.210 Caravelle startete Air Toulouse im Gründungsjahr eine regelmässige Verbindung zwischen London-Gatwick und Bristol nach Toulouse. Bereits nach knapp einem Jahr Flugbetrieb wurde dieser eingestellt und Air Toulouse stellte Konkursantrag. Neue Investoren ermöglichten einen Wiederbeginn als Air Toulouse International. Wieder waren es Caravelle Jets, die zum Einsatz kamen. 1993 erhielt Air Toulouse eine erste Boeing 737-200. Neben Charterflügen war man auch im Linieneinsatz tätig. Die Caravelle konnte 1997 ausgemustert werden, nachdem 1995 und 1996 weitere Boeing 737-200 beschafft wurden. Zahlreiche Veränderungen im Managementbereich der Gesellschaft brachten immer wieder neue Anteilseigner und neue Strukturen. Mit dem Einstieg der Aeris Gruppe im Sommer 1999, diese wurde von Banken und einer Investmentgesellschaft unterstützt, gab es eine einschneidende Veränderung. Die Linienflüge wurden eingestellt und die alten B-737-200 zugunsten von neueren B 737-300 eingetauscht. Fortan konzentrierte man sich nur noch auf Charterflüge und offerierte die Kapazitäten im europäischen Markt. Darüber hinaus änderte sich auch die Bemalung der Flugzeuge und der Name Aeris wurde eingeführt. Man profitierte ebenso von der Betriebseinstellung der Aero Lyon und übernahm für diese ab Sommer 2002 einige Fernstrecken. Das dazu benötigte Fluggerät wurde mit einer Boeing 767-300 geleast. Eine weitere B-767-300 folgte noch im selben Jahr. Mit einer eigenen Maintenance am Flughafen Toulouse-Blagnac wird sichergestellt, das die gesamte Flotte stets den Anforderungen an moderne Sicherheitsvorgaben und den Wünschen der zahlreichen Kunden entspricht.

Routen

Agadir, Ancona, Brest, Cancun, Dakar, Djerba, Lyon, Marrakech, Marseille, München, Nantes, Paris-CDG, Puerto Plata, Teneriffa, Toulon, Toulouse

Flotte

5 Boeing 737-300
2 Boeing 767-300

Foto: Airbus A330 EI-SHN (Jan-Alexander Lück / Shannon)

AER LINGUS

P.O.Box 180, Dublin Airport, Irland
Tel.: 1-8862222 Fax: 1-8863832
E-Mail: groups@aerlingus.com Web: www.aerlingus.ie

ICAO-Code / IATA-Code	IATA-Nr.	Länderkennung	ICAO-Callsign
EIN (EI)	053	EI	Shamrock

Am 22. Mai 1936 wurde für den Regional- und Europaverkehr die Aer Lingus Teoranta, sowie 1947 die Aerline Eireann Teoranta für den internationalen Flugverkehr gegründet. Beide Gesellschaften bildeten die im Staatsbesitz befindliche Aer Lingus. Der Flugbetrieb mit einer De Havilland DH 84, von Dublin nach Bristol, wurde am 27. Mai 1936 aufgenommen. Gestartet wurde vom Flugfeld Baldonnel, wo im Jahre 1927 die Ozeanbezwinger Köhl, von Hünefeld und Fitzmaurice zum Erstflug über den Atlantik von Ost nach West starteten. Es folgten bald Flüge nach London, Liverpool und zur Isle of Man. Während des 2. Weltkrieges wurde nur die Strecke Shannon-Dublin-Liverpool mit einer einzelnen DC-3 geflogen. 1947 bedeutete der Kauf von sieben Vickers Viking den Neuanfang und mit der größeren Vickers Viscount flog man zu europäischen Zielen. Diese wurde ab 1965 von BAC 1-11 abgelöst. Lockheed Constellation war das Atlantikflugzeug schlechthin und ab 1958 erfolgten damit Flüge nach New York. Ab 1971 übernahm, nach dem Einsatz von Boeing 707, nunmehr die Boeing 747 diese Strecke. Mitte der 80'er Jahre geriet Aer Lingus in eine schwere Krise, Überkapazitäten mussten abgebaut werden, die notwendige Reorganisation wurde zugleich genutzt, um auch die Flotte zu erneuern. Zum Einsatz kamen Boeing 737-200, für den regionalen Dienst wurden Shorts 360 und Fokker 50 bestellt. Im März 1994 startete erstmals ein neuer Airbus A330 von Irland nach New York. Die Aer Lingus Commuter-Abteilung ersetzte ihre Saab SF 340 Anfang 1995 durch die ersten BAe 146. Im Februar 1996 erschienen die ersten Flugzeuge in einer leicht geänderten farblichen Gestaltung. Auch neue Airbus A321 wurden ab 1999 der Flotte zugeführt, die so stetig verjüngt wurde. Aer Lingus wurde im Jahre 2000 Mitglied der One World Gruppe. In diesem Jahr ergänzte auch der erste Airbus A320 die Flotte. Aer Lingus wurde durch die Airline Krise 2002 besonders schwer getroffen, da der USA Markt einbrach. Nur sehr schwer gelang der Gesellschaft der Weg aus der Krise, da dieser auch von Streiks und Flugeinstellungen begleitet wurde.

Routen

Amsterdam, Barcelona, Birmingham, Boston, Bologna, Brüssel, Chicago, Cork, Dublin, Düsseldorf, Edinburgh, Faro, Frankfurt, Genf, Glasgow, Jersey, Lissabon, London-Heathrow/-Gatwick, Los Angeles, Madrid, Mailand, Malaga, Manchester, München, Nizza, New York, Paris, Prag, Rom, Shannon, Washington und Wien. Darüber hinaus saisonale Charterflüge zu mehr als 15 Zielen in Europa.

Flotte

4 Airbus A320	8 BAe 146-300
6 Airbus A321	5 Boeing 737-400
8 Airbus A330	8 Boeing 737-500

Foto: (Boeing) McDonnell Douglas DC-9-30 XA-TNT (Josef Krauthäuser / Los Angeles LAX)

AERO CALIFORNIA

Aquiles Serdan No. 1995, La Paz, California Sur 23000, Mexiko
Tel.: 112-26655 Fax: 112-53993
Web: www.aerocalifornia.de

ICAO-Code / IATA-Code	IATA-Nr.	Länderkennung	ICAO-Callsign
SER (JR)	078	XA	Aerocalifornia

Die Gesellschaft wurde 1960 gegründet und betätigte sich zunächst als Air Taxi Unternehmen mit einigen Cessna und Beech 18 Flugzeugen. Auch die unverwüstliche DC-3 gehörte bis in die 80'er Jahre hinein zum Flugzeugpark, der auch um eine DC-9-15 ab 1982 erweitert wurde. Aero California war zunächst nur in ihrem unmittelbaren Umfeld, Baja California tätig und flog Charter, aber auch linienmäßig zwischen La Paz, Tijuana und Hermosillo. Die Linienverbindung konnte mit einer Conv-air 340 durchgeführt werden, weitere Strecken addierten sich im Laufe der Jahre hinzu. Erst Ende der 80'er Jahre entschied man sich zu einer vorsichtigen Expansion und kaufte noch weitere DC-9, die die letzten Propeller-Flugzeuge ablösen sollten. Erstmals führte Anfang 1990 auch ein Linienflug nach Los Angeles in die USA. Erst seit 1995 verfügte man über eine reine Jet-Flotte, nachdem die letzten Cessna und eine Beech 18 ausgemustert wurden. Neben Linienflügen bietet Aero California auch Charterdienste in die Touristenzentren des Landes an. Ausserhalb Mexikos wird nur Los Angeles und Tucson in den USA bedient. Mehrere Flüge verbinden Los Angeles täglich mit Zielen in Baja California und anderen Provinzen, sowie die Hauptstadt Mexiko City. Eine enge Zusammenarbeit mit American Airlines besteht bereits seit Jahren. Aero California verfügt über ein eigenes Maintenance Center in La Paz, wo die Kapazitäten auch anderen Gesellschaften angeboten werden.

Routen

Augascalientes, Chihuahua, Ciudad Juarez, Ciudad Obregon, Ciudad Victoria, Colima, Culiacan, Durango, Guadalajara, Hermosillo, La Paz, Leon, Loreto, Los Angeles, Los Mochis, Manzanillo, Matamoros, Mazatlan, Merida, Mexiko City, Monterey, Puebla, Puerto Vallarta, San Jose Cabo, San Luis Potosi, Tampico, Tepic, Tijuana, Torreon, Tucson, Veracruz, Villahermosa

Flotte

11 (Boeing) McDonnell Douglas DC-9-10

11 (Boeing) McDonnell Douglas DC-9-30

Foto: (Boeing) Douglas DC-9-31 XA-ABR (Richard Schmaus / Mexiko-City)

AERO CARIBE

Paseo de Montejo 500-B, 9700 Merida, Yucatan, Mexiko
Tel.: 9249500 Fax: 9281810
Web: www.aerocaribe.com

ICAO-Code / IATA-Code	IATA-Nr.	Länderkennung	ICAO-Callsign
CBE (QA)	723	XA	Aerocaribe

Die touristisch interessante Halbinsel Yucatan war Anfang der 70'er Jahre von der Infrastruktur ausgehend noch nicht so gut ausgebaut wie heute. Es war möglich vom Ausland, oder direkt aus Mexiko-City, nach Merida einzufliegen, die regionalen Zentren waren aber noch nicht entwickelt und die Reisezeiten mit Bus oder Bahn dauerten Stunden. Geschäftsleute aus Merida und der Region gründeten deshalb Aerovias Caribe um einen Regionalverkehr zu organisieren. 1975 startete eine Convair 440 zum ersten Flug nach Uxmal. Weitere regionale Zentren kamen hinzu, ebenso zwei weitere Convair 440. Auch nach Mexiko-City wurde eine Verbindung geschaffen. Als in dieser Zeit auch Cancun touristisch ausgebaut wurde und auch einen Flughafen erhielt, wurde dieser ebenfalls bedient. Aus Aerovias Caribe wurde Ende der 70'er Jahre der heutige Name. Fokker F-27 lösten die CV 440 ab und Ende 1989 bestand die Flotte aus F-27 und FH-227. 1978 wurde Aero Cozumel im gleichnamigen Ort gegründet. Mit BN-2 Islander flog man hauptsächlich zwischen Cancun und Cozumel eine ertragreiche Linie. Die Nachfrage war sehr stark und Fokker F-27 ergänzten die BN-Islander. Beide Gesellschaften flogen zwar getrennt, hatten aber die selben Inhaber. Im Jahre 1990 erwarb Compania Mexicana beide Gesellschaften. Von dieser übernahm Aero Caribe im Dezember 1993 auch eine erste DC-9-15. Als die Cintra Gruppe 1996 Mexicana kaufte und neu organisierte, wurden Aero Caribe und Aero Cozumel Partner im Mexicana Inter Regionalprogramm. 1998 erhielt Aero Caribe einige BAe Jetstream und weitere Douglas Jets . Aero Caribe fliegt zwar unter Mexicana Flugnummer, konnte aber eine relative Eigenständigkeit bewahren. Die Flugzeuge sind in eigenen Farben gehalten.

Routen

Acapulco, Austin, Cancun, Chetumel, Ciudad de Carmen, Cozumel, Escondido, Flores, Havanna, Huatulco, Merida, Mexiko-City, Monterrey, Oaxaca, Palenque, Playa del Carmen, San Christobal, Veracruz

Flotte

5 BAe Jetstream 32
1 Fokker/Fairchild FH-227
5 (Boeing) Douglas DC-9-15/30

Foto: Boeing 767-200 CC-CJP (Thomas Kim / Miami)

AERO CONTINENTE

Jr.Bolgnesi 125, Piso16 Miraflores, Lima, Peru
Tel.: 51-12424260 Fax: 51-13324618
Web: www.aerocontinente.com.pe

ICAO-Code / IATA-Code	IATA-Nr.	Länderkennung	ICAO-Callsign
ACQ (N6)	929	OB	Aero Continente

Aero Continente S.A. wurde am 4. Januar 1992 in Tarapoto von der Familie Gonzales gegründet. Die Regierung des Bezirkes San Martin unterstützte Firmen steuerlich, die sich in der Region etablierten. Zweck war zunächst die Versorgung von Lagern einer staatlichen Ölförderfirma. Diese Lager befanden sich oft in abgelegenen Urwaldgebieten und waren nur aus der Luft zu versorgen. Erstes Flugzeug war eine Boeing 737-200. Mit dieser wurde der Flugbetrieb am 25. Mai 1992 aufgenommen. Nach der Deregulierung des Peruanischen Luftverkehrs Ende 1992 erweiterte Aero Continente den Service und bot erstmals Linienflüge an. Die Flotte wurde mit zwei weiteren B-737 und einer B-727 ergänzt und der Firmensitz in die Hauptstadt Lima verlegt. Hier erfolgt auch in einer eigenen Werft der Unterhalt der Flugzeuge. Die Entwicklung der Gesellschaft verlief positiv und zusätzliche Flugzeuge wurden benötigt. Weitere B-727, eine Fokker F28, Antonov An 24 und auch Lockheed TriStar kamen im Verlauf der Jahre zum Einsatz. Besonders nach dem Zusammenbruch anderer Gesellschaften konnte Aero Continente ihre Dienste ausweiten. So wurde mit einer geleasten B-757 im Jahre 1999 auch Miami bedient. Mit zwei eigenen Boeing 767 konnte Anfang 2000 die B-757 abgelöst werden und man bediente ab diesem Zeitpunkt auch mehr internationale Strecken. In Chile wurde mit Beteiligung regionaler Investoren eine Tochtergesellschaft etabliert.

Routen

Arequipa, Ayacucho, Bogota, Buenos Aires, Cajamarca, Caracas, Chiclayo, Cuzco, Guayaquil, Iquitos, Juliaca, Lima, Miami, Piura, Pucallpa, Quito, Santo Domingo, Santiago, Tacna, Talara, Tarapoto, Trujillo, Tumbes

Flotte

5 Boeing 727
8 Boeing 737-200
2 Boeing 767-200
2 Fokker F2
1 Fokker F27

Foto: Iljuschin IL-96-300 RA-96011 (Martin Kühn / Frankfurt)

AEROFLOT-RUSSIAN AIRLINES

Leningradsky Prospect 37, 125167 Moskau, Rußland
Tel.: 70957529071 Fax: 70957529071
E-Mail: aeroflot@russia.net Web:www.aeroflot.org

ICAO-Code / IATA-Code	IATA-Nr.	Länderkennung	ICAO-Callsign
AFL (SU)	555	RA	Aeroflot

Aeroflot wurde bereits 1923 gegründet und entwickelte sich zur führenden und größten Luftfahrtgesellschaft weltweit. Durch die politischen Entwicklung in der früheren Sowjetunion verlief parallel dazu auch eine veränderte Luftfahrtentwicklung. War Aeroflot bis 1991 dominierend in allen Bereichen der Luftfahrt, so veränderte sich ab diesem Zeitpunkt alles. Die früheren Aeroflot-Direktorate wurden selbständig und etablierten viele eigene Gesellschaften. Auch die neu entstandenen Länder gründeten ebenfalls eigene Gesellschaften und übernahmen ehemalige Aeroflot-Flugzeuge. Erst im Laufe des Jahres 1993 entwickelte sich, eine dem westlichen Verständnis vergleichbare, neue Aeroflot. Diese nennt sich Aeroflot-Russian International Airlines (ARIA). Alle anderen Dienste wurden an eigenständige Gesellschaften deligiert. Übernommen wurde nur ein geringer Teil der ehemaligen Flotte, erstmals leaste man 5 Airbus A310-300. Diese erhielt Aeroflot ab Juli 1992 speziell für Routen nach Japan und Ostasien. Wurden Linienflüge früher oft nach anderen Kriterien durchgeführt, so zählten jetzt in erster Linie die Wirtschaftlichkeit solcher. Das galt auch für die Flugzeuge, hier kamen ab 1996 neben den Airbus A310 auch mehr westliche Typen wie B-737, B-767, B-777 und DC-10 zum Einsatz. 1997 wurde Aeroflot teilprivatisiert, wobei 51 % der Anteile weiterhin beim Staat und weitere bei den rund 15000 Mitarbeitern liegen. Die Flottenstruktur wird laufend angepasst und bis 2005 sollen alle älteren russischen Typen ausgetauscht sein.

Routen

Aeroflot-Russian Airlines fliegt zu etwa 160 Zielen in über 100 Länder in Europa, Nord-und Südamerika, Asien und Afrika und innerhalb Russlands.

Flotte		Bestellt
14 Airbus A 310-300	12 Iljuschin IL-96-300	20 Airbus A320
6 Boeing 767-300ER	3 (Boeing) McDonnell Douglas DC-10-30F	
2 Boeing 777-200ER	12 Tupolev Tu-134	
10 Boeing 737-400	24 Tupolev Tu-154	
8 Iljuschin IL-62M		
12 Iljuschin IL-86		

Foto: Tupolev Tu-154M RA-85640 (Ralf Lücke / Düsseldorf)

AEROFLOT DON

Sholokova Prospekt 272, 344009 Rostov-na-Donu, Russland
Tel.: 8632-525079 Fax: 8632-520567
Web: www.aeroflot.org

ICAO-Code / IATA-Code	IATA-Nr.	Länderkennung	ICAO-Callsign
DNV (D9)	733	RA	Donavia

Nach der Auflösung der ehemaligen Sowjetunion wurde auch die staatliche Aeroflot in viele Einzelgesellschaften aufgeteilt. Aus den meisten ehemaligen Direktoraten der Aeroflot wurden eigenständige Fluggesellschaften. Alle hatten sie einen Nachteil, die ökonomische Veränderung und die Abkehr vom zentralen Dirigismus hin zu einer Art freier Marktwirtschaft. Nur wenige neue Fluggesellschaften in Russland hatten die Kehrtwende des Systems richtig genutzt. Donavia wurde 1993 als Joint Stock Company von den Mitarbeitern des ehemaligen Aeroflot Direktorats in Rostov am Don gegründet. 51% der Anteile halten die Mitarbeiter, den Rest der Staat. Es gelang Donavia, auch in Zusammenarbeit mit der neuen Aeroflot, einen geregelten Linienverkehr zu etablieren. Die Flugzeuge, überwiegend Tu-154 wurden von Aeroflot übernommen. Überwiegend bedient man Strecken innerhalb des Landes, jedoch auch einige internationale Linien. Auch im Fracht- und Charterbereich ist Donavia sehr erfolgreich. Hier überwiegen besonders die Flüge in den Mittleren Osten. Im Jahre 2000 übernahm Aeroflot-Russian Airlines die erfolgreiche Gesellschaft und wählte als neuen Namen Aeroflot Don.

Routen

Chaborowsk, Dubai, Düsseldorf, Ekatarinenburg, Frankfurt, Irkutsk, Istanbul, Krasnojarsk, Moskau, Neryungri, Novy Urengoy, Novosibirsk, Omsk, Rostov, Sharjah, St.Petersburg, Surgut, Tashkent, Tel Aviv, Tyumen, Yerewan, Wladiwostock

Flotte

5 Antonov A-12
7 Tupolev Tu-134
10 Tupolev Tu-154

Foto: Boeing 737-200 LV-JMY (Ken Petersen / Buenos Aires-AEP)

AEROLINEAS ARGENTINAS

Bouchard 547, 1063 Buenos Aires, Argentinien
Tel.: 01-3173000 Fax: 01-3173585
Web: www.aerolineas.com.ar

ICAO-Code / IATA-Code	IATA-Nr.	Länderkennung	ICAO-Callsign
ARG (AR)	044	LV	Argentina

Durch Zusammenschluß von den vier kleineren Gesellschaften AEROPOSTA, ALFA, FAMA und ZONDA entstand im Mai 1949, auf Veranlassung des argentinischen Verkehrsministeriums, Aerolineas Argentinas als neue nationale Fluggesellschaft. Die vier Einzelgesellschaften brachten jeweils Flugzeuge, wie DC-3 und DC-4 ein, die auf Inlandrouten und ab März 1950 auch nach New York zum Einsatz kamen. 1959 kam die Comet 4B auf internationalen Strecken zu ihrem Debüt, bis 1966 die erste von insgesamt zehn Boeing 707 geliefert wurde. Boeing 747-Jumbos wurden erstmals 1976 auf der New York-Strecke und ab 1977 auch nach Europa in Dienst gestellt. Die kleineren Boeing 737 und 727, sowie die Fokker F28 hingegen kamen auf Kurz- und Mittelstrecken zum Einsatz. Anfang der 90'er wurden diese durch MD-80 ergänzt und hinzu kamen kurzfristig drei Airbus A 310 zum Einsatz in die USA. Iberia beteiligte sich 1993 zunächst mit 20% an der Gesellschaft, um dann aber 1995 insgesamt 83% der Anteile in Besitz zu nehmen. Den Rest teilen sich die Mitarbeiter und der Staat. Im Sommer 1996 richtete man in Miami einen Hub ein, von dem mit Boeing 727 Anschlußflüge nach Kanada und die Karibik geflogen werden.1998 verminderte Iberia den Anteil auf 10%, dafür stieg American Airlines mit 8,5 % ein und eine neue Holding wurde geschäftsführend. Airbus A340 wurden 1999 eingeführt um ältere Boeing 747 ausmustern zu können. 2001 begab sich ARG unter Konkursverwaltung. Nach mehrmonatiger Betriebsunterbrechung beteiligte sich die spanische Investmentgruppe Marsan an der maroden Gesellschaft, die aber mit frischem Kapital wieder flog. Austral, die an der Aerolineas mehrheitlich beteiligt war, wurde integriert. In Madrid wurde 2002 ein europäisches Hub eingerichtet.

Routen

Asuncion, Auckland, Bahia Blanca, Bogota, Buenos Aires, Caracas, Catamarca, Comodoro Rivadavia, Cordoba, Corrientes, El Calafate, Esquel, Florianopolis, Formosa, Iguasu, La Paz, Lima, London, Madrid, Mar del Plata, Mendoza, Mexiko-City, Miami, Montevideo, New York, Paris, Porto Alegre, Punta del Este, Rio de Janeiro, Rio Gallegos, Rio Grande, Rom, Santiago, Sao Paulo, Sydney, Tucuman, Ushuaia

Flotte

4 Airbus A340-200
7 Boeing 747-200
20 Boeing 737-200
5 (Boeing) McDonnell Douglas MD-80

Foto: Airbus A320-200 D-ALAA (Stefan Schlick / Arrecife)

AERO LLOYD

Lessingstrasse 7-9, 61440 Oberursel, Deutschland
Tel.: 06171-625347 Fax: 06171-6549
E-Mail: info@aerolloyd.de Web: www.aerolloyd.de

ICAO-Code / IATA-Code	IATA-Nr.	Länderkennung	ICAO-Callsign
AEF (YP)	633	D	Aero Lloyd

Aero Lloyd Flugreisen GmbH ist eine private Fluggesellschaft, die am 20. Dezember 1980 gegründet wurde und im März 1981 den Flugbetrieb mit drei SE 210 Caravelle 10R aufnahm. Der traditionsreiche Name weckt Erinnerungen an die Pionierzeit der zivilen Luftfahrt im Deutschland der 20'er Jahre. Zunächst wurden Charterflüge in die traditionellen Gebiete rund um das Mittelmeer angeboten. Zur Auslastung der Flugzeuge trug auch der Reiseveranstalter Air Charter Market bei, der jahrelang einen Anteil der Gesellschaft hielt. Im Mai, Juni und Juli 1982 wurde jeweils eine DC-9-32 in Dienst gestellt. Eine Phase der Expansion erlebte die Gesellschaft ab 1986, als die ersten MD-80 Flugzeuge eintrafen. Im Laufe der Jahre waren bis zu 22 MD-82/83/87 im Einsatz. Diese sollten auch im planmäßigen Liniendienst zum Einsatz kommen den Aero Lloyd ab Sommerflugplan 1988 aufzog. Neben innerdeutschen Linienflügen wurden auch Strecken nach London, Paris und Zürich angeboten. Aero Lloyd zog sich 1992 aus dem Liniengeschäft zurück, nachdem sich Lufthansa in die Gesellschaft eingekauft hatte. Die letzte DC-9-32 verließ Ende 1993 die Flotte und eine Ausrichtung dieser für die Zukunft wurde durch eine Bestellung bei Airbus in die Wege geleitet. Auch die gesellschaftsrechtlichen Strukturen veränderten sich, die Kapitalmehrheit hält heute eine Bank. Der erste Airbus A320 traf, in einer aktuellen und neuen Farbgebung, im Januar 1996 in Frankfurt ein, hier hat Aero Lloyd ihre Hauptbasis, eine weitere befindet sich am Flughafen München. Die Umstellung auf eine homogene Airbusflotte wurde weiter ausgebaut und erste A 321 kamen 1998, womit bis Ende 2000 der Flottenumbau vollendet wurde. Ab 2003 bedient Aero Lloyd Austria als eigenständige Tochtergesellschaft den österreichischen Markt und startet von Wien, Linz und Salzburg.

Routen

Adana, Agadir, Alicante, Almeria, Ankara, Antalya, Araxos, Arrecife, Bergen, Brindisi, Bodrum, Calvi, Catania, Chania, Dalaman, Dubrovnik, Faro, Fuerteventura, Funchal, Heraklion, Hurghada, Ibiza, Istanbul, Izmir, Jerez, Kairo, Kalamata, Karpathos, Kavala, Kefalonia, Korfu, Kos, Lamezia Terme, Las Palmas, Luxor, Malaga, Malta, Monastir, Murcia, Mykonos, Mytilene, Neapel, Olbia, Palermo, Palma de Mallorca, Paphos, Preveza, Reuss, Reykjavik, Rhodos, Samos, Santorin, Sharm el Sheik, Skiathos, Split, Tel Aviv, Teneriffa, Thessaloniki, Varna, Zakynthos

Flotte

10 Airbus A320-200
10 Airbus A321-200

Foto: (Boeing) McDonnell Douglas MD-83 XA-SXJ (Josef Krauthäuser / Las Vegas)

AEROMEXICO

Paseo de la Reforma 445, 06500 Mexiko-Stadt, Mexiko
Tel.: 1334000 Fax: 1334619
E-Mail: info@aeromexico.com Web:www.aeromexico.com

ICAO-Code / IATA-Code	IATA-Nr.	Länderkennung	ICAO-Callsign
AMX (AM)	139	XA	Aeromexico

Die heutige Aerovias de Mexico, oder Aeromexico ist seit 1. Oktober 1988 tätig, nachdem die Vorgängergesellschaft gleichen Namens, die bereits auf Ursprünge im Jahre 1934 zurückgeht, Anfang 1988 den Bankrott erklärte und den Flugbetrieb einstellen musste. Mit einer sich immer mehr verjüngenden Flotte fand Aeromexico wieder Anschluss an internationale Standards und die Passagierzahlen stiegen stetig. Aeromexico ist an Mexicana beteiligt und erwarb 1990 Servicos Aereos Litoral. Die Gesellschaft befindet sich in privater Hand, wobei 25% der Anteile von der mexikanischen Pilotenvereinigung gehalten wird. Die offenbar permanente Wirtschaftskrise in Mexiko hatte auch auf den Flugbetrieb Auswirkungen. 1995 wurden die Strecken nach Europa eingestellt und alle DC-10 verkauft. Auch im Inland mussten immer wieder unrentable Strecken aufgegeben werden. Eine finanzielle Umstrukturierung brachte aber 1995 die Gesellschaft wieder auf Kurs. Mit Aerocaribe, Aerolitoral und Aeromar, besteht im Rahmen der Beteiligung eine Allianz. Aeromexico ist auch Mitglied im Skyteam. 1998 wurden mit Madrid und Paris auch wieder Flüge nach Europa aufgenommen und die Flotte wurde um einige B-757, B-767 und MD-80 erweitert. Gemeinsam mit Delta Air Lines und Air France betreibt Aeromexico auch ein Frachtzentrum am Flughafen Charles de Gaulle in Paris.

Routen

Acapulco, Aguascalientes, Atlanta, Campeche, Cancun, Chicago, Chihuahua, Ciudad Juarez, Ciudad Obregon, Colima, Culiacan, Dallas/Fort Worth, Durango, El Paso, Guadalajara, Guaymas, Guerro Negro, Hermosilio, Houston, Ixtapa, Las Vegas, La Paz, Leon, Lima, Loreto, Los Angeles, Los Mochis, Madrid, Manzanillo, Matamoros, Mazatlan, Merida, Mexicali, Mexico-City, Miami, Monclovia, Monterrey, Morella, New Orleans, Ontario, Orlando, Paris, Phoenix, Puerto Vallarta, Queretaro, Reynosa, Salt Lake City, San Antonio, San Diego, San Jose Cabo, Santiago, Sao Paulo, Tampico, Tijuana, Tucson, Veracruz, Villahermosa

Flotte

8 Boeing 757-200
5 Boeing 767-200/300
5 (Boeing) McDonnell Douglas MD-87
17 (Boeing) McDonnell Douglas DC-9-32
33 (Boeing) McDonnell Douglas MD-82/88

Foto: Boeing 727-200 N79749 (Josef Krauthäuser / Miami)

AEROPOSTAL

Avenida Paseo Colon, Torre Polar Oueste, Piso 22, Plaza Venezuela, Caracas 1050, Venezuela Tel.: 058-0212-7086211 Fax: 058-0212-7826323
E-Mail: corporativa@aeropostal.com Web: www.aeropostal.com

ICAO-Code / IATA-Code	IATA-Nr.	Länderkennung	ICAO-Callsign
LAV (VH)	152	YV	Aeropostal

Noch unter französischem Einfluss wurde 1930 die Compagnie Generale Aeropostal gegründet. Sie war ein Teil des südamerikanischen Streckennetzes, welches die Franzosen auch in anderen Ländern dieses Kontinents aufgebaut hatten. Nach der Übernahme der Gesellschaft durch die Regierung des Landes, erfolgte die Änderung des Namens in Linea Aeropostal Venezolana. Bediente man zunächst nur regionale Ziele, erfolgte 1953 auch der Sprung über den Atlantik. Via Bermuda- und Azoreninseln wurden Lissabon, Madrid und Rom angeflogen. 1957 expandierte Aeropostal durch Übernahme von TACA de Venezuela und weitete nunmehr den Flugverkehr auf ganz Venezuela aus. Zum Einsatz kamen hier Douglas DC-3, Martin 2-0-2 und für die Überseestrecken Lockheed L-1049 Constellation. Nach Gründung der staatlichen VIASA 1960 gingen alle Streckenrechte ausserhalb des Landes auf diese über. Aeropostal hielt 45 % des Kapitals an der neuen Linie und überstellte auch Personal. Im Inland wurden für die Flüge HS-748 und ab 1968 dann Douglas DC-9 beschafft. Zum Einsatz kam letztere bis die Gesellschaft 1994 Konkurs anmeldete. Die finanziellen Schwierigkeiten des Staates waren negativ für alle Fluggesellschaften des Landes und sollten über eine Privatisierung gelöst werden. Der Verkauf an Alas de Venezuela wurde Ende 1996 vollzogen und bereits im Februar 1997 startete die neue privatisierte Gesellschaft mit altem Namen. Wieder kamen DC-9, einige geleaste Airbus A320 und auch zwei Airbus A310 zum Einsatz, weil die Gesellschaft vom Konkurs der VIASA profitierte.Mit Air Europa kooperiert man intensiv und fliegt im Codeshare nach Madrid.

Routen

Aruba, Barbados, Barcelona, Barquisemeto, Bogota, Caracas, Curacao, Guayaquil, Havanna, Lima, Maiquetta, Manaus, Maracaibo, Maturin, Miami, Panama City, Porlamar, Port of Spain, Puerto Ordaz, Quito, San Antonio, Santo Domingo, Valencia

Flotte

4 Boeing 727-200
23 (Boeing) McDonnell-Douglas DC-9/30/50

Foto: Boeing 737-600 7T-VJT (Martin Kühn / Frankfurt)

AIR ALGERIE

1, Place Maurice Audin, Algiers, Dem. Republik Algerien
Tel.: 2-1509498 Fax: 2-1509389
E-Mail: contact@airalgerie.dz Web: www.airalgerie.dz

ICAO-Code / IATA-Code	IATA-Nr.	Länderkennung	ICAO-Callsign
DAH (AH)	124	7T	Air Algerie

Die Compagnie Generale de Transport Aerien entstand 1947 noch unter französischer Herrschaft. Nach dem Zusammenschluss mit der Compagnie Air Transport entstand am 22.5.1953 die heutige Air Algerie. Zum Einsatz kamen auf Strecken nach Paris, Marseille und weiteren Zielen die DC-4 und auch Lockheed Constellation. Ab Dezember 1959 erhielt man als ersten Jet, die SE 210 Caravelle. Im Jahre 1972 erfolgte die Verstaatlichung der Gesellschaft und 1974 konnte der erste Airbus A300B4 von TEA übernommen werden. Die weiteren Typen in der Flotte bildeten nach Ablösung der Caravelle Boeing 727 und 737, bevor dann 1984 der erste Airbus A310 in Empfang genommen wurde. Eine langsame Ergänzung und Erneuerung fand mit Zulauf der ersten Boeing 767 im Jahre 1990 statt, seither hat sich nichts mehr geändert. Air Algerie übernimmt auch staatliche Aufgaben, wie z.B. Flüge in der Landwirtschaft, dafür stehen zahlreiche Hubschrauber und kleinere Flächenflugzeuge zur Verfügung. Für zahlreiche Transportaufgaben, auch auf unbefestigten Wüstenplätzen, fliegt Air Algerie mit der zivilen Ausführung des Militärtransporters Lockheed L-100 Hercules. Eine Allianz bildet man mit den beiden Fluggesellschaften Royal Air Maroc und Tunis Air aus den Nachbarländern. Die letzten Jahre waren geprägt durch eine Erneuerung der Flotte und einem Austauschprogramm der älteren Flugzeuge. Im Mai 2002 erhielt Air Algerie die erste, von fünf bestellten Boeing 737-600.

Routen

Adrar, Agades, Algier, Alicante, Amman, Bamako, Barcelona, Batna, Bechar, Bejaja, Berlin, Biskra, Bordj Badji Mokhtar, Brüssel, Casablanca, Constantine, Dakar, Damaskus, Djanet, El Golela, El Oued, Forli, Frankfurt, Genf, Ghardaia, Hassi Messaoud, Illizi, In Amenas, In Salah, Istanbul, Jijef, Kairo, Lille, London, Lyon, Madrid, Marseille, Mascara, Moskau, Niamey, Nizza, Nouakschott, Oran, Ouagadougou, Ouargla, Paris, Prag, Rom, Sharjah, Tamanrasset, Tbessa, Tiaret, Timimoun, Tindouf, Touggourt, Toulouse, Tunis

Flotte

4 Airbus A310-200	11 Boeing 727-200	2 Lockheed -L382 Hercules
11 Boeing 737-200	3 Boeing 767-300	
5 Boeing 737-600	7 Fokker F27	

Foto: Boeing 747-200 TF-AGB (Gerhard Schütz / München)

AIR ATLANTA ICELANDIC

P.O. Box 80, Mosfellsbaer, Island
Tel.: 5667700 Fax: 5667766
E-Mail: admin@airatlanta.is Web: www.airatlanta.is

ICAO-Code / IATA-Code	IATA-Nr.	Länderkennung	ICAO-Callsign
ABD (CC)	-	TF	Atlanta

Am 10. Januar 1986 gründeten Flugkapitän Arngrimur Johannsson und seine Frau, Air Atlanta Icelandic als ein Spezial-Anbieter für Flugzeuge im wet-lease. Der erste Kontrakt war der Einsatz einer Boeing 707 für Caribbean Airways, dies die Strecke von London nach Barbados flog. Im August 1988 kam eine zweite Boeing 707 zum Einsatz für Air Afrique. Auch hier stellte Air Atlanta Icelandic Flugzeug und Cockpitbesatzung. Mit diesem Leasing wurden erstmals islamische Pilger nach Saudi Arabien geflogen, ein erträgliches Geschäft wobei sich die Gesellschaft gut etablieren konnte. Das erste Großraumflugzeug war im Mai 1991 eine Lockheed L-1011 TriStar und zwei Jahre später wurden die ersten drei Boeing 747 im isländischen Register eingetragen. Diese gingen für mehrere Jahre an Saudia, bzw. Saudi Arabian Airlines. Aber auch eigene Charterketten wurden ab 1993 aufgelegt und die Flotte konnte kontinuierlich erweitert werden. Boeing 737-200F kamen als Frachter zum Einsatz, mit einer Boeing 737-300 wurde im Juni 1995 eine Linienverbindung von Island nach Berlin eröffnet. Besonders der britische und der afrikanische Markt war für Air Atlanta ergiebig. Für die Touroperators aus England kamen überwiegend L-1011 zum Einsatz. Man sah aber die TF registrierten Flugzeuge im Laufe der Jahre für viele Gesellschaften wie Air India, Tunis Air, Caledonian oder Monarch im Einsatz. 1999 wurden einige L-1011 und die Boeing 737 ausgemustert und durch weitere Boeing 747-100/200/300 ersetzt. Die letzten noch verbliebenen L-1011 wurden im Jahre 2001 durch Boeing 767-200 ersetzt, diese fliegen langfristig in den Farben von Excel Airways.

Routen

Als wet-lease Spezialist sind die Flugzeuge der Gesellschaft für Linien- oder Charterflüge anderer Gesellschaften im Einsatz. Air Atlanta selbst hat nur einige Charterketten zu den Mittelmeerzielen und den Kanarischen Inseln von Island aus im Programm.

Flotte

1 Boeing 747-100
12 Boeing 747-200
5 Boeing 747-300
3 Boeing 767- 200

Foto: BAe-Avro 70 YL-BAN (Sammlung Autor)

AIR BALTIC

Riga Airport, Riga LV1053, Lettland
Tel.: 207069 Fax: 207369
E-Mail: info@airbaltic.lv Web: www.airbaltic.lv

ICAO-Code / IATA-Code	IATA-Nr.	Länderkennung	ICAO-Callsign
BTI (BT)	657	YL	Air Baltic

Die Baltic International wurde von texanischen Geschäftsleuten und Latvio-Latvian Airlines 1992 gegründet. Die eigenständige Tochtergesellschaft führte Flüge ins benachbarte westliche Ausland durch. Neben Tu-134 wurde auch eine DC-9 eingesetzt, die 1993 leihweise zur Flotte hinzukam und ab 1995 dann als Ersatz eine Boeing 727. Da sich die Gesellschaft nur unbefriedigend entwickelte, entschloss man sich zu einer Radikalkur und vereinigte im September 1995 Baltic International mit Latvian Airlines zur neuen nationalen Fluggesellschaft Air Baltic. Beteiligt war der lettische Staat mit der Mehrheit von 51% des Kapitals, den Rest teilten sich Baltic International USA, SAS und zwei Investmentfirmen. Mit einer Saab SF 340 fing man bescheiden an und erhielt im Frühjahr 1996 drei Avro RJ 70. Zwar wurde von der lettischen Regierung auch die Übernahme der Latavio-Routen und deren Auflösung zugesagt, doch die Verwaltungswege in diesem Staat sind nicht die kürzesten und so dauerte die Auflösung von Latavio bis zum Jahre 1998. Im Januar 1999 übernahm SAS die Anteile von Baltic International USA. In diesem Jahre wurden auch Fokker 50 eingeführt und das Streckennetz mit SAS und weiteren Partnern wie Estonian Air oder Lufthansa abgestimmt. Die letzte Saab 340 verliess 2001 die Flotte, nachdem sich diese als zu klein erwies. Neben den Linienflügen werden auch verschiedene Charter durchgeführt.

Routen

Von Riga nach Frankfurt, Hamburg, Helsinki, Kiew, Kopenhagen, London, Stockholm, Tallin, Wilnius und Warschau.

Flotte

3 Avro RJ 70
3 Fokker 50

Foto: BAe-146 D-AWBA (Jan-Alexander Lück / Hamburg)

AIR BERLIN

Saatwinkler Damm 42-43, 13627 Berlin, Deutschland
Tel.: 030-3434-0 Fax: 030-34341009
E-Mail: info@airberlin.de Web:www.airberlin.de

ICAO-Code / IATA-Code	IATA-Nr.	Länderkennung	ICAO-Callsign
BER (AB)	745	D	Air Berlin

Air Berlin USA wurde im Juli 1978 gegründet. Die ersten Charterflüge starteten ab Berlin im April 1979. Bekanntlich durften bis zur Wiedererlangung der deutschen Einheit am 3. Oktober 1990 nur Fluggesellschaften der Siegermächte des 2. Weltkrieges Berlin anfliegen. Charterflüge mit bestimmten Abflugzeiten bot Air Berlin mit Boeing 707 zwischen Berlin und Florida an. Dieser Dienst, mit Zwischenstop in Brüssel, wurde aber nur vom Oktober 1980 bis Oktober 1981 durchgeführt. Danach flog Air Berlin mit einer Boeing 737-300. Eine Boeing 737-400 mit 167 Plätzen stand seit April 1990 in Diensten. Nach der Wiedervereinigung war Air Berlin auch weiter im Charterverkehr tätig. Im April 1991 wird Air Berlin GmbH & Co Luftverkehr KG gegründet. Damit ist Air Berlin eine Firma nach deutschem Recht und beschränkt sich nicht nur auf Abflüge ab Berlin. In den Jahren 1994-1996 wurde die Flotte zügig auf den neuen Bedarf gebracht. Auch sicherte man sich vorausschauend Lieferzusagen für die Boeing 737-800, der neuesten Generation des bewährten Typs. Die Ablieferung der ersten B-737-800 im Jahre 1998 brachten auch Änderungen am farblichen Erscheinungsbild von Air Berlin Flugzeugen. Auch wurden in diesem Jahr die sogenannten "Shuttleflüge", zunächst nach Mallorca, eingeführt. Das Prinzip dieser Shuttleflüge war so erfolgreich, dass andere Flughäfen und Ziele im Laufe der nächsten Jahre hinzukamen. Air Berlin führte 2002 auch sogenannte low cost Flüge zu einigen Zielen wie London ein. Damit begegnet man der zunehmenden Konkurrenz in diesem Sektor. Auch bietet man nahezu von allen deutschen Flughäfen Air Berlin Flüge an. Von WDL wurden Anfang 2003 auch einige BAe 146 gemietet um damit auch Mönchengladbach bedienen zu können. Die Flottenerneuerung mit B-737-800 soll bis Ende 2003 abgeschlossen sein.

Routen

Charterflüge, von 20 deutschen Flughäfen aus nach Agadir, Alicante, Almeria, Antalya, Arrecife, Athen, Dalaman, Djerba, Faro, Fuerteventura, Funchal, Heraklion, Hurghada, Ibiza, Jerez, Korfu, Kos, Larnaca, Las Palmas, London, Luxor, Mahon, Malaga, Monastir, Palma de Mallorca, Paphos, Rhodos, Samos, Santa Cruz, Teneriffa, Thessaloniki, Zakynthos

Flotte

24 Boeing 737-800
3 Boeing 737-400
3 BAe 146

Foto: (Boeing) McDonnell Douglas MD-81 T9-AAC(Bastian Hilker / Düsseldorf)

AIR BOSNA

Kasindolska 136, 7100 Sarajevo, Bosnien-Herzegowina
Tel.: 33-464921 Fax: 33-464829
E-Mail: airbosna@bih.net Web: www.airbosna.ba

ICAO-Code / IATA-Code	IATA-Nr.	Länderkennung	ICAO-Callsign
BON (JA)	995	T9	Air Bosna

Der Nationalcarrier der Republik Bosnien-Herzegowina wurde 1994 gegründet. Noch in einen Bürgerkrieg verwickelt, konnten nur gelegentlich Flüge durchgeführt werden. Hier kam eine Cessna 550 für Regierungsmitglieder und VIP's zum Einsatz. Mit geleasten YAK-42 war es im Mai 1996 erstmals möglich nach Sarajevo zu fliegen. Zunächst waren es nur vereinzelte Charterflüge, ab 1997 waren es dann auch regelmässige Linienflüge nach Schweden, Deutschland und in die Türkei. Eine weitere YAK-42 verstärkte 1999 die Flotte. Um auch dem westlichen Standard zu genügen, waren die YAK-42 nicht das bevorzugte Fluggerät. Mit einer, ebenfalls gemieteten, MD-81 hatte Air Bosna im Jahre 2001 ein moderneres Fluggerät um auch weitere Strecken zu eröffnen. Bei Airbus wurden zwei A319 in Auftrag gegeben, jedoch ist die Finanzierung nicht gesichert. Neue Strecken nach Budapest und London wurden 2003 eingerichtet und man mietete auch eine Boeing 737-200. Neben den Linienflügen werden auch zahlreiche Charterflüge angeboten.

Routen

Amsterdam, Budapest, Düsseldorf, Frankfurt, Istanbul, London-LGW, Mostar, Oslo, Rom, Sarajevo, Stockholm

Flotte		Bestellt
1 (Boeing) McDonnell Douglas MD-81	1 Yakolev Yak-42	2 Airbus A319
1 Boeing 737-200		
1 CASA 212		

Foto: Avro RJ 85 OH-SAH (Sammlung Autor)

AIR BOTNIA

P.O. Box 168, 01531 Vaanta, Finnland
Tel.: 358 205856000 Fax: 358 20585 6001
E-Mail: airbotnia@sas.se Web: www.airbotnia.fn

ICAO-Code / IATA-Code	IATA-Nr.	Länderkennung	ICAO-Callsign
KFB (KF)	142	OH	Botnia

1988 wurde Air Botnia in Seinäjokige gegründet. Mit einer Cessna 402 und einer Embraer 120 Bandeirante wurde von Helsinki aus der Flugbetrieb aufgenommen. Im Jahre 1989 konnte bereits eine weitere Embraer 120 erworben werden und zusätzliche Routen innerhalb Finnlands wurden aufgenommen. In den Jahren 1993 bis 1995 wurden mit fünf Jetstream J32 die bisherige Flotte ausgetauscht. Nach 10 Jahren erfolgreicher Aufbauarbeit übernahm 1998 SAS-Scandinavien Airlines alle Anteile von Air Botnia. Die Flotte wurde komplett auf fünf Saab 340 umgestellt und zusätzlich kamen mit der Fokker F 28 auch die ersten Jets. Mit der F 28 wurden erstmals Flüge in die skandinavischen Hauptstädte aufgenommen. So wurden Kopenhagen, Oslo und Stockholm bedient. Auch auf Strecken, die für SAS Flugzeuge nicht optimal erschienen, kamen immer häufiger Flugzeuge der Air Botnia zum Einsatz. Air Botnia wurde als Regionalgesellschaft ausgerichtet und hat die Aufgabe den SAS-Hubs Passagiere aus dem finnischen Raum zuzuführen. Dabei bedient sich Air Botnia der logistischen Unterstützung durch SAS sowie Buchungs- und Codeshare Vereinbahrungen. Im Jahre 2001 wurde die Flotte abermals komplett erneuert. Saab 2000 ersetzten die kleinere Saab 340 und für die Fokker F28 kamen Avro RJ 85 zum Einsatz. Langfristig will Air Botnia nur noch Jets einsetzen. Die bisher einzige Route ausserhalb Skandinaviens wurde im Jahre 2002 von Helsinki nach Brüssel eröffnet.

Routen

Brüssel, Göteborg, Helsinki, Kopenhagen, Oslo, Oulu, Stockholm, Tampere, Turku, Vasa

Flotte

5 Avro RJ 85
5 Saab 2000

Foto: ATR-42 A2-ABB (Bastian Hilker / Harare)

AIR BOTSWANA

P.O.Box 92, Gabarone, Botswana
Tel.: 267-352812 Fax: 267-374802
Web: www.airbotswana.co.bw

ICAO-Code / IATA-Code	IATA-Nr.	Länderkennung	ICAO-Callsign
EOT (BP)	636	A2	Botswana

Per Präsidialdekret vom Juli 1972 wurde Air Botswana als nationale Fluggesellschaft gegründet. Nach Botswana National Airways (1966-1969) und Botswana Airways (1969-1972) übernahm Air Botswana am 1. August 1972 den Flugbetrieb mit Fokker F27 und Britten-Norman "Islander". Ein Flottenerneuerungsprogramm begann 1988 mit Ablösung der F27 durch die neue ATR42. Ende 1989 erhielt Air Botswana auch den ersten Jet, eine BAe 146-100. Mit Air Zimbabwe und Kenya Airways arbeitete man eng zusammen und hatte für einige Strecken ein Joint Venture Abkommen. Die gesamte ATR-42 Flotte wurde im Oktober 1999 zerstört, als ein Pilot sich in selbstmörderischer Absicht mit einem dieser Flugzeuge auf die am Boden parkenden Maschinen stürzte. Mit geleasten Flugzeugen hielt man den Flugbetrieb aufrecht und mietete Ende 1999 erneut drei ATR. Diese wurden 2001 aber gekauft. Wegen der innenpolitischen Krise im Nachbarland Zimbabwe und den ausbleibenden Touristen ist Air Botswana seit dem Jahre 2001 zu einer Reduzierung des Flugbetriebes gezwungen und orientiert sich mehr nach Südafrika hin. Langfristig ist auch an eine Privatisierung der staatlichen Gesellschaft gedacht.

Routen

Nationale Routen von Gabarone nach Francistown, Kasane, Limpopo, Maun, Maputo, Maseru. International wird Harare, Johannesburg, Luanda, Victoria Falls und Lusaka bedient.

Flotte

3 ATR 42
1 BAe 146-100

Foto: Airbus-A319 C-FYKC (Daniel Klein / Toronto)

AIR CANADA

Place Air Canada Montreal, Quebec H2Z 1X5, Kanada
Tel.: 514-4225000 Fax: 514-422774
E-Mail: contact@aircanada.ca Web: www.aircanada.ca

ICAO-Code / IATA-Code	IATA-Nr.	Länderkennung	ICAO-Callsign
ACA (AC)	014	C	Air Canada

Die kanadische Regierung gründete am 10. April 1937 die Trans Canada Air Lines (TCA), die von CNR, der kanadischen Eisenbahn, verwaltet wurde. Am 1. September wurde die erste Verbindung zwischen Vancouver und Seattle, mit einer Lockheed 10A, aufgenommen. Der Aufbau eines innerkanadischen Streckennetzes war in den folgenden Jahren wichtigstes Anliegen der TCA. Im April 1939 fand der erste Flug auf der Strecke Vancouver-Montreal statt, von Montreal nach New York flog TCA wenig später. Während des 2. Weltkriegs wurde, mit umgebauten Lancaster Bombern, eine regelmäßige Verbindung zwischen Kanada und Schottland geschaffen. Nach dem Krieg kam TCA, im Rahmen sogenannter Auswandererflüge auch schon 1953 nach Düsseldorf. Neben der DC-3 waren noch Lockheed Constellation, Canadair Northstar, Bristol 170, Vickers Viscount und Vickers Vanguard während der Prop Ära im Einsatz. Am 1. April 1960 gelangten die ersten Jets vom Typ DC-8 zur Flotte. 1964 wurde der Name Air Canada eingeführt, 1967 trafen die ersten DC-9 ein. Air Canada expandierte weltweit und führte das erste Großraumflugzeug 1971 ein. Für die Überseeflüge kamen Boeing 747 und Lockheed TriStar zum Einsatz. Diese wurden mit Zulauf der Boeing 767 ergänzt. 1988 erfolgte die Teilprivatisierung der Gesellschaft. Mit Übernahme des ersten Airbus A320 Anfang 1990 wurde die Erneuerung der Flotte fortgesetzt, ebenso wurde die Bemalung leicht verändert. Neuestes Flugzeug ist Airbus A340, der auf den asiatischen Strecken zum Einsatz kommt. Air Canada übernahm 1999, mit Hilfe der Star Alliance Partner, Canadian Airlines. Die Regionalgesellschaften Air BC, Air Ontario, Air Alliance, Air Nova, NWT-Air und die Regionalgesellschaften von Canadian, wurden 2002 ebenfalls fusioniert und bilden als Jazz eine eigenständige Gesellschaft. Air Canada ist durch die Ereignisse des 11. September 2001 und den Krieg im Irak besonders betroffen. Die Folgen führten seit 2001 zu einer Anpassungen beim Personal und auch der Flotte. Im April 2003 stellte sich Air Canada unter Gläubigerschutz.

Routen

Engmaschiges Streckennetz in Kanada, Ziele in den USA, Karibik, Europa und Asien.

Flotte

39 Airbus A319	12 Airbus A340	25 (Bombardier) Canadair Regionaljet
47 Airbus A320	32 Boeing 767-200/300	24 (Boeing) McDonnell Douglas DC-9-32
5 Airbus A321	3 Boeing 747-200	
8 Airbus A330	3 Boeing 747-400	

Foto: Bae 146-200 C-GRNV (Thomas Kim / Toronto)

AIR CANADA JAZZ

310 Goudey Drive, Halifax Intl. Airport, Enfield, Nova Scotia B2T 1E4
Tel.: 902-8735000 Fax: 902-8734901
Web: www.flyjazz.ca

ICAO-Code / IATA-Code	IATA-Nr.	Länderkennung	ICAO-Callsign
ARN (QK)	983	C	Transcan

Air BC, Air Ontario, Air Nova und Canadian Regional Airlines wurden im Januar 2001 zu Air Canada Regional fusioniert. Die Neustrukturierung der gesamten Air Canada Gruppe wurde nach Erwerb von Canadian Airlines im Jahre 1999 notwendig. Die beiden, ehemals in Konkurrenz stehenden Gesellschaften, hatten ein umfangreiches regionales Netzwerk geknüpft an dem auch kleinere Gesellschaften als Partner beteiligt waren. Sowohl Air Canada als auch Canadian Airlines waren an den Partnergesellschaften finanziell beteiligt oder hatten diese im Laufe der Zeit ganz übernommen. Air BC entstand 1980 durch Zusammenschluss kleinerer Gesellschaften an Kanadas Westküste. Ab 1988 war man Partner von Air Canada und Mitte der 90'er Jahre übernahm Air Canada alle Anteile. Air Ontario war in der Provinz gleichen Namens zu Hause und entstand 1987 aus dem Zusammenschluss von Austin Airways und Air Ontario Ltd, vormals Great Lakes Airlines. Air Ontario startete überwiegend vom stadtnahen Toronto Island Airport zu Zielen in der Region und in die USA. Auch Air Ontario war eine 100 % ige Tochtergesellschaft von Air Canada. Air Nova begann mit drei DHC-8-100 den Flugbetrieb im Jahre 1986. Sie konzentrierte sich dabei auf den Nordosten Kanadas und hatte ihre Basis in Halifax. 1991 übernahm sie Air Alliance und wurde zur grössten Regionalgesellschaft Kanadas. Canadian Regional Airlines entstand 1991 ebenfalls durch den Zusammenschluss mehrerer Gesellschaften, die bisher für Canadian Pacific oder Pacific Western flogen. Nachdem im Jahre 2002 der Zusammenschluss aller vier Gesellschaften vollzogen war, entstand als neuer Name Air Canada Jazz.

Routen

Jazz bedient mehr als 70 regionale und kleinere Ziele in Kanada und in den benachbarten US-Staaten.

Flotte

10 BAe 146	52 (Bombardier) DeHavilland DHC-8-100	26 (Bombardier) DeHavilland DHC-8-300
10 (Bombardier) Canadair RJ		

Foto: Boeing 737- 800 B-2643 (Jan Alexander Lück / Beijing)

AIR CHINA

100621 Capital Intl. Airport, Beijing, Volksrepublik China
Tel.: 1-4563220 Fax: 1-45633831
Web: www.airchina.com

ICAO-Code / IATA-Code	IATA-Nr.	Länderkennung	ICAO-Callsign
CCA (CA)	999	B	Air China

Air China International wurde durch die CAAC im Juli 1988 als selbstständige internationale Division gegründet. Die Flugzeuge waren zum Teil mit Air China-Titel, bei Bedarf wurden von CAAC aber auch weitere Maschinen geleast. Air China war für den internationalen Dienst der Volksrepublik zuständig. Neue Routen führten ab Ende 1992 nach Wien, Frachtdienste nach Los Angeles und 1993 nach Kopenhagen. Die Flotte und das Streckennetz wurden ständig erweitert. So wurden 1997 Airbus A340 und 1998 Boeing 777 als Ersatz für ältere Boeing B-747 / 747SP erworben. Mit dem Eintreffen der ersten Boeing 737-800 im April 1999 wurde auch der erste Schritt für die Erneuerung der Kurz- und Mittelstreckenflotte getan. Mit Ariana, Austrian, Finnair, Korean Airlines und Tarom arbeitet man eng zusammen und mit Northwest besteht ebenfalls seit Mai 1998 ein Codeshareabkommen. An der Maintenancefirma Ameco in Beijing ist neben Air China auch Lufthansa beteiligt. Eine intensive Flottenerneuerung nahm Air China Anfang des neuen Jahrtausends vor. Die erste Generation der Jumbo Jets Boeing 747 wurden ausgemustert, Boeing 777 und 747-400 ergänzten die vorhandenen Flugzeuge. Air China bildet mit China Southwest Airlines und China National Aviation Corporation die Air China Group. Bis 2005 sollen die drei Gesellschaften, unter Air China Führung, fusioniert werden.

Routen

Anchorage, Atlanta, Bangkok, Chicago, Frankfurt, Fukuoka, Hiroshima, Ho Chi Minh City, Hongkong, Kopenhagen, Karachi, Kuwait, London, Los Angeles, Mailand, Melbourne, Moskau, Osaka, Paris, Rom, San Francisco, Seoul, Singapur, Stockholm, Sydney, Tokio, Ulan Bator, Vancover, Wien, Zürich. Darüber hinaus mehr als 50 Ziele in China.

Flotte		Bestellt
3 Airbus A340-300	20 Boeing 737-300	6 Boeing 737-700
4 BAe 146	4 Boeing 737-700	8 Airbus A319
10 Boeing 777	11 Boeing 737-800	
14 Boeing 747-400	9 Boeing 767-200/300ER	

Foto: Boeing 727-200 EI-HCC (Sammlung Autor)

AIR CONTRACTORS

The Plaza, New Street, Swords Co., Dublin, Irland
Tel.: 353-18121900 Fax: 353-18121919
E-Mail: info@aircontractors.com Web: www.aircontractors.com

ICAO-Code / IATA-Code	IATA-Nr.	Länderkennung	ICAO-Callsign
ABR (AG)	914	EI	Contract

Die Ursprünge der Gesellschaft reichen in das Jahr 1972 zurück, als am britischen Flughafen East Midlands Air Bridge Carriers gegründet wurde. Mit Argosy 102 konnte 1973 der Flugbetrieb mit regelmässigen Flügen von East Midlands zu den Kanal-Inseln aufgenommen werden. Frisches Gemüse, Obst und Zeitungen, aber auch andere Frachtgüter wurden transportiert. Insgesamt waren vier Argosy 102 im Einsatz. 1976 erhielt ABC eine erste Vickers Vanguard und damit erweiterte sich auch der Einsatzbereich. Nonstop Flüge in den Mittleren Osten waren möglich. Eine weitere Vanguard konnte 1979 erworben werden. Air Bridge Carrier war mit Beginn der Entwicklung von Overnight Express- Diensten in Europa eine der führenden Anbieter. Für TNT, Federal Express oder UPS die Anfang der 80'er Jahre den europäischen Markt bedienten, führte ABC diese Flüge in Europa durch. Die Kapazität wurde mit Boeing 727 und auch Lockheed L-188 Electra ergänzt. 1992 änderte die Gesellschaft den Namen in Hunting Cargo Airlines, da die Hunting Group ihre verschiedenen Tochterfirmen neu positionierte. In diesem Zusammenhang erfolgte auch die Verlegung der Flugoperationen und der Firmensitz nach Irland. Mit dem ersten Airbus A 300-B4 Frachter wurde eine neue Ära eingeleitet. 1998 übernahmen die Compagnie Maritime Belge (51%) und Safair (49%) von Hunting Group alle Anteile als diese sich von ihren Flugoperationen trennte. Der Name wurde wiederum geändert in Air Contractors. Die in Südafrika beheimatete Safair brachte ihre Lock-heed Hercules ein und die Hubs in Brüssel und East Midlands wurden weiterhin ausgebaut. Eine der L-100 Hercules steht für Einsätze bei Ölunfällen weltweit bereit und ist entsprechend ausgerüstet. Weitere Airbus A 300-B4 wurden ab 2001 übernommen und werden überwiegend im Einsatz für die Übernacht-Flüge der Integreators DHL und Fed Ex geflogen. Heute stützt sich Air Contractors auf drei Geschäftsbereiche wie Aircraft Management, Aircraft Contract Service und Aircraft Charter. Mit ATR-72, eine erste Maschine diesen Types wurde Ende 2002 gekauft, rundet Air Contractors das Frachtangebot nach unten ab.

Routen

Ad hoc Charter weltweit, von den Hubs in Brüssel und East Midlands überwiegend im Auftrag für DHL oder FedEx Päckchenflüge innerhalb Europas.

Flotte

5 Airbus A 300-B4
1 ATR-72
3 Boeing 727-200
4 Lockheed L-100 Hercules

Foto: (Bombardier) Canadair RJ-200 I-ADJA (Josef Krauthäuser / München)

AIR DOLOMITI

Via A Tambarin 36, 34077 Ronchi dei Legionari, Trieste, Italien
Tel.: 481-477711 Fax: 481-474540
E-Mail: service@airdolomiti.it Web: www.airdolomiti.it

ICAO-Code / IATA-Code	IATA-Nr.	Länderkennung	ICAO-Callsign
DLA(EN)	101	I	Dolomiti

Die bereits im Januar 1988 gegründete Air Dolomiti konnte im Mai 1991 den Flugbetrieb auf der Route Triest-Genua aufnehmen. Weitere Verbindungen innerhalb Italiens folgten schnell. Zum Einsatz kam die DeHavilland DHC-8. Ab November 1992 verkehrte Air Dolomiti erstmals auf der Linie Verona-München ins Ausland. Verona entwickelte sich dabei zu einem kleinen Drehkreuz der Gesellschaft mit zahlreichen Anschlußverbindungen. Mit dem Erhalt von ATR-42 wurden ab 1994 die DHC-8 ausgemustert, auch erhielten die Flugzeuge eine veränderte Farbgebung. Mit Lufthansa arbeitete man ab 1995 eng zusammen und wurde auf diesen Weg Allianz-Partner, mit einigen gemeinsamen Flügen, in Verkauf und beim Marketing. So entwickelte sich München für Air Dolomiti zum wichtigsten Flughafen, haben doch hier die Passagiere aus Norditalien Anschluss an LH-Flüge. Man bot jetzt überwiegend Direktflüge an und erhielt dafür 1995 noch zwei weitere ATR-42. Darüber hinaus gab es seit 1996 auch eine Allianz mit Crossair. Hier bediente man gemeinsam die Strecke Basel-Rom die aber aufgegeben wurde. Saisonale Flüge führten sowohl als Linien- und auch als Charterflug in die italienischen Urlaubsgebiete auf Sardinien. Mit Einführung der ATR-72 im Jahre 1998 änderte Air Dolomiti nicht nur die Ausstattung der Flugzeuge im inneren, sondern erhielt auch ein neues Farbkleid. Weitere ATR-42-500 mit stärkeren und leiseren Triebwerken ergänzten 1999 die Flotte. Diese wird in der eigenen Werft unterhalten. Als ersten eigenen Jet erhielt Air Dolomiti im Jahre 2001 den Regionaljet Canadair RJ-200. Dieser kommt auf längeren Strecken zum Einsatz.

Routen

Amsterdam, Alghero, Ancona, Bari, Barcelona, Berlin, Bologna, Brüssel, Cagliari, Florenz, Frankfurt, Genf, Genua, Korfu, Madrid, Mailand, München, Neapel, Olbia, Paris, Pisa, Triest, Tortoli, Turin,Venedig, Verona, Wien

Flotte	Bestellt
10 ATR42-500	2 ATR-72
7 ATR-72-500	1 Canadair RJ-200
6 (Bombardier) Canadair RJ-200	

Foto: Boeing 767-300 EC-HKS (Hans-Willi Mertens / Madrid)

AIR EUROPA

P.O.Box 132, 07009 Palma de Mallorca, Spanien
Tel.: 971-178190 Fax: 971-178353
Web: www.g-air-europa.es

ICAO-Code / IATA-Code	IATA-Nr.	Länderkennung	ICAO-Callsign
AEA(UX)	996	E	Air Europa

Air Europa ist das rentable Überbleibsel der ehemals multinationalen Vereinigung Air Europe und wurde bereits im Juni 1986 auf der Insel Mallorca gegründet. Die als Air Espana SA eingetragene Gesellschaft gehörte bei Gründung zu 75% zwei spanischen Banken und mit 25% war, bis zu deren Konkurs im Jahre 1991, die britische ILG beteiligt. Der Flugbetrieb konnte am 21. November 1986 mit einer Boeing 737-300 aufgenommen werden. Der Erstflug führte von London-Gatwick nach Palma de Mallorca. Dort ist auch die Basis der Air Europa. Nach dem Konkurs des britischen Partners übernahmen einige Reiseveranstalter und Banken deren Anteile und der Flugbetrieb konnte fortgeführt werden. 1991 erhielt Air Europa drei Boeing 757-200, die auf Langstrecken zum Einsatz kamen. Kurzfristig kamen 1994/95 auch Boeing 767 zum Einsatz, jedoch war die Einsatz-Flexibilität mit diesen grossen Flugzeugen nicht gewährleistet und man tauschte sie gegen weitere Boeing 757 ein. Seit dem Jahre 1995 ist Air Europa auch erfolgreich als Linienfluggesellschaft, erst in Konkurrenz zu Iberia und ab 1998 als Franchisepartner, tätig. Darüberhinaus betreibt sie auch für Iberia einige Langstrecken mit B-767 und verleast an diese auch langfristig einige B-757. Eine eigene Regionalgesellschaft, Air Europa Express wurde 1996 gegründet, die vor allem auf den Baleareninseln aktiv ist. Die Übernahme von Air Europa durch Iberia scheitert im Januar 2001. Air Europa entscheidet sich daraufhin für zwei Flugzeugtypen, die Boeing 737-800 und die Boeing 767-300. In diesem Jahr wurde auch das Streckennetz radikal umgebaut und im Herbst 2001 wurde Air Europa Express eingestellt.

Routen

Alicante, Arrecife, Asturias, Athen, Barcelona, Bilbao, Caracas, Genf, Granada, Havanna, Ibiza, Las Palmas, London, Madrid, Mailand, Malaga, Neapel, New York, Palma de Mallorca, Paris, Punta Cana, Santiago de Compostella, Santo Domingo, Sarragossa, Sevilla, Teneriffa, Valencia, Valladolid, Vigo, Zürich

Flotte

5 Boeing 737-300
5 Boeing 737-400
14 Boeing 737-800
3 Boeing 767-300

Foto: Boeing 737-200 PK-OCI (Sammlung Autor)

AIRFAST INDONESIA

Kuningan Plaza, Menara Utara 305 Jl HR Rasuna Said Kav, C11-14
Djakarta, Indonesien; Tel.: 6221-5200696 Fax: 6221-5202557
E-Mail: charter@airfast.co.id Web: www.airfastindonesia.com

ICAO-Code / IATA-Code	IATA-Nr.	Länderkennung	ICAO-Callsign
AFE (-)	-	PK	Airfast

1971 wurde Airfast als ein Joint Venture zwischen Indonesien und Australien gegründet, mit dem Ziel Passagier- und Frachtcharter für die Ölindustrie in Südostasien anzubieten. Der Flugbetrieb wurde mit DC-3 aufgenommen. Neben Indonesien war man in Malaysia, Papua-Neu Guinea, Südkorea, den Philippinen und auch im Nahen Osten tätig. Fokker F27 und diverse Kleinflugzeuge, für die Versorgung der vielen kleinen indonesischen Inseln, kamen ebenso zum Einsatz. Seit 1982 war das Unternehmen in indonesischem Privatbesitz und die Aufgaben sahen neben den ursprünglichen Zielen auch Off-Shore-Flüge zu Bohrinseln, Luftbildfotografie und Erderkundungsflüge (Bodenschätze) vor. Hinzu kamen noch alle Arten von Spezialflügen, wie Loggingeinsätze und andere Schwerlastflüge mit den Hubschraubern. Auch übernimmt man von der indonesischen Regierung Rettungsflüge und medizinische Versorgungsflüge. Hauptbasis ist Djakarta, eine weitere in Singapur und Kalimantan. Von der Wirtschaftskrise Ende der 90'er Jahre in Indonesien wurde Airfast nicht getroffen, man konnte sogar in einigen Bereichen vom Konkurs und den Einschränkungen von anderen Gesellschaften etwas profitieren und im Passagierbereich Zugewinne verbuchen. Die Flotte wurde aber angepasst und einige Flugzeuge und Hubschrauber ausgemustert. So wurde die letzte verbliebene DC-3 durch eine Beech Queen Air ersetzt.

Routen

Passagier- und Frachtflüge für Firmen und Unternehmen innerhalb Indonesiens, nach Singapur, Malaysia, den gesamten Bereich Südostasien und nach Australien.

Flotte

1 BAe HS-748	3 Bell 212	3 De Havilland DHC-6 Twin Otter
1 Beech Queen Air	2 Bell 412	1 Sikorsky S-58
2 Bell 204	3 Boeing 737-200	
3 Bell 206	1 CASA-IPTN 212	

Foto: Airbus A320-100 F-GFKE (Daniel Klein / Düsseldorf)

AIR FRANCE

45 rue de Paris, 95747 Roissy, Frankreich
Tel.: 1-41567800 Fax: 1-41567029
E-Mail: info@airfrance.fr Web: www.airfrance.fr

ICAO-Code / IATA-Code	IATA-Nr.	Länderkennung	ICAO-Callsign
AFR (AF)	057	F	Airfrans

Die vier Gesellschaften Air Orient, Air Union, CIDNA und SGTA schlossen sich am 30. August 1933 zur nationalen Fluggesellschaft Air France zusammen. Bis zum Ausbruch des 2. Weltkrieges baute Air France seine führende Stellung in Europa und Nordafrika aus. Es gab Verbindungen zu allen damaligen Kolonien bis nach Indochina. 1946 wurde Air France verstaatlicht um einen Neuaufbau sicherzustellen. In Diensten der Gesellschaft standen anfangs französische Typen wie Breguet 763, erstmals geliefert am 27.2.1953, und SE 161. Mit Lieferung der Comet 1953 erfolgte die Aufnahme des Jet-Verkehrs. Weitere englische Maschinen vom Typ Vickers Viscount kamen auf den Kurz- und Mittelstrecken zum Einsatz, während die Langstrecken von DC-4 und Lockheed Constellation bedient wurden. Am 26. Mai 1959 hatte die SE 210 Caravelle ihren Linien-Erstflug bei Air France. Boeing 707 und 747 waren für die Kontinentalstrecken als Ersatz für die Propellerflugzeuge im Einsatz. Ab Mai 1974 wurde auch der Airbus A300 erstmals zwischen Paris und London eingesetzt, ab 21.1.1976 die Concorde zum Linienverkehr zugelassen. Air France gliederte Aeromaritime und UTA 1992 in die Muttergesellschaft ein, wodurch sich Auswirkungen auf Strecken und Flugzeuge ergaben. Mitte der 90'er Jahre geriet die AF-Gruppe in eine schwere Krise und Umstrukturierungen wurden notwendig, die zu einer Teilprivatisierung führten. Air France ist an zahlreichen anderen Fluggesellschaften beteiligt und hat auch regionale Gesellschaften als Franchiseunternehmen unter Vertrag. Sie selbst baut ab 1999 eine Allianz mit Delta Airlines aus und hat mit zahlreichen Gesellschaften Kooperationen. Auch die Flotte erfährt stets Neuerungen wie die Einführung von A319 (1997), A321 (1997) oder B-777 (1998). Das Aus für die Concorde kam im Jahr 2003, wirtschaftliche Gründe zwingen auf den Verzicht des einstigen Prestigeflugzeuges in der AF-Flotte. Dafür gehört aber auch Air France zu den Erstbestellern des Airbus A380.

Routen

Air France hat ein dichtes Streckennetz weltweit und bedient mehr als 160 Ziele, vornehmlich auch in frühere Kolonien und in die Überseeprovinzen. In Europa werden alle wichtigen Städte bedient.

Flotte		Bestellt
40 Airbus A319-100	36 Boeing 737-300/500	10 Airbus A380
62 Airbus A320-100/200	19 Boeing 747-200/400	8 Airbus A330
17 Airbus A321-100/200	5 Boeing 767-300ER	15 Boeing 777-300
10 Airbus A330-200	25 Boeing 777-200ER	
22 Airbus A340-200/300		

Foto: Boeing 767-200 TR-LFH (Sammlung Autor)

AIR GABON

P.B. 2206, Libreville, Gabun
Tel.: 733018 Fax: 731156

ICAO-Code / IATA-Code	IATA-Nr.	Länderkennung	ICAO-Callsign
AGN (GN)	185	TR	Golf November

1951 als Compagnie Aerienne Gabonaise gegründet, gehörte die Gesellschaft von 1961-1977 zum Konsortium und Gründungsmitglied der Air Afrique. Neben dem Air Afrique Engagement für internationale Routen war die heutige Air Gabon im Inland jedoch selbständig tätig. 1974 erhielt sie die erste F28, gefolgt von einer weiteren Maschine dieses Typs und einer Boeing 737. Nach dem Ausstieg bei Air Afrique bekam dann Air Gabon 1978 eine Boeing 747-200 für Liniendienste nach Europa. 1988 erfolgte eine Reorganisation der Gesellschaft und eine Straffung des Streckennetzes. Da sich die Strecken positiv entwickelten, konnte 1995 mit der Boeing 727, im Austausch gegen eine Fokker 100, ein größeres Flugzeug angeschafft werden. Zeitweise wurde auch eine Boeing B-767 als Ergänzung der B-747 geleast. Damit wurde eine neue Langstrecke nach London aufgenommen. Für Frachtflüge verfügt man zeitweise über eine Antonow An-12 und eine Lockheed Hercules. Mit Air France, die 20% hält Anteile an der Gesellschaft hält arbeitet man eng zusammen. Eine völlige Erneuerung der gesamten Flotte mit Boeing 747-400, B767-300 und Boeing 737-800 wurde von Boeing und der Regierung von Gabon, die mit 80% der Anteile auch die Entscheidungsgewalt besitzt, bekannt gemacht.

Routen

Abidjan, Bamako,Bangui, Bitam, Conakry, Cotonou, Dakar, Douala, Dubai, Fougamou, Franceville, Gamva, Johannesburg, Lagos, Lome, London, Luanda, Malabo, Marseille, Mekambo, Moanda, Nairobi, Nizza, Oyem, Paris, Point Noire, Port Gentil, Rom, Sao Tome

Flotte

1 Boeing 727-200Adv.
2 Boeing 737-200Adv.
1 Boeing 767-200
1 Fokker 28

Foto: Airbus A330-200 F-WIHL / OY-GRN (Olaf Jürgensmeier / Lemwerder)

AIR GREENLAND

Nuuk Airport, POB 1012, 3900 Grönland, Dänemark
Tel.: 299-343434 Fax: 299-327288
Web: www.greenland-guide.dk/gla/

ICAO-Code / IATA-Code	IATA-Nr.	Länderkennung	ICAO-Callsign
GRL (GL)	631	OY	Greenlandair

Groenlandsfly wurde 1960 gegründet um eine Versorgung der Insel auch aus der Luft zu sichern. Grönland ist als dänische Provinz wesentlich größer als das Mutterland, jedoch witterungsbedingt nur gering bevölkert. Anteile an der Gesellschaft hatte die Regierung, Royal Greenland Trading, Kryolit Mining Co. und SAS als staatliche Fluggesellschaft. Zur Erkundung der Eisfelder wurden zunächst DC-4 eingesetzt, die auch bedingt Transportaufgaben erfüllten. Für weitere Aufgaben konnten auch PBY Catalinas geleast werden, da es nur wenige Flugfelder auf Grönland gab und zur Versorgung in der Nähe von Ansiedlungen gewassert wurde. Godthaab (heute Nuuk) und Sondre Stromfjord waren die einzigen befestigten Plätze, gleichzeitig aber auch von der NATO militärisch genutzt. Eine Anzahl Hubschrauber erwies sich als geeignet die Versorgung der Siedlungen zu übernehmen, zwar ist diese Art von Versorgung wesentlich teurer als mit Flächenflugzeugen jedoch entfällt die Anlage von Flugfeldern. Besonders bewährten sich auch die DHC-6 Twin Otter und die Dash 7 mit ihren Kurzstart-Landeeigenschaften wie geschaffen für kurze Pisten, die auch teilweise nur mit Schotter und im Winter mit Eis bedeckt waren. Die Aufgaben von Groenlandsfly können nicht mit dem Flugbetrieb herkömmlicher Gesellschaften verglichen werden. Neben zahlreichen kleineren Hubschraubern spielt sie Sikorsky S61 auch für den Personentransport eine wichtige Rolle, können doch 25 Passagiere befördert werden. Ambulanz, Rettungs- und Aufklärungsflüge sind auch ein wesentlicher Schwerpunkt der Gesellschaft. 1998 wurde eine Boeing 757 beschafft, die aber 2002 durch den grösseren Airbus A330 ergänzt wurde. Mit Einführung des Airbus wurde auch der Name in Air Greenland geändert und ein neues Farbschema eingeführt. Neben den Linienflügen sind auch Urlaubsflüge nach Grönland, von Grönland nach Kanada, die USA und Europa möglich.

Routen

Aasiaat, Alluitsup Paa, Groennedaal, Ilulissat, Kangerlussuaq, Kopenhagen, Kulusuk, Maniitsoq, Nanortalik, Narsaq, Narsasuaq, Neerlerit Inaat, Nuuk, Paamiut, Pituffik, Qaarsut, Qaqortoq, Qasigiannguit, Qeqertarsuaq, Reykjavik, Sisimiut, Upernavik, Uummannaq werden linienmäßig bedient. Charterflüge in die USA bis nach Florida, nach Kanada oder ans Mittelmeer

Flotte

- 1 Airbus A330
- 2 (Bombardier) DeHavilland DHC-6 Twin Otter
- 6 (Bombardier) DeHavilland DHC-7 Dash 7
- 1 Boeing 757-200

Foto: Boeing 747-400 VT-EVB (Ken Petersen / New York-JFK)

AIR INDIA

Air India Buildg. 218 Backbay Rec. Nairnam Point, Mumbai 40021, Indien
Tel.: 022-2024142 Fax: 022-2024897
E-Mail: info@airindia.com Web: www.airindia.com

ICAO-Code / IATA-Code	IATA-Nr.	Länderkennung	ICAO-Callsign
AIC (AI)	098	VT	Airindia

Im Juli 1932 wurde TATA Air gegründet. Nach der Unabhängigkeit übernahm die Gesellschaft am 29.7.1946 den Namen Air India. 1948 wurde der regelmässige Flugverkehr, mit Lockheed Constellation, nach London aufgenommen. Im Jahre 1953 wurde der gesamte indische Luftverkehr unter staatliche Kontrolle gestellt. Am 18.2.1960 erhielt Air India die erste Boeing 707 mit welcher auch der Flugverkehr über Europa nach New York aufgenommen werden konnte. Das erste Großraumflugzeug vom Typ Boeing 747 wurde dann im Jahre 1971 geliefert. Mit diesem Typ wurde der Liniendienst nach London, Frankfurt und New York bedient, wobei Frankfurt ab 1973 im Flugplan der Air India verzeichnet war. Ab August 1980 verfügte Air India auch über Airbus-Flugzeuge, die A 300 ersetzten die Boeing 707. 1989 war das Jahr der Umstrukturierung bei Indiens Flagcarrier, da auch die Flugzeuge eine "modernere" Bemalung erhielten. Ende 1993 wurde Air India die ersten Boeing 747-400geliefert, allerdings wieder in der "alten" Bemalung, da das neue Farbschema von den Kunden nicht akzeptiert wurde. Drastische Sparmassnahmen zwangen Air India Ende des abgelaufenen Jahrhunderts zu erheblichen Einschränkungen und zur Aufgabe von einigen Strecken, so auch nach Europa und zur Flottenreduzierung. Die immer wieder geplante Teilprivatisierung wurde weiter zurückgestellt. An Air Mauritius ist Air India mit knapp 3% beteiligt, einer Allianz gehört Air India nicht an. Man arbeit jedoch mit Air France, Air Mauritius, Austrian Airlines, Malaysia Airlines, SAS, Singapore Airlines und anderen Gesellschaften zusamen.

Routen

Abu Dhabi, Ahmedabad, Amritsar, Bahrain, Bangalore, Bangkok, Chennai, Chicago, Dar-es-Salaam, Delhi, Dharan, Doha, Dubai, Frankfurt, Goa, Hongkong, Hyderabad, Jeddah, Kalkutta, Kuala Lumpur, Kuwait, London, Mauritius, Moskau, Mumbai, Muscat, Nairobi, New York, Osaka, Paris, Riad, Singapur, Sydney und Tokio.

Flotte

14 Airbus A310-300
2 Airbus A300B4
2 Boeing 747-300
6 Boeing 747-400

Foto: Airbus A 321 6Y-JMH (Stefan Schlick / Montego Bay)

AIR JAMAICA

72-76 Harbour Street, Kingston, Jamaica
Tel.: 809-9223460 Fax: 809-9220107
E-Mail: info@airjamaica.com Web: www.airjamaica.com

ICAO-Code / IATA-Code	IATA-Nr.	Länderkennung	ICAO-Callsign
AJM (JM)	201	6Y	Juliett Mike

Air Jamaica ist eine Gründung der Regierung des Inselstaates, zusammen mit Air Canada und wurde 1968 im Handelsregister eingetragen. Mit einer, von Air Canada, die für die technische Betreuung verantwortlich war, geleasten DC-9 wurde im April 1969 der Flugverkehr nach Miami und mit einer DC-8, ebenfalls von Air Canada, auch nach New York aufgenommen. London stand ab 1974 als einziges europäisches Ziel im Flugplan, diese Verbindung wurde jedoch nach einigen Jahren eingestellt. Die DC-8 war zu groß für die Bedürfnisse der Gesellschaft und wurde 1983 vom Airbus A300 abgelöst. Diese kamen dann nach USA und Kanada zum Einsatz. Boeing B-727 wurden für die Nah- und Mittelstrecken in der Karibik verwendet. Die lang erwartete Privatisierung erfolgte im Mai 1994, wobei die Regierung sich von 75% der Anteile trennte. Eine fällige Reorganisation brachte an sichtbaren Ergebnissen eine neue Farbgebung und auch neue Flugzeuge mit sich. Mit Airbus A310 wurde 1996 auch die London-Strecke wieder neu eröffnet und 1999 auf den moderneren Airbus A340 umgestellt. Die Regionaldienste übernahm ab 1996 eine eigens gegründete 100% ige Tochtergesellschaft. Air Jamaica Express fliegt mit Dornier 228 ;DHC-6 und DHC-8 zu den vier Inselflughäfen von Jamaika. Mit neuen Airbus A320 und A321 konnte 1999 auch die letzten Boeing B-727 abgelöst werden, so dass Air Jamaica mit einer recht jungen Flotte operiert. Mit Air Canada und Delta Air Lines bestehen Kooperationsabkommen. Nach Ausmusterung der letzten MD-Flugzeuge verfügt Air Jamaica über eine reine Airbus-Flotte. Im neuen Jahrtausend wurden vor allen Dingen die Strecken in die USA und Kanada stark ausgeweitet, aber auch Europa wird zunehmend wichtiger.

Routen

Atlanta, Baltimore, Barbados, Bonaire, Boston, Chicago,Curacao, Fort Lauderdale,Grand Cayman, Grenada, Havanna, Houston, Kingston, London, Los Angeles, Miami, Montego Bay, Nassau, Negril, New York, Ochos Rios, Orlando, Philadelphia, Port Antonio, Port au Prince, Santo Domingo, St. Lucia, Toronto

Flotte

4 Airbus A310-300
2 Airbus A340-300
8 Airbus A320-200
3 Airbus A321

Foto: Airbus A310-300 UN3101 (Sammlung Autor)

AIR KAZAKSTAN

Ul Ogareva 14, Almaty 480079, Kasachstan
Tel.: 3272-570116 Fax: 3272-572503
E-Mail: mail@airkaz.com Web: www.airkaz.com

ICAO-Code / IATA-Code	IATA-Nr.	Länderkennung	ICAO-Callsign
KZK (9Y)	452	UN	Air Kazakstan

Die staatliche Air Kazakstan ging 1996 aus der Kazakstan Airlines hervor. Diese, ebenfalls staatliche, Gesellschaft ging bankrott und wurde praktisch reorganisiert. Nach der Unabhängigkeit von der ehemaligen Sowjetunion wurde das regionale Aeroflot Direktorat aufgelöst und es bildeten sich etwa 15 neue Fluggesellschaften, wobei Kazakstan Airlines die grösste war. Gleichzeitig wurde sie zum einzigen "Flagcarrier" des neuen Staates bestimmt. Vielfältige Aktivitäten im Linien- und Charterbereich öffneten das Land auch für die ersten westlichen Flugzeugtypen. So kamen Boeing 757, Boeing 747SP und Boeing 767 zum Einsatz, auch mit der Hoffnung, dass Passagiere aus Westeuropa Almaty als Drehscheibe für den Weiterflug nach Asien nutzen könnten. Nach einigen Jahren gerieten Land und Fluggesellschaft jedoch in die Krise. Kazakstan Airlines wurde praktisch aufgelöst, die Leasingverträge für westlichen Typen gekündigt, das Streckennetz, die Anzahl der Flugzeuge und auch die Mitarbeiterzahl wurden drastisch eingeschränkt. Konsolidierung wurde auch hier zu einem wichtigen Begriff und sollte die Fluggesellschaft für eine Teilprivatisierung vorbereiten. Die grösste Bank des Landes übernahm auch die Hälfte der staatlichen Anteile. Anfang 2000 wurden wieder zwei Airbus A310 geleast, weitere Boeing 737-200 kamen ebenfalls hinzu und lösten die ältesten Tu-134 und Tu-154 ab.

Routen

Aktau, Aktyubinsk, Almaty, Astana, Atyrau, Baku, Bangkok, Beijing, Budapest, Delhi, Dubai, Frankfurt, Hannover, Istanbul, Karaganda, Kostanay, Mineralnye Vody, Moskau, Novosibirsk, Seoul, Sharjah, St. Petersburg, Taschkent, Tel Aviv

Flotte

2 Airbus A310-300
24 Antonow An-24
5 Boeing B-737-200
3 Iljuschin IL-76TD
6 Iljuschin IL-86
2 Tupolew Tu-134
9 Tupolew Tu-154

Foto: Tupolev Tu-154 P-552 (Sammlung Autor)

AIR KORYO

Sunan Distrikt, Pjönjang, Volksrepublik Korea
Tel.: 37917 Fax: 4571
Web: www.airkoryo.com

ICAO-Code / IATA-Code	IATA-Nr.	Länderkennung	ICAO-Callsign
KCA (JS)	120	P	Airkoryo

1954 wurde Choson Minhang (CAAK) vom Staat gegründet, um eine eigene Fluggesellschaft zu haben. Bereits 1950 installierten die sowjetische Aeroflot, zusammen mit Nordkorea, die gemeinsame SOKAO und rüsteten diese mit IL-12 und auch Antonov An-2 aus. Mit der Gründung von CAAK übernahm diese die sowjetischen Anteile und auch die Flugzeuge. So kamen IL-14 und später IL-18 zum Einsatz. Stets wurden nur sowjetische Flugzeuge eingesetzt da Russland Nordkorea massiv unterstüzte. Auch der erste Jet in Form einer Tupolev Tu-154 die 1975 geliefert wurde war eine Wirtschaftshilfe. Weitere Muster folgten 1979 und 1982. Diese kamen auch auf Langstrecken, so nach Ost-Berlin oder Prag zum Einsatz, einige Zwischenstops waren dazu notwendig. Mit Lieferung der Iljuschin IL-62 erhielt man auch ein Fluggerät für die Langstrecken und schaffte die Strecke von Pjönjang nach Moskau non-stop. 1993 vollzog sich eine Wandlung: aus Choson Minhang wurde Air Koryo. Neben den Passagierdiensten wurden auch Frachtflüge durchgeführt. Air Koryo erfüllte darüber hinaus noch verschiedene staatliche Aufgaben und hatte auch die Abfertigung an allen Flughäfen im Lande übernommen. Basis ist der Flughafen der Hauptstadt Pjönjang. Im Herbst 1996 wurde eine neue Linienverbindung nach Macau eröffnet, auch Shenyang steht seit 2000 in den Flugplänen. Mit DHL International besteht ein Abkommen für den gemeinsamen Vertrieb im Dokumenten- und Frachtdienst. Wegen fehlender Devisen für Ersatzteile wurden einige Flugzeuge ausgemustert und die Flotte ab 2001 insgesamt reduziert.

Routen

Regelmäßige Flüge nach Bangkok, Beijing, Macau, Moskau, Shenyang und Wladiwostock. Charterflüge nach Osteuropa und den GUS-Staaten, Regionaldienste nach Chongsin, Hamhun, Kaesong, Kilchu, Kanggyae, Sinuiju und Wonsan.

Flotte

5 Antonov An-24
2 Iljuschin IL-18
4 Iljuschin IL-62
3 Iljuschin IL-76MD
3 Tupolev Tu-134B
3 Tupolev Tu-154B

Foto: ATR-42 F-GPYO (Josef Krauthäuser / München)

AIR LITTORAL

Le Millenaire II, 417 Rue Samuel Morse, 34961 Cedex 2 Montpellier, Frankreich
Tel.: +33 467206720 Fax: +33 467641061
Web: www.air-littoral.fr

ICAO-Code / IATA-Code	IATA-Nr.	Länderkennung	ICAO-Callsign
LIT (FU)	659	F	Air Littoral

1972 wurde in Le Castellet Air Littoral als Regionalfluggesellschaft gegründet. Mit zwei BN Islander konnte der Flugbetrieb Anfang 1972 von Montpellier nach Nizza aufgenommen werden. Auch auf der Insel Korsika wurde Air Littoral tätig und bediente dort einige Regionalstrecken. 1976 erfolgt der Umzug an den neuen Firmensitz in Montpellier und 1981 eröffnet Air Littoral als erster Regionalcarrier eine Verbindung nach Italien. Zum Einsatz kam hier die Fokker F 27. Weiterhin zur Flotte gehörten auch Beechcraft 1900, Embraer 110 und Nord 262. Ab 1985 setzteAir Littoral, als erste Fluggesellschaft weltweit, die neue ATR-42 ein und bediente damit die Route von Beziers nach Paris. Die Fusion mit Compagnie Aerienne du Languedoc im Jahre 1987 bringt einen Zuwachs an Routen, Flugzeugen und Mitarbeitern. 1990 erhält Air Littoral mit der Fokker 100 den ersten Jet und KLM steigt als Partner mit einer finanziellen Beteiligung ein. Mit einer ersten Canadair CRJ im Jahre 1993 werden ältere Propellerflugzeuge ausgemustert und weitere Strecken nach Deutschland und Spanien aufgenommen. Dieses führt 1995 zur Errichtung eines ersten Hubs in Montpellier über das nunmehr die meisten Flüge geführt werden. Mit Einführung der neuen Farben wird auch ein Jahr später ein zweites Hub in Nizza erfolgreich aufgebaut. Einen weiteren Ausbau der Gesellschaft verspricht im Jahre 1998 die Beteiligung der SAir Group die von KLM die Anteile übernimmt. Codeshare Abkommen mit Swissair und Sabena führen aber im Jahre 2000 nicht zum erwarteten Erfolg, sondern Air Littoral wird auch in den Strudel der Turbulenzen der SAir Group gezogen. Eine von SAir geplante Fusion mit Air Liberte und AOM zur zweitgrössten Gesellschaft in Frankreich scheitern. Neue Beteiligungen sorgen aber im Jahre 2001 für einen Ausweg und führen zum Verlassen der SAir Group.Die Flotte wird mit Fokker 70 , Canadair CRJ und ATR-42 vereinheitlicht . Mit Air Algerie, Air One, Lufthansa, Spanair und Alpieagles werden neue Partner ausgewählt.

Routen

Ajaccio, Algier, Barcelona, Bastia, Beziers, Bologna, Bordeaux, Calvi, Figari, Florenz, Lille, Lyon, Madrid, Marseille, Montpellier, München, Nantes, Neapel, Nizza, Nimes, Paris, Rom, Straßburg, Toulouse, Venedig, Zürich

Flotte

15 ATR-42-500
15 Canadair CRJ-100
5 Fokker 70

Foto: Lockheed L-1011-550 CS-TMP (Martin Kühn / Palma de Mallorca)

AIR LUXOR

Air Luxor Plaza, Av.da Republica 101 Lissabon, Portugal
Tel.: 1-210026890 Fax: 1-210026888
Web: www.airluxor.com

ICAO-Code / IATA-Code	IATA-Nr.	Länderkennung	ICAO-Callsign
LXR(LK)	-	CS	Air Luxor

Die von der Mirpuri Gruppe bereits im Jahre 1988 gegründete Air Luxor war zunächst in der Geschäftsfliegerei aktiv, später auch mit dem Transport von Kuriersendungen und der Ambulanzfliegerei. Im Jahre 1997 kam dann, sozusagen als dritte Abteilung auch der Einsatz im Urlauber- und Charterflug. Mit einer Lockheed L-1011-500 TriStar startete man unter anderem mit regelmässigen Charterflügen nach Macau. Weiterer Schwerpunkt lag bei Flügen ab Paris, Lissabon und Faro in die USA und zu den Kapverdischen Inseln. Ab 1999 wurden einige dieser Verbindungen als Linienflüge etabliert. Da für einige dieser Flüge der TriStar zu gross und unflexibel war, erwarb Air Luxor auch einige Airbus A 320. Nunmehr war man auch besser in der Lage den europäischen Markt zu bedienen. In den Sommermonaten wurden deshalb vermehrt Charterketten nach Faro oder Funchal verkauft. Man erwarb als langfristigen Ersatz für die TriStar, der nur noch von wenigen Betreiber genutzt wird eine BGoeing 767. Neben den regelmässigen Charterflügen spezialisierte sich Air Luxor auch auf ad hoc-und Frachtcharter und ist dabei weltweit aktiv.

Routen

Lissabon, Faro, Funchal, Paris, Sal, weitere ad hoc Charter, sowohl für Passagiere als auch Fracht.

Flotte

3 Airbus A320
1 Boeing 767-200ER
1 Lockheed L-1011-500

Foto: Airbus A319-100 B-MAL (Jan Alexander Lück / Hamburg)

AIR MACAU

P.O.Box 1910, Macau, China
Tel.: 396-6888 Fax: 396-6866
Web: www.airmacau.com.mo

ICAO-Code / IATA-Code	IATA-Nr.	Länderkennung	ICAO-Callsign
AMU(MX)	675	B	Air Macau

Der erste Airbus vom Typ A321 landete am 5. November 1995 auf dem neuen Flughafen der damals portugiesischen Kolonie Macau vor den Toren Chinas. Die Eröffnung des Flughafens erfolgte mit Aufnahme des Flugbetriebs der Air Macau am 8. November 1995. Air Macau wurde ein Jahr vorher, im Oktober 1994, gegründet und gehört der mehrheitlich chinesichen Macon Aviation Services Company (MASC), die wiederum von CAAC und lokalen Investoren kontrolliert wird. Einen geringen Anteil am Kapital hat auch TAP-Air Portugal. Bei der Leasinggesellschaft ILFC wurden je zwei Airbus A320 und A321 bestellt. Anfang 1996 erfolgte die Ablieferung der vier Airbus-Flugzeuge, die auf den regionalen Strecken eingesetzt werden. Zum Jahreswechsel 1999/2000 hatte China Macau übernommen und beließ es als Sonderwirtschaftszone einem besonderen Status wie auch bereits Hongkong. Insofern änderte sich auch am Status der Air Macau nichts, da diese bis einschliesslich 2020 einen Vertrag mit der chinesischen Regierung hat der ihr den Status eines Flagcarriers zusichert. Die finanziellen Verhältnisse haben sich jedoch nach China orientiert, da es keine portugiesischen Anteile mehr gibt. Air Macau steht mit Dragonair im direkten Konkurrenzkampf um die Gunst der Passagiere aus Taiwan, denn nur beide Gesellschaften dürfen diese Strecke direkt bedienen.

Routen

Bangkok, Beijing, Chongqing, Fuzhou, Guilin, Haikou, Kunming, Kaoshiung, Manila, Nanjing, Ningbo, Qingdao, Shanghai, Taiphei, Wuhan, Xiamen und Zhengzhou

Flotte	Bestellt
3 Airbus A319	2 Airbus A319
3 Airbus A320-200	2 Airbus A330
5 Airbus A321-100/200	

Foto: Boeing 737-200 5R-MFH (Jörg Dieter Zmich / Johannesburg)

AIR MADAGASCAR

31 Ave. de l'Independence, BP 437, Antanaraivo, 101 Republik Madagaskar
Tel. 22222 Fax. 25728
Web: www.air-mad.com

ICAO-Code / IATA-Code	IATA-Nr.	Länderkennung	ICAO-Callsign
MDG (MD)	258	5R	Madair

Gegründet wurde Air Madagascar im Januar 1961, ein Jahr nach der Unabhängigkeit des Staates, von Air France und der Regierung von Madagascar, sowie mit Beteiligung der "alten" Air Madagascar, welche schon seit 1947 existierte. Die von Air France durchgeführten Inlandsflüge wurden mit den entsprechenden Flugzeugen als Beteiligung in die neue Gesellschaft eingebracht. Eine erste internationale Route führte über Djibouti und Marseille nach Paris. Zum Einsatz kamen auf dieser Strecke Boeing 707. Weitere Flugzeuge in der ersten Zeit waren DC-3 und DC-4, 1979 kam mit der Boeing 747-200 SCD, das erste und einzige Großraumflugzeug zur Flotte. Mit dem Erwerb einer Boeing 737-300 wurden 1995 die regionalen Routen ausgeweitet, man flog nun zu mehr Zielen im Süden Afrikas. Auch nach Europa wurden neue Strecken eröffnet. 1998 erhielt Air Madagascar eine Boeing 767-300 für die Langstrecken, langfristig sollen weitere Maschinen dieses Typs die Flotte er-neuern. Die Basis und auch ein Werftbetrieb hat Air Madagascar am Flughafen der Hauptstadt Antananarivo. Mit Air Mauritius und Air France arbeitet Air Madagascar eng zusammen, letzte ist auch mit 3% am Kapital der Gesellschaft beteiligt. Die Regierung bereitet die Privatisierung von Air Madagascar bis zum Jahre 2005 vor.

Routen

Ambanja, Ambatomainty, Ambilobe, Analalava, Antalaha, Antsiranana, Belo, Besalampy, Doany, Farafangana, Fort Dauphin, Johannesburg, Mahanoro, Mahe, Maintirano, Majunga, Mampikony, Manakara, Mananara, Mananjary, Mandritsara, Manja, Mauritius, Morafenobe, Morombe, Morondava, Moroni, Nairobi, Nossi-Be, Paris, Port Berge, Rom, Sambava, Singapur, Soalala, St.Denis, Ste.Marie, St. Pierre, Tambohorano, Tulear, Vatomandry, Vohemar

Flotte

3 ATR-42
2 Boeing 737-200
1 Boeing 737-300
1 Boeing 767-300ER
3 (Bombardier) DeHavilland DHC-6

Foto: ATR-42 7Q-YKQ (Bastian Hilker / Harare)

AIR MALAWI

4 Robins Road, P.O.Box 84 Blantyre, Malawi
Tel.: 265-620811 Fax: 265-620042
E-Mail: enquiries@airmalawi.net Web: www.airmalawi.net

ICAO-Code / IATA-Code	IATA-Nr.	Länderkennung	ICAO-Callsign
AML(QM)	167	7Q	Malawi

Air Malawi konnte bereits im Jahre der Unabhängigkeit von Großbritannien, 1964, von der Regierung des neuen Staates gegründet werden. Für die Durchführung der Flüge mit DC-3 und das Management war zunächst Central African Airways bis zur völligen Eigenständigkeit im Jahre 1967 verantwortlich. Mit Vickers Viscount wurden regionale Strecken bedient, erstes Jetflugzeug war die englische BAC 1-11 mit der ab 1972 von Blantyre aus nach Salisbury (heute Harare), Johannesburg und Nairobi geflogen wurde. Am 3. Dezember 1974 konnte dann mit einer VC-10 auch erstmals London in das Streckennetz einbezogen werden. Der Vickers Viscount folgte die HS 748, BN-Islander oder die Short Skyvan, bis Anfang der 90'er Jahre moderne Flugzeuge vom Typ ATR-42 und Boeing 737-300 Eingang in die kleine Flotte des Nationalcarriers fanden. Eine enge Zusammenarbeit besteht mit Air Tanzania, ebenso hat Air Malawi ein eigenes Vielfliegerprogramm aufgelegt. Die Basis ist am Flughafen Blantyre-Chileka mit einer eigener Werft. Hier werden auch für andere Gesellschaften Überholungen und Wartungsarbeiten vorgenommen. Darüber hinaus ist Air Malawi mit der eigenen Handlinggesellschaft Lihaco für die Abfertigungen der Flugzeuge an den Flughäfen von Lilongwe und Chileka verantwortlich.

Routen

Blantyre, Chileka, Club Makokola, Dar-es-Salaam, Harare, Johannesburg, Karonga, Lilongwe, Lusaka, Mzuzu, Nairobi

Flotte

1 ATR-42
2 Boeing 737-300

Foto: Boeing 737-300 9H-ADL (Florian Morasch / Amsterdam)

AIR MALTA

Luqa Airport LQA 05 Malta, Republik Malta
Tel.: 6229990 Fax: 6673241
Web: www.airmalta.com

ICAO-Code / IATA-Code	IATA-Nr.	Länderkennung	ICAO-Callsign
AMC (KM)	643	9H	Air Malta

Air Malta ist die nationale Fluglinie der Inselrepublik Malta und existiert seit März 1973 auf Beschluss der Regierung. Die erste Verbindung war Malta-Rom ab 1. April 1973. Air Malta setzte von Anfang des Flugbetriebes an nur Strahlflugzeuge ein. Das Streckennetz wurde ausgebaut und regelmässige Flüge, auch im Charterverkehr, führten nach London, Amsterdam, Paris, Zürich, München, Kairo und Tripolis. Zum Einsatz kamen Boeing 720, die ab 1978 durch Boeing 737-200 ergänzt, später ersetzt wurden. Ab Frühjahr 1990 wurde der Airbus A320 als neuestes Muster in die Flotte übernommen. Mit Einführung dieses Typs veränderte Air Malta auch das Erscheinungsbild und das Farbschema ihrer Flugzeuge. Nur einige Jahre waren die Avro RJ 70, ab September 1994 bis Mitte 1998, im Einsatz. Dann wurden Boeing 737-300 bestellt und die Avro's gingen an Azzurra Air, einer italienischen Gesellschaft an der Air Malta mit 48% beteiligt ist. Weitere Beteiligungen gibt es an Mediterranean Aviation und an Malta Air Charter. Letztere betreibt mit Mil-Mi 8 Hubschraubern den Zubringerverkehr zur kleineren Schwesterinsel Gozo. Im Rahmen eines Flottenerneuerungsprogrammes hat sich Air Malta im Frühjahr 2003 für Airbus entschieden.

Routen

Abu Dhabi, Amsterdam, Athen, Bahrain, Barcelona, Beirut, Berlin, Birmingham, Brüssel, Budapest, Casablanca, Catania, Damaskus, Dubai, Dublin, Düsseldorf, Frankfurt, Genf, Glasgow, Göteborg, Gozo, Hamburg, Istanbul, Kairo, Kopenhagen, Larnaca, Lissabon, London, Lyon, Mailand, Manchester, Marseille, Moskau, München, Oslo, Palermo, Paris, Prag, Rom, Stockholm, Stuttgart, Tel Aviv, Thessaloniki, Tripoli, Tunis, Wien und Zürich

Flotte		Bestellt
4 Airbus A320-200	4 Boeing 737-400	7 Airbus A319
2 Boeing 737-200		5 Airbus A320
7 Boeing 737-300		

Foto: Dornier Do228 V7-9206 (Sammlung Autor)

AIR MARSHALL ISLANDS

P.O.Box 1319 Majuro 96960, Republik der Marshallinseln
Tel.: 6253731 Fax: 6253730

ICAO-Code / IATA-Code	IATA-Nr.	Länderkennung	ICAO-Callsign
MRS (CW)	778	V7	Marshallislands

1980 wurde eine unabhängige staatliche Fluggesellschaft gegründet, die bessere Verkehrsverbindungen der einzelnen Inseln des Staatsgebietes, mit der Hauptinsel Majuro schaffen sollte. Mit GAF-Nomad wurde der Flugverkehr aufgenommen. Die wichtigste Route ist von Majuro nach Kwajalein, wo eine amerikanische Raketenbasis und auch ein Luftwaffenstützpunkt ist. Mit einer geleasten DC-8-62 wurde Mitte der 90'er Jahre auch eine touristische Infrastruktur erschlossen, vor allem sollten Touristen aus den USA ins Land gebracht werden. Nach kurzer Zeit wurde dieser Flug jedoch eingestellt, weil die einzelne DC-8 zu kostenintensiv war. Die GAF-Nomad wurden durch Dornier Do 228, welche 1984 und 1985 geliefert wurden, ersetzt. Die Umbenennung in Air Marshall Islands erfolgte 1993. Mit der Saab 2000 traf 1995 ein Regionalflugzeug neuer Generation ein, welche langfristig ältere Flugzeuge ersetzen sollte. Nachdem dieser Typ aber nicht mehr gebaut wurde und auch für die Bedürfnisse der Gesellschaft nicht so recht geeignet war, entschloss man sich einige Fairchild-Dornier 328 zu bestellen. Aus Kostengründen stellte man jedoch Anfang 2000 die Auslieferung zurück und bedient weiterhin mit den relativ alten Flugzeugen die bestehenden Routen.

Routen

Ailuk Island, Airok, Auckland, Aur Island, Bikini Atoll, Brisbane, Ebon, Ine Island, Jabot, Jeh, Kwajalein, Liekip Island, Loen, Majkin, Mili Island, Namdrik Island, Tarawa, Woja und Wotje Island

Flotte

2 Fairchild-Dornier Do 228

Foto: Boeing 737-700 5T-CLK (Sammlung Autor / Paris-CDG)

AIR MAURITANIE

B.P.41, Nouakchott 174, Islamische Republik Mauretanien
Tel.: 222- 525 2721 Fax: 222-5256470
Web: www.airmauritanie.mr

ICAO-Code / IATA-Code	IATA-Nr.	Länderkennung	ICAO-Callsign
MRT (MR)	174	5T	Air Mauretania

Mauretaniens "National Carrier" wurde 1962 vom Staat gegründet und startete im Oktober des Jahres 1963 den Flugbetrieb mit Fokker F27. Diese wurden von Spantax übernommen, wobei diese Gesellschaft in den ersten Jahren auch technische Unterstützung leistete. Seit 1983 waren dann zwei Fokker F28 im Einsatz. Air Afrique ist am Kapital der Gesellschaft mit 20% beteiligt und mit Iberia und Royal Air Maroc arbeitet man bei Flügen nach Gran Canaria und Casablanca als Partner zusammen. Die kleine Flotte wurde Ende 1996 mit Eintreffen der ATR-42 erneuert, aus Kostengründen Ende 1998 aber an den Leasinggeber retourniert und wieder eine Fokker F28 beschafft. Die Basis ist am Internationalen Flughafen in Nouakchott. Im Jahre 2002 eröffnete Air Mauritanie eine Verbindung nach Paris. Die Reichweite der Fokker 28 war jedoch nicht geeignet für diese Strecke und eine Boeing 737-700 wurde geleast.

Routen

Abidjan, Aioun, Bamako, Casablanca, Cotonou, Dakar, Kiffa, Las Palmas, Paris-CDG, Nema, Nouadhibou, Nouakchott, Selibaby, Tidjikja und Zouerate

Flotte

1 Boeing 737-700
1 Fokker F28

Foto: Boeing 767-300ER 3B-NAK (Marcus Baltes / Frankfurt)

AIR MAURITIUS

Rogers House 5, President John Kennedy Street, Port Louis, Mauritius
Tel.: 2087700 Fax: 2088331
Web: www.air-mauritius.com

ICAO-Code / IATA-Code	IATA-Nr.	Länderkennung	ICAO-Callsign
MAU (MK)	239	3B	Airmauritius

Gegründet am 14. Juni 1967, war Air Mauritius zunächst als Handling Agent tätig. Nach der Unabhängigkeit Mauritius vom britischen Commonwealth 1976, war die Notwendigkeit einer eigenen Fluggesellschaft vorhanden. Mit Hilfe der Regierung, von Air India, British Airways und auch der Unterstützung durch Air France wurde mit einer Piper PA-31 der Flugbetrieb aufgebaut. Erstes Ziel war die Insel Rodrigues, etwa 600 km von der Hauptinsel entfernt. Das war im Jahre 1972, 1973 wurde in Zusammenarbeit mit Air India und deren Fluggerät eine Verbindung nach Bombay eingerichtet, ebenso verfuhr man mit Flügen nach London, die auch mit tageweise geleasten Flugzeugen durchgeführt wurden. Erst am 31.10.1977 nahm Air Mauritius eine Boeing 707 in eigenen Farben in Empfang. Im April 1978 wurde Rom ins Streckennetz aufgenommen, 1981 folgten Durban, Johannesburg, Nairobi und Antananaraivo, im Jahre 1983 dann Jeddah und Zürich. Von SAA wurde 1984 eine Boeing 747SP geleast, um Flüge non-stop nach Paris aufnehmen zu können. Weitere neue Ziele wurden ab April 1987 München und Singapur. Die Flüge werden inzwischen mehrmals wöchentlich durchgeführt, da Mauritius als Ferienziel stark nachgefragt wird. Die Boeing 707 konnte 1988 durch neue Boeing 767 ersetzt werden. Neuestes Fluggerät für Langstrecken ist der Airbus A340. Dieser kam ab 1994 zur Flotte, die in einer eigenen Werft am Sir Seewoosagur Ramgoolam International Airport auch betreut werden. 2002 kamen zwei neue Flugzeugtypen zur Flotte, eine ATR-72 und auch der erste Airbus A319.

Routen

Antananavivo, Brüssel, Chennai, Delhi, Dubai, Durban, Frankfurt, Genf, Harare, Hongkong, Jeddah, Johannesburg, Kapstadt, Kuala Lumpur, London, Mahe, Manchester, Mailand, Melbourne, Mumbai, München, Nairobi, Paris, Perth, Rodrigues, Rom, Singapur, St.Denise de la Reunion, St. Pierre de la Reunion, Wien, Zürich

Flotte

3 ATR42
1 ATR-72
2 Airbus A319-100
5 Airbus A340-300
2 Boeing 767-200ER

Foto: Tupolev Tu-134A ER-65140 (Bastian Hilker / Larnaca)

AIR MOLDOVA

Airport, 2026 Kishinev, Moldawien
Tel.: 2-525502 Fax: 2-526051
E-Mail: office@airmoldava.md Web: www.airmoldova.md

ICAO-Code / IATA-Code	IATA-Nr.	Länderkennung	ICAO-Callsign
MLD (9U)	572	ER	Air Moldova

Auch die ehemalige Sowjetrepublik Moldawien, an der Grenze zu Rumänien gelegen, erklärte sich 1992 für unabhängig und bestand auf eine eigenständige Fluggesellschaft. Bereits im Mai 1992 wurde die regelmässige Verbindung von Kishinev nach Frankfurt aufgenommen. Zum Einsatz kamen Tu-134A oder Tu-154. Auch im Charter- und Frachtgeschäft ist man tätig. Mit der An-24 werden regionale Flüge durchgeführt, während die An-26 für die Frachttransporte eingesetzt werden. Die Flotte konnte man 1995 um einige Einheiten ergänzen. Nach der schweren Staats- und Wirtschaftskrise Ende der 90'er Jahre, nahm auch die Intensität des Flugverkehrs in dieser Region ab. Die Tu-154 wurden verkauft um Devisen zu erhalten, der Rest der Flotte wieder reduziert und zahlreiche Linien eingestellt. Mit Balkan Bulgarian Airlines arbeitete Air Moldova bis zu deren Bankrott zusammen. Eine Teilprivatisierung erfolgte im Jahre 2001 als 49% der Anteile an eine halbstaatliche Investmentgesellschaft abgegeben wurden. Westliches Fluggerät wurde gemietet und weitere Tu-134 stillgelegt. Die russische Transaero ist neuer Partner und für einige Strecken hat man ein Codeshareabkommen. Auch im Urlaubscharter ist Air Moldava aktiv, besonders in der Sommersaison gibt es Flüge an die Schwarzmeerküste.

Routen

Amman, Antalya, Athen, Beirut, Bukarest, Burgas, Frankfurt, Istanbul, Larnaca, Minsk, Moskau, Paris, Sofia, Prag, Rostov, Thessaloniki, Varna, Wien

Flotte		Bestellt
6 Antonov An-24/26	8 Tupolev Tu-134A	
1 Embraer EMB 120		
1 Embraer EMB 145		

Foto: Beechcraft 1900 V5-LTC (Sammlung Josef Krauthäuser)

AIR NAMIBIA

P.O.Box 731, Windhoek 9100, Namibia
Tel.: 061-223019 Fax: 061-221910
E-Mail: holidays@airnamibia.com.na Web: www.airnamibia.com.na

ICAO-Code / IATA-Code	IATA-Nr.	Länderkennung	ICAO-Callsign
NMB (SW)	186	V5	Namibair

Obwohl die Gesellschaft bereits 1947 gegründet wurde, trat sie doch erst nach der Unabhängigkeit des ehemaligen "Südwestafrika" als Nationalcarrier von Namibia in Erscheinung. Nach der Gründung als South-West-Airtransport wurden mit DC-3 regelmässige Flüge ab Windhoek nach Swakopmuk aufgenommen. 1959 wurde die Oryx Aviation übernommen und der Name in Suidwes Lugdiens geändert. Eine weitere Übernahme erfolgte Ende der sechziger Jahre mit der Chartergesellschaft Namib Air Pty. LT. Der Name dieser Gesellschaft wurde im Jahre 1978 als neuer Firmenname übernommen. Am 24.4.1990 nahm Namib Air mit einer Boeing 747SP den regelmässigen Dienst nach Frankfurt auf. Im Jahre 1993 erfolgte eine erneute Änderung des Namens, Air Namibia war künftig National Flag Carrier. In diesem Jahr kaufte man auch von SAA eine weitere Boeing 747SP und erweiterte das Streckennetz. Neben den internationalen Diensten verkehrte Air Namibia auch zu regionalen Zielen im südlichen Afrika. Zum Einsatz kamen Beech 1900 und seit Mitte 1996 auch neue De Havilland DHC-8. Diese waren jedoch im Unterhalt zu teuer und wurden nach kurzer Zeit wieder abgegeben. Für die Boeing 747SP suchte man Ersatz und leaste 1988 eine Boeing 767-300. Mit dieser wurde auch das äußere Erscheinungsbild verändert und die Farben des Landes fanden sich auch in der Bemalung der Flugzeuge wieder. Diese B-767 war aber nur bis Ende 1999 im Einsatz und wurde von einer Boeing 747-400 abgelöst. Wegen der schlechten wirtschaftlichen Weltlage gingen auch die Flüge nach Namibia zurück. Deshalb scheint Air Namibia auf der Suche nach einem anderen Langstreckenflugzeug zu sein. Im Jahre 2002 war für einige Monate ein Airbus A330 gemietet, 2003 kam aber wieder die Boeing 747-400 zum Einsatz.

Routen

Von Windhoek nach Frankfurt, Johannesburg, Kapstadt, Keetmanshoop, Livingston, Luanda, Lüderitz, Lusaka, Maun, Mokuti Lodge, Ondangwa, Oranjemund, Rosh Pinah, Swakopmuk, Tsueb, Victoria Falls und Walvis Bay

Flotte

3 Beechcraft 1900
2 Boeing 737-200Adv.
1 Boeing 747-400

Foto: Boeing 737-400 VH-RON (Frank Schorr / Brisbane)

AIR NAURU

P.O. Box 40 Nauru Intl. Airport, Republik Nauru
Tel.: 444-3168 Fax: 444-3173

ICAO-Code / IATA-Code	IATA-Nr.	Länderkennung	ICAO-Callsign
RON (ON)	123	C2	Air Nauru

Air Nauru, Flagcarrier des kleinen pazifischen Inselstaates, wurde von der Regierung 1970 gegründet. Am 14. Februar 1970 konnte mit einer Dassault Mystere 20 der Flugverkehr nach Brisbane aufgenommen werden. Weitere Ziele waren Honaira und im folgenden Jahr Majuro, Marshall Islands und Tarawa auf den Gilbert Inseln. Eine Fokker 28 löste die Mystere im Januar 1972 ab. Mit dieser wurden neue Routen nach Japan und Guam aufgenommen. Boeing 737 und 727 führten zu einer weiteren Expansion. 1984 verfügte man über vier Boeing 737 und eine Boeing 727. Diese wurde aber 1985 ausser Dienst gestellt, so dass Air Nauru über eine kleine homogene Flotte verfügte. Weitere Strecken nach Manila, Hongkong, Auckland, Nadi, Taipeh oder Truk wurden aufgenommen. Eine Rezession und dadurch ausbleibende Passagiere schränkten den Verkehr und das Streckennetz Ende der 80'er Jahre stark ein. Hinzu kam der Einfluss von Qantas und Air New Zealand die ihrerseits expandierten. Zunächst ging man mit beiden eine Marketing Allianz ein. Die restlichen Boeing 737-200 wurden 1993 durch eine neue Boeing 737-400 ersetzt. Air Nauru kam unter die Hohheit der australischen Luftfahrtbehörden und operierte künftig mit einer australischen Lizenz. 2001 führte dies zu einer Aufhebung der Lizenz wegen angeblicher Sicherheitsmängel und zur Einstellung des Flugbetriebes. Auch Qantas setzte beim Partner die Daumenschrauben an und liess das einzige Flugzeug wegen nicht bezahlter Leasing- und Wartungskosten einige Wochen konfiszieren. Während dieser Zeit erweiterte Qantas seine Aktivitäten im gesamten pazifischen Raum und übernahm andere Gesellschaften. Air Nauru konnte, mit Unterstützung der Regierung, alle Fälligkeiten ausgleichen und auch die Lizenz wieder erlangen. Die Boeing 737-400 wurde ins australische Register übernommen.

Routen

Brisbane, Guam, Manila, Melbourne, Nadi, Pohnpei, Suva, Tarawa

Flotte

1 Boeing 737-400

Foto: Boeing 747-400 ZK-NBU (Martin Bach / London)

AIR NEW ZEALAND

Private Bag 92007, Auckland 1020, Neuseeland
Tel.: 9-3662400 Fax.: 9-3662401
E-Mail: info@airnz.co.nz Web: www.airnz.co.nz

ICAO-Code / IATA-Code	IATA-Nr.	Länderkennung	ICAO-Callsign
ANZ (NZ)	086	ZK	New Zealand

Die heutige Air New Zealand geht auf das Jahr 1939 zurück. Damals wurde die Tasman Empire Airways Ltd. (TEAL) gegründet. Mit Short S-30 Flugbooten wurde der regelmäßige Flugverkehr zwischen Australien und Auckland aufgenommen. Die Flugboote waren noch bis 1954 im Einsatz und wurden dann durch DC-6 abgelöst. 1965 startete TEAL mit dem Kauf von drei DC-8 Maschinen ins Jet-Zeitalter. Im Jahre 1965 wurde auch der Name von TEAL in Air New Zealand geändert. Neue Routen nach USA wurden erschlossen, 1978 die Inlandsfluggesellschaft NAC übernommen. DC-8 Flugzeuge wurden durch die grösseren DC-10 und Boeing 747 ergänzt, die letzte DC-8 verliess ANZ am 1.9.1989. Ab 31.10.1987 wurde erstmals Frankfurt, neben London einziges europäisches Ziel, bedient. Boeing 747-400 und Boeing 767 ergänzten ab 1992 die Flotte. ANZ wickelt , als Airlink-Dienste den Regionalverkehr über die 100% igen Tochtergesellschaften Mount Cook Airlines, Eagle Aviation und Air Nelson ab. 1996 beteiligte sich ANZ mit 50% am Kapital der australischen Ansett. In diesem Jahr wurde auch die aktuelle Bemalung der Flugzeuge eingeführt. Nach langen Verhandlungen erreichte ANZ Ende 1999 die komplette Übernahme von Ansett Airlines in Australien. Nach dem Zusammenbruch von Ansett geriet auch Air New Zealand 2001 in Schwierigkeiten. Eine Übernahme der Anteile von Singapore Airlines durch Qantas war strittig und so übernahm die Regierung wieder einen Anteil. Strecken wurden aus Kostengründen gestrichen und ältere Flugzeuge ausgemustert. Air New Zealand ist Mitglied der Star-Alliance.

Routen

Apia, Auckland, Brisbane, Cairns, Christchurch, Dunedin, Hong Kong, Honolulu, London, Los Angeles, Melbourne, Nadi, Nagoya, Norfolk Island, Noumea, Osaka, Papeete, Perth, Queenstown, Rarotonga, Singapur, Sydney, Taipeh, Tokio, Tongatapu, Wellington

Flotte

14 Boeing 737-300
8 Boeing 747-400
4 Boeing 767-200ER
10 Boeing 767-300ER

Foto: Boeing 737-500 (Thomas Kim / Tokio)

AIR NIPPON

2-3-1 Haneda Airport, Otak-ku, Tokio 144-0041, Japan
Tel.: 3-7476832 Fax: 3-32241406
Web: www.air-nippon.co.jp

ICAO-Code / IATA-Code	IATA-Nr.	Länderkennung	ICAO-Callsign
ANK (EL)	Ank Air	JA	Ank Air

Unter Führung des japanischen Wirtschaftsministeriums gründeten die drei führenden Fluggesellschaften des Landes Japan Air Lines, All Nippon Airways und TOA Domestic Airlines eine Regionalgesellschaft mit dem Namen Nihon Kinkyori Airways Company. Ziel der Gesellschaft sollte ein Flugbetrieb der zweiten Ebene sein, der kleinere Zentren im Norden und Süden mit dem Wirtschaftraum in der Mitte des Landes verbinden sollte. Weitere Aufgaben bestanden in der Anbindung von kleineren und abgelegeneren Inseln an den Flugverkehr der Hauptinseln. De Havilland Twin Otter und YS-11 Turbopropflugzeuge kamen zum Einsatz und schnell wuchsen die Passagierzahlen, so dass auch Boeing 737-200 geleast werden konnten. Die Gesellschaftsverhältnisse änderten sich im Laufe der Jahre, zuerst zog sich der Staat zurück und nach einigen Jahren übernahm ANA-All Nippon Airways die Mehrheit der inzwischen auf allen drei Hauptinseln etablierten Gesellschaft. Der Name wurde in Air Nippon geändert, ebenso passte sich das Erscheinungsbild der Flugzeuge an das von ANA an. Boeing B-737-500 und auch Airbus A320 ergänzten die Flotte, die langfristig zugunsten von Boeing Flugzeugen auf einen einheitlichen Standard gebracht wurde. Air Nippon Network ist eine Tochtergesellschaft und betreibt mit DHC-6 und DHC-8 im Auftrag von Air Nippon einige Strecken. Bei Bedarf und für Charterflüge greift Air Nippon auch noch auf Fluggerät der Muttergesellschaft ANA zurück.

Routen

Amami O Shima, Aomori, Fukue, Fukuoka, Fukushima, Hachijo Shima, Hakodate, Hiroshima, Ishigaki, Iwami, Kagoshima, Kochi, Komatsu, Kumamoto, Kushiro, Matsuyama, Memanbetsu, Miyake Jima, Miyazaki, Monbetsu, Nagasaki, Nagoya, Nakashibetsu, Niigata, Odate Noshiro, Oita, Okinawa, Okushiri, Osaka, Oshima, Rebun, Rishiri, Saga, Sapporo, Sendai, Shonai, Takamatsu, Tokio, Toyama, Tsushima, Wakkanai, Yonaga

Flotte

2 Boeing 737-400
24 Boeing 737-500
6 NAMC YS-11

Foto: Boeing 767-300 ZK-NCE (Sammlung Josef Krauthäuser)

AIR NIUGINI

ANG House, Jachsons Airport P.O.B. 7186,7186 Boroko, Papua-Neu Guinea
Tel.: 675-3273200 Fax: 675-3273482
E-Mail: airniugini@airniugini.com.pg Web: www.airnuigini.com.pg

ICAO-Code / IATA-Code	IATA-Nr.	Länderkennung	ICAO-Callsign
ANG (PK)	656	P2	Niugini

Ansett, Qantas, TAA und die Regierung von Papua-Neu-Guinea gründeten gemeinsam 1973 Air Niugini. Mit 8 Fokker Friendship und 12 DC-3 übernahm am 1. November 1973 die neue Gesellschaft den Flugbetrieb von Ansett und TAA. Diese führten bis zur Unabhängigkeit den Flugbetrieb im australisch verwalteten Neu Guinea durch. Internationale Flüge wurden ab 1975 nach Sydney und Singapur geführt, das internationale Streckennetz konnte mit Boeing 707 bis nach Honolulu ausgeweitet werden. Ein geleaster Airbus A300B4 - mit einer wunderschönen Bemalung - löste 1984 die Boeing 707 ab. Den ersten eigenen Airbus A310 erhielt Air Niugini dann Anfang 1989, ein zweiter folgte Ende 1990. Während die DHC-7 nur im Inland eingesetzt werden, bedienen die Fokker F28 und die beiden Airbus A310 die wenigen internationalen Strecken.1997 wurden mit der Einführung von DHC-8 die älteren Dash 7 abgelöst. 1999 leaste Air Niugini eine BAe 146 als Ersatz für eine ältere Fokker 28 und forciert für die regionalen Strecken eine Flottenerneuerung. Auch die relativ teuren Airbus wurden an die Leasinggesellschaft zurückgegeben, da Anfang 2000 politische und andere Gründe zu einem dramatischen Rückgang der Buchungen führten. Von Air New Zealand leaste man aber eine Boeing 767 für die Fernstrecken.

Routen

Alotau, Brisbane, Buka, Cairns, Daru, Goroka, Honiara, Hoskins, Kavieng, Kundiawa, Lae, Lihir Island, Madang, Manila, Manus Island, Mount Hagen, Osaka, Popondetta, Port Moresby, Port Vila, Rabaul, Singapur, Talasea, Tari, Tokio, Vanimo, Wapenamanda, Wewak

Flotte

1 Boeing 767-300
2 (Bombardier) De Havilland DHC-8
5 Fokker F28

Foto: Fokker 50 EC- GBH (Albert Kuhbandner / Madrid)

AIR NOSTRUM

Calle Francisco Valldecabres 31, 46940 Manises, Valencia, Spanien
Tel.: 96-1960200 Fax: 96-1960287
E-Mail: informacion@airnostrum.es Web: www.airnostrum.es

ICAO-Code / IATA-Code	IATA-Nr.	Länderkennung	ICAO-Callsign
ANS (YW)	694	EC	Nostrum Air

Air Nostrum wurde im Frühjahr 1994 in Valencia gegründet. Noch im Dezember 1994 konnte der Flugbetrieb von Valencia aus nach Barcelona, Bilbao, Ibiza und Palma de Mallorca aufgenommen werden. Zum Einsatz kamen drei Fokker 50, weitere drei wurden bis Juni 1995 beschafft. Entsprechend schnell wurde auch das Streckennetz ausgeweitet und umfasste bald alle grösseren Städte in Spanien. So war eine Ausweitung des Netzes über die Grenzen hinaus folgerichtig. Im Mai 1997 unterzeichneten Iberia und Air Nostrum ein Franchise Abkommen. Künftig flog Air Nostrum als Iberia Regional in Abstimmung mit den Flugplänen der Iberia. Auch wurde der Zugang zum Buchungssystem ermöglicht und Flüge waren durchgehend buchbar. Entsprechend wurde auch die Bemalung der Air Nostrum Flugzeuge geändert. 1997 kamen die ersten ATR 72, da sich die Fokker 50 für einige Strecken als zu klein erwies. Den ersten Jet konnte Air Nostrum im Frühjahr 1998 in Dienst stellen. Mit dem Canadair Regionaljet wurden erstmals auch Ziele in Zentraleuropa bedient. Nachdem Aviaco 1999 mit Iberia fusioniert wurde, gab es einen neuerlichen Aufschwung für Air Nostrum, da viele Strecken an diese transferiert wurden. Mit der DeHavilland DHC-8 kam 2001 ein neuer Flugzeugtyp zur Flotte. Dieser ist als Ersatz für Fokker 50 vorgesehen.

Routen

Alicante, Almeria, Asturias, Badajoz, Barcelona, Bilbao, Bologna, Casablanca, Frankfurt, Genf, Granada, Hannover, Ibiza, La Coruna, Leon, London, Lyon, Madrid, Malaga, Marseille, Melilla, Menorca, Murcia, Nizza, Palma de Mallorca, Pamplona, Paris, Porto, Reus, San Sebastian, Santander, Santiago de Compostella, Sevilla, Tanger, Toulouse, Turin, Valencia, Valladolid, Vigo, Vitoria, Zaragossa

Flotte		Bestellt
5 ATR-72-500	18 Fokker 50	3 Canadair RJ-200
18 Canadair RJ-200		10 DeHavilland DHC-8-300
10 DeHavilland DHC-8-300		

Foto: Boeing 737-300 EI-CLZ (Andreas Witek / Graz)

AIR ONE

Via Sardegna 14, 00187 Rom, Italien
Tel.: 06-478761 Fax: 06-4885913
Web: www.flyairone.it

ICAO-Code / IATA-Code	IATA-Nr.	Länderkennung	ICAO-Callsign
ADH (AP)	867	I	Heron

Im italienischen Pescara wurde 1983 Aliadriatica als Flugschule und Air-Taxi Unternehmen gegründet. Die Mehrheit des Unternehmens ging 1988 an die Gruppo Toto, einer Ingenieursgesellschaft, über. Zunächst änderte sich an der Struktur der Gesellschaft nichts. Erst mit dem Erwerb einer Boeing 737-200 im Jahre 1994 stieg Aliadriatica auch ins Chartergeschäft ein. Im April des folgenden Jahres 1995 erhielt man die Linienlizenz und von Rom nach Brindisi, Reggio Calabria und Lamezia Terme wurden solche Linienflüge aufgenommen. Mit Erteilung der Genehmigung für die attraktive Route von Rom nach Mailand änderte die Gesellschaft im November 1995 nicht nur die Bemalung der Flugzeuge, sondern gab sich auch den neuen Namen Air One. 1996 übernahm Air One den Flugbetrieb von Fortune Aviation und expandierte kräftig weiter. Eine Allianz mit der Qualiflyer Gruppe war nur kurzfristig, man blieb weiter unabhängig, bzw. wurde Partner von Lufthansa und Air Littoral. Bis auf die Boeing 737-200 sind alle Flugzeuge gemietet um so die Kosten niedrig zu halten. Inzwischen hat man ein dichtes regionales Liniennetz mit über 100 täglichen Flügen aufgebaut. Auch Charterdienste werden saisonal verstärkt durchgeführt und bringen Touristen von vielen Ländern vorwiegend nach Italien.

Routen

Alghero, Bari, Bergamo, Bologna, Brindisi, Cagliani, Catania, Crotone, Genua, Lamezia Terme, Lampedusa, Mailand, Neapel, Palermo, Pantelleria, Pescara, Reggio Calabria, Rom, Turin, Venedig

Flotte

3 Boeing 737-200
7 Boeing 737-300
12 Boeing 737-400
5 Boeing 737-800

Foto: Boeing 767-300ER DQ-FJC (Thomas Kim / Los Angeles)

AIR PACIFIC

P.O.Box 9266 Nadi Airport, Fiji (Fidschi)
Tel.: 720777 Fax: 720512
E-Mail: info@airpacific.com Web: www.airpacific.com

ICAO-Code / IATA-Code	IATA-Nr.	Länderkennung	ICAO-Callsign
FJI (FJ)	260	DQ	Pacific

Fidschis nationale Fluggesellschaft wurde 1951 als Fiji Airways gegründet. Im September 1951 wurde mit De Havilland DH 88 Rapide der Flugverkehr aufgenommen. Mit Unterstützung der australischen Qantas und in enger Zusammenarbeit mit dieser wurde das Streckennetz erweitert. 1957 übernahm Qantas Fiji Airways als Tochterunternehmen. Im Jahre 1959 wurde die Flotte mit DeHavilland "Heron" ergänzt, bevor 1960 Air New Zealand und BOAC jeweils ein Drittel der Fiji Airways übernahmen. Die Flotte wurde 1967 mit HS-748 und Britten-Norman "Trislander" erneuert, als erster Jet konnte im März 1972 eine BAC 1-11-400 eingeführt werden. Bereits im Jahre 1971 wurde der Name in Air Pacific geändert, 1978 übernahmen die Regierung von Fidschi, Kiribati, Tonga, Nauru und einige Privateigner die Mehrheit an der Gesellschaft. Für Regionaldienste wurden 1980 Embraer Bandeirante gekauft. Verstärkte Nachfrage im Passagieraufkommen führte 1988 zum Kauf von zwei ATR42, die aber zu Gunsten von Boeing 767 und 747 abgegeben wurden, da sich Air Pazific 1995 von den Regionaldiensten trennte. 1998 übernahm Qantas weitere 28,5 % am Kapital und wurde dadurch grösster Anteilseigner. Ende 1998 wurde mit Einführung der neuen Boeing 737-700 auch das Erscheinungsbild verändert. 1999 erhielt Air Pacific noch zwei Boeing 737-800 und modernisierte somit die Flotte. Mit Royal Tongan betreibt man gemeinsame Strecken und auch eine Boeing 737, weitere Allianzen bestehen im Verbund mit Qantas zu American Airlines, Air Vanuatu und Solomon Airlines. Air Pacific trennte sich 2001 von den letzten Boeing 747-200 und auch älteren Boeing 737. Man reduzierte vorläufig die Flotte, da auch die bisher ruhige Region im Pazifik die Krise um Luftfahrt und Wirtschaft erreichte. Im April 2003 erhielt Air Pacific eine Boeing 747-400 und erhöhte damit die Frequenz ihrer Flüge nach Los Angeles.

Routen

Apia, Auckland, Brisbane, Christchurch, Honoira, Honolulu, Los Angeles, Melbourne, Nadi, Nukualofa, Suva, Sydney, Tokio, Tongapatu, Vancouver, Vila, Wellington

Flotte

1 Boeing 737-700
2 Boeing 737-800
1 Boeing 747-400
1 Boeing 767-300ER

Foto: Boeing 737-300 EI-BZM (Sammlung Autor)

AIR PHILIPPINES

R1 Hangar APC Gate 1, Andrews Ave. Nichols, Pasaay City, Philippinen
Tel.: 02-851 7601 Fax: 02-851 7922
E-Mail: reservation@airphilippines.com.ph Web: www.airphils.com

ICAO-Code / IATA-Code	IATA-Nr.	Länderkennung	ICAO-Callsign
GAP (2P)	-	RP	Orient Pacific

Nachdem die Regulierung des Flugverkehrs auch auf den Philippinen liberalisiert wurde, etablierten sich schnell neue Fluggesellschaften. Im Februar 1995 wurde unter Führung des Geschäftsmannes William Gatchalian und mit Beteiligung von U-Land Airlines und JAS -Japan Air System- die Air Philippines gegründet. Mit Boeing 737-200 wurde ein Jahr später, am 1. Februar 1996, auf der Strecke Manila-Cebu der Flugbetrieb aufgenommen. Air Philippine versteht sich als low-cost / no-frills Airline und bietet günstigere Flugpreise an als der bisherige Monopolist. Die Strecken innerhalb der philippinischen Inselwelt wurden zügig ausgebaut und weitere B-737-200 erreichten die Flotte. Für weniger stark frequentierte Strecken und kleinere Flughäfen übernahm man von JAS auch einige NAMC-YS-11. Aufgrund fehlender Auslandsstrecken war Air Philippines auch von der sogenannten Asienkrise getroffen, da keine Devisen erwirtschaftet werden konnten, die Leasingraten aber in harter Währung gezahlt werden mussten. So sprang U-Land mit einigen MD-80 ein und flog im Auftrag einige Strecken. Anfang 2000 wurde die Situation aber besser, da auch wieder vermehrt Touristen im Land reisen. Eine Expansion führte aber 2002 zum ersten Auslandsflug ins Nachbarland Indonesien, nachdem Air Philippines auch zum weiteren Nationalcarrier erklärt wurde. Air Philippines führt auch regelmässige Charterflüge, z.B. nach Hongkong oder Brunei durch. Einige regionale Ziele wurden aufgegeben, da sich die YS-11 nicht bewährten. Statt dessen wurden die Frequenzen erhöht und einige Boeing 737-300 gemietet um die Flotte zu modernisieren.

Routen

Bacolod, Cagayan de Oro, Cebu, Davao, Dumguente, General Santos, Iloilo, Kalibo, Laoag, Manado, Manila, Puerto Princesa, San Jose, Subic Bay, Zamboango

Flotte

8 Boeing 737-200
3 Boeing 737-300

Foto: Airbus A310-300 EC- HFQ (Klaus Brandmaier / Zürich)

AIR PLUS COMET

Edificio Air Plus, Bahia de Pollensa 21-23, 28042 Madrid, Spanien
Tel.: 91 2036300 Fax: 91 3293511
E-Mail: airplus@aircomet.com Web: www.aircomet.com

ICAO-Code / IATA-Code	IATA-Nr.	Länderkennung	ICAO-Callsign
MPD (A7)	-	EC	Aircomet

Die 1996 gegründete Air Plus Comet gehört zur spanischen Firmengruppe Marsans, die besonders im Tourismusgeschäft tätig ist. Mit zwei Airbus A 310 nahm sie im Frühjahr 1997, von Madrid und Palma de Mallorca aus, den Flugverkehr auf. Schwerpunkt wurde Mittelamerika und die karibischen Inseln. Die Gruppe ist auch in Argentinien tätig und gründete dort die Tochtergesellschaft Air Plus Argentinia. Diese konnte auf Fluggerät der Muttergesellschaft zurückgreifen. Air Plus war auch maßgeblich beim Umbau von Aerolineas Argentinas in eine private Gesellschaft beteiligt. Sie hält heute große Anteile an dieser Gesellschaft. Neben den eigenen Charterflügen für die Marsan Gruppe, beauftragen auch zahlreiche andere Veranstalter Air Plus Comet mit der Durchführung von Charterketten oder Einzelcharter. Ein besonderes Geschäftsfeld bilden auch die ad hoc Flüge für andere Fluggesellschaften, sei es kurz- oder längerfristig. Im Jahre 2001 erhielt Air Plus Comet die Genehmigung für eine Linienverbindung von Madrid nach New York.

Routen

Aruba, Cancun, Cartagena, Havanna, Isla Margarita, Madrid, Miami, New York, Palma de Mallorca, Puerto Plata, Varadero

Flotte

6 Airbus A310-300

Foto: Boeing 767-300ER S7-ASY (Klaus Brandmaier / München)

AIR SEYCHELLES

P.O.Box 386,Victoria Mahe, Seychellen
Tel.: 381000 Fax. 225933
E-Mail: pro@airseychelles.com Web: www.airseychelles.com

ICAO-Code / IATA-Code	IATA-Nr.	Länderkennung	ICAO-Callsign
SEY (HM)	061	S7	Seychelles

Im Juli 1979 kaufte die Regierung der Seychellen die beiden inländischen Gesellschaften Air Mahe und Inter Island Airways um Air Seychelles als nationale Fluggesellschaft zu gründen. Die Routen und Flugzeuge wurden übernommen. Mit Pilatus Britten-Norman Islander und Trislander wurden Verbindungen zu den einzelnen Inseln geschaffen. Der stark geförderte Tourismus erbrachte Nachfrage nach internationalen Verbindungen. Mit einer gecharterten DC-10 wurden Anfang der 80'er Jahre von Europa aus Flüge nach Mahe durchgeführt. Im November 1985 übernahm Air Seychelles einen Airbus A300B4 von Air France und setzte diesen auf Linienflügen nach Amsterdam, Rom und Frankfurt ein. Bis zum Eintreffen der ersten Boeing 767-200 ersetzte 1989 vorwiegend eine Boeing 707 den Airbus. Diese wurde 1993 mit einer Boeing 757-200 ergänzt. Von der Hauptinsel wurde auch ein zunehmender Inlandsflugverkehr zu den anderen Inseln durchgeführt. Da die Kapazitäten der Flugzeuge nicht mehr ausreichten, wurde Ende 1996 die Boeing 757 gegen die grössere Boeing 767-300 getauscht. Als zweites Ziel in Deutschland erschien ab 2001 auch München in den Flugplänen. Eine weitere, aber sehr vorsichtige Expansion bedeutete die Ablieferung der ersten Boeing 737-700 im November 2002. Mit dieser werden neue Strecken nach Indien, Malediven und den Komoren bedient.

Routen

Dubai, Frankfurt, Dzauouzi, Johannesburg, London, Mahe Island, Male, Mauritius, Moroni, Mumbai, München, Nairobi, Paris, Praslin Island, Rom, Singapur, Zürich

Flotte

2 Boeing 767-300ER
1 Boeing 737-700
1 BN-Islander
3 (Bombardier) De Havilland DHC-6 Twin Otter
1 Shorts 360

Foto: ATR-72-500 F-WWLN (Sammlung Autor / Toulouse)

AIR TAHITI

BP 314 Boulevard Pomare, Papeete Tahiti
Tel.: 864011 Fax: 864069
Web: www.airtahiti.pf

ICAO-Code / IATA-Code	IATA-Nr.	Länderkennung	ICAO-Callsign
VTA (VT)	135	F	Air Tahiti

Die teilweise im Privatbesitz befindliche Air Tahiti wurde 1953 gegründet. Die Verbindung zu den einzelnen Inseln dieser französischen Provinz sollte verbessert werden. Zu diesem Zeitpunkt hieß sie RAI-Reseau Aèrien Interinsulaire. 1970 wurde der Name in Air Polynesie geändert, nachdem sich die TAI (die spätere UTA) mit 62% am Kapital beteiligte. Standardflugzeuge waren über viele Jahre hinweg die Fokker Friendship und BN-Islander, aber auch Twin Otter. Im Januar 1987 wurde dann der Name, nach dem Ausstieg der UTA, in Air Tahiti geändert. Als Ausdruck der Eigenständigkeit und mit Einführung der ATR42 in diesem Jahr, erhielten die Flugzeuge auch die aktuelle Bemalung. 1992 und 1993 konnte die grössere ATR72 in die Flotte integriert werden. Ältere ATR42 wurden 1998/99 durch die leistungsstärkere ATR42-500 ersetzt. Eine enge Zusammenarbeit wird mit Air France gepflegt, die auch eine Beteiligung an Air Tahiti hält. Air Tahiti selbst hält Anteile an Air Archipels, Air Moorea und Air Tahiti Nui. Nachdem Air Tahiti Nui die Verbindung ins Mutterland von Air France übernommen hatte, wurde die Kooperation weiter ausgebaut und Air Tahiti sorgt für die Anschlussflüge ab Papeete.

Routen

Ahe, Anaa, Atuona, Bora Bora, Fakarava, Gambier , Hao, Hiva Oa, Huahine, Kaukura, Kauehi, Makemo, Mangareva, Manihi, Maupiti, Matavia, Moorea, Nuku Hiva, Papeete, Raiatea, Rangioroa, Rurutu, Takapoto, Takaroa, Tikehau und Tubuai

Flotte

4 ATR 42-500
6 ATR 72-500
2 Fairchild-Dornier 228-200

Foto: Airbus A340-200 F-OJTN (Jan-Alexander Lück / Paris-CDG)

AIR TAHITI NUI

BP.1673, 98713 Papeete, Tahiti
Tel.: 460202 Fax: 460290
E-Mail: service@airtahitinui.com Web: www.airtahitinui.com

ICAO-Code / IATA-Code	IATA-Nr.	Länderkennung	ICAO-Callsign
THT (TN)	244	F	Tahiti Airlines

Die zentrale Aufgabenstellung einer internationalen Fluggesellschaft von Tahiti, ist die weitere Entwicklung des Tourismus als Haupteinnahmequelle für das Land. Die Regierung machte diese Vorgaben für künftige Teilhaber an einer international tätigen Gesellschaft als Air Tahiti Nui im Oktober 1996 gegründet wurde. Da die wichtigsten Märkte in Japan, den USA und dem Mutterland Frankreich sind, kam als Fluggerät nur Langstreckengerät in Frage. Die Anteile sind breit gestreut und auch Air Tahiti ist mit 10% Anteilen dabei. Diese profitiert von den Touristen und bietet ihren Service für weitere Ziele auf Tahiti an. Mit Airbus A340 begann im November 1998 der Flugbetrieb von Papeete nach Los Angeles. Weitere Ziele wurden Osaka und Auckland die wöchentlich bedient wurden. Zwei weitere Airbus A340 folgten im Jahre 2002, womit die Frequenzen erhöht werden konnten. Mit Qantas gab es ein Übereinkommen für die Strecken von Sydney nach Auckland die von dieser im Codeshare bedient werden. Los Angeles ist der wichtige Hub in den USA, von hier sind es knappe acht Stunden Flugzeit bis Papeete. Mit Winterflugplan 2002/2003 führten die Flüge von Los Angeles weiter nach Paris. Ein vierter Airbus A340 wurde dazu notwendig womit Air Tahiti Nui über eine sehr junge und moderne Flotte verfügt.

Routen

Auckland, Los Angeles, Osaka, Papeete, Paris, Tokio

Flotte

1 Airbus A340-200
3 Airbus A340-300

Foto: Boeing 737-200 5H-ATC (Bastian Hilker / Harare)

AIR TANZANIA

P.O.Box 543 Dar-es-Salaam, Tansania
Tel.: 051-38300 Fax: 051-46545
Web: www.airtanzania.com

ICAO-Code / IATA-Code	IATA-Nr.	Länderkennung	ICAO-Callsign
ATC (TC)	197	5H	Tanzania

Nach dem Zusammenbruch von East African Airlines im Januar 1977, die von Kenia, Uganda und Tansania gemeinsam betrieben wurde, gab es praktisch keine Flugverbindungen mehr in Tansania. Im März 1977 wurde daraufhin Air Tanzania von der Regierung gegründet und mit Fokker F27 und einer Boeing 737 nahm sie den Flugbetrieb auf. 1978 und 1979 wurde eine weitere Boeing 737 und, für regionale Linien, einige De Havilland Twin Otter beschafft. Ausgangspunkt der internationalen Flüge sind Dar-es-Salaam und Kilimanjaro Intl. Airport. Eine Boeing 767 war 94/95 nur kurzfristig im Einsatz, da diese nicht ausgelastet werden konnte. 1995 trennte man sich auch von den Twin Otter und musste den Regionaldienst aufgrund finanzieller Einbußen einschränken. Das verzögerte auch die Beschaffung neuer und modernerer Flugzeuge. 1999 wurde als Ersatz für eine der B-737-200 eine B-737-300 geleast. An der multinationalen Alliance beteiligte man sich 1995 mit 10%. Mit Air Malawi, Kenya Airways und Gulf Air besteht darüber hinaus eine Allianz und man bedient einige Strecken als Codeshare. Im Jahre 2002 erfolgte der erste Schritt zur Privatisierung der Gesellschaft, in dem ein erstes Anteilspaket zur Ausschreibung gelangte Ein Grund der Privatisierung ist auch eine anstehende Flottenerneuerung.

Routen

Aden, Dar-es-Salaam, Dubai, Entebbe, Harare, Jeddah, Johannesburg, Kigali, Kigoma, Kilimanjaro, Kinshasa, Lilongwe, Lindi, Lusaka, Mombasa, Moroni, Mtwara, Muscat, Musoma, Mwanza, Nairobi, Sansibar, Tabora

Flotte

2 Boeing 737-200
1 Boeing 737-300
2 Fokker F27

Foto: Fokker F27 TT-AAK (Sammlung Autor)

AIR TCHAD

27 Avenue Charles de Gaulle, BP 168, N'Djamena, Tschad
Tel.: 235-515090

ICAO-Code / IATA-Code	IATA-Nr.	Länderkennung	ICAO-Callsign
HTT (HAT)	95	TT	Hotel Tango

Am 24. Juni 1966 von der Regierung des Tschad (64% der Anteile) und UTA als Compagnie Nationale Tchadienne gegründet, begann mit der unverwüstlichen DC-3 von Fort Lamy (heute N'Djamena) aus ein regionaler Service. Mit DC-4 flog man über Algier auch nach Paris und hatte so eine schnelle Verbindung in die französische Hauptstadt. Die bürgerkriegsähnlichen Zustände im Tschad, die das Land seit 1975 praktisch nicht zur Ruhe kommen liessen, verhinderten auch eine positive Entwicklung der Verkehrssysteme, die erst 1992 nach einem Friedensvertrag der Konfliktparteien, langsam wieder aufgebaut werden konnten. 1983 wurde aber trotzdem eine Fokker F27 gekauft, eine weitere erhielt Air Tchad möglicherweise von Libyen geschenkt, diese erscheint jedoch nicht im Zivilregister des Landes. Als Ablösung für die betagten DC-3 kam eine De Havilland DHC-6 Twin Otter zum Einsatz. Air France übernahm mit dem Kauf der UTA auch die Anteile an Air Tchad und kooperiert mit dieser. Heute hat Air France noch 2 % der Anteile an Air Tchad, die restlichen liegen beim Staat. Neben den wenigen Linienverbindungen ist Air Tchad, als Nationalcarrier auch verpflichtet, mit der einzigen F27 für Charter-, Hilfs-und Versorgungsflüge im Einsatz zu sein.

Routen

Abecher, Bol, Bongor, Mao, Mongo, Moundou, N'Djamena, Pala und Sarh

Flotte

1 Fokker F27

Foto: Boeing 717-200 N956AT (Josef Krauthäuser / Fort Lauderdale)

AIR TRAN AIRWAYS

9955 Air Tran Blvd. Orlando, Florida 32827, USA
Tel.: 407-2515600 Fax: 407-2515567
E-Mail: mail@airtran.com Web: www.airtran.com

ICAO-Code / IATA-Code	IATA-Nr.	Länderkennung	ICAO-Callsign
TRS (FL)	332	N	Citrus

Air Tran Airways entstand im September 1997 durch den Zusammenschluss von Valujet und Airtran. Zunächst nannte sich die neue Gesellschaft Air Tran Airlines, wurde jedoch umbenannt. Valujet wurde erst 1993 gegründet und expandierte sehr schnell im Osten und Südosten der USA. Von Atlanta aus wurden etwa 20 Ziele mit einer Flotte von Douglas DC-9 angeflogen. Für die damals neue MD-95 (Boeing 717) war Valujet mit einer Bestellung von 50 Flugzeugen Launch Carrier. Das vorläufige Ende für die Gesellschaft kam nach einem Absturz im Mai 1996, als die FAA Valujet groundete. Zwar stellte sich später heraus, dass die Gesellschaft für den Unfall nicht verantwortlich war, jedoch war das Image geschädigt und das Vertrauen der Passagiere wendete sich zu anderen Gesellschaften. Der eingeschränkte Flugbetrieb wurde daraufhin im Juni 1996 freiwillig eingestellt, um sich den strengen Untersuchungen der FAA zu stellen. Mit einem neuen Management und einer kleinen DC-9 Flotte startete Valujet im November 1996 wieder. Air Tran Airways wurde ebenfalls 1993 gegründet und startete unter dem Namen Conquest Sun Airlines. Sie hatte ihren Sitz in Orlando und bediente mit Boeing 737-200 einige Strecken in Florida und den angrenzenden Staaten, nachdem die Umbenennung in Air Tran Airways im August 1994 erfolgte. Nach dem Zusammenschluss erhielt die Gesellschaft zunächst ein neues Erscheinungsbild mit dem markanten "a" im Leitwerk. Mit Ablieferung der ersten Boeing 717 im Juli 1999 begann die völlige Erneuerung der Flotte und Ausmusterung der ersten Boeing 737-200. Das Streckennetz wird ständig erweitert und Air Tran ist inzwischen der grösste Betreiber weltweit der Boeing 717. Air Tran Jet connect nennt sich die 2002 gegründete Regionalabteilung. Die Canadair CRJ bedienen Strecken für die eine 717 zu gross ist.

Routen

Atlanta, Akron, Baltimore, Bloomington, Boston, Buffalo, Chicago, Dallas/Forth Worth, Dayton, Denver, Flint, Fort Lauderdale, Fort Myers, Grand Bahamas, Greensboro/High Point, Gulfport/Biloxi, Hartford, Houston, Jacksonville, Kansas, Memphis, Miami, Milwaukee, Minneapolis, Moline, Myrtle Beach, New Orleans, New York, Newark, Newport News, Orlando, Pensacola, Philadelphia, Pittsburgh, Raleigh/Durham, Rochester, Savannah, Tampa, Washington, West Palm Beach, Wichita

Flotte

3 (Boeing) McDonnell Douglas DC-9-30
58 Boeing 717
6 Canadair CRJ-200

Foto: Airbus A330-200 C-GGTS (Martin Kühn / Frankfurt)

AIR TRANSAT

11600 Cargo Road A 1, Montreal Intl. Airport, Mirabel Quebec J7N 1G9, Kanada
Tel.: 450-4761011 Fax: 450-4760338
E-Mail: informations@airtransat.com Web: www.airtransat.com

ICAO-Code / IATA-Code	IATA-Nr.	Länderkennung	ICAO-Callsign
TSC (TS)	649	C	Transat

Die im Dezember 1986 gegründete Air Transat ist inzwischen Kanadas grösstes Charterunternehmen, nachdem Nationair 1992 den Betrieb einstellte. Mit Boeing 727-200 Adv. wurde Anfang 1987 der Flugbetrieb aufgenommen. Basis ist Montreal, jedoch bedient Air Transat auch Toronto, Quebec City, Halifax und Vancouver. Für Flüge in die Karibik erhielt die Gesellschaft Ende 1987 die erste Lockheed L-1011 TriStar. Nach Europa fliegt Air Transat auch in der Sommersaison regelmässig. Von Air Canada und Cathay Pacific erwarb TSC 1996 weitere TriStar und ersetzte damit die Boeing 727. Man eröffnete neue Charter-Routen u.a. nach Polen und Portugal. Die Flugziele variieren saisonbedingt im Sommer nach Europa und im Winter in die Karibik und nach Südamerika. 1999 erhielt Air Transat zwei Airbus A330. Dieser Typ wird mittelfristig die betagten TriStar's ablösen. 1999 erlebte auch das äussere Erscheinungsbild der Flugzeuge eine farbliche Änderung. Im Leitwerk ist nun ein Stern, statt des Kürzels "at" zu sehen. Linienverbindungen bestehen zwischen Montreal und Paris, ausserdem ist Air Transat besonders für Flüge von Kanada nach Kuba, einem sehr beliebten Ziel der Kanadier, führend. Darüberhinaus kontrolliert Air Transat etwa 20 Reiseveranstalter in Kanada, Frankreich und USA. Die Flotte wird ständig erneuert, vorzugsweise durch Airbus Flugzeuge. Bis 2005 sollen die letzten TriStar ausgemustert sein. An ihrer Basis in Montreal unterhält man eine eigene Wartung.

Routen

Air Transat fliegt zu etwa 90 Zielen in mehr als 20 Ländern wie Belgien, Costa Rica, Deutschland, Dominikanische Republik, Frankreich, Griechenland, Großbritannien, Haiti, Honduras, Irland, Italien, Jamaika, Kanada, Kolumbien, Kuba, Martinique, Mexiko, Nicaragua, Niederlande, Panama, Polen, Portugal, St. Maarten, USA, Venezuela

Flotte

4 Airbus A330-200
6 Airbus A310-300
4 Boeing 757-200
10 Lockheed L-1011 TriStar

Foto: (Boeing) Mc Donnell Douglas DC-8-63F N 788AL (Josef Krauthäuser / Miami)

AIR TRANSPORT INTERNATIONAL-ATI

2800 Cantrell Road, Little Rock, ARK.72202, USA
Tel.: 501-6153500 Fax: 501-6032097
E-Mail: info@airtransport.cc Web: www.airtransport.cc

ICAO-Code / IATA-Code	IATA-Nr.	Länderkennung	ICAO-Callsign
ATN (8C)	346	N	Air Transport

Gegründet als US Airways änderte das Unternehmen nach einigen Monaten 1978 den Namen in Interstate Airlines. Mit Lockheed Electra und Boeing 727 operierte man als reine Frachtgesellschaft vom Detroiter Flughafen Willow Run. Besonders für die Automobilindustrie, aber auch für die neu aufkommenden Overnight Expressdienste flog man zahlreiche Strecken. Anfang der 80'er Jahre erhielt die Gesellschaft einen lukrativen Auftrag von UPS und war in der Lage die Flotte mit vier Douglas DC-8 zu erweitern. Der Firmensitz, gleichzeitig auch die Basis wurden nach Little Rock in Arkansas verlagert, gleichwohl die Flugzeuge an vielen Standorten waren. Eine weitere Veränderung gab es 1988, als der heute noch aktuelle Name eingeführt wurde. Mit Zulauf weiterer DC-8 konnten die Electras verkauft werden und neue Aufgaben kamen hinzu. So wurden einige DC-8 ausschließlich für Burlington Express geflogen, die keinen eigenen Flugbetrieb hatte. Auch für das Verteidigungsministerium wurden zahlreiche Charterflüge nach Übersee, besonders in die Golfregion, geflogen. Am 1. Oktober 1994 übernahm ATI die ICX International Cargo Express und integrierte deren zwei Douglas DC-8 in die eigenen Flotte. Man verfügte über etwa 20 Flugzeuge der Typen DC-8-63 und DC-8-71 als 1998 ATI an BAX-Global verkauft wurde. Heute betreibt ATI in den eigenen Farben noch Passagier-, Charter- und Ad-hoc Frachtflüge, der Rest der Flotte ist aber für BAX-Global im Einsatz.Spezialisiert hat man sich auch auf Tiertransporte, keine Massentransporte, sondern Pferde und wertvolle Zuchttiere. Nach einigen verlustreichen Jahren konnte ATI im Jahre 2002 wieder Gewinne verbuchen.

Routen

Frachtlinienflüge im Auftrag für BAX-Global zu etwa 50 US-Zielen vom Hub in Toledo. Charter und Ad-hoc Frachtflüge weltweit

Flotte

8 McDonnell Douglas DC-8-61/63F
12 McDonnell Douglas DC-8-71

Foto: Airbus A 321-200 G-OOAF (Richard Schmaus / Salzburg)

AIR 2000

JetSet House, Church Road, Lowfield Heath, Crawley, West Sussex RH11 OPQ, Großbritannien; Tel.: 1293-816000 Fax: 1293-816001
Web: www.air2000.com

ICAO-Code / IATA-Code	IATA-Nr.	Länderkennung	ICAO-Callsign
AMM (DP)	91	G	Jetset

Die Gesellschaft wurde 1986 vom Reiseveranstalter Owners Abroad, einem der führenden britischen Unternehmen dieser Branche, gegründet mit dem Ziel, auch intensiven Charterverkehr außerhalb Londons zu betreiben. Die dichtbesiedelte Region im Norden schien optimal und Manchester wurde als Basis gewählt. Mit zwei geleasten Boeing 757 nahm Air 2000 am 11.4.1987 den kommerziellen Flugbetrieb auf. Im Jahre 1988 erhielt man zwei weitere Maschinen vom Typ Boeing 757, wovon eine in Glasgow stationiert wurde. An einengenden Gesetzen scheiterte die Gründung einer kanadischen Tochtergesellschaft (Canada 3000). Erstmals in der Wintersaison 1988/89 flog man auch nach Mombasa und nach Umrüstung der 757 auf ETOPS-Standard auch über den Atlantik nach Newark, Boston und Orlando. Ab Oktober 1990 erhielt Air 2000 die Linienflugerlaubnis für Flüge von Großbritannien nach Zypern. Nachdem die Flotte regelmäßig Zuwachs mit Boeing 757 erfuhr, kamen im April 1992 die ersten beiden Airbus A320. Newcastle und Belfast kamen 1995 als Basis hinzu, ab 1996 bot man auch Flüge ab Dublin an. Neben intensiven Charterflügen ist Air 2000 auch im sogenannten Wetlease-Geschäft tätig und vermietet, hauptsächlich im Winter, ihre Flugzeuge. Air 2000 gehört heute zum Reisekonzern First Choice Holidays, welcher 1998 Unijet mit der Fluggesellschaft Leisure International übernahm. 1999 wurde die Leisure Flotte mit Airbus A320/A321 und Boeing 767 integriert. Ab Frühjahr 2000 kommen auch erstmals Airbus A330 zum Einsatz. Rechtzeitig zur Sommersaison 2002, erhalten die ersten Flugzeuge von Air 2000 eine neue Farbgebung. Air 2000 Engineering ist die eigene Wartungsfirma in Manchester und Stationen an wichtigen Zielen.

Routen

Linienflüge: Alicante, Arrecife, Birmingham, Bristol, Cardiff, Faro, Glasgow, London-Gatwick, Malaga, Manchester, Newcastle, Larnaca, Palma de Mallorca, Paphos,Teneriffa. Charterverkehr von zehn britischen regionalen Flughäfen in die klassischen Mittelmeerregionen, nach Nordafrika, Kanada, Karibik, Mexiko, Kenia, Sri Lanka und Thailand. Im Winter Charterflüge zu den Skizentren der Alpenregion.

Flotte

6 Airbus A320-200
6 Airbus A321
2 Airbus A330
15 Boeing 757-200ER
3 Boeing 767-300ER

Foto: Boeing 737-300 YJ-AV18 (Jörg Thiel / Sydney)

AIR VANUATU

P.O.Box 148, Port Vila Republik Vanuatu
Tel.: 23838 Fax: 23250
E-Mail: admin@airvanuatu.com.vu Web: www.airvanutau.com

ICAO-Code / IATA-Code	IATA-Nr.	Länderkennung	ICAO-Callsign
AVN (NF)	218	YJ	Air Van

Als nationale Fluggesellschaft der Pazifikrepublik ging Air Vanutau 1981 aus der vormaligen New Hebrides Airways hervor. Nach der 1980 erreichten staatlichen Unabhängigkeit wurde von Ansett Transport Industries und der Regierung diese übernommen und in Air Vanuatu umbenannt. Ansett hielt 40% der Anteile. Mit einer geleasten Boeing 737-200 wurde von Vila aus der Flugbetrieb nach Australien aufgenommen, woher etwa 70% der Fluggäste kommen. Im November 1987 erwarb die Regierung auch die restlichen Anteile von Ansett. Mit Australian Airlines ging man eine enge Kooperation ein und erhielt von dort Flugzeuge und Wartungsunterstützung. 1989 konnten Auckland und Adelaide neu ins Streckennetz aufgenommen werden. Nachdem Australian Airlines in Qantas aufging, versuchte man selbständiger zu sein, obwohl die einzige Boeing 737 von Qantas betrieben wird. Mit Vanair arbeitet man eng zusammen und betreibt gemeinsame Anschlussflüge. So erhielt man im Juli 1995 für regionale Flüge eine Embraer Bandeirante, die 1998 zu Gunsten einer grösseren Saab 2000 wieder verkauft wurde. Da diese aber nicht wirtschaftlich einsetzbar war ging sie nach wenigen Monaten an den Vermieter zurück. Für Regionalflüge mietet Air Vanutu DHC-8 oder DHC-6 von Van Air. Mit den regionalen Gesellschaften Air Caledonie, Air Pacific, Qantas und Salomon Airlines und Van Air arbeitet Air Vanuatu eng zusammen. Basis ist der Flughafen Bauerfield in der Nähe von Port Vila.

Routen

Aneityum, Aniwa, Auckland, Brisbane, Craig Crove, Dillons Bay, Emae, Espiritu Santo, Futuna, Gaua, Honiara, Ipota, Lamap, Lamen Bay, Longana, Lonorore, Maewo, Melbourne, Mota Lava, Nadi, Norsup, Noumea, Olpoi, Paama, Port Vila, Redcliffe, Sara, Sola, South West Bay, Sydney, Tanna, Togoa, Torres, Ulei,Valesdir, Walaha

Flotte

1 Boeing 737-300

Foto: Boeing 737-200 Z-WPB (Bastian Hilker / Harare)

AIR ZIMBABWE

P.O.Box AP 1, Harare Airport, Harare, Zimbabwe
Tel.: 4-575111 Fax: 4-796039
Web: www.airzim.co.

ICAO-Code / IATA-Code	IATA-Nr.	Länderkennung	ICAO-Callsign
AZW (UM)	168	Z	Zimbabwe

Als Air Rhodesia wurde die Fluggesellschaft 1967 gegründet. Durch die politischen Verhältnisse war es bis zur Machtübernahme der heutigen Regierung und der Umbenennung in Zimbabwe nur möglich, einen Inlandsverkehr und ins benachbarte Südafrika zu fliegen. Zum Einsatz kamen DC-3, Vickers Viscount und Boeing 707/720. Erst nach 1980 entwickelte sich die jetzige Air Zimbabwe zu einer Gesellschaft mit Flügen in benachbarte Länder und nach Europa. 1983 erfolgte die Übernahme der Frachtfluggesellschaft Affretair, 1989 die Ablieferung der ersten Boeing 767. 1995 wurden für Kurzstrecken die Anschaffung von zwei Fokker 50 beschlossen, die aber nur für zwei Jahre blieben und dann wieder verkauft wurden. Dieses Schicksal ereilte auch die älteren B-707 und BAe/HS-748 und Affretair um die anhaltenden Verluste ausgleichen zu können. Seit 1998 verfügt Air Zimbabwe nur noch über Jets. Mit Air Botswana, Air Malawi, LAM und Qantas Airways bestehen Allianzen. Heimatflughafen ist Harare-International. Der politische Niedergang des Landes und die unsichere Lage haben dieses einst beliebte und blühende Land für Touristen völlig uninteressant gemacht. Das erlebte auch die staatliche Fluggesellschaft, die mehr als 80% ihrer Passagiere als Touristen ins Land brachte. Die Routen nach Europa wurden praktisch ausgesetzt und mindestens eine Boeing 767 ausser Betrieb gestellt, da es auch an Devisen für Ersatzteile und Wartung mangelt.

Routen

Bulawayo, Dar-es-Saalam, Durban, Harare, Hwange National Park, Johannesburg, Kariba, Lilongwe, London, Luanda, Lusaka, Mauritius, Nairobi, Victoria Falls

Flotte

1 BAe 146-200
3 Boeing 737-200
1 Boeing 767-200ER

Foto: Iljuschin IL-86 RA-86141 (Marcus Baltes / Frankfurt)

AJT - AIR INTERNATIONAL

Leningradsky Prospekt 37, Moskau, Russland
Tel.: 095-1555495 Fax: 095-1556466
E-Mail: avia@ajtair.msk.ru

ICAO-Code / IATA-Code	IATA-Nr.	Länderkennung	ICAO-Callsign
TRJ (E9)	766	RA	Turjet

AJT, Asian Joint Transport, wurde 1991 gegründet und nahm im Jahre 1992 den Flugbetrieb auf. Es war die erste unabhängige Fluggesellschaft die nach Auflösung der alten, staatlichen Monopolgesellschaft Aeroflot, den Betrieb aufnahm. Die Flugzeuge kamen aus dem Bestand von Aeroflot. Die ersten Flüge führten in die Vereinigten Arabischen Emirate. Die Nachfrage nach Konsumgütern war nach Auflösung der Sowjetunion bei der Bevölkerung besonders stark ausgeprägt und Geschäftsleute nutzten die VAE als Einkaufsquelle. Il-86 kamen zum Einsatz und AJT hatte fünf solcher Grossraumflugzeuge im Bestand. Bei Bedarf wurden weitere Flugzeuge kurz- oder langfristig gemietet. Auch Vnukovo Airlines erwarb einen Anteil an der florierenden Gesellschaft, die inzwischen auch Charterflüge in die Türkei und nach Westeuropa durchführte. Dabei waren von Anfang an Antalya in der Türkei und Rimini in Italien beliebte Ziele. Heimatflughafen ist Moskau-Shermetjovo.

Routen

Charterflüge innerhalb Russlands, den Nahen Osten, Europa, Nordafrika und Fernost

Flotte

4 Iljuschin IL-86
2 Tupolev Tu-154

Foto: Boeing 737-700 N626AS (Josef Krauthäuser / Las Vegas)

ALASKA AIRLINES

P.O.Box 68947, Seattle Washington 98168, USA
Tel.: 206-431-7040 Fax: 206-431-5558
E-Mail: info@alaskaair.com Web: www.alaskaair.com

ICAO-Code / IATA-Code	IATA-Nr.	Länderkennung	ICAO-Callsign
ASA (AS)	027	N	Alaska

1932 kaufte Star Air Service die Mc Ghee Airways, eine der vielen Gesellschaften in Alaska. Aus dieser Gesellschaft wurde dann im November 1943 Alaska Star Airlines, nachdem die Fluggesellschaften Pollack Flying Service, Mirow Air und Laverny Airways übernommen wurden. Mit diesen Zukäufen beherrschte man mehr als dreiviertel des Verkehrsaufkommens in Alaska. 1944 wurde der jetzige Name eingeführt und neben Liniendiensten war Alaska Airlines auch im Chartergeschäft rege tätig. Während der Berliner Luftbrücke und später während des Korea Krieges waren Alaska-Flugzeuge im Einsatz. 1951 wurde die erste Route von Alaska nach Seattle eingerichtet, 1960 als Ersatz für die bisher eingesetzte DC-3, Convair 340 und DC-6 angeschafft. Am 1. Februar 1968 kaufte Alaska Airlines Cordova Airlines und am 1. April des Jahres noch die Alaska Coastal Airlines. In Anspielung auf die Erschließung der grossen Ölfelder nannte man die ersten Jets der Gesellschaft auch "Golden Nugget Jet". 1970 wurden erstmals auch Charterflüge von Fairbanks nach Chabrovsk in der UdSSR durchgeführt. Anfang der achtziger Jahre wurde das Erscheinungsbild geändert, am Leitwerk war fortan ein lächelnder Eskimo zu sehen. 1986 folgten mit Jet America und Horizon Airlines weitere Zukäufe, seitdem deckt Horizon das regionale Streckenenetz ab. Die Strecken wurden bis Kalifornien und Mexiko ausgedehnt. Auch der Westen Kanadas wird ab Seattle bedient. Erstmals wurden 1992 auch Linienflüge zum "Nachbarn" Russland möglich. 1996 sorgte Alaska für Schlagzeilen, als man sich bei einer Entscheidung für eine Flottenerneuerung für Boeing 737-400 entschied statt der optionierten MD-90. Die neueste Generation von Flugzeugen erhielt Alaska mit Ablieferung der ersten Boeing 737-700 im Mai 1999. Auch die grössere B-737-900 wurde bereits geliefert.

Routen

Anchorage, Aniak, Astoria, Bellingham, Bethel, Billings, Boise, Burbank, Butte, Calgary, Cold Bay, Cordova, Dutch Harbor, Edmonton, Fairbanks, Fresno, GlacierBay, Helena, Juneau, Ketchikan, Kodiak, Kotzbue, La Paz, Las Vegas, Los Angeles, Los Cabos, Mazatlan, Nome, Oakland, Ontario, Orange County, Palm Springs, Phoenix, Portland, Pruhoe Bay, Puerto Vallarta, Reno, San Diego, San Francisco, San Jose, Seattle, Sitka, Spokane, Valdez, Vancouver und Yakutat sind nur einige der Ziele.

Flotte		Bestellt
11 Boeing 737-200Adv.	11 Boeing 737-900	3 Boeing 737-700
40 Boeing 737-400	32 (Boeing) McDonnell Douglas MD-83	3 Boeing 737-900
20 Boeing 737-700		

Foto: Bae 146-200 ZA-MAL (Bastian Hilker / Frankfurt)

ALBANIAN AIRLINES

Rruga Mira Peza 2, Tirana, Albanien
Tel.: 42-28461 Fax: 42-35162

ICAO-Code / IATA-Code	IATA-Nr.	Länderkennung	ICAO-Callsign
LBC (LV)	639	ZA	Albanian

Seit der politischen Wende Anfang der 90'er Jahre, gab es immer wieder den Wunsch nach einer eigenständigen albanischen Fluggesellschaft. Die wirtschaftlichen Verhältnisse im Lande lassen aber nur Raum für eine staatlich subventionierte Gesellschaft. 1992 wurde, mit Hilfe und dem know how von Tyrolean Airways aus Österreich, Albanian Airlines gegründet. Albanischer Partner war die staatliche Albtransport, die bereits ihre Erfahrungen mit Bus-und LKW Verkehren hatte. Im Mai 1992 begann der Flugbetrieb mit einer DHC-8 von Tirana nach Wien, Zürich, Frankfurt und Rom. Nach kurzer Zeit zog Tyrolean Airways jedoch seine Beteiligung zurück und damit auch das einzige Flugzeug. 1995 beteiligte sich die MAK Albania, diese ist wiederum eine Tochtergesellschaft der kuwaitischen Kharafi Group, an der Gesellschaft, deren Betrieb allerdings ruhte. Von Hemus Air aus Bulgarien mietete man eine Tupolev Tu-134 und setzte diese wieder für Charter-und Linienflüge ein. Eine weitere Tu-134, oder auch Tu-154 wurden, saisonbedingt, dazu gemietet. Da diese beiden Typen immer mehr Beschränkungen auferlegt wurden, welche den Anflug westeuropäischer Flughäfen anbelangen, wurde im Jahre 2001 eine erste BAe 146 gemietet. Anfang 2003 konnte die Flotte mit einer weiteren BAe 146 ergänzt werden.

Routen

Bologna, Frankfurt, Istanbul, Pristina, Rom, Tirana, Zürich

Flotte

2 BAe 146-200
1 Tupolev Tu-134

Foto: Airbus A321-100 I-BIXG (Josef Krauthäuser / Madrid)

ALITALIA

Centro Direnzionale, Viale Alessandro Marchetti 111, 00148 Rom, Italien
Tel.: 665621 Fax: 65624733
Web: www.alitalia.it

ICAO-Code / IATA-Code	IATA-Nr.	Länderkennung	ICAO-Callsign
AZA (AZ)	055	I	Alitalia

Gründungsdatum der Alitalia (Aerolinee Italiane Internazionali) ist der 16. September 1946. Die italienische Regierung, BEA und einige italienische Firmen bildeten die Gesellschaft. Der Flugbetrieb wurde am 5. Mai 1947 mit Fiat 612, SIAI Marchetti SM 95 und Lancastrian, aufgenommen. 1950 wurden DC-4, 1953 Convair 340/440 und DC-6 angeschafft, erster Jet war eine DC-8 im Jahre 1960. Der weiteren Entwicklung von Alitalia war 1957 der Zusammenschluss mit LAI vorausgegangen. Seit November 1957 ist Alitalia die nationale Fluggesellschaft Italiens. Vickers Viscount und Caravelle für Kurz- und Mittelstrecken fanden Eingang in die Flotte. Letztere wurde ab August 1967 durch DC-9 ersetzt. Die erste Boeing 747 wurde am 13. Mai 1970 geliefert, die DC-10 im Februar 1973. In den späten 70'er Jahren sorgte Alitalia mit ihren Flugzeugbestellungen bei den Herstellern für einigen Wirbel, da neben Boeing 727, 747 auch Airbus A300 und DC-10 bestellt wurden, einige Aufträge aber storniert werden mussten. Inzwischen geht der Trend zu einer Vereinheitlichung der Flotte, schon aus Kostengründen, und das auch bei dem Tochterunternehmen Avianova. Für die Interkontinentalstrecken erhielt Alitalia ab 1992 MD-11, ältere DC-9 wurden vom Airbus A321 abgelöst, deren erste im März 1994 übernommen wurde. Weiterer Neuzugang waren 1995 dann noch Boeing 767. Nach der Integration der Tochtergesellschaft ATI im Jahre 1994 gehört Alitalia zu den größten europäischen Fluggesellschaften. 1996 wurde das Alitalia Team gegründet, welches zu einem günstigeren Kostenfaktor die Flüge durchführt. Ebenso wird Alitalia Express gegründet. Die angestrebte Allianz mit KLM kam nicht zustande, deshalb forcierte Alitalia die Zusammenarbeit im Skyteam. Auch im Heimatland Italien kommt es mit Azzurra, Alpi Eagles, Meridiana, Minerva zur Zusammenarbeit. Mit der Boeing 777-200 werden seit 2002 die älteren B-747-200 ersetzt.

Routen

Alitalia betreibt ein dichtes Flugnetz zu mehr als 130 Zielen auf allen Kontinenten, in Europa werden alleine über 50 Flughäfen bedient.

Flotte		Bestellt
5 Airbus A319	9 Boeing 767-300	5 Airbus A319
11 Airbus A320	6 Boeing 777-200	3 Boeing 777-200
24 Airbus A321-100	90 (Boeing) McDonnell Douglas MD-82	
7 Boeing 747-200	8 (Boeing) McDonnell Douglas MD-11	

Foto: Boeing 727-200 N728FV (Stefan Schlick / Barbados)

ALLEGRO AIR

Jose Benitez 2709, Obispado, Monterey NL, 64060 Mexiko
Tel.: 52833399938 Fax: 5283339940
Web: www.allegroair.net

ICAO-Code / IATA-Code	IATA-Nr.	Länderkennung	ICAO-Callsign
GRO (LL)	902	XA	Allegro

Im Oktober 1992 wurde im mexikanischen Monterey Allegro Lineas Aereas von privaten Investoren gegründet. Im Dezember des Jahres startete eine erste DC-9-15 in den Farben von Allegro zum Erstflug nach Cancun. Im ersten Jahr des Flugbetriebs konzentrierte sich Allegro zunächst nur auf Ziele im Inland. Dazu wurden auch in der Hauptsaison für einige Monate Flugzeuge geleast. Hier kamen besonders europäische Gesellschaften, oder deren Flugzeuge, zum Einsatz, da die Hochsaison von Mitte Dezember bis Ende Februar reicht. Ab 1994 wurden aber zahlreiche Charterflüge von Kanada und den USA zu Zielen in Mexiko und der Karibik durchgeführt. Verträge mit großen Reiseveranstaltern wie Sunjet oder Funjet, die auf Ziele in der Karibik spezialisiert sind, machten den Einstieg in diesen lukrativen Markt möglich. Hierzu erhielt Allegro auch größere Flugzeuge vom Typ Boeing 727-200, die zur Ergänzung der DC-9 beschafft wurden. Mit Las Vegas nahm Allegro auch eine Linienverbindung in die USA auf. Schwerpunkt bleibt aber der Charterverkehr für den wichtigen US-Markt. Hier werden zahlreiche Verbindungen angeboten. Die Flotte wurde ständig ausgebaut und der Marktsituation angepasst. Im Jahre 2000 verfügte man über 12 Boeing 727-200, die aber ab 2001 ausgemustert wurden und durch MD-80 langfristig ersetzt werden. Die komplette Umstellung soll bis 2005 abgeschlossen sein.

Routen

Acapulco, Atlanta, Cancun, Cozumel, Dallas-DFW, Guadalajara, Las Vegas, London Ont., Mazatlan, Merida, Mexiko-City, Miami, Monterey, New York, Newark, Oakland, Orlando, Puerto Vallarta, Punta Cana, Tijuana, Vancouver

Flotte

8 Boeing 727-200
8 Boeing MD-80

Foto: Boeing 747-400 JA8962 (Daniel Klein / Frankfurt)

ALL NIPPON AIRWAYS

3-3-2, Haneda Airport, Ota-Ku, Tokio 144-0041, Japan
Tel.: 3-54350333 Fax: 3-54350903
Web: www.ana.co.jp

ICAO-Code / IATA-Code	IATA-Nr.	Länderkennung	ICAO-Callsign
ANA (NH)	205	J	All Nippon

All Nippon Airways ist nach Passagieren gerechnet-Japans grösste Fluggesellschaft. 1952 als Japan Helicopter gegründet, schloss man sich mit Far East Airlines im Jahre 1958 zur All Nippon Airways zusammen. Wichtigste Strecke dieser Jahre war Tokio-Osaka. Mit Convair 340 und 440 wurde das Streckennetz stetig ausgeweitet. Im Juli 1961 wurden gleich zwei neue Flugzeugtypen eingeführt, die Fokker F27 und die Vickers Viscount 828. Mit Übernahme von drei regionalen Fluggesellschaften 1963 (Fujita), 1965 (Central Japan) und 1967 (Nagasaki-Airlines) wuchs All Nippon sehr schnell. Jetservice mit Boeing 727 wurde 1964 zwischen Tokio und Sapporo erstmals angeboten. 1973 im Dezember kam mit der Lockheed TriStar der erste "Widebody" zum Einsatz. Mit der Boeing 747SR erhielt ANA - wie auch andere japanische Gesellschaften eine B-747 mit besonders enger Bestuhlung, womit etwa 500 Passagiere transportiert werden können. Die kontinuierliche Flottenerneuerung brachte ab Mitte 1984 die Boeing 767 und 1990 den Airbus A320 sowie auch die Boeing 747-400 zum Einsatz. Internationale Strecken wurden ab 1986, relativ spät, von ANA erschlossen. Fukuoka, Osaka und Tokio sind die wichtigsten Hubs für ANA. Mit einem gewaltigen Programm erneuerte man ab 1997 die Flotte und erhielt auch die neue Boeing 777 und Airbus A321. An Air Japan, Air Nippon, Air Nippon Network, Fair und Nippon Cargo Airlines ist All Nippon beteiligt. Seit 1998 ist ANA Mitglied der Star Alliance, Aufsehen erregt sie auch regelmässig mit ihren bunt bemalten Flugzeugen.

Routen

ANA fliegt über 35 nationale Strecken und internationale Routen nach Bangkok, Beijing, Chicago, Dalian, Frankfurt, Guam, Ho Chi Minh City, Hong Kong, Honululu, Kuala Lumpur, London, Los Angeles, Mumbai, New York, Paris, Qingdao, San Francisco, Seoul, Shanghai, Shenyang, Singapur, Sydney, Tianjin, Wien, Washington, Xiamen

Flotte		Bestellt
21 Airbus A320	11 Boeing 747-200/SR	3 Airbus A321
7 Airbus A321	23 Boeing 747-400	10 Boeing 777-200/300
58 Boeing 767-200/300	23 Boeing 777-200	

Foto: Boeing 737-700 N741AL (Henry Tenby / Vancouver)

ALOHA AIRLINES

P.O.Box 30028 Honolulu 96820, USA
Tel.: 808-8364210 Fax: 808-8333671
E-Mail: mail@alohaair.com Web: www.alohaair.com

ICAO-Code / IATA-Code	IATA-Nr.	Länderkennung	ICAO-Callsign
AAH (AQ)	327	N	Aloha

Aloha Airlines wurde als Trans Pacific-Airlines Ltd. am 9. Juni 1946 gegründet. Die ersten drei Jahre ihres Bestehens war sie als Passagier- und Frachtcharter innerhalb der Hawaii-Inseln tätig. Erster Flugzeugtyp war, wie bei vielen Gründungen dieser Zeit, die DC-3. Am 6. Juni 1949 wurden die ersten Linienflüge aufgenommen. Die Gesellschaft änderte den Namen in Aloha Airlines im November 1958. Fairchild F27 lösten die DC-3 im Juni 1959 ab, 1963 folgte die grössere Vickers Viscount. Insgesamt erhielt Aloha drei Viscounts und sechs F27. Auch der erste Jet war ein englisches Produkt. Am 29.4.1966 nahm Aloha mit BAC 1-11 den Liniendienst von Honolulu nach Maui auf. Ein Schritt zur Vereinheitlichung der Flotte wurde mit Kauf und Ablieferung der ersten Boeing 737 im Jahre 1969 getan. 1980 wurde Aloha Island Air eine Tochtergesellschaft gegründet, die mit DHC 6 Twin Otter operierte und als neuestes Fluggerät über DHC-8 verfügt. Die Auslieferung der ersten Boeing 737-400 Anfang 1993 bedeutete auch eine Veränderung des Erscheinungsbildes. Seitdem sind nur noch Boeing 737 im Einsatz. 1999 eröffnete Aloha eine neue Route zu den Marshall Inseln. Weitere Ziele im Pazifik sind auch Kwajalein und Johnston Island. Als Ergänzung für die älteren B-737-200 und eine langfristige Umflottung erhielt Aloha Airlines Ende 1999 eine erste Boeing 737-700. Mit dieser wurde am 28. Februar 2000 eine neue Route nach Oakland , Kalifornien eröffnet. Weitere Ziele in Festland-USA kamen mit Las Vegas und Santa Ana (John Wayne) hinzu. Die geplante Fusion mit Hawaiian Air wurde im Januar 2002 beantragt, sie scheiterte jedoch im März 2002.

Routen

Hana, Hilo, Honolulu, Hoolehua, Johnston Island, Kahului, Kapalua, Kauai, Kona, Kwajalein, Lanai City, Las Vegas, Majuro, Oakland, Santa Ana

Flotte

18 Boeing 737-200Adv.
7 Boeing 737-700

Foto: Fokker 100 I-ALPW (Andreas Witek / Graz)

ALPI EAGLES

Via E.Mattei 1, 30020 Marcon, Italien
Tel.: 041-5997777 Fax: 041-5997708
Web: www.alpieagles.com.i

ICAO-Code / IATA-Code	IATA-Nr.	Länderkennung	ICAO-Callsign
ELG (E8)	789	I	Alpi Eagles

Die Alpi Eagles gehörten zu den berühmtesten Kunstflugstaffeln der Welt. Sie begeisterten zahlreiches Publikum bei den Vorführungen und Schauflügen in aller Welt. Aus diesem privat finanzierten Unternehmen entwickelte sich nebenbei noch eine Abteilung für kommerzielle Geschäftsflüge. Auch in diesem Bereich waren die Alpi Eagles erfolgreich und so wuchs die Idee auch in das Charter- und Liniengeschäft mit größeren Flugzeugen einzusteigen. Im Jahre 1996 erhielt Alpi Eagles, der Name wurde beibehalten obwohl man inzwischen den Kunstflug nicht mehr betrieb, zwei Fokker 100. Mit diesen beiden Maschinen begann man im Mai 1996 die Linienflüge. Heimatbasis ist der Flughafen von Venedig. Mit Alitalia gab es Vereinbarungen zur Übernahme einiger Strecken und für andere gibt es Codesharabkommen. Weitere Fokker 100 ergänzten 1997 und 2000 die Flotte, die auch ab 1998 eine andere Farbgebung erhielt. Neben den Linienflügen werden auch ad-hoc und Kettencharter geflogen.

Routen

Athen, Barcelona, Cagliari, Catania, Madrid, Neapel, Palermo, Paris-CDG, Rom, Venedig, Verona

Flotte

8 Fokker 100

Foto: Boeing 737-800 N904AN (Josef Krauthäuser / Miami)

AMERICAN AIRLINES

P.O.Box 619616 DFW Intl.Airport Dallas, Texas 75261-9616, USA
Tel.: 817-9671577 Fax: 817-9673816
E-Mail: customerrelations@aa.com Web: www.aa.com

ICAO-Code / IATA-Code	IATA-Nr.	Länderkennung	ICAO-Callsign
AAL (AA)	001	N	American

Als Nachfolger der Aviation Corporation, die wiederum aus einer Vielzahl kleiner Gesellschaften hervorgegangen war, entstand American Airlines am 13. Mai 1934. Bevor die nach den Spezifikationen der American Airlines entstandene DC-3 zum Einsatz kam, wurden überwiegend Curtiss Condor eingesetzt. 1945 wurde AOA übernommen, die auf Flüge nach Europa spezialisiert war, wurde 1950 aber an PanAm verkauft. AA konzentrierte sich fortan auf den US-Markt. In der Folgezeit war American für die Flugzeugbauer der USA einer der wichtigsten Partner, gingen doch die DC-7, Convair 240 und 990, Lockheed L-188 Electra sowie die DC-10 aus Spezifikationen und Aufträgen der AA hervor. Mit der DC-7 wurde ab November 1953 der Nonstop-Dienst von New York nach Los Angeles aufgenommen. Sechs Jahre später übernahm Americans erster Jet, die Boeing 707 diese Strecke. BAC 1-11-400 und Boeing 727 waren weitere Typen im umfangreichen Flugzeugpark. 1970 begann das Großraum-Zeitalter mit der Indienststellung von Boeing 747, gefolgt von DC-10 im August 1971. In diesem Jahr übernahm American Airlines Trans Caribbean Airways und bediente seitdem ein umfangreiches Liniennetz in diesem Gebiet. Nach der Deregulation 1978 wurde American immer grösser und übernahm schließlich noch AirCal im Jahre 1987. Zahlreiche Streckenkäufe von anderen Gesellschaften ebneten den Weg für eine expansive Ausdehnung der Strecken nach Fernost, Südamerika und Europa. 1984 fasste man unter dem American Eagle-Namen die Reginonal-dienste zusammen. Die AMR-Corporation fungierte dabei als Holdinggesellschaft. Ein umfangreiches Flottenerneuerungsprogramm führte ab 1998 zur Einführung neuer Typen wie der Boeing 777, dem künftigen Flaggschiff der Gesellschaft und 737-800. Die im Westen der USA aktive Reno Air wurde 1998 gekauft und bis Mitte 1999 integriert. Auch die traditionsreiche TWA wurde nach deren Konkurs im Jahre 2000 übernommen und bis Ende 2001 integriert. American Airlines war direkt betroffen von den Ereignissen am 11.September. Je eine Boeing 767 und 757 wurden in das WTC und Pentagon gesteuert. Seither kämpft AA ums Überleben. American Airlines ist in der Oneworld Alliance, zusammen mit British Airways die führende Airline.

Routen

Über 160 Ziele weltweit und in den USA. Mit American Eagle Airlines zusammen mehr als 280 Ziele.

Flotte		Bestellt
29 Airbus A300-600	43 Boeing 777	40 Boeing 737-800
36 Boeing 737-800	75 Fokker 100	5 Boeing 767-300
153 Boeing 757-200	363 (Boeing) McDonnell Douglas MD-80	3 Boeing 777
83 Boeing 767-200/300		

Foto: Embraer EMB 135 N729AE (Thomas Kim / Toronto)

AMERICAN EAGLE AIRLINES

4333 Amon Carter Blvd. MD 5494, Forth Worth, Texas 76155, USA
Tel.: 972-4251520 Fax: 972-4251518
Web: www.aa.com

ICAO-Code / IATA-Code	IATA-Nr.	Länderkennung	ICAO-Callsign
EGF (AA)	-	N	Eagle Flight

Im Auftrag von American Airlines wurde zum 1. November 1984 ein Franchisesystem mit der bis dahin unabhängigen Metroflight unter der Bezeichnung American Eagle gestartet. Kleinere Flughäfen sollten in ein sogenanntes Hub and Spoke System eingebunden werden. Dabei bildeten viele kleinere Flughäfen um ein Hub, wie in diesem Falle Dallas/Forth Worth, einen Zubringerverkehr. Die Flugzeiten lagen etwa zwischen 30 und 90 Minuten. Zum Einsatz gelangten 19 plätzige Swaeringen-Fairchild Metros. Bereits am 1. Dezember des Jahres kam mit Chapperal Airlines ein weiteres Unternehmen hinzu. Die Flugnummern entsprachen dem AA-System, auch die Flugzeuge hatten eine einheitliche Farbgebung, die an American Airlines erinnerte. Alle Vorzüge wie Platzreservierung, durchgecheckte Gepäck und Teilnahme am Vielfliegerprogramm führten zur schnellen Akzeptanz bei den Fluggästen. 1985 kamen AV Air in Raleigh-Durham und Simmons Airlines in Chicago hinzu, ein Jahr später Air Midwest in Nashville und Command Air in New York. An weiteren Hubs wie San Jose oder San Juan übernahmen Wings West oder Executive Air diese Zubringerflüge. Doch das System hatte auch Schwächen, so ging Air Midwest in Konkurs und wurde von der AMR Corporation aufgekauft. Ebenso mussten AVAir und Simmons erworben werden, um das gesamte Sytem nicht zu gefährden. Als Flagship Airlines wurde auch in Miami ein neuer Hub mit ATR 42 aufgebaut. Wings West und Command Airways wurden ebenfalls integriert, um sie vor einem drohenden Konkurs zu bewahren. Mitte der 90'er Jahre hatte American Eagle hohe Verluste. Eine Vereinheitlichung der Flotte war dringend geboten und man konzentrierte sich nur noch auf Saab SF340 und ATR 42/72. Die bis 1998 selbständig operierenden Gesellschaften wurden nach dem Kauf von Business Express in diesem Jahr zu einer einzigen Gesellschaft als American Eagle Airlines zusammengefasst und sind der grösste Regionalcarrier der Welt mit über 15 Millionen Passagieren.1999 wurde mit der Embraer RJ 145 der erste Jet ausgeliefert, der langfristig die Propellerflugzeuge ersetzt. Auch der kleinere RJ 135 kommt in grossen Stückzahlen zum Einsatz, wobei ab 2001 alle ATR-42 und ATR-72 an die Partner der American Connection transferiert wurden.

Routen

Mehr als 150 Ziele quer durch die USA, nach Kanada, in die Karibik und den Bahamas werden bedient

Flotte		Bestellt
12 (Bombardier) Canadair RJ 700	95 Saab SF 340	7 Embraer RJ 145
88 Embraer RJ 135		65 Embraer RJ 135
64 Embraer RJ 145		

Foto: Boeing 737-300 N328AW (Josef Krauthäuser / Phoenix)

AMERICA WEST AIRLINES

4000 East Sky Harbour Blvd. Phoenix, Arizona 85034, USA
Tel.: 602-6930800 Fax: 602-6935546
E-Mail: customer.advocate@americawest.com Web: ww.americawest.com

ICAO-Code / IATA-Code	IATA-Nr.	Länderkennung	ICAO-Callsign
AWE (HP)	401	N	Cactus

America West Airlines wurde erst nach der Airline Deregulation 1978 etabliert und gilt als eine der dynamischsten Airlines der USA. 1981 gegründet, nahm 1983 America West den Flugverkehr ab Phoenix auf. Sogenannte "Hubs" bildeten neben Phoenix noch Las Vegas und Columbus. Innerhalb von nur sechs Jahren wuchs die Flotte von anfänglich drei Boeing 737 auf über 90 Flugzeuge und mit den neuen Strecken und Destinationen auch die Mitarbeiter. Diese sind übrigens alle an America West Airlines beteiligt und zwar in Form von Aktien. Zunächst war - wie der Name sagt - die Gesellschaft nur im Westen der USA tätig, im Laufe der Jahre wurde das Streckennetz aber auf die andere Staaten ausgedehnt, sowie auf Kanada und Hawaii. America West führte als erste Gesellschaft in den USA 1991 den Airbus A320 ein. Seit dem 27.6.1991 flog America West aber unter "Gläubiger-Schutz" mit einer verringerten Flotte. Unrentable Strecken wurden abgeschafft und einKostenreduzierungsprogramm eingeführt, welches im August 1994 zum Erfolg und zum Verlassen des Chapter 11 führte. Continental und Mesa Airlines übernahmen insgesamt 25% der Anteile. Die aktuelle Bemalung wurde 1996 eingeführt.Als Ablösung für die älteren B-737-200 entschied sich America West schon früh für den kleinen Airbus A319. Ende 1998 wurden die ersten Flugzeuge geliefert. Nachdem 1999 Übernahmeverhandlungen durch United Airlines negativ verliefen, konzentrierte sich AWE seitdem um den Ausbau der Gesellschaft mit eigenen Kräften. Desert Sun Airlines, eine Tochtergesellschaft von Mesa Airlines und Freedom Airlines wurden für ein America West Express Liniennetz gewonnen. 2003 wurde Columbus als Hub aufgelöst, da immer mehr Direktflüge von Phoenix und Las Vegas an die Ostküste durchgeführt werden. In Las Vegas konnte AWE im Jahr 2002 , nach dem Konkurs von National Airlines, kräftig ausbauen. Ebenfalls in diesem Jahr wurde ein komplett neues und einfaches Preissystem eingeführt.

Routen

Etwa 120 Destinationen in den USA, Kanada und Mexiko wie z.B. Acapulco, Guaymas, Hermosillo, Ixtapa, Manzanillo, Mazatlan, Mexiko City, Monterey, Puerto Vallarta

Flotte		Bestellt
50 Airbus A320-200	39 Boeing 737-30	17 Airbus A320
32 Airbus A319-100	10 Boeing 737-200Adv.	
13 Boeing 757-200		

Foto: Boeing 727-200F N395AJ (Josef Krauthäuser / Fort Lauderdale)

AMERIJET INTERNATIONAL

498 SW 34th Street, Fort Lauderdale FL 33315, USA
Tel.: 305-3590077 Fax: 305-3597866
Web: www.amerijet.com

ICAO-Code / IATA-Code	IATA-Nr.	Länderkennung	ICAO-Callsign
AJT (M6)	810	N	Amerijet

Amerijet International wurde 1974 gegründet und beschäftigte sich zunächst nur mit Fracht- und Expressgutflügen. Zum Einsatz kamen Learjet und Cessna 401. 1985 konnten die ersten drei Boeing 727 beschafft werden, weitere folgten in den Jahren 1988 und 1989. Jetzt konnten Charter-, Subcharter und adhoc Frachtflüge übernommen werden. Mit einer Combiversion diesen Types (Boeing 727-100C) stieg man auch in den Passagiercharter ein. Für DHL und Burlington, beides Spezialisten im Frachtbereich, flog Amerijet regelmässig Linienfrachtflüge.1993 konnten erstmals Linienflüge nach Guayana aufgenommen werden. Da der Markt für gebrauchte Mittelstreckenfrachtflugzeuge leergefegt war, wurden 1996 fünf ex PanAm Boeing 727 gekauft, die jahrelang in der Mojavewüste eingemottet waren. Einige kamen nach umfangreicher Überholung in der eigenen Werft, wieder zum Einsatz oder dienten als Ersatzteilspender. Von Miami ins nahe gelegene Fort Lauderdale wurde 1998 der Flugbetrieb und auch die Werft verlegt. Neben den Liniendiensten, hier werden besonders Güter des täglichen Bedarfs, Fleisch, Fisch, Gemüse und Blumen geflogen, steht Amerijet International auch für weltweite ad-hoc Flüge bereit. Im Juni 2001 begab sich Amerijet unter Chapter 11 des Konkursrechts und konnte nach erfolgreicher Restrukturierung im Dezember des Jahres, ausgestattet mit neuem Kapital und modernisiertem Fluggerät, einen neuen Anfang starten. Die verbliebenen sechs Boeing 727 wurden mit Winglets und neuer Elektronik ausgerüstet und sollen für weitere Jahre einsatzfähig sein.

Routen

Antigua, Aruba, Barbados, Barcelona, Belize-City, Cancun, Curacao, Domenica, Fort de France, Fort Lauderdale, Georgetown, Grenada, Kingston, Maracaibo, Merida, Mexiko City, Miami, Porlamar, Port au Prince, Porlamar, Port of Spain, Puerto Plata, San Juan, Santo Domingo, St.Kitts, St.Lucia, St. Maarten, St.Vincent

Flotte

6 Boeing 727-200 F

Foto: Antonov An-124-100 UR-82009 (Albert Kuhbandner / München)

ANTONOV AIRLINES

Ul.Tupoleva 1, 252062 Kiew, Ukraine
Tel.: 380-444430018 Fax: 380-444426124
E-Mail: office@antonov.kiev.ua Web: www.antonovaircargo.com

ICAO-Code / IATA-Code	IATA-Nr.	Länderkennung	ICAO-Callsign
ADB (GS)	-	UR	Antonov

Das Konstruktionsbüro des 1906 geborenen Oleg Antonov war eines der berühmtesten der ehmaligen Sowjetunion. Herausragende Konstruktionen wie die An-2, dem mit etwa 20.000 Einheiten meistgebauten Flugzeug der Welt kamen aus diesem Büro. Berühmt auch die zahlreichen Transportflugzeuge die in den 50'er und 60'er Jahren im vergangenen Jahrhundert gebaut wurden. An-8, An-10, An-12 vor allem die An-22 ein bislang in diesen Dimensionen nicht vorstellbares Transportflugzeug mit Turbopropantrieb. Es folgten die An-24/26, An 30/32 und als erster Jet die An-72. Auch die grössten Transportflugzeuge der Welt, die An-124 "Ruslan" und die daraus abgeleitete sechsmotorige An-225 "Mriya" stammen von Antonov. 1989 kam es mit der britischen Heavy Lift zu einem Kooperationsvertrag, der die Nutzung von An-124 Flugzeugen für weltweite Transporte vorsah. Bei Bedarf mietete Heavy Lift die benötigten Flugzeuge samt Piloten, Navigatoren und Lademannschaft an. Die positive Erfahrung und die Nachfrage nach diesen übergrossen Cargotransportern, veranlassten das Antonov Design Bureau eine eigene Lizenz für einen Flugbetrieb zu erhalten. Antonov Airlines wurde durch Dekret der ukrainischen Regierung zum Cargo Flagcarrier bestimmt. Antonov Airlines steht mit zahlreichen Schwerlastflügen immer wieder in den Medien, so auch beim Transport eines 135t. schweren Generators von Düsseldorf nach Delhi. Auch für die UNO ist Antonov Airlines genauso im Einsatz wie auch bei der Rallye Paris-Dakar.

Routen

Frachtflüge weltweit, ad-hoc Charter ebenfalls weltweit.

Flotte

3 An-12	2 An-32	1 An-225
1 An-22	1 An-74	
1 An-26	8 An-123	

Foto: Airbus A300B4 YA-BAB (Oliver Köstinger / Sharjah)

ARIANA AFGHAN

P.O.Box 76 Ansari Watt, Kabul, Afghanistan
Tel.: 873-762523844 Fax: 873-76252384
E-Mail: flyariana@mail.com Web: www.flyariana.com

ICAO-Code / IATA-Code	IATA-Nr.	Länderkennung	ICAO-Callsign
AFG (FG)	255	YA	Ariana

Ariana Afghan Airlines Co Ltd. wurde im Januar 1955 als neue nationale Fluggesellschaft gegründet. Die indische Indama Corp. stellte die ersten Flugzeuge vom Typ DC-3 und hielt 49% der Anteile. Diese Anteile übernahm im Jahre 1956 Pan American World Airways und baute die Gesellschaft stark aus. Internationale Strecken nach Delhi und Beirut wurden zügig eingerichtet, die Beirutstrecke über Ankara und Prag bis Frankfurt verlängert. Zum Einsatz kamen DC-4 und später DC-6. 1968 erhielt Ariana den ersten Jet, eine Boeing 727, gefolgt von einer DC-10-30 im September 1979. Nach dem Einmarsch sowjetischer Truppen Weihnachten 1979 brach der Flugverkehr zusammen, die DC-10 wurde nach einem Raketentreffer verkauft und Flugzeuge sowjetischer Bauart kamen zur Flotte. Während der 10-jährigen Kriegszeit wurden lediglich Moskau und Prag, zeitweise Berlin-Schönefeld angeflogen, vorwiegend um Verwundete zu transportieren. Eine Normalisierung des Flugverkehrs ist erst nach und nach zu erwarten, da die politische Lage auch nach Beendigung des Bürgerkrieges noch unsicher ist. Karachi in Pakistan konnte als Ausweichplatz für einige Zeit genutzt werden, doch ab 1998 wurde auch wieder ab Kabul geflogen. Zu einer erneuten Unterbrechung kam es durch den Krieg gegen die Taliban-Regierung. Sechs der letzten acht noch verbliebenen Flugzeuge wurden zerstört. Erst nachdem 2002 die internationale Schutztruppe in Kabul einzog, normalisierte sich auch der zivile Luftverkehr. Die Regierung von Indien schenkte Ariana einige Airbus A300. Der Flugverkehr konnte 2002 wieder aufgenommen werden und seither expandiert Ariana.

Routen

Amritsar, Delhi, Dubai, Frankfurt, Herat, Islamabad, Istanbul, Jeddah, Kabul, Mazar Sharif, Sharjah, Teheran

Flotte

3 Airbus A300B4
3 Boeing 727-200

Foto: Boeing 757-200 4X-BAZ (Josef Krauthäuser / Amsterdam)

ARKIA ISRAELI AIRLINES

P.O.Box 39301, Dov Airport, Tel Aviv 61392, Israel
Tel.: 3-6902222 Fax: 3-6991390
E-Mail: arkiaclick@arkia.co.il Web: www.arkia.co.il

ICAO-Code / IATA-Code	IATA-Nr.	Länderkennung	ICAO-Callsign
AIZ (IZ)	238	4X	Arkia

Nach der Gründung des Staates Israel 1948 und auch von EL AL, einer Fluggesellschaft für die Verbindungen ins europäische Ausland und die USA, wurde auch eine Verbindung per Flugzeug nach Eilat gefordert. Die Wegverhältnisse durch die Wüste zu diesem israelischen Aussenposten, der damals aus nur einigen Siedlern und einem Militärposten bestand, waren katastrophal. Die staatliche EL AL und Histradut, die wichtigste Gewerkschaftsorganisation, übernahmen jeweils 50% der Anteile von Eilata, die Ende 1948 gegründet wurde. Am 28.Februar 1950 startete die Gesellschaft zum offiziellen Erstflug von Tel Aviv nach Eilath. Zum Einsatz kam eine Curtiss C-46 von EL AL, die mit zwei D.H.89 Dragon Rapide die Flotte bildete. Schon im September 1950 wurde der Name in Arkia Israeli Airlines geändert. Die Expansion der Gesellschaft erforderte mehrere und grössere Flugzeuge, deshalb kamen 1956 mehrere DC-3 und auch Beech 18 als Ersatz für die Dragon Rapide. Mit Eröffnung der ersten Hotels in Eilat stieg auch die Passagierzahl. Handley Page Herald wurden gekauft und erstmals startete Arkia ins benachbarte Ausland nach Zypern. Nach dem "Sechstagekrieg" im Jahre 1967 wurde auch die besetzte Halbinsel Sinai mit Sharm-el-Sheik und Santa Katharina ins Streckennetz eingebunden. Zwischen 1969 und 1974 erhielt Arkia Vickers Viscount und beteiligte sich 1972 an Kanaf-Arkia Airline, welche auch im Inland flog. 1979 schließlich erfolgte die Privatisierung der Gesellschaft. Ab 1981 erhielt Arkia Boeing B-737-200 und verlegte sich auf Charterflüge, die Linienflüge innerhalb des Landes wurden auf DHC-7 umgestellt und zum stadtnahen Dov-Airport von Tel Aviv verlegt. Die weitere Expansion stieg mit dem Touristenverkehr. Boeing 707 ergänzten die B-737 bis 1998 und 1999 eine Flottenerneuerung begann mit dem Eintreffen von ATR-72 und Boeing 757-200 begann. Eine veränderte Bemalung der Flugzeuge wurde mit der ersten Boeing 757 ebenfalls eingeführt, wobei Arkia auch einer der Erstbesteller der verlängerten Version B-757-300 war. Arkia verfügt über mehr als 30 Boeing Flugzeuge, die aber überwiegend in den USA vermietet sind, was ein lukratives Geschäft für Arkia darstellt.

Routen

Linienverbindungen nach Amman, Eilat, Haifa,Tel Aviv, Jerusalem, Rosh Pina und Kiryat Shmona. Regelmässige Charterflüge nach Westeuropas, Ostafrika und Thailand

Flotte

3 ATR-72
4 Boeing B-737-200
2 Boeing B-757-200
2 Boeing B-757-300

Foto: Airbus A320-200 EK-32001 (Marcus Baltes / Frankfurt)

ARMENIAN AIRLINES

Zvartnots Airport, 375042 Jerewan, Armenien
Tel.: 2-225444 Fax: 2-243152

ICAO-Code / IATA-Code	IATA-Nr.	Länderkennung	ICAO-Callsign
RME (R3)	956	EK	Armenian

Im Jahre 1993 ergriff auch in dieser neuen Republik der Staat die Initiative und übernahm am 9. März das Aeroflot Direktorat in Armenien. Die einst wirtschaftlich blühende Teilrepublik der Sowjetunion wurde mit dem Nachbarstaat Aserbaidschan in einen Krieg um die Enklave Nagorny Karabach verwickelt, seither sind alle Rohstoff- und Energielieferungen aus diesem Land gestoppt. Armenien war von diesen Lieferungen abhängig und seit der Einstellung gingen die Wirtschaft und die Lebensbedingungen steil bergab. Entsprechend konnte sich der Luftverkehr nur mühsam entwickeln. Hatte das Aeroflot Direktorat noch knapp zwei Millionen Passagiere befördert, so lagen die Transportleistungen der neuen Gesellschaft bei etwa 1/3 dieser Zahlen. Trotzdem flog die Gesellschaft mit Gewinn, gab es doch zahlreiche "Auslandsarmenier", die regelmässig die Flüge nutzen. Diese sollten auch bei einer künftig geplanten Privatisierung das notwendige Kapital aufbringen. Mit KLM und Air France hatte man ein Abkommen unterzeichnet, dass den Aufbau der Gesellschaft unterstützen sollte, da besonders die Hauptstadt Jerewan auch für ausländische Touristen attraktiv ist. Da die wirtschaftliche Lage in den 90'er Jahren jedoch zu wünschen übrigliess, kam auch die Privatisierung nicht weiter und Routen und auch die Flotte wurden abgebaut. Mit einem geleasten Airbus A310 wurde jedoch 1999 ein Fortschritt hinsichtlich einer Flottenerneuerung getan. Dieser ging allerdings 2003 zurück und dafür wurde ein Airbus A320 gemietet. Dieser hat bereits eine neue Bemalung als Armenian International Airlines. Die Gesellschaft soll reformiert und eventuell neu aufgestellt werden, damit Investoren gewonnen werden können.

Routen

Adler, Aleppo, Amsterdam, Anapa, Ashkhabah, Athen, Dubai, Frankfurt, Istanbul, Jekaterinburg, Jerewan, Kiew, Kharkov, Krasnodar, Mineralnye Vody, Moskau, Novgorod, Novosibirsk, Odessa, Paris, Samara, St.Petersburg, Tabriz, Tashkent, Teheran, Wolgograd

Flotte		Bestellt
1 Airbus A320-200	5 Tupolev Tu-154	2 Tupolev Tu-204
2 Iljuschin IL-86		
6 Tupolev Tu-134		

Foto: (Boeing) Douglas DC-8-62F N791AL (Josef Krauthäuser / Miami)

ARROW AIR

2000 NW 62 Ave. Bldg.711, Miami FL 33122, USA
Tel.: 305-8716606 Fax: 305-8714232
E-Mail: sales@arrowair.com Web: www.arrowair.com

ICAO-Code / IATA-Code	IATA-Nr.	Länderkennung	ICAO-Callsign
APW (GW)	-	N	BigA

Der Name Arrow Air wurde bereits 1946 von einer Chartergesellschaft genutzt, die bis 1954 existierte. 1980 wurde diese stillgelegte Firma wieder aktiviert und begann im Februar 1981 als Frachtchartergesellschaft der auch Passagiercharter folgten. Boeing 727, DC-10 und DC-8 kamen zum Einsatz. Die wechselvolle Geschichte von Arrow Air endete im Frühjahr 1995 als die FAA aus Sicherheitsgründen viele Gesellschaften groundete. Nach einigen Monaten und einer Reorganisation, nahm Arrow Air den Flugbetrieb wieder auf. 1999 wurde Arrow Air von seinem direkten Konkurrenten in Miami, Fine Airlines, übernommen. Beide Gesellschaften arbeiteten aber zunächst unabhängig voneinander weiter. Frank und Barry Fine gründeten Anfang 1992 in Miami die nach ihnen benannte Frachtfluggesellschaft und starteten im November des selben Jahres mit ersten Flügen nach Südamerika. Im Laufe der Jahre waren mehr als 15 DC-8 für Fine Airlines auf den Routen nach Mittel-und Südamerika im Einsatz. Im September 2000 stellte sich Fine Airlines unter Gläubigerschutz nach Chapter 11. Die Restrukturierungspläne sahen eine Fusion von Arrow Air und Fine Airlines vor und auch einen weiteren Flottenabbau zur Kosteneinsparung. Einige Flugzeuge wurden in der Wüste von Kalifornien oder Arizona eingemottet. Erst mit Hilfe einer Investmentgesellschaft, diese gründete 2002 Arrow Air Holdings, war es möglich den endgültigen Bankrott abzuwenden. Ein neues Management wurde installiert und der Name Arrow Air wieder eingeführt. Mit einer Flotte von DC-8, auch die abgestellten Flugzeuge werden nach und nach aktiviert, und L-1011 Frachtern spezialisiert man sich weiterhin auf Flüge nach Mittel- und Südamerika und die Karibik. Anfang 2003 übernahm Arrow Air Holdings den Firmenrahmen von Air Global International (AGI), die mit gemieteten Boeing 747 Frachtern ebenfalls im südamerikanischen Raum tätig ist. Arrow Air betreibt in Miami auch ein grosses Umschlagzentrum für Gemüse, Fisch und Blumen (perishable goods), welches auch von anderen Gesellschaften genutzt wird.

Routen

Frachtflüge zu Zielen in Mittel-und Südamerika und in die Karibik wie Costa Rica, Ecuador, El Salvador, Guatemala, Honduras, Kolumbien, Nicaragua, Panama, Peru, Puerto Rico, Trinidad und Venezuela

Flotte

10 (Boeing) Douglas DC-8
3 Lockheed L-1011

Foto: (Boeing) McDonnell Douglas DC-9-30 YV-716C (Ralf Lücke / Porlamar)

ASERCA

Avda Bolivar Norte, Piso 8, Valencia 2002, Venezuela
Tel.: 41-237111 Fax: 41-220210
Web: www.asercaairlines.com

ICAO-Code / IATA-Code	IATA-Nr.	Länderkennung	ICAO-Callsign
OCA (R7)	717	YV	Aserca

Die 1991 gegründete Aserca-Aerolineas Regional del Centro aus Valencia im Norden Venezuelas, erwarb zwei DC-9 aus Midway Airlines Beständen und begann 1992 den Flugbetrieb. Die vor dem Festland liegende Ferieninsel Margarita wurde ebenfalls angeflogen. Für Taxidienste standen noch einige Cessna 402 zur Verfügung. Die erfolgreiche Gesellschaft konnte 1993 und 1994 weitere DC-9 erwerben und expandierte weiter. Neben der Hauptstadt Caracas bekamen alle wichtigen Städte des Landes schnell eine Direktverbindung in die zweitgrösste Stadt Venezuelas,Valencia. 1998 erhielt Aserca eine erste MD-90 und beteiligte sich mit 70% an Air Aruba. Eine weitere Beteiligung hat Aserca an der Regionalgesellschaft Santa Barbara, die mit ATR 42 fliegt. Zur Flottenerneuerung der teilweise älteren DC-9 wurden Boeing B-737-800 bestellt, von denen die ersten beiden 1999 eingeführt wurden. Beschränkte man sich in den ersten Jahren nur auf Flüge im Inland, so wurde das Streckennetz, mit der Air Aruba Beteiligung, auch regional im Karibikraum ausgeweitet. Die Ereignisse nach dem World Trade Center Anschlag hatten auch Auswirkungen auf die Fluggesellschaften der Karibik. Air Aruba ging bankrott und Aserca hatte auch erhebliche finanzielle Schwierigkeiten zu überwinden. Einige Flugzeuge wurden wieder an die Vermieter retourniert, andere wurden ausser Betrieb gestellt. Weniger rentable Strecken wurden eingestellt und auch die Anzahl der Mitarbeiter wurde verringert. Heute ist Aserca als low- cost Gesellschaft mit stark frequentierten Flügen ausgerichtet.

Routen

Aruba, Barcelona, Barquisemento, Caracas, Las Piedras, Lima, Maracaibo, Maturin, Porlamar, Puerto Ordaz, Punta Cana, San Antonio, Santo Domingo, Valencia

Flotte

3 Boeing B-737-200
13 (Boeing) McDonnell Douglas DC-9-30

Foto: Boeing 747-400 HL7423 (Marcus Baltes / Frankfurt)

ASIANA AIRLINES

P.O.Box 9847 KangseoKu, Ose Dong, Seoul 135270, Republik Korea
Tel.: 02-6695099 Fax: 02-6695130
E-Mail: asianacr@asiana.co.kr Web: www.asiana.co.kr

ICAO-Code / IATA-Code	IATA-Nr.	Länderkennung	ICAO-Callsign
AAR (OZ)	988	HL	Asiana

Im Dezember 1988 wurde von der Kumho Industriegruppe eine Fluggesellschaft gegründet. Der wirtschaftliche Boom in Korea und die enorme Mobilität der Koreaner liessen den Entschluß zu, neben dem etablierten Flagcarrier noch eine weitere Fluggesellschaft zu gründen. Ursprünglich erhielt die Asiana genannte Gesellschaft nur Verkehrsrechte innerhalb Koreas. Diese Beschränkung konnte jedoch schnell aufgehoben werden und Asiana nahm auch den Flugbetrieb nach Fukuoka im benachbarten Japan auf. Schnell folgten Tokio, Nagoya und weitere innerkoreanische Ziele. Diese Strecken wurden mit zehn Boeing 737-400 bedient. Ab 1990 kamen mit Hongkong und Bangkok zwei Strecken hinzu für die auch neues Fluggerät in Form der Boeing 767 angeschafft wurde. Neue Ziele wie Los Angeles, San Francisco und New York brachten ab 1992 auch die Boeing 747-400 und im Dezember 1994 konnte sogar der erste Frachter, eine Boeing 747-400F in Empfang genommen werden. Die Investitionen waren gewaltig und man plante schon für das nächste Jahrzehnt in dem 1996 sowohl bei Airbus, als auch bei Boeing insgesamt etwa 60 neue Flugzeuge - zur Lieferung ab 1998 - bestellt oder optioniert wurden. Der Sprung nach Europa wurde 1995 mit einer regelmäßigen Verbindung nach Brüssel und Wien gewagt, ab Ende 1996 folgten dann London und 1997 Frankfurt. Ende der 90'er Jahre wurde das Wachstum durch die wirtschaftliche Krise in Asien stark eingeschränkt wobei besonders Flüge nach Europa davon betroffen waren. Asiana war ab 2000 aber wieder auf dem Weg zu einer langsamen Expansion und beschaffte auch wieder neue Flugzeuge. Die Fussballweltmeisterschaft und die Eröffnung des neuen Flughafens von Seoul brachten 2002 auch einen Schub. Seither wird in Incheon International auch beständig erweitert und mehr Kapazität angeboten. Im März 2003 wurde Asiana Airlines Mitglied der Star-Alliance.

Routen

Amsterdam,Anchorage, Bangkok, Beijing, Boston, Brüssel, Chejudoo, Chengdu, Chicago, Chinju, Delhi, Djakarta, Frankfurt, Fukuoka, Guam, Guangzhou, Guilin,Harbin, Hiroshima, Ho Chi Minh-City, Hongkong, Kuala Lumpur, Kwangju, Los Angeles, London, Macau, Manila, Matsuyama, Miyazaki, Mokpo, Nagoya, Nanjing, New York, Okinawa, Osaka, Pohang, Pusan, Saipan, San Francisco, Seattle, Sendai, Schanghai, Seoul, Shenzen, Singapur, Sydney, Taegu, Takamatsu, Tashkent, Tokio, Toyama, Ulsan, Xian, Yosu

Flotte		Bestellt
8 Airbus A321-100/200	4 Boeing 777-200ER	6 Airbus A321
22 Boeing 737-400		18 Airbus A330
3 Boeing 737-500		3 Boeing 747-400
12 Boeing 767-300		2 Boeing 767
13 Boeing 747-400/-400F		4 Boeing 777

Foto: Boeing 737-700 N312TZ (Josef Krauthäuser / Fort Lauderdale)

ATA-AMERICAN TRANS AIR

P.O.Box 51609 Indianapolis, Indiana 46251, USA
Tel.: 317-2474000 Fax: 317-2407091
E-Mail: service@ata.com Web: www.ata.com

ICAO-Code / IATA-Code	IATA-Nr.	Länderkennung	ICAO-Callsign
AMT (TZ)	366	N	Amtran

American Transair gilt als größte Charterfluggesellschaft der Vereinigten Staaten. Sie wurde 1973 in Indianapolis im Bundesstaat Indiana gegründet und eröffnete mit Boeing 720 den Flugbetrieb für den Ambassadair Travel Club. 1981 erhielt American Transair von der FAA die Zulassung als Charterfluglinie. Weitere Boeing 707 wurden angeschafft. 1982 folgten DC-10 und Boeing 727. Da auf dem weltweiten Flugzeugmarkt keine weiteren DC-10 vorhanden waren, rüstete man auf Lockheed L-1011 TriStar um und hatte eine Flotte von Boeing 727 und L-1011, die die Boeing 707 ablösten. Die älteren B-727 wurden bis 1992 durch B-757 ersetzt. In den Jahren 1993 bis 1995 expandierte man besonders stark und gab auch den Flugzeugen ein neues, heiteres Erscheinungsbild verbunden mit einer Änderung des Namens in ATA. Nach einem kurzen Tief in den 90'er Jahren expandierte die Gesellschaft zum Ende des Jahrhunderts wieder und kaufte mit Chicago Express auch eine Fluggesellschaft im Jahre 1999, die mit ihren Jetstream 31 für Zubringerdienste eingesetzt wird. 1998 wurde mit Dublin ein erstes Linienziel in Europa eingerichtet. In Indianapolis hat ATA einen umfangreichen Werftkomplex, ein weiterer wichtiger Hub ist am Flughafen Chicago Midway. Neben den regelmässigen Linienflügen bleibt ATA auch seinem Ursprung treu und ist sowohl im Militär-als auch im Zivilcharter tätig. 2001 startete ATA eine Flottenerneuerung mit Boeing 757-300 als Ersatz für ältere L-1011 TriStar und Boeing 737-800 als B-727 Ersatz. Die letzte B-727 verliess die Flotte 2002. Mit der ersten Boeing 737-800 änderte sich auch wiederum das Erscheinugsbild der Flugzeuge.

Routen

Aruba, Boston, Cancun, Chicago, Dallas/Fort Worth, Dayton, Denver, Des Moines, Dublin, Fort Lauderdale, Fort Meyers, Guadalajara, Honolulu, Indianapolis, Las Vegas, Los Angeles, Maui, Miami, Milwaukee, Minneapolis/St.Paul, Montego Bay, New York, Orlando, Phoenix, San Francisco, San Juan, Seattle, Washington

Flotte		Bestellt
16 Boeing 757-200	15 Lockheed L-1011	10 Boeing 737-800
12 Boeing 757-300		
35 Boeing 737-800		

Foto: Lockheed L-188 G-LOFC (Stefan Schlick / Saarbrücken)

ATLANTIC AIRLINES

Coventry Airport, Coventry CV8 3AZ, Großbritannien
Tel.: 0247-6882634 Fax: 0247-6307703
E-Mail: sales@atlanticairlines.co.uk Web: www.atlanticairlines.co

ICAO-Code / IATA-Code	IATA-Nr.	Länderkennung	ICAO-Callsign
AAG (KI)	-	G	Atlantic

1969 wurde auf der Kanalinsel Jersey die Airtaxifirma "General Aviation Services" gegründet. Mit einer Cessna 310 flog man alles was sich anbot, vom Passagier bis zur Fracht. Letzteres wurde nach dem Kauf von einigen DC-3 forciert. Die Gesellschaft änderte 1974 den Namen und nannte sich Air Atlantique. Von der Insel Jersey verlegte man 1984 den Firmensitz nach Coventry und erhielt 1986, nach Übernahme der Firma Harvest Air und deren DC-3, von der britischen Regierung den attraktiven Auftrag der "Pollution Control". Spektakuläre Einsätze häuften sich in der Nordseeregion auch im Bereich der Seeüberwachung und der Ölpestbekämpfung nach Zwischenfällen auf Bohrinseln oder Tankschiffen. 1987 wurde die Flotte um eine DC-6 ergänzt, die für Spezialcharter Verwendung findet. Die Firma wurde 1994 in einzelne Gruppen neu gegliedert. Atlantic Cargo war für Frachtcharter zuständig und erhielt 1994 drei Lockheed Electra wohingegen Air Atlantique Reconnaissance für See-Überwachung und Pollution Control zuständig war und über Flugzeuge mit Radar- und Infrarotgeräten verfügte. Atlantic Airways schließlich wurde für Passagiercharter eingesetzt. Hier spielten besonders die DC-3 eine Rolle, die man bei Flugtagen, Rund- und Spezialflügen einsetzte. Jüngste Gesellschaft der Gruppe war Air Antique, deren Ziel die Restaurierung historischer Flugzeuge war und diese in flugfähigen Zustand zu erhalten und auch zu fliegen. Alle Werftarbeiten wurden in Coventry durchgeführt. Ab Mai 1998 wurde der gesamte Flugbetrieb wieder zusammengefasst und die Umbenennung in Atlantic Airlines erfolgte auch um Verwechslungen zu vermeiden.

Routen

Fracht- und Passagierflüge auf Charter und Ad-hoc Basis, Seeüberwachung

Flotte

3 Cessna 310	7 Lockheed L-188 Electra
3 Cessna 404	6 Douglas DC-3
1 Fairchild Swearingen Metro III	2 Douglas DC-6

Foto: (Bombardier) Canadair RJ-200 (Tony Stork / Baltimore)

ATLANTIC SOUTHEAST AIRLINES - ASA

100 Hartsfield Central Parkway, Suite 800,Atlanta, GA 30354 USA
Tel.: 404-7661400 Fax: 404-2090162
Web: www.delta.com

ICAO-Code / IATA-Code	IATA-Nr.	Länderkennung	ICAO-Callsign
CAA(EV)	862	N	Chandler

Atlantic Southwest Airlines – ASA wurde im März 1979 gegründet und startete bereits im Juni des Jahres zu ersten Linienflügen ab Atlanta. De Havilland Canada DHC-7, Embraer EMB 110 Bandeirante und Shorts 360 kamen zum Einsatz. Von Beginn an war die Gesellschaft erfolgreich und wuchs beständig, so dass bereits 1981 über 1,5 Millionen Passagiere zu insgesamt 20 Zielen befördert wurden. Um den weiteren Ausbau und auch geplante Expansionswünsche zu realisieren, erfolgte 1982 der Gang an die Börse. Mit genügend Kapital ausgestattet konnte am 1. April 1983 der Mitbewerber, Southeastern Airlines übernommen werden. 1984 war eine wichtige Entscheidung die Zusammenarbeit mit Delta Air Lines, die nicht nur ein gemeinsames Marketing brachten, sondern auch die Einbindung von ASA in die neu formierte Delta Connection. Mit Zuführung der neuen und schnelleren EMB 120 Brasilia im Jahre 1985 wurden die betagten Shorts 360 ausgemustert und die Flotte wuchs beachtlich weiter. Grössere Flugzeuge wie die ATR-42 im Jahre 1983 und die BAe146 im Jahre 1985 wurden ab den beiden Hubs Atlanta und Dallas für längere Strecken eingesetzt. Mit der BAe146 kam auch gleichzeitig der erste Jet und die Zukunft sollte diesem Antrieb für künftige Beschaffungen der Vorzug gegeben werden. So kamen 1997 Canadair Regional Jets 200, die langfristig als Ersatz der Brasilias gedacht waren und auch zu einer homogenen Flottenstruktur beitrugen, zu ihrem ersten ASA Einsatz. Inzwischen hatte man bereits Optionen für die verlängerte Version RJ 700 geordert. Auch die ATR-42 wurden durch die grösseren ATR-72 ersetzt.Delta Air Lines erwarb im Laufe der Jahre immer weitere Anteile an ASA-Holdings und übernahm diese 1999 schließlich ganz. ASA ist eine eigenständige Tochtergesellschaft von Delta Air Lines und in deren Allianzen einbezogen. Das äussert sich inzwischen auch im Erscheinungsbild der Flugzeuge, die nun als Delta Connection mit einem kleinen ASA Aufkleber und nicht mehr in einer eigenen Bemalung fliegen. Alle Wartungen werden in Atlanta oder Dallas in eigenen Werften durchgeführt.

Routen

Von den beiden Hubs in Atlanta und Dallas werden insgesamt über 80 Städte im Südosten und Mittelwesten der USA bedient.

Flotte		Bestellt
19 ATR-72-200	20 (Bombardier) Canadair RJ 700	25 (Bombardier) Canadair RJ 700
45 Embraer EMB 120		
85 (Bombardier) Canadair RJ 200		

Foto: : Iljuschin IL-86 RA86062 (Marcus Baltes / Frankfurt)

ATLANT SOYUZ AIRLINES

10/2 Nikolskaya Ul. Moskau 103012
Tel.: 095-9239717 Fax: 095-9214360
E-Mail: info@atlant-soyuz.ru Web: www.atlant-soyuz.ru

ICAO-Code / IATA-Code	IATA-Nr.	Länderkennung	ICAO-Callsign
AYZ (3G)	411	RA	Atlant Soyuz

Im Juni 1993 wurde in Moskau eine Joint Stock Company mit Namen Atlant Soyuz Airlines beim Registergericht eingetragen. Beteiligt war die ukrainische Fluggesellschaft Atlant und weitere Investoren. Geplant waren Frachtflüge aber auch Passagiercharterflüge ab Moskau Magadan oder anderen russischen Städten. Die Flugzeuge wurden von der Aeroflot übernommen und bereits im Gründungsmonat Juni startete der Flugbetrieb. Zwischen Chklakovsky und Magadan errichtete Atlant Soyuz Airlines auch eine Linienverbindung mit IL-62 oder Tu-154, Charterflüge führten besonders in die Einkaufsparadiese des Nahen Ostens wie Dubai oder Abu Dhabi in den Vereinigten Arabischen Emiraten. Die IL-76 der Gesellschaft sieht man auch recht häufig auf Flughäfen im europäischen Westen, da sie oftmals für Frachtflüge angemietet werden. Atlant Soyuz ist die zweitgrösste Frachtgesellschaft in Russland. Passagiercharter führen in die Türkei, nach Italien und andere europäische Ziele.

Routen

Abu Dhabi, Chklakowsky, Dubai, Magadan, Moskau, Simferopol werden linienmässig bedient. Darüber hinaus auch Frachtflüge und Passagiercharter weltweit

Flotte

1 Antonov An-12	19 Iljuschin IL-76	2 Tupolev Tu-134
1 Iljuschin IL-18	1 Iljuschin IL-86	3 Tupolev Tu-154
1 Iljuschin IL-62	1 Iljuschin IL-96-300	

Foto: Boeing 747-200F N516MC (Martin Kühn / Frankfurt)

ATLAS AIR

2000 Winchester Avenue, Purchase, New York, NY10577-2543, USA
Tel.: 914-7018000 Fax: 914-7018053
E-Mail: info@atlasair.com Web: www.atlasair.com

ICAO-Code / IATA-Code	IATA-Nr.	Länderkennung	ICAO-Callsign
GTI (5Y)	369	N	Giant

Von der Atlas Holding, einer Schwestergesellschaft von Aeronautics Leasing, wurde 1992 in New York Atlas Air als Nurfrachtgesellschaft gegründet, die seither schnell wuchs. Mit einer Flotte von Boeing 747-Frachtern operiert Atlas Air inzwischen weltweit. Regelmäßige Flüge führen von New York nach Hong Kong via Anchorage und über Khaborovsk in Russland zurück nach New York. Atlas Air führt neben den eigenen Linienflügen auch regelmässig Frachtcharter für andere bekannte Gesellschaften durch, so z.B. für Alitalia, British Airways, Cargolux, China Airlines, FedEx, Iberia, KLM, Lufthansa, SAS und Thai bzw. least an diese auch Crews und Flugzeuge. 1996 übernahm man von Fed Ex fünf Boeing 747, da aber am Markt nur wenig 747-Frachtflugzeuge verfügbar waren, wurden auch reine Passagiermaschinen gekauft und zu Frachtern umgebaut. So wurde z.B. die gesamte 747-200 Flotte der Thai International gekauft und ab 1997 wurden diese umgebaut und in Dienst gestellt. So wuchs die Flotte sehr schnell und auch die ersten B-747-400F konnten bereits 1998 eingesetzt werden. Die Basis von Atlas Air ist New York's JFK International Flughafen, ein weiterer wichtiger Stützpunkt, besonders für Südamerikaflüge, ist Miami. Im Juli 2001 übernahm Atlas Air den Konkurrenten Polar Air Cargo.

Routen

Linien, Charter und Ad hoc Frachtflüge. Im Auftrag fliegt Atlas Air auch für Alitalia, British Airways, China Southwest, Lufthansa, SAS und andere Gesellschaften.

Flotte

4 Boeing 747-200SF
3 Boeing 747-300SF
16 Boeing 747-400UF

Foto: Boeing 757-200 TC-OGB (Albert Kuhbandner / München)

ATLASJET INTERNATIONAL AIRWAYS

Zümrütova Mah. Sinanaglu Cad. 35 / 1-2 07160 Antalya, Türkei
Tel.: +902423100450 E-Mail: atlas@atlasjet.com
Web: www.atlasjet.com

ICAO-Code / IATA-Code	IATA-Nr.	Länderkennung	ICAO-Callsign
OGE (2U)	-	TC	Atlasjet

Nachdem einige türkische Charterfluggesellschaften in den Jahren 2000 und 2001 den Flugbetrieb einstellen mussten, gab es besonders auf dem deutschen Markt zu wenig preiswerte Flugkapazitäten. Besonders betroffen davon war der Reiseveranstalter Öger Tours. Unter der Regie von Öger Holding wurde am 14. März 2001 in Antalya die Atlasjet International Airways gegründet. Mit zwei Boeing 757-200 nahm die neue Chartergesellschaft bereits am 1. Juni 2001 den Flugbetrieb auf. Sitz und Heimatflughafen ist der Antalya Airport, der am schnellsten wachsende Flughafen der Türkei. Beschränkte sich der Flugbetrieb zunächst nur auf Abflüge von deutschen Flughäfen zu Zielen in der Türkei, so kamen nach einer Einführungsphase und dem Erhalt einer weiteren Boeing 757-200 auch Abflüge aus der Schweiz, Frankreich, Italien und Israel hinzu. Neben den Touristik - Flügen für den Veranstalter Öger Tours, werden auch zahlreiche Charterflüge im Gastarbeiterverkehr abgewickelt. Hinzu kommen auch immer mehr andere Veranstalter, darüberhinaus ist Atlasjet seit 2002 erstmals im saisonalen Pilgerflugverkehr nach Saudi Arabien aktiv geworden. Expansionspläne bis zum Jahre 2005 sehen eine Verdoppelung der Flotte und eine Ausweitung der Flüge nach Russland, Skandinavien und Großbritannen vor.

Routen

Adana, Amsterdam, Ankara, Antalya, Basel, Berlin-SXF,Bodrum, Bremen, Dalaman, Dresden, Düsseldorf, Erfurt, Frankfurt, Gaziantep, Hamburg, Hannover, Istanbul, Izmir, Köln, Leipzig, Lyon, Mailand, München, Münster, Paderborn, Paris-CDG, Stuttgart, Tel Aviv, Wien, Zürich

Flotte

3 Boeing 757-200

Foto: (Bombardier) DeHavilland DHC-8-400 D-ADHD (Albert Kuhbandner / München

AUGSBURG AIRWAYS

Beim Glaspalast 1, 86153 Augsburg, Deutschland
Tel.: 0821-270970 Fax: 0821-27097199
E-Mail: reservations@augsburgair.de Web: www.augsburgair.de

ICAO-Code / IATA-Code	IATA-Nr.	Länderkennung	ICAO-Callsign
AUB (IQ)	614	D	Augsburg Air

Interot Air Service betrieb seit 1979 einen regelmässigen Charterservice für Angehörige der Firmen Haindl Papier und Interot Internationale Spedition. Zum Einsatz kam die Firmenmaschine vom Typ Beechcraft 200 Super King Air. Ab 1986 wurde dieser Gelegenheitsservice als planmässiger Bedarfsverkehr angemeldet und die entsprechende Lizenz wurde erteilt. Eine zweite King Air wurde angeschafft um ab Herbst 1987 auch Hamburg zu bedienen. Die Nachfrage nach diesen Verbindungen ab Augsburg waren recht gut, so dass im September 1988 ein Beechcraft 1900 Airliner angeschafft werden konnte, ein weiterer folgte im Mai 1989. Als Linienunternehmen erhielt Interot die Lizenz im Dezember 1989 und schaffte neue Perspektiven für die Zukunft. Eine geleaste De Havilland DHC-8 wurde für die Düsseldorf-Strecke erstmals ab Oktober 1990 eingesetzt. Drei Maschinen dieses Typs wurden bestellt und die Deutsche Wiedervereinigung schaffte auch für Interot neue Flugziele ab Augsburg und die Veränderung des Namens in Interot Airways. Man sah sich nach Eröffnung des neuen Flughafens in München auch als Alternative zu diesem und schaffte mehr Nachfrage durch neue Strecken nach London und Köln. Ab 1. Januar 1996 nannte man sich Augsburg Airways und änderte auch die Bemalung der Flugzeuge entsprechend. Zum Winterflugplan 1996/97 wurde Augsburg Airways erster Franchise-Partner der Team Lufthansa Operation und flog erstmals für diese ab München und anderen Regionalflughäfen. Dabei sind die Flugzeuge in Lufthansa Farben, nur ein kleiner Sticker verweist auf den Betreiber des Flugzeuges hin. Basis bleibt aber weiterhin der Flughafen Augsburg der eigens dafür ausgebaut wurde. Die Umstellung auf leisere und grössere Dash-8-400Q wurde auch forciert. Augsburg Air musste, bedingt durch die negativen wirtschaftlichen Voraussetzungen, Anfang 2003 die meisten Linienverbindungen ab Augsburg einstellen. Auch sonst wird die Kostenbremse gedrückt. Einige Flugzeuge wurden langfristig vermietet.

Routen

Berlin,Düsseldorf, Frankfurt, Hamburg, Köln, Leipzig, München und andere Strecken im Team Lufthansa

Flotte

2 (Bombardier) De Havilland DHC-8-200
2 (Bombardier) De Havilland DHC-8-300
10 (Bombardier) De Havilland DHC-8-300Q
5 (Bombardier) De Havilland DHC-8-400QC

Foto: BN-Trislander G-JOEY (via Hans-Willi Mertens / Jersey)

AURIGNY AIR SERVICES

La Panque Lane, States Airport,Forest, Guernsey Channel Island GY8 ODT, Großbritannien; Tel.: 1481-66444 Fax: 1481-66446
E-Mail: sales@aurigny.com Web: www.aurigny.com

ICAO-Code / IATA-Code	IATA-Nr.	Länderkennung	ICAO-Callsign
AUR (GR)	924	G	

Seit über 30 Jahren ist Aurigny Air Service eine feste Institution der Britischen Kanalinseln und dort nicht mehr weg zu denken. Sie wurde am 1. März 1968 gegründet. Mit zwei Britten Norman Islander begannen die Inter Island Dienste zwischen Guernsey, Jersey und Alderney. Die Entwicklung der kleinen Gesellschaft verlief in den ersten Jahren rasant, denn schon 1970 waren acht Islander im Einsatz. Ein grösseres Flugzeug wurde notwendig, Anlass für Britten Norman die Trislander zu entwickeln. Im Juli 1971 übernahm Aurigny eine erste Trislander und dieses anspruchslose, aber sehr zuverlässige Flugzeug war ideal. Die Routen wurden nach Nordfrankreich und Südengland ausgedehnt. 1987 schloss Aurigny mit der britischen Post einen Vertrag zur Beförderung von Briefen zwischen den Inseln, London-Gatwick und East-Midlands. Auch für Ambulanzflüge ist Aurigny gerüstet und hat mit den lokalen Regierungsstellen entsprechende Verträge. 1990 erhielt die Gesellschaft mit einer Shorts360 das erste Turbopropflugzeug. Da die Trislander in die Jahre kommen erhielt Aurigny im Juli 1999 eine erste Saab SF 340. Nachdem KLM UK ihre Dienste nach Guernsey einstellte, übernahm Aurigny die Route nach Stansted. Für diese Strecke kamen zwei weitere Saab 340. Veränderungen gab es im Jahre 2000 auch bei der Firmenstruktur als die Aurigny-Anglo Group an einen Investor verkauft wurde. Mit der ATR-42 wurde 2002 ein grösseres Flugzeug in der Sommersaison eingesetzt. Den ersten Jet in ihrer 35-jährigen Geschichte erhielt Air Aurigny im Frühjahr 2003. Die BAe 146 wird nach Stansted und Manchester eingesetzt. Neben den Linienverbindungen bietet Aurigny, besonders in der Sommersaison, auch viele Charterflüge an. Dazu gibt es eigene Reiseveranstalter in Frankreich.

Routen

Alderney, Bristol, Cherbourg, Dinard, East Midland, Guernsey, Jersey, London-Stansted, Manchester, Southampton

Flotte

1 BAe 146
8 Britten Norman Trislander
1 Shorts 360
4 Saab SF 340

Foto: Boeing 767-300 VH-OGK (Frank Schorr / Sydney)

AUSTRALIAN AIRLINES

Airport C 5, Mascot, NSW 2020, Australien
Tel.: 2-96913636 Fax: 2-96913277
Web: www.australianairlines.com.au

ICAO-Code / IATA-Code	IATA-Nr.	Länderkennung	ICAO-Callsign
AO (-)	-	VH	Australian Airlines

Nach dem Konkurs von Ansett Airlines Ende 2001 gab es für den australischen Touristikmarkt eine Lücke im Flugangebot. Besonders Touristen aus Japan hatten diese Flüge sehr gerne genutzt. Qantas Airways gab daraufhin im Februar 2002 die Gründung einer neuen Gesellschaft nur für den Touristikbereich bekannt. Auch ein Name war schnell gefunden, hatte man doch 1993 Australian Airlines mit Qantas fusioniert und die Rechte an diesem Namen behalten. Konkret liefen die Planungen auf einen Flugbetrieb mit Boeing 767 hinaus. Die Lizenz für einen Flugbetrieb erhielt Australian Airlines Anfang Oktober und am 27. Oktober 2002 war der Erstflug von Cairns nach Nagoya. Von Qantas waren zunächst vier Boeing 767-300 für den Australien Airlines Flugbetrieb bereitgesetellt worden. Diese sind in einer attraktiven Bemalung und haben auch ein Känguru im Leitwerk. Innerhalb weniger Monate wurden zahlreiche neue Strecken eröffnet und im Mai 2003 wurde dann auch die Flotte um zwei weitere Boeing 767-300 ergänzt. Mittelfristig plant Australian Airlines 12 Flugzeuge zu erwerben und will auch im Inland fliegen.

Routen

Cairns, Denpasar, Fukuoka, Goldcoast, Hongkong, Kota Kinabalu, Melbourne, Nagoya, Osaka, Singapur, Sydney, Taipeh

Flotte

6 Boeing 767-300

Foto: Airbus A320-200 OE-LBO (Marcus Baltes / Frankfurt)

AUSTRIAN AIRLINES

Postfach 50, 1107 Wien, Österreich
Tel.: 1-17660 Fax: 1-17664230
E-Mail: contact@aua.com Web: ww.aua.com

ICAO-Code / IATA-Code	IATA-Nr.	Länderkennung	ICAO-Callsign
AUA (OS)	257	OE	Austrian

Am 30. September 1957 wurde Austrian Airlines gegründet. Mit geleasten Vickers Viscount des AUA-Teilhabers Fred Olsen nahm AUA am 31. März 1958 den Flugverkehr mit der Strecke Wien-London auf. Wenig später erfolgte die Aufnahme des Liniendienstes nach Frankfurt, Zürich, Paris, Stuttgart und Rom. Anfang Februar 1960 wurden eigene Vickers Viscount 837 übernommen. Im April und Juni 1963 stellte man die erste Caravelle in Dienst. Für inländische Strecken kam noch die altehrwürdige DC-3 zum Einsatz, die aber 1966 durch HS-748 ersetzt wurde. Im Jahre 1969 erfolgte eine Reorganisation der AUA, unrentable Linien und der gesamte Inlandsflugverkehr wurden eingestellt. Als neuer Flugzeugtyp wurde die DC-9 bestellt, wovon die erste 1971 eintraf. Versuche, den Sprung ins Langstreckengeschäft zu schaffen, scheiterten 1973. Ab 1975 wurden DC-9-51 bestellt und man entschied sich bei AUA früh für die MD-81, wobei AUA einer der Launching-Customer war. Ab 1988 kamen auch die ersten MD-87 mit verlängerter Reichweite zur Flotte. Der dritte Versuch im Langstreckengeschäft mitzumischen, gelang 1989 mit Aufnahme der Linienverbindungen nach Tokio und New York. Hier kamen Airbus A310 zum Einsatz. 1995 wurden mit der Fokker 70, Airbus A 321 und Airbus A 340 drei neue Typen, sowie eine neue Bemalung der Flugzeuge eingeführt.1999 trennte sich AUA vom langjährigen Partner Swissair und wechselte in die Star Alliance Gruppe. Man übernahm auch die Mehrheit an Lauda Air und an Tyrolean Airways. Auch in der Flotte gab es 1999 Veränderung durch Einführung des Airbus A330 und Austauschen der MD-80 zugunsten von A320 und A321. Durch Bildung der Austrian Airlines Group entstand eine Holdinggesellschaft, die nunmehr Lauda und Tyrolean zu 100% übernahm. Als letztes Mitglied der AA-Group wurde Rheintalflug im Jahre 2002 aufgenommen und völlig in Tyrolean integriert. An Ukraine International hat Austrian Anteile.

Routen

Aleppo, Almaty, Amman, Amsterdam, Ankara, Astana, Athen, Atlanta, Baku, Beijing, Beirut, Berlin, Boston, Bratislava, Brüssel, Budapest, Bukarest, Chicago, Damaskus, Dubai, Düsseldorf, Frankfurt, Graz, Hamburg, Hannover, Istanbul, Johannesburg, Kiew, Kopenhagen, Köln, Larnaca, Linz, London, Mailand, Minsk, Moskau, München, New York, Odessa, Osaka, Ostrava, Paris, Prag, Salzburg, Sofia, Stockholm, Stuttgart, Tashkent, Teheran, Tel Aviv, Timisora, Tokio, Wien, Wilnius, Warschau, Zagreb, Zürich

Flotte		Bestellt
2 Airbus A310-300	4 Airbus A340-200/300	5 Airbus A321
13 Airbus A320	3 Fokker 70	
6 Airbus A321-100	5 (Boeing) McDonnell Douglas MD-82/83	
4 Airbus A330-200	4 McDonnell Douglas MD-87	

Foto: Boeing 737-200 XA-NAV (Josef Krauthäuser / LasVegas)

AVIACSA

Hangar 1, Zona C Col. Aviacion Gral, CP 15520 Intl. Airport Mexico-City, Mexico
Tel.: 55-57169005 Fax: 55-57583590
E-Mail: serve_abordo@aviacsa.com.mx Web: www.aviacsa.com.mx

ICAO-Code / IATA-Code	IATA-Nr.	Länderkennung	ICAO-Callsign
CHP (6A)	095	XA	Aviacsa

Das Consorcio Aviacsa SA wurde im Juni 1990 gegründet. Die Organisation ging zügig voran und die benötigten Genehmigungen konnten schnell erteilt werden. Der Flugbetrieb startete am 20. September 1990 mit einer BAe146. Noch im verbleibendem Jahr kam eine weitere BAe146 und das Streckennetz erfuhr die erste Ausweitung. Mit zwei Fokker 100 wurde bereits 1991 die Flotte erweitert und 1994 beschaffte Aviacsa Boeing 727-200 im Austausch gegen die bisherigen Flugzeuge, da diese dem Bedarf nicht mehr entsprachen. Aviacsa stieg in diesem Jahr auch in das Chartergeschäft ein, weswegen mehr Kontingente notwendig wurden. Nachdem 1997 auch DC-9 zur Flotte kamen, gab es im Jahre 2000 eine Reorganisation der Gesellschaft die auch neue Eigentumsverhältnisse und ein neues Corporate image brachte. Von Air New Zealand wurde in den Jahren 1999/2000 fast die komplette Boeing 737-200 Flotte übernommen. In diesem Jahr führte auch der erste Linienflug ins benachbarte Texas nach Houston, ein weiteres Ziel ist Las Vegas und ab April 2003 kam als drittes Ziel in den USA, Chicago hinzu.

Routen

Acapulco, Cancun, Chetumal, Chicago, Ciuad de Mexico, Guadalajara, Hermosilo, Houston, Las Vegas, Leon, Merida, Mexicali, Monterrey, Morelia, Oaxaca, Tapachula, Tijuana, Tuxtla Gutierrez, Villahermosa

Flotte

19 Boeing 737-200
8 Boeing 727-200
2 (Boeing) McDonnell Douglas DC-9-15

Foto: Boeing 767-300ER N535AW (Ken Petersen / New York -JFK)

AVIANCA COLOMBIA

Av. Eldorado 93-30 Piso 4, Bogota 1, Kolumbien
Tel.: 1-4139511 Fax: 1-4138716
E-Mail: informacion@avianca.com Web: www.avianca.com.co

ICAO-Code / IATA-Code	IATA-Nr.	Länderkennung	ICAO-Callsign
AVA (AV)	134	HK	Avianca

Am 5. Dezember 1919 wurde die Sociedad Colombo-Alemanos de Transportes Aereos (SCADTA) gegründet und nahm von der Hafenstadt Barranquilla am 12.9.1920 den Flugverkehr auf. Mit Junkers F-13 wurde zunächst Puerto Berrio angesteuert, Ziele im benachbarten Equador und Venezuela wurden mit Junkers W-34 bedient. 1939 kaufte dann Pan American 80% der Aktien der SCADTA, übernahm die internationalen Flüge selbst und die deutschen Flugzeuge wurden gegen amerikanische ausgetauscht. 1940 erfolgte der Zusammenschluss von SCADTA und SCAO zur Avianca. 1947 bediente Avianca Miami und zwei Jahre später auch New York mit DC-4. Mit diesem Flugzeugtyp flog man auch nach Europa, Paris und Lissabon. Am 17. April 1953 wurde mit Lockheed Constellation Hamburg und im folgenden Jahr Frankfurt in das Routennetz einbezogen. Ab 1962 konnten die internationalen Strecken mit Jets bedient werden, hier kamen Boeing 707 und Boeing 720 zum Einsatz. Ab 1971 war Zürich neues Ziel in Europa. Die erste Boeing 747 konnte im November 1976 in Empfang genommen werden, seit 1988 setzt Avianca die Boeing 767 ein, auch ältere Boeing 727 werden durch Boeing 757 ersetzt. Avianca befand sich seit 1978 in kolumbianischen Besitz, auch hielt man über 90% der Anteile an SAM-Colombia. Heimatbasis ist der Flughafen Eldorado in Bogota. Zusammen mit Aces und Sam-Colombia bildete man seit Mai 2002 die Alianza Summa, wobei die Gesellschaften zwar fusioniert wurden, vorläufig jedoch noch unter eigenem Namen fliegen. Entsprechend wurde auch die Farbgebung der Flugzeuge und das gesamte Erscheinungsbild ab September 2002 geändert.

Routen

Arauca, Aruba, Barranquilla, Bogota, Bucaramanga, Buenos Aires, Cali, Caracas, Cartagena, Cucuta, Curacao, Guatemala-City, Guayaquil, Lima, London, Los Angeles, Madrid, Manizales, Medellin, Mexiko-City, Miami, New York, Panama-City, Pasto, Pereira, Popayan, Quito, Rio de Janeiro, San Andres, San Jose, Santa Marta, Santiago, San Pedro Sula, San Salvador, Sao Paulo, Tegucigalpa

Flotte

4 Boeing 767-200ER
2 Boeing 767-300
5 Boeing 757-200 .
10 Fokker 50
15 (Boeing) McDonnell Douglas MD-83

Foto: Boeing 737-200 N121GU (Hans-Willi Mertens / Miami)

AVIATECA

Avienda Hincapie 12-22, Aeroporto La Aurora, Guatemala City, Guatemala
Tel.: 3310375 Fax: 3347846
Web: www.groupotaca.com

ICAO-Code / IATA-Code	IATA-Nr.	Länderkennung	ICAO-Callsign
GUG (GU)	240	TG	Aviateca

1945 übernahm die von der Regierung gegründete Empresa Guatemalteca de Aviacion SA (Aviateca) die Geschäfte von Aerovias de Guatemala SA. Mit DC-3 wurde der Flugbetrieb fortgeführt, 1961 kamen DC-6B zur Flotte, eine Ausweitung des Streckennetzes nach Miami, New Orleans und anderen Zielen war damit möglich. Der erste Jet war eine geleaste BAC 1-11 im Jahre 1970. 1974 erfolgte die Umbenennung in Aerolinas de Guatemala und der Flugzeugpark wurde um 2 Boeing 727 ergänzt. Ab 1989 flog Aviateca mit geleasten Boeing 737-200. TACA hält 30% der Kapitalanteile und mit dieser stimmt man auch Flugpläne und Beschaffung von Flugzeugen ab. 1998 setzte man die Zusammenarbeit fort, da Aviateca auch Mitglied der Gruppo TACA wurde, die in Süd- und Mittelamerika ein großes Netz von Firmenverflechtungen in der Luftfahrt geschaffen hatte. Entsprechend änderte sich auch der Auftritt nach aussen und die Bemalung der Flugzeuge wurde geändert. Man ist auch Mitglied an der Latin Pass Marketingallianz an der die meisten Fluggesellschaften der Region ein Gegengewicht zu den US-Gesellschaften schaffen. Bei Bedarf werden Flugzeuge der anderen Gruppenmitglieder eingesetzt oder gemietet.

Routen

Flores, Guatemala City, Managua, Merida, Mexiko-City, Miami, New Orleans, Panama, San Jose, San Salvador

Flotte

2 Boeing 737-200Adv.
1 Convair 340
1 Douglas DC-3/C-47

Foto: Tupolev Tu-154 4K-85548 (Sammlung Hans-Willi Mertens)

AZERBAIJAN AIRLINES

11 Azadlig Avennue, 370109 Baku, Aserbaidschan
Tel.: 12-934434 Fax: 12-985237
E-Mail: azal@azal.az Web: www.azal.az

ICAO-Code / IATA-Code	IATA-Nr.	Länderkennung	ICAO-Callsign
AHY(J2)	771	4K	Azal

1992 wurde von der Regierung in Baku der Azerbaijan Airline Konzern ins Leben gerufen und in drei Abteilungen organisiert. Für den Passagiertransport ist die Abteilung Azal Avia zuständig, die Flagcarrier ist und unter dem Namen Azerbaijan Airlines fliegt. Die Flugzeuge wurden von der Aeroflot übernommen, auch kamen mit der Boeing 727 und 707 ältere westliche Flugzeuge zum Einsatz. Langfristig will man die Tu-134 und Tu-154 ausrangieren und man hatte schon entsprechende Vorverträge für die Boeing 757 abgeschlossen. Diese wurden Mitte 2000 geliefert und kommen besonders für die Strecken nach Mitteleuropa zum Einsatz. Die weitere Entwicklung der Gesellschaft ist aber auch weiter abhängig von der politischen Situation im Lande. Ende der 90'er Jahre wurde deshalb auch eine Reorganisation vorgenommen. Ältere An-26 und einige Tu-134 und Tu-154 wurden veräussert. Mit der Zulassung internationaler Ölgesellschaften nahm der Luftverkehr in die Region zu und Azerbaijan Airlines profitierte von diesem Boom indem noch weitere zwei Boeing 757 die Flotte verstärkten. Auch das Frachtaufkommen erhöhte sich deutlich, so dass AHY mehrere Il-76 Frachter erwarb um partizipieren zu können.

Routen

Adana, Aleppo, Aktau, Ankara, Baku, Bishkek, Chelyabinsk, Dubai, Frankfurt, Gyandzha, Istanbul, Jekatharinburg, Kiew, London, Moskau, Nakhichevan, Odessa, Paris, St. Petersburg, Tbilisi, Teheran, Tel Aviv, Trabzon, Urumqi, Voronezh

Flotte

2 Boeing 727-200
4 Boeing 757-200
11 Iljuschin IL-76
10 Tupolev Tu-134B
6 Tupolev Tu-154B/M
6 Yakolev Yak-40

Foto: BAe RJ 85 EI-CNI (Gerhard Schütz / München)

AZZURRA AIR

Via Paleocapa 3D, 24122 Bergamo, Italien
Tel.: 035-4160311 Fax: 035-4160300
E-Mail: info@azzurraair.it Web: www.azzurraair.it

ICAO-Code / IATA-Code	IATA-Nr.	Länderkennung	ICAO-Callsign
AZI (ZS)	864	I	Azzurraair

Mit logistischer und finanzieller Hilfe durch Air Malta wurde Azzurra Ende des Jahres 1995 gegründet. Mitbegründer auf der italienischen Seite waren IMS International und Medio Credito Centrale. Von ihrer Basis im oberitalienischen Bergamo begann Azzurra den Flugbetrieb etwa ein Jahr später im Dezember 1996. Zum Einsatz kamen von Air Malta übernommene BAe Avro RJ 85. Von Anfang an gab es eine Partnerschaft mit Alitalia wobei man auch einige Strecken in deren AI-Express System übernahm. Dabei werden die Flüge ab Mailand-MXP durchgeführt. Dieses wurde zum damaligen Zeitpunkt neu geordnet und auch Gesellschaften ausserhalb der AI-Gruppe fanden Zugang. Weitere BAe RJ 85 und die kleinere RJ 70 ergänzten bis 1998 die Flotte. Mit Beginn der Sommersaison 1999 bot Azzurra auch Charterflüge an und hatte für diesen Service eine Boeing 737-300 gemietet, gleichzeitig bei Boeing auch zwei Boeing 737-700 bestellt. Mit Eintreffen dieser beiden B-737-700 konnten diese, neben den Linienflügen, auch im Charterbereich eingesetzt werden. Bis 2002 wurde die Flotte auf sieben Boeing 737-700 erweitert. Im Laufe des Jahres 2003 erhält Azzurra Air auch die ersten Airbus A320-200. Alle Flugzeuge von Azzurra Air sind gemietet und werden weiter im irischen Register geführt.

Routen

Alghero, Berlin, Bilbao, Düsseldorf, Florenz, Frankfurt, Hamburg, Kopenhagen, Mailand, München, Porto, Rom, Stuttgart, Thessaloniki, Valencia, Wien, Zürich

Flotte

2 Airbus A320-200
7 BAe RJ 70/95
7 Boeing 737-700

Foto: Boeing 737-200 C6-BGL (Josef Krauthäuser / Fort Lauderdale)

BAHAMASAIR

P.O. Box N4881 Nassau, Bahamas
Tel.: 242-3778451 Fax: 242-3777409
Web: www.bahamasair.com

ICAO-Code / IATA-Code	IATA-Nr.	Länderkennung	ICAO-Callsign
BHS (UP)	111	C6	Bahamas

Nach der Unabhängigkeit von Großbritannien wurde 1973 Bahamasair vom Staat gegründet und wurde somit nationale Fluggesellschaft. Zum ersten Einsatz kamen unter anderem BAe HS-748 und BAC 1-11. "Rennstrecke" der Bahamasair ist die Verbindung ab Nassau und Freetown nach Miami in Florida, da sie nur etwa 45 Flugminuten entfernt ist. Die BAC 1-11 wurden ab 1976 durch drei Boeing 737-200 ersetzt. Es folgten noch zwei Boeing 727-200 für Flüge nach New York und Boston. Bis zu deren Zusammenbruch arbeitete man eng mit Eastern Airlines zusammen. Einige der älteren BAe HS-748 wurden ab 1990 durch moderne DHC-8 abgelöst. Die letzten HS-748 verliessen erst 1996, nach Eintreffen weiterer DHC-8 die Flotte. Der Jetbetrieb wurde zu kostenintensiv und der Unterhalt der Maschinen zu teuer, deshalb musterte Bahamasair 1992 alle Jets aus und stellte den Betrieb ganz auf Turboprops um. Damit blieb aber der direkte Zugang zum lebhaften Markt im Osten der USA anderen Gesellschaften vorbehalten, bis man 1995 doch wieder eine Boeing 737 leaste. 1997 folgen dann noch zwei weitere B-737, die nach Miami, Orlando und Fort Lauderdale täglich mehrmals verkehren. Die Dash 8 werden überwiegend im Inselverkehr eingesetzt.

Routen

Andros Town, Arthurs Town, Bimini, Crooked Island, Deadmanns Cay, Fort Lauderdale, Freeport, George Town, Governors Harbour, Grand Turk, Inagua, Mangrove Cay, Marsh Harbour, Miami, Nassau, North Eulethera, Orlando, Providenciales, Rock Sound, San Andros, Stella Maris, Treasure Cay, West Palm Beach

Flotte

2 Boeing 737-200
5 (Bombardier) De Havilland DHC-8-300
1 Shorts 360

Foto: Boeing 717 HS- PGO (Sammlung Josef Krauthäuser)

BANGKOK AIRWAYS

99 Moo 14 Viphavadee Rangsit Rd. Ladyao, Chatuchak, Bangkok 10900, Thailand
Tel.: 66-22655678 Fax: 66-22655500
E-Mail: info@bangkokair.co.th Web: www.bangkokair.co.th

ICAO-Code / IATA-Code	IATA-Nr.	Länderkennung	ICAO-Callsign
BKP (PG)	829	HS	Bangkok Air

Die im Jahre 1985 gegründete Bangkok Airways entstand aus der bereits seit 1968 bestehenden Sahakol Air. Diese war für einige private Gesellschaften tätig. Der Flugbetrieb mit einer Embraer-110 startete im Januar des Jahres 1986, außerdem wurde noch eine Piper PA 31 eingesetzt. Die Gesellschaft hatte weiterhin nur eine Zulassung als Air-Taxi Unternehmen und beförderte Touristen in weniger erschlossene Feriengebiete. Als man die Lizenz für Linienflüge erhielt wurde die kleine Flotte um De Havilland DHC-8 ergänzt.1994 und 1995 wurden diese jedoch von jeweils zwei ATR-72 ersetzt. Dazu operierten noch einige Shorts 360 zu kleineren Inselplätzen. 1992 erhielt man die Genehmigung für die erste grenzüberschreitende Strecke nach Phnom Penh, 1993 wurde erstmals nach Mandalay im benachbarten Myanmar geflogen. Weitere ATR-72 verstärkten mit zunehmendem Verkehrsaufkommen die Flotte. Den ersten Jet erhielt Bangkok Airways im Jahre 2001, nachdem man sich für die Boeing B717 entschieden hatte. Damit wurde auch der Aktionsradius grösser und es werden Verbindungen nach Laos, Singapur, Vietnam und China mit diesem Jet eröffnet. Heimatstützpunkt ist der Don Muang Domestic Airport in Bangkok wo auch ein eigener Werftbetrieb ist.

Routen

Bangkog, Chiangmai, Da Nang, Ho Chi Minh City,Hua Hin, Jinhong, Koh Samui, Luan Prabang, Phnom Penh, Phuket, Ranong, Siem Reap,Singapur, Sukhothai, Utapao, Xian

Flotte

12 ATR72-200/500
4 Boeing 717

Foto: (Boeing) McDonnell Douglas DC-8-71F N822BX (Andre Littmann / Frankfurt)

BAX GLOBAL

16808 Armstrong, Irvine, California 92714, USA
Tel. 419-867991 Fax 419-8670138
E-Mail: customerrelations@baxworld.com Web: ww.baxworld.com

ICAO-Code / IATA-Code	IATA-Nr.	Länderkennung	ICAO-Callsign
BUR (8W)	-	N	Baxglobal

Als Burlington Air Express wurde das Unternehmen 1971 gegründet und spezialisierte sich auf den Transport von eiligen Frachtgütern aller Art. Man bot den Kunden eine komplette Logistik an. Hier war eine eigene Zustellorganisation die Grundlage des Erfolgs. Die Überlegungen für einen eigenen Flugbetrieb ergaben sich deshalb nach einigen Jahren von selbst, da andere Unternehmen wie DHL, Federal Express oder UPS als Konkurrenten, schon eigene Flugzeuge einsetzten. So starteten ab 1985 mit Boeing 707 und DC-8-62/63 auch Flugzeuge in den Farben von Burlington Air Express, jedoch verzichtete man auf einen eigenen Flugbetrieb und ließ diesen durch Southern Air Transport (707) oder Rosenbalm Aviation (DC-8) durchführen. Neben den eigenen Liniendiensten wurden auch Ad-hoc Frachtflüge durchgeführt. Die Flotte wuchs im Laufe der Zeit und auch Boeing 727 und neue Betreiber dieser Flugzeuge stellten sich ein. 1998 übernahm, die inzwischen in BAX-Global umfirmierte Gesellschaft, ATI-Air Transport International mit einigen DC-8. Auch diese Frachtfluggesellschaft hatte bereits für Burlington/BAX die DC-8 operiert und fügte sich so problemlos in den Flugbetrieb ein. Bei Bedarf werden weitere Flugzeuge von Gemini Cargo, Kittyhawk oder anderen Gesellschaften angemietet.

Routen

In den USA, Kanda und Mexiko werden linienmässig etwa 80 Ziele regelmässig bedient ad-hoc Charter weltweit.

Flotte

3 Boeing B-727-200
4 McDonnell Douglas DC-8-63F
8 McDonnell Douglas DC-8-71F

Foto: Boeing 757-200 HB-IHS (Autor / Zürich)

BELAIR AIRLINES

Postfach, 8058 Zürich-Flughafen, Schweiz
Tel.: 2118787 Fax: 2118130
E-Mail: info@belair-airlines.com Web: www.belair-airlines.com

ICAO-Code / IATA-Code	IATA-Nr.	Länderkennung	ICAO-Callsign
BHP (-)	-	HB	Belair

Die Hotelplan-Gruppe gilt, zusammen mit ihren Marken, Esco, Hotelplan und M-Travel, als grösster Reiseveranstalter in der Schweiz. Seit vielen Jahren war Hotelplan auch Kunde bei der Swissair und deren Chartergesellschaften Crossair oder Balair. Hier erregte sie einiges Aufsehen, als eine MD-80 mit einer auffallenden Werbung für eine Schnellrestaurantkette und exklusiv für Hotelplan, zu den Ferienzielen eingesetzt wurde. Das war Ende der 90'er Jahre und Hotelplan übernahm von der defizitären Balair auch zwei Flugzeuge und liess diese, unter Beibehaltung des traditionsreichen Namens, von der SAir Group operieren. Als die SAir Group 2001 in die Krise geriet, reagierte Hotelplan sehr schnell und gründete mit Belair einen eigenen Flugbetrieb. Die Mitarbeiter von Balair wurden übernommen und konnten, nach kurzer Unterbrechung bis Erteilung der Betriebslizenz, dort weitermachen, wo sie vorher bei Balair waren. Ohne grosse finanzielle Anstrengung liess sich auch das neue Farbschema und der Name auf den Flugzeugen anbringen. Hier wurde lediglich das "A" gegen ein "E" ausgetauscht und die Fluggäste werden keine Veränderung festgestellt haben. Für die Langstrecke mietete Belair im Herbst 2002 eine Boeing 767-300.

Routen

Antalya, Arrecife, Bangkok, Basel, Calgary, Catania, Chaldiki, Djerba, Faro, Genf, Goa, Heraklion, Keflavik, Kos, Jerez de la Frontera, Las Palmas, Luxor, Malaga, Monastir, Palma de Mallorca, Phuket, Puerto Plata, Punta Cana, Reuss, Rhodos, Samos, San Francisco, Santa Cruz, Sharm el Sheik, Teneriffa, Vancouver, Varna, Zakynthos, Zürich

Flotte

2 Boeing 757-200
2 Boeing 767-300

Foto: Tupolev Tu-154B EW-85703 (Albert Kuhbandner / Paris-CDG)

BELAVIA-BELARUSSIAN AIRLINES

Ul. Neminga 14, 220004 Minsk, Weissrussland
Tel.: 17-2292424 Fax: 17-2292383
E-Mail: info@belavia.by Web: www.belavia.by

ICAO-Code / IATA-Code	IATA-Nr.	Länderkennung	ICAO-Callsign
BRU (B2)	628	EW	Belarus Avia

Im November 1993 wurde aus der ehemaligen Aeroflot Division in Weissrussland die neue Nationale Linie Belavia gegründet. Man übernahm, wie in den anderen ehemaligen UdSSR Staaten, die Flugzeuge und flog einfach die alten Routen weiter. Erst zu einem viel späteren Zeitpunkt setzte so etwas wie wirtschaftliches Denken und Handeln ein, da die finanziellen Möglichkeiten eingeschränkt waren. Mit vielen Verbindungen nach West- und Nordeuropa versuchte man auch möglichst viele Devisen zu erwirtschaften. Service und Zuverlässigkeit waren deshalb ein wichtiges Marketinginstrument der Flotte und die Zusammenarbeit mit westlichen Partnern zeigte schon nach wenigen Jahren Erfolg. Langfristig ist auch an eine Umstellung der Flotte auf neuere Typen gedacht. Hierfür kommen neben den neuen Typen Il-114 und Tu-204 auch westliche Typen in Frage. Zunächst aber wurde 1998 Minskavia mit Belavia fusioniert. Die Yak-40 und An-24 wurden ebenfalls übernommen. 2001 wurde die Flotte den allgemeinen wirtschaftlichen Gegebenheiten angepasst und entsprechend verringert. Neue Linien wurden aber eröffnet und zahlreiche Charterflüge angeboten. Belavia hat zwei Boeing 737-500 bestellt um damit künftig die Flüge nach Westeuropa abwickeln zu können.

Routen

Adler/Sotchi, Astana, Baku, Berlin, Chelyabinsk, Frankfurt, Hurgada, Istanbul, Kaliningrad, Kiew, Krasnodar, Larnaca, London, Minsk, Moskau, Paris-CDG, Prag, Riga, Rom, Samara, Shannon, Simferopel, St.Petersburg, Stockholm, Tashkent, Tbilisi, Tel Aviv, Wien, Warschau

Flotte		Bestellt
2 Antonov An-24	3 Yakolev Yak-40	2 Boeing 737-500
9 Tupolev Tu-154		
7 Tupolev Tu-134		

Foto: Airbus A310-300 S2-ADE (Bastian Hilker/ London-LHR)

BIMAN BANGLADESH

Zia International Airport, Kurmitol, Dacca 1206, Volksrepublik Bangladesh
Tel.: 2-891471109
E-Mail: dcsbiman@bdbiman.com Web: www.bimanair.com

ICAO-Code / IATA-Code	IATA-Nr.	Länderkennung	ICAO-Callsign
BBC (BG)	997	S2	Bangladesh

Nach der Unabhänigkeit wurde am 4. Januar 1972 eine neue staatliche Fluggesellschaft gegründet, die den neuen Staat im Ausland vertreten sollte. Mit geleasten DC-3 wurde im Frühjahr 1972 der Flugbetrieb aufgenommen. Diese DC-3 wurden aber bald durch Fokker F27 ersetzt. Die Aufnahme des internationalen Verkehrs erfolgte zwischen Dacca und Kalkutta. Ab Januar 1973 wurde dann - mit geleasten Boeing 707 - der Liniendienst nach London aufgenommen. Zwei F28 ergänzten ab 1981 die Flotte, die Boeing 707 wurden mit Eintreffen der DC-10-30 ausgemustert. Im August 1990 traf die erste BAe ATP ein und leitete so die Erneuerung der regionalen Flotte ein. 1996 konnten zwei Airbus A310-300 übernommen werden, die verstärkt auf asiatischen Strecken zum Einsatz kamen. Die ATP's und eine DC-10 wurden 1998 verkauft, bzw. ausser Dienst gestellt und die Regierung plante bis Ende 2000 etwa 40% der Anteile an andere Airlines zu verkaufen, um im Austausch dafür ein stärkeres Management durch Kooperationen zu erhalten. Zur Motivation der Mitarbeiter können auch diese 9% der Anteile erwerben. Neue Flugzeuge verstärkten Anfang des neuen Jahrtausend die Flotte, Airbus 310-300 im Jahre 2002 sowie Boeing 737-300. Die älteren BAe ATP stehen zum Verkauf und weitere Fokker F28 wurden ausgemustert.

Routen

Abu Dhabi, Bahrain, Bangkok, Brüssel, Chittagong, Cox's Bazar, Dacca, Delhi, Dubai, Doha, Frankfurt, Hongkong, Jeddah, Jessore, Karachi, Kalkutta, Kathmandu, Kuala Lumpur, Kuwait, London, Mumbai, Muscat, New York, Paris, Rajshahi, Riyadh, Rom, Saidpur, Singapur, Tokio, Yangon

Flotte

4 Airbus A310-300
2 Boeing 737-300
6 (Boeing) McDonnell Douglas DC-10-30
1 Fokker F28

Foto: ATR-72-202 EC-FKQ (Stefan Schlick / Arrecife)

BINTER CANARIAS

Aeropuerto de Gran Canaria, P.O.B.50, 35230 Telde, Gran Canaria, Spanien
Tel.: 928-579601 Fax: 928-579604
Web: www.bintercanarias.com

ICAO-Code / IATA-Code	IATA-Nr.	Länderkennung	ICAO-Callsign
IBB (NT)	138	EC	Canarias

1988 gründete Iberia, Spaniens staatliche Fluggesellschaft, Binter Canarias, um den regionalen spanischen Flugverkehr neu zu organisieren. Für die kurzen Inselsprünge konnten die Iberia-Jets nicht mehr wirtschaftlich eingesetzt werden. Mitte 1988 nahm Binter Canarias den Flugbetrieb mit einer CASA CN-235 auf. Noch im selben Jahr wurde eine weitere Maschine übernommen, zwei weitere im Frühjahr 1990, dann im Herbst auch die ersten ATR-42, die jedoch nur für kurze Zeit zum Einsatz kamen und durch größere ATR-72 ersetzt wurden. Für eine neue Route von Teneriffa nach Funchal auf Madeira leaste man von der Muttergesellschaft auch Jetflugzeuge vom Typ DC-9-32. Diese wurden aber auch auf anderen Strecken eingesetzt. 1997 wurde die letzte CASA CN-235 ausgemustert. Nach zahlreichen Reorganisationen seitens der Muttergesellschaft konzentrierte sich Binter seit 1999 nunmehr auf die eigentlichen Aufgaben, nämlich den Inselflugverkehr des Kanarischen Archipels. Erstmals wurden im Jahre 2000 über zwei Millionen Passagiere befördert, auch in den folgenden Jahren gab es ein weiteres Wachstum.

Routen

Binter Canarias unterhält einen Linienverkehr innerhalb der Kanarischen Inseln, also El Hierro, Lanzarote, Teneriffa, Gran Canaria, Fuerteventura, La Gomera und La Palma

Flotte

11 ATR-72

Foto: Boeing 767-300 EI-CZH (Jan-Alexander Lück / Paris-CDG)

BLUE PANORAMA

Via Corona Boreale n 86, Pelazzina D, 00050 Fiumicino, Italien
Tel.: 06-65508203 Fax: 06-65508555
E-Mail: commerciale@bluepanorama.com Web: www.blue-panorama.com

ICAO-Code / IATA-Code	IATA-Nr.	Länderkennung	ICAO-Callsign
BPA (BV)	004	I	Blue Panorama

Blue Panorama wurde 1998 von dem italienischen Reiseveranstalter Astra Travel gegründet. Astra Travel wiederum gehört zur Distal & ITR Gruppe, die unter anderem auch im Bereich der Flugzeugabfertigung tätig ist. Über Hapag Llyod erhielt Blue Panorama Ende 1998 eine erste Boeing 737-400. Mit dieser wurde der Flugbetrieb zu Zielorten in ganz Europa aufgenommen. Man flog natürlich für den eigenen Veranstalter, aber auch ad-hoc Charter für andere Fluggesellschaften oder Veranstalter. Weitere Boeing 737-400 wurden 1999 erworben und in den Saisonzeiten auch von anderen Gesellschaften zugemietet. Zwei Boeing 767-300 aus LTU-Beständen konnten dann im Jahre 2002 erworben werden. Mit diesen startete Blue Panorama zu Fernzielen wie Denpasar, welches mit einem Zwischenstop in Bangkok bedient wurde. Auch in die Karibik konnten die Boeing 767 während der Wintersaison 2002 Ziele wie Cancun, Punta Cana oder Varadero ansteuern. Mit der kubanischen Fluggesellschaft wurden für diese Kubaflüge Codeshareabkommen getroffen und die eingesetzte Boeing 767-300 hat zusätzliche Cubana Bemalung. Zusammen mit der libyschen Regierung war Blue Panorama an der Gründung von Afriqiyah Airways beteiligt. Bei dieser Gesellschaft ist Blue Panorama für den Flugbetrieb verantwortlich und hat zwei Boeing 737-400 im Einsatz. Die Heimatbasis ist am Flughafen Rom Fiumicini.

Routen

Blue Panorama fliegt nationale und europaweite Charterziele an, darüber hinaus nach Nordafika, Asien und in die Karibik

Flotte

4 Boeing 737-400
2 Boeing 767-300

Foto: Boeing 737-500 G-BVZH (Gerhard Schütz / München)

BMI BABY

P.O.B. 737 bmibaby, Castle Donington, Derbyshire DE74 2SB, Großbritannien
Tel.: 854000 Fax: 854662
E-Mail: babytalk@bmi-email.com Web: www.bmibaby.com

ICAO-Code / IATA-Code	IATA-Nr.	Länderkennung	ICAO-Callsign
BMA(BD)	236	G	Midland

Dem Trend zu Low cost / no frills, also Billigairline, folgte auch British Midland International Ende des Jahres 2001. Zu diesem Zeitpunkt waren erste Überlegungen der Gesellschaft zur Gründung einer low-cost Division an die Öffentlichkeit gedrungen. Konkret wurden diese Pläne am 17. Januar 2002 mit der Gründung von BMI Baby (ausgesprochen " bee my baby"). Als dann am 23. März 2002 der Flugbetrieb aufgenommen wurde, schmunzelte man über die originelle Bemalung der Flugzeuge. Das "Baby" wurde von den Passagieren angenommen und entwickelte sich recht gut. East Midlands war der Ausgangspunkt der ersten Flüge, inzwischen gibt es weitere Hubs in Cardiff, Manchester und Teesside. Auch die Flotte entwickelte sich analog zu den neuen Routen. Zunächst erhielt BMI Baby zwei Boeing 737-300 aus der Flotte von BMI-International überstellt, mit jedem neuen Hub wurden es natürlich mehr. Man operiert mit einer reinen Boeing 737 Flotte um auch hier die Kosten niedrig zu halten.

Routen

Alicante, Amsterdam, Barcelona, Belfast, Bergamo, Brüssel, Cardiff, Cork, Dublin, East Midlands, Edinburgh, Faro, Genf, Glasgow, Ibiza, Jersey, Malaga, Manchester, München, Nizza, Palma de Mallorca, Paris, Pisa, Prag, Toulouse

Flotte

10 Boeing 737-300/500

Foto: Airbus A320-200 G-MIDR (Albert Kuhbandner / Amsterdam)

BMI - BRITISH MIDLAND INTERNATIONL

Donington Hall, Castle Donington, Derbyshire DE74 2SB, Großbritannien; Tel.: 854000 Fax: 854662
E-Mail: communications@flybmi.com Web: www.flybmi.com

ICAO-Code / IATA-Code	IATA-Nr.	Länderkennung	ICAO-Callsign
BMA (BD)	236	G	Midland

1947 als Derby Aviation gegründet und 1953 in Derby Airways geändert, erhielt BMA erst im Juli 1964 den Namen British Midland Airways. Linienverkehr wurde ab Derby, Birmingham und Manchester angeboten. Zum Einsatz kamen neben DC-3 auch Handley Page Herald, BAC 1-11, Vickers Viscount und Boeing 707. 1965 wurde die Gesellschaft komplett zum Flugplatz East Midlands verlegt, wo sich auch die Basis und ein umfangreiches Servicecenter befindet. Neben Charter und Linienservice bot BMA auch schon in den 70'er Jahren Flugzeugleasing an. Die 1968 von einer Investmentgruppe gekaufte BMA konnte 1978, unter Führung des heutigen Präsidenten Michael Bishop, wieder in Privatbesitz gebracht werden und expandierte seither profitabel. British Midland ist Hauptanteilseigner von Manx Airlines und Loganair. Als Holding dieser drei Gesellschaften fungierte die Airlines of Britain Group. An dieser war auch SAS mit 40% beteiligt. 1985 veränderte sich die Farbgebung der Flugzeuge. Die Ablösung der DC-9 Flotte griff seit der Ablieferung der Fokker 100 im April 1994 und der Fokker 70 ein Jahr später. Durch den Konkurs von Fokker konnte allerdings die geplante Anzahl Flugzeuge nicht übernommen werden. Rückgrat der BMA war deshalb die Boeing 737, die von den Hauptbasen Birmingham, East Midlands und London-Heathrow eingesetzt wird. Mit Übernahme von Business Air wurde British Midland Commuter gegründet. 1997 wurde die Airline of Britain Group in British Midland umbenannt und neu organisiert. Lufthansa übernahm 20 % der SAS Anteile und wurde neuer Partner. Airbus A321 kamen erstmals 1998 zum Einsatz und Anfang 2000 wurde British Midland ein Mitglied der globalen Staralliance. Die Aufnahme des Linienverkehrs in die USA wurde 2001 wieder aufgenommen und die Flugzeuge erhielten eine neue Bemalung. Auch der Name wurde geringfügig geändert. Die Ereignisse des 11. September bedeuten aber vorläufige Reduzierung der USA Flüge. Die dafür erworbenen Airbus A330 wurden deshalb vermietet. 2002 ging mit BMI Baby eine eigene Low cost Gesellschaft an den Start.

Routen

Aberdeen, Alicante, Amsterdam, Belfast, Birmingham, Bristol, Brüssel, Budapest, Cardiff, Chicago, Dublin, East Midlands, Edinburgh, Esbjerg, Faro, Glasgow, Guernsey, Humberside, Jersey, Kopenhagen, Leeds/Bradford, Liverpool, London-Heathrow, Mailand, Malaga, Manchester, Nizza, Palma de Mallorca, Paris, Prag, Teeside, Venedig, Warschau, Washington

Flotte

11 Airbus A320
10 Airbus A321
1 Airbus A330
5 Boeing 737-400/500
6 Fokker 100

Foto: Boeing 737-200 PK-IJM (Thomas Kim / Singapur)

BOURAQ INDONESIAN AIRLINES

P.O.Box 2965, Jalan Angkasa 1-3, Jakarta Pusat 10720, Indonesien
Tel.: 21-6295364 Fax: 21-6298651
Web: www.bouraq.com

ICAO-Code / IATA-Code	IATA-Nr.	Länderkennung	ICAO-Callsign
BOU (BO)	666	PK	Bouraq

PT Bouraq Indonesian Airlines ist eine private Gesellschaft die Mitte 1970 gegründet wurde. Mit drei DC-3 flog man von Jakarta nach Banjarmasin, Balikpapan und Surabaya. Schon im folgenden Jahr konnte Bouraq auf Turbopropflugzeuge vom Typ NAMC YS-11 zurückgreifen. BN-Islander wurden zu Zielen weit ausserhalb der großen Städte, zu Flughäfen die meist nur über eine kurze Graspiste verfügten eingesetzt. Weiter kamen Fokker Friendship, Dornier Do28, HS 748 zum Einsatz und die Vickers Viscount löste 1980 die DC-3 ab. Die Aufgaben waren vielfältig und man flog Fracht und Charterflüge. Diese führten nach Malaysia, Thailand und Manila. 1973 gründete Bouraq die Tochtergesellschaft Bali Air, die mit Flugzeugen der Muttergesellschaft einen eigenen Liniendienst unterhielt. Da die Turbopropflotte in die Jahre kamen, stellte man langsam auf Jets um. Die Boeing 737-200 wurde erstmals 1993 eingesetzt, 1994 und 1995 kamen weitere Maschinen dieses Typs hinzu. Mit Philippine Airlines besteht eine enge Zusammenarbeit. Die Asienkrise Ende der 90'er Jahre machte den Expansionsplänen ein vorläufiges Ende. Bouraq mußte einige Linien einstellen und die Flotte verkleinern. Man konzentrierte sich auf die Hauptstrecken, die mit Jets geflogen werden. Kürzere regionale Dienste übernimmt die Tochtergesellschaft Bali Air mit einigen BAe HS-748.

Routen

Balikpapan, Bandung, Banjarmasin, Batan, Batu Besar, Berau, Denpasar, Jakarta, Manado, Medan, Palembang, Palu, Pangkalpinang, Pontianak, Samarinda, Semarang, Singapur, Surabaya, Tarakan, Tawau, Ujung Pandang, Yogyakarta

Flotte

7 Boeing 737-200Adv.

Foto: Boeing 737-700 LN-TUF (Klaus Brandmaier / Innsbruck)

BRAATHENS

Okseneyveien 3, 1330 Oslo, Norwegen
Tel.: 67-597000 Fax: 67-591309
Web: www.braathens.no

ICAO-Code / IATA-Code	IATA-Nr.	Länderkennung	ICAO-Callsign
BRA (BU)	154	LN	Braathens

Ludvig G. Braathen, norwegischer Schiffsreeder, gründete am 26. März 1946 seine Fluggesellschaft, Braathens South America and Far East Air Transport und nahm mit DC-4 den Flugbetrieb auf. Wie aus dem Namen schon ersichtlich, führte die Gesellschaft Charterflüge nach Südamerika und Hongkong durch. 1949 wurde eine Linienverbindung von Oslo über Amsterdam-Kairo-Basra-Karachi-Bombay-Kalkutta-Bangkok nach Hongkong eingeführt. Erst 1954 übernahm die SAS diese Strecke. Bereits 1952 wurde auch ein Streckennetz in Norwegen aufgebaut, erst mit DH-Heron, ab 1958 mit F27. Mit der Boeing 737 kamen ab 1969 die ersten Jets zum Einsatz, mit F28 wurden die F27 und DC-6 ersetzt. 1984 erhielt Braathens mit der Boeing 767 das erste Grossraumflugzeug, wegen zu geringer Auslastung wurde sie aber wieder verkauft. Seit Einführung der neuen Boeing 737-400/500-Generation verfügt Braathens über eine sehr moderne und homogene Flotte, die stets aktualisiert wird. Braathens befördert jährlich so viele Passagiere wie Norwegen Einwohner hat, etwa 4,5 Millionen. 1997 beteiligte sich KLM mit 30% am Kapital von Braathens S.A.F.E., die allerdings künftig auf die frühere Bezeichnung verzichtete. Ende 1997 wurde mit Transwede ein Konkurrent gekauft, der künftig als Braathens Sweden operierte. Ein weiterer Zukauf erfolgte 1998 mit Malmö Aviation. Mit Erhalt der ersten Boeing 737-700 erhielt Braathens im April 1998 auch ein neues Corporate Identity und man firmierte kurzfristig als Braathens Malmö Aviation. Der mächtigen Konkurrenz SAS passte diese Entwicklung nicht, denn Ende 2001 übernahm sie die Mehrheit an Braathens durch Kauf des KLM Aktienpaketes und ordnete alles neu. Malmö Aviation wurde wieder selbständig und Braathens fliegt wieder überwiegend in Norwegen und vor allen Charter und Fracht.

Routen

Aberdeen, Alesund, Alicante, Amsterdam, Bardufoss, Barcelona, Bergen, Billund, Bodo, Evenes, Göteborg, Halmstad, Harstadt/Narvik, Haugesund, Jonköping, Kristiansand, Kristiansund, London, Longyearbyen, Lulea, Malaga, Molde, Murmansk, Newcastle, Oslo, Roros, Stavanger, Stockholm, Svalbard, Tromsö, Trondheim, Umea. Charterflüge Europaweit.

Flotte

7 Boeing 737-700
15 Boeing 737-500
5 Boeing 737-400

Foto: Boeing 767-300 G-OBYE (Martin Kühn / Palma de Mallorca)

BRITANNIA AIRWAYS

Luton Airport,Bedfordshire LU2 9ND, Großbritannien
Tel.: 1582-424155 Fax: 1582-458594
E-Mail: webrelations@uk.britanniaairways.com Web: www.britanniaairways.com

ICAO-Code / IATA-Code	IATA-Nr.	Länderkennung	ICAO-Callsign
BAL(BY)	754	G	Britannia

Aus bescheidenen Anfängen wuchs Britannia zur grössten Chartergesellschaft weltweit. Am 1. Dezember 1961 wurde Euravia gegründet, die am 5. Mai 1962 den Flugbetrieb mit einer L-1049 Constellation aufnahm. 1964 änderte sich das Fluggerät und der Firmenname. Mit Indienststellung einer Bristol Britannia 102 am 6. Dezember 1964 wurde auch der jetzige Firmenname angenommen. 1965 übernahm Thomson Organisation, einer der großen Reiseveranstalter, die Gesellschaft. Boeing 707 wurden für Charterflüge nach Hongkong, Kuala Lumpur und sonstigen Fernzielen eingesetzt, jedoch zog sich Britannia aus dem Langstreckengeschäft von 1973 bis 1985 zurück, da mit der Boeing 737 kein geeignetes Fluggerät zur Verfügung stand. Erst mit Boeing 757 und der grösseren 767 war dies wieder möglich. Die erste Boeing 767 erhielt Britannia im Februar 1984. Nachdem Thomson Holidays 1988 den Konkurrenten Horizon Travel kaufte, ging auch deren eigene Fluggesellschaft, Orion Airways mit Boeing 737-200, in Britannia auf. Mit Zulauf der Boeing 757 wurde die Anzahl der Boeing 737 reduziert, bis 1994 die letzte die Flotte verließ. 1997 gründete Britannia eine Tochtergesellschaft in Deutschland. Mit vier Boeing 767 war diese Britannia Deutschland im Ferntourismus ab vielen deutschen Flughäfen aktiv, bis sie 2001 aufgelöst wurde. Auch in Schweden wurde 1998 mit Blue Scandinavia eine weitere Fluggesellschaft samt dem Reiseveranstalter Fritidsresor übernommen und fliegt jetzt als Britannia AB. Als neuestes Flugzeug kam im Frühjahr 2000 die erste Boeing 737-800. Diese rundete das Angebot nach unten ab. Im Jahre 2000 übernahm auch die Preussag AG die Aktienmehrheit der Thomsen Travel Group zu der auch Britannia gehört. Die touristischen Aktivitäten von Preussag sind in der TUI-Gruppe gebündelt. Diese gab sich Anfang 2002 ein neues Erscheinungsbild. Seither haben alle Konzerngesellschaften das World of TUI Symbol und die blauen Farben von TUI angenommen.

Routen

Charterflüge von etwa 20 Airports in Großbritannien in die Karibik, USA, innerhalb Europas, zu den Kanarischen Inseln und nach Afrika.

Flotte

21 Boeing 757-200
4 Boeing 767-200ER
10 Boeing 767-300ER
2 Boeing 737-800

Foto: Airbus A319-100 G-EUPL (Josef Krauthäuser / Madrid)

BRITISH AIRWAYS

P.O.Box 365, Harmondsworth, UB7 0GB, Großbritannien
Tel.: 20-87385050 Fax: 20-87389947
Web: www.british-airways.com

ICAO-Code / IATA-Code	IATA-Nr.	Länderkennung	ICAO-Callsign
BAW (BA)	125	G	Speedbird

British Airways ist der Zusammenschluss von BEA und BOAC nach dem Civil Aviation Act von 1971, also einem Regierungsbeschluss, der die britischen Luftfahrtinteressen zusammenfaßte und der Regierung unterstellte. Bis 1974 arbeiteten BEA und BOAC nach aussen hin noch getrennt, der Zusammenschluss erfolgte aber sichtbar an den Flugzeugen im Jahr 1974. Seither flog man als BA. Die historischen Vorgängergesellschaften von British Airways lassen sich bis in die Zeit nach dem Ersten Weltkrieg bis zur Gründung von Imperial Airways zurück verfolgen Die Aktivitäten der neuen BA umfassten insgesamt sieben Divisionen, oder Abteilungen wie z.B. BA-Helicopter. 1988 wurde auch die zweitgrösste, private, Fluggesellschaft British Caledonian übernommen, nachdem British Airways 1984 teilprivatisiert wurde und die Gesellschaft ein neues Outfit erhielt. Seit 1989 betrieb BA ein grosses Flottenerneuerungsprogramm, um ältere Maschinen zu ersetzen, aber auch um eine homogenere Flotte zu erhalten. 1992 und 1993 machte British Airways mehr Schlagzeilen als jede andere Fluggesellschaft. Erst beteiligte sie sich an US Air, dann an der australischen Qantas und schließlich bei der französischen TAT, Air Mauritius und gründete Deutsche BA. Für den symbolischen Betrag von einem Pound Sterling wurde DAN AIR übernommen. Eigene "Profitcenter" wurden 1993 etabliert, so bildeten sich die regionalen Gesellschaften BA-Manchester und BA-Birmingham. 1995 kamen BA-Scotland und British Asia Airways noch dazu. Zugunsten von Deutsche BA gab British Airways den innerdeutschen Markt mit dem Berlinverkehr auf. Am 11. November 1995 erhielt BA die erste Boeing 777 und baute in diesem Jahr London-Gatwick zu einem weiteren Hub aus. Mit Brymon European Airways, City Flyer Express, GB-Air, Logan Air und Manx Airlines bestanden Franchise-Abkommen. Solche Abkommen wurden weltweit ausgebaut, erster Partner ausserhalb Europas war die südafrikanische Comair. Ein Abkommen mit American Airlines war ein weiterer Schritt zur globalen One-world-Allianz. British Airways ist Gründungsmitglied dieser Allianz. Ein spektakuläres Ereignis war Mitte 1997 die Vorstellung der neuen Bemalung von British Airways Flugzeugen. Gemäss dem Anspruch einer globalen Airline wurden die Leitwerke mit Abbildungen künstlerischer Darstellungen aus vielen Ländern versehen. Solche Kunstwerke fanden Befürworter und Gegner, so dass sich BA 1999 zu einem Kompromiss gezwungen sah. Ab diesem Zeitpunkt wurden neue Flugzeuge nur mit dem Union Jack im Leitwerk ausgeliefert. 1998 kaufte British Airways den bisherigen Partner City Flyer Express und mit GO FLY wurde auch eine low-cost Airline gegründet. Die Weichen für die Zukunft der BA-Flotte wurden mit einer Bestellung von knapp über 100 Airbus Flugzeuge der Typen A 318 / A319 /A 320 noch vor Ende des Jahrhunderts gestellt. Diese werden die B-757 und B-737 ablösen, während für die Langstrecken weiter Boeing Flugzeuge eingesetzt werden. Die gesamte Boeing 757 Flotte wurde an DHL verkauft und als Frachtflugzeuge umgerüstet. Auch British Airways ist von den Ereignissen des 11. September schwer getroffen worden, bediente BA doch zahlreiche Strecken in die USA und Kanada. Selbst für die prestigeträchtigen „Concorde

Foto: BAe 146-100 G-CFAH (Albert Kuhbandner / Hannover)

BRITISH AIRWAYS CITIEXPRESS

ICAO-Code / IATA-Code	IATA-Nr.	Länderkennung	ICAO-Callsign
BAW (BA)	-	G	British

Flüge“ fanden, trotz aufwändiger Umrüstungen der Maschinen, fast keine Verkäufe mehr statt. Strecken wurden abgebaut und viele Flugzeuge vorzeitig ausgemustert. Alle Boeing 747-200 und 737-200 wurden zu Abstellplätzen in den USA verbracht. Um Kosten einsparen zu können fusionierte BA im Jahre 2002 ihre eigenen Regionalgesellschaften und Brymon Airways zur neuen British Airways Citiexpress Ltd., die damit zur grössten Regionalgesellschaft der Insel wurde. Nach über 20 Jahren Flugbetrieb wurde das Ende der Concorde Flüge im März 2003 bekanntgegeben. Die Genehmigung für Codeshareflüge mit American Airlines wurde ebenfalls im März 2003 erteilt, wobei London ausgeklammert bleibt. Auch die Bemühungen der Konkurrenz und der zahlreichen neuen low-cost Gesellschaften machen BA zu schaffen. GO Fly wurde verkauft und die Deutsche BA sollte ebenfalls an Easy Jet gehen. Dieses Geschäft scheiterte jedoch Anfang 2003. So nutzt BA jede Möglichkeit der Kostenein sparung und ist auch für die Zukunft optimistisch die grösste Airline Europas zu bleiben. Als Franchise Partner sind British Mediterranean Airways, GB Airways, Loganair und Maersk Air, die sich nach einem Management buyout im März 2003 nunmehr Duo Airways nennt, mit insgesamt 60 Flugzeugen tätig. Auch in Südafrika hat BA mit Comair einen Franchisepartner, der landesweit Verbindungen anbietet. Alle diese Flugzeuge sind in British Airways Farben und fliegen unter BA Flugnummer. Lediglich der obligatorische Sticker am Flugzeug informiert über den Betreiber.

Routen

British Airways fliegt weltweit zu mehr 130 Zielen, mit den Franchise Partnern zusammen werden über 250 Ziele angeboten

Flotte		Bestellt
27 Airbus A320-200	6 ATR 72	6 Airbus A319
33 Airbus A319-100	21 BAe 146-100/200/300	10 Airbus A320
20 Boeing 767-300	13 BAe ATP	10 Airbus A321
56 Boeing 747-400	12 BAe Jetstream 41	
51 Boeing 737-400/500	10 (Bombardier) DHC-8-300	
15 Boeing 757-200	28 Embraer RJ 145	
43 Boeing 777-200ER		

Foto: Douglas DC-4 C-FIQM (Sammlung Josef Krauthäuser)

BUFFALO AIRWAYS

1000 Buffalo Drive, Hay River, NW Territories X0E 0R9 Kanada
Tel.: 403-8743333 Fax: 403-8743572
E-Mail: ops@buffaloairways.com Web: www.buffaloairways.com

ICAO-Code / IATA-Code	IATA-Nr.	Länderkennung	ICAO-Callsign
BFL (J4)	-	C	Buffalo

Die im Norden Kanadas ansässige Gesellschaft wurde 1969 in Fort Smith gegründet. Zu den Aufgaben gehörten hauptsächlich Versorgungsflüge in den Gebieten des Northwest Territoriums und Yukon. Zum Einsatz kamen einige Hubschrauber und kleinere Flugzeuge. Als ideales Flugzeug für die unterschiedlichen Aufgaben erwies sich jedoch die DC-3, Baujahr 1942, die ab 1979 angeschafft wurden. Anfang der 80'er Jahre wurden auch einige regionale Linienflüge aufgenommen. Zielorte waren Hay River, Uranium City oder Chipewyan. Die DC-3 wurden im Sommer mit Rädern und im Winter mit Kufen betrieben, ein Vorteil den wenige Flugzeuge in dieser Grösse haben und mit dem man auch die abgelegenen und verschneiten Plätze bedienen konnte. Im Laufe der Zeit und nach Verlagerung des Betriebes nach Hay River, kamen weitere DC-3, die grössere DC-4 und mit der Curtiss C-46 noch ein weiterer Veteran zur Flotte. Für die Regierung des Northwest Territoriums werden auch vier Canadair CL 215 Löschflugzeuge betrieben, die in erster Linie der Waldbrandbekämpfung dienen. Für diese Aufgaben stehen auch noch einige PBY Canson Flugboote bereit.

Routen

Linienflüge nach Yellowknife, ad-hoc-, Charter-,Fracht- und Spezialflüge in der Region.

Flotte

3 Curtiss C-46 Commando
9 DouglasDC-3/C-47
3 Douglas DC-4/C-54
4 (Bombardier) Canadair CL 215
4 Consolidated PBY-5A
2 Beech King Air

Foto: Boeing 737-800 9Y-BGI (Josef Krauthäuser / Miami)

BWIA INTERNATIONAL

Administration Buildg. Intl. Airport Port of Spain, Trinidad u. Tobago
Tel.: 809-6693000 Fax: 809-6643540
Web: www.bwee.com

ICAO-Code / IATA-Code	IATA-Nr.	Länderkennung	ICAO-Callsign
BWA (BW)	106	9Y	West Indian

Gegründet 1940, wurde am 17. November der tägliche Flug, mit einer Lockheed Loadstar, zwischen Trinidad und Barbados aufgenommen. 1942 kamen noch zwei Loadstar zur Flotte und man begann auch Charterflüge für US-Militärpersonal. 1947 wurde BWIA an BSAA verkauft und war künftig eine Tochterfirma dieser Gesellschaft, doch ohne grosse Zukunft, denn 1948 wurde eine neue Firma mit altem "Titel" BWIA, neu installiert. Mit fünf Vickers Viking konnten fast alle Inseln in der Karibik bedient werden. Im Juni 1949 wurde BSAA mit BOAC verschmolzen,so dass BWIA nun eine Tochterfirma war und Flüge sowie Flugzeuge von BOAC übernahm. 1955 stießen vier Vickers Viscount zur Flotte, 1960 wurde mit geleasten Bristol Britannia erstmals London, via New York, angeflogen. 1961 kaufte die Regierung von Trinidad und Tobago 90% der Anteile von BOAC zurück und verstaatlichte die Gesellschaft wieder. 1965 setzte BWIA erstmals auf der Miami-Route die Boeing 727 ein, die die Vickers Viscount verdrängte. Am 14. Dezember 1968 kam dann erstmalig auch die Boeing 707 nach New York zum Einsatz. Ab 1975 wurde London-Heathrow angeflogen, seit der Vereinigung mit TTAS das "International" im Namen geführt. Am 29. Januar 1980 traf der erste L-1011-500 TriStar auf Trinidad ein, ein weiterer im August 1980. Nach Frankfurt flog BWIA erstmals im Jahre 1985, ein weiteres Ziel war Zürich. 1994 kam es zu einer Teilprivatisierung der Gesellschaft, nachdem die Acker Group und auch einheimische Investoren Anteile kauften. Einhergehend wurde eine grundlegende Reorganisation der BWIA vorgenommen. So wurden Strecken aufgehoben, sodass man nach Europa nur noch London bediente. Um die Beschaffung neuer Flugzeuge gab es einige Irritationen, kurzfristig kamen ab 1997 Airbus A321 zum Einsatz. Langfristig setzte man aber auf die neue Generation von Boeing Flugzeugen des Typs 737-800. Ende 1999 führten Managementveränderungen auch zu einem neuen Image der Airline, die durch neue Farben das karibische Flair betont. Eine Regionaltochtergesellschaft, BEEW Express, flog mit Dash-8 Anschlussflüge. Diese Gesellschaft wurde jedoch nach kurzer Zeit 2002 wieder aufgelöst. Für die Langstrecken wählt BWIA den Airbus A340-300 als Ersatz für die TriStars. Anfang 2003 wurde auch die letzte MD-83 gegen eine Boeing 737-800 getauscht.

Routen

Antigua, Barbados, Caracas, Georgetown, Grenada, Kingston, London, Miami, New York, Port of Spain, St.Kitts, St. Lucia, St.Maarten, Tobago, Toronto

Flotte

2 Airbus A340-300
7 Boeing 737-800

Foto: Boeing 767-300 TJ-CAC (Albert Kuhbandner / Paris-CDG)

CAMEROON AIRLINES

BP 4092, Ave. General de Gaulle, Douala, Kamerun
Tel.: 237-2230304 Fax: 237-2230732
E-Mail: infos@.cameroon-airlines.com Web: www.cameroon-ailines.com

ICAO-Code / IATA-Code	IATA-Nr.	Länderkennung	ICAO-Callsign
UYC (UY)	604	TJ	Camair

Cameroon Airlines wurde am 26. Juli 1971 vom Staat gegründet und ist seitdem die nationale Fluggesellschaft. Obwohl man Gründungsmitglied der multinationalen Air Afrique war, zog man sich aus dieser Allianz zurück, um einen selbständigen Flugbetrieb zu etablieren. Dazu übernahm man die private Air Cameroon mit ihrem regionalen Streckennetz. Man begann im November 1971 den Flugbetrieb mit Flügen zwischen Douala und der Hauptstadt Yaounde. Um auch Langstreckenflüge durchführen zu können, wurde von Air France eine Boeing 707 erworben, die über Rom nach Paris eingesetzt wurde. 1982 konnte der einzige Jumbo-Jet, eine Boeing 747, übernommen werden, die die 707 ablöste. Mit einer Werft und der Basis in Douala verfügt Cameroon Airlines auch über die notwendige Infrastruktur zum Unterhalt der Flugzeuge. Neue Boeing 737-300 wurden ab 1998 zugeführt, sodass ältere B-737-200 ausgemustert und die Flotte langsam erneuert werden konnte. Air France ist heute noch mit knapp 4% am Kapital beteiligt, der Rest liegt beim Staat. Enge Zusammenarbeit besteht mit Nigeria Airways, Air Affretaires Afrique, Air France, Air Gabon und Oman Air. In den Jahren 2001-2002 kam es zur Einführung der Canadair CRJ und Boeing 757 für neue regionale Strecken und der Boeing 767-300 für die Langstrecken.

Routen

Abidjan, Bamako, Bameda, Bangui, Brazzaville, Brüssel, Cotounou, Dakar, Douala, Garoua, Harare, Jeddah, Johannesburg, Kigali, Kinshasa, Lagos, Libbreville, London, Malabo, Maroua, Nairobi, N'Djamena, Ngaoundere, Paris, Yaounde

Flotte

3 (Bombardier) Canadair CJ-2000
1 Boeing 737-200Adv.
3 Boeing 757-200
2 Boeing 767-300
1 Boeing 747-200

Foto: Boeing 747-400F LX-LCV (Stefan Schlick / Luxemburg)

CARGOLUX

Luxembourg Airport P.O.Box 591, 2015 Luxembourg
Tel.: 42111 Fax: 435446
E-Mail: info@cargolux.com Web: www.cargolux.com

ICAO-Code / IATA-Code	IATA-Nr.	Länderkennung	ICAO-Callsign
CLX (CV)	Cargolux	LX	Cargolux

Die Gründung der Cargolux Airlines International SA erfolgte am 4. März 1970. Gesellschafter waren Luxair SA, Loftleidir und die Reederei Salenia AB. Letztere ist ein Unternehmen aus Schweden. Der Flugbetrieb wurde mit CL-44 im Mai 1970 aufgenommen. Insgesamt kamen fünf CL-44 zum Einsatz, die ab 1971 von einer DC-8-61 ergänzt wurden. 1973 konnte die erste Boeing 747-200C übernommen werden. Nachdem die Salenia- und Loftleidir-Anteile von Luxair bereits Ende der 70'er Jahre übernommen wurden, stieg 1992 Lufthansa bei Luxair, und damit auch Cargolux, als Gesellschafter ein. Über 40% des Kapitals halten allerdings einige luxemburgische Banken. Die weltweit erste Boeing 747-400F, ein Frachter der neuesten Generation, konnte im November 1993 in Empfang genommen werden, eine zweite B-747F folgte Anfang 1994 mit der Cargolux verstärkt nach USA und Ostasien flog. Mit China Airlines hat man ein Codeshare-Abkommen und tauscht auf den Taipei-Luxemburg Routen entsprechend Fracht. Ebensolche Abkommen hat man auch mit anderen Airlines.1997 erwarb SAir Logistics, ein Unternehmen der Swissair Gruppe, den Lufthansa-Anteil an Cargolux. Auch die Flotte erlebte von 1997 bis 1999 eine Umstellung auf B-747-400. Sie ist heute die modernste Frachtgesellschaft der Welt und zählt auch zu den profitabelsten. Nach dem Zusammenbruch der SAir Gruppe verblieb deren Anteil bei der neuen Swiss Cargo. Cargolux bietet innerhalb Europas auch einen Truckingservice für Frachtsendungen ex Luxemburg.

Routen

Abidjan, Abu Dhabi, Accra, Auckland, Baku, Bangkok, Beirut, Bogota, Calgary, Curitiba, Damaskus, Dubai, Guadalajara, Hongkong, Houston, Huntsville, Johannesburg, Karachi, Komatsu, Kuala Lumpur, Kuwait, Los Angeles, Luxemburg, Madras, Manila, Melbourne, Miami, Nairobi, New York, Rio de Janeiro, San Francisco, Sao Paulo, Santiago, Seattle, Seoul, Sharjah, Shanghai, Shannon, Singapur, Taipeh, Teheran

Flotte

12 Boeing 747-400F

Foto: Boeing 777-200ER B-HNC (Hans-Willi Mertens / London)

CATHAY PACIFIC

8,Scienic Road, Cathay Pacific City, Lantau, Hongkong, China
Tel.: 27475000 Fax: 28106563
E-Mail: enquiry@cathaypacific.com Web: www.cathaypacific.com

ICAO-Code / IATA-Code	IATA-Nr.	Länderkennung	ICAO-Callsign
CPA (CX)	160	B-H	Cathay

Cathay Pacific Airways Ltd. wurde am 24. September 1946 gegründet und begann, mit einer DC-3, eine Verbindung von Schanghai über Hongkong und weitere Zwischenstops nach Sydney einzurichten. 1948 kaufte sich die Swire Group mit 70% am Kapital in die Gesellschaft ein. 1959 wurde die BOAC-Tochterfirma, Hongkong Airways übernommen. Im April des Jahres 1959 wurden Lockheed L-188 Electra und bereits drei Jahre später, auch Convair 880 angeschafft. Diese wurden durch Boeing 707 ergänzt bis man sich zur Anschaffung der Lockheed TriStar als erstes Großraumflugzeug entschied. Mit diesem Typ wurden neue Routen in den Mittleren Osten erschlossen. Um als britische Gesellschaft auch nach London fliegen zu können, wurden Boeing 747 gekauft, deren erste am 17. Juli 1980 nach London eingesetzt wurde. Neben London kamen 1984 Direktflüge nach Frankfurt, die sehr schnell auf Nonstop-Flüge umgestellt wurden, nachdem die Boeing 747-300 mit größerer Reichweite eingeführt wurde. Die Flottenerneuerung bei Cathay ging mit Einführung der Boeing 747-400 (1989), Boeing 777 (1996), Airbus A330-300 (1995) und Airbus A340 (1996) permanent weiter. Auch das Erscheinungsbild änderte sich ab Herbst 1994. Im Hinblick auf die politischen Veränderungen in Hongkong hatte die Swire-Group einen Teil der Cathay-Anteile an chinesische Investoren verkauft. Nach Eröffnung des neuen Flughafen zog auch die Verwaltung dorthin. Als Partner der Oneworld Allianz bleibt die Gesellschaft auch weiterhin ein starker Partner in Fernost, obwohl lokale Ereignisse wie Asienkrise oder SARS zu erheblichen Einschnitten in Flugbetrieb und Ergebnissen führen. Cathay Pacific hält Anteile an Dragon Air (17,8%) und Air Hongkong (75%).

Routen

Adelaide, Amsterdam, Auckland, Bahrain, Bangkok, Brisbane, Cairns, Cebu, Colombo, Delhi, Denpasar, Djakarta, Dubai, Frankfurt, Fukuoka, Ho Chi Minh, Hongkong, Johannesburg, Karachi, Kuala Lumpur, London, Los Angeles, Manila, Melbourne, Mumbai, Nagoya, New York, Osaka, Paris, Penang, Perth, Riad, Rom, San Francisco, Sapporro, Seoul, Singapur, Surabaya, Sydney, Taipeih, Tokio, Toronto,Vancouver

Flotte		Bestellt
20 Airbus A330-300	7 Boeing 747-400F	3 Airbus A330-300
15 Airbus A340-300	19 Boeing 747-400	3 Airbus A340-600
4 Boeing 747-200F	14 Boeing 777-200	

Foto: Boeing 737-200 VP-CAL (Stefan Schlick / Montego Bay)

CAYMAN AIRWAYS

P.O.Box 1101, Georgetown, Grand Caymann, British Westindien
Tel.: 9498200 Fax: 9497607
Web: www.caymanairways.com

ICAO-Code / IATA-Code	IATA-Nr.	Länderkennung	ICAO-Callsign
CAY (KX)	378	VP-C	Cayman

Cayman Airways Ltd. wurde im Juli 1968 gegründet, um die Geschäfte der Cayman Brac Airways Ltd. zu übernehmen. Diese wiederum wurde von der Costa Ricaischen LACSA gegründet. Bis 1978 war LACSA mit 49% der Anteile an Cayman Airways beteiligt, nunmehr oblag die Kontrolle der Regierung von Cayman. Der Flugbetrieb nach Jamaika und Miami wurde mit BAC 1-11 aufgenommen. Britten-Normann "Trislander" waren für die Verbindung zwischen den Inseln Grand Cayman, Brac und Little Cayman zuständig. Boeing 727-200 ersetzten die BAC 1-11 und auch eine DC-8, welche bis Mitte der 70'er Jahre in Diensten standen. 1989 kamen dann die ersten geleasten Boeing 737-400 zur Flotte als Ersatz der B-727. 1993 erfolgte eine Einschränkung des Flugbetriebs, da sich die Boeing 737-400 als zu gross und teuer erwies. Man konzentrierte sich seitdem auf Flüge nach Jamaika und zu einigen Zielen in die USA und hat weiterhin Boeing 737-200 im Einsatz. Mit United Airlines besteht eine Allianz sowie technische und administrative Unterstützung. Auf allen Linienflügen wird auch wichtige Fracht transportiert.

Routen

Cayman Brac, Grand Cayman, Houston, Kingston, Miami, Montego-Bay, Orlando, Tampa.

Flotte

3 Boeing 737-200Adv.

Foto: Airbus A319 F-GYFM (Sammlung Autor / Paris-ORY)

CCM AIRLINES

Aeroport de Campo dell 'Oro, BP 505, 2200 Ajaccio Korsika, Frankreich
Tel.: 4-95290500 Fax: 4-95290505
Web: www.ccm-airlines.com

ICAO-Code / IATA-Code	IATA-Nr.	Länderkennung	ICAO-Callsign
CCM (XK)	146	F	Corsica

Am 6. Januar wurde im Jahre 1989 auf der französischen Mittelmeerinsel Korsika die Compagnie Corse Mediterranee gegründet. Beteiligt waren neben den Fluggesellschaften Air France und TAT auch einheimische Firmen und mehrere Banken. Die regionalen Bedürfnisse sollten mit dieser Gesellschaft abgedeckt werden und auch die Verbindungen zum französischen Mutterland durch mehr Strecken zu kleineren Städten gefördert werden. Der Flugbetrieb von Corse Mediterranee, wie die Gesellschaft genannt wurde, startete im Juni 1990 mit zwei ATR-72 von Ajaccio nach Bastia und Calvi. Weitere ATR-72 und auch Fokker 100 kamen 1992 und 1993 zur Flotte als auch Strecken nach Marseille, Rom oder Straßburg aufgenommen wurden. Neben den Linienflügen startete Corse Mediterranee auch zu zahlreichen Charterketten, wobei diese überwiegend vom Festland zu Zielen in der südlichen Mittelmeerregion durchgeführt wurden. Infolge der Übernahme von TAT durch British Airways gab es 1997 Veränderungen der Gesellschafterstruktur, so dass sich im Jahr 2000 der Gesellschaftername in CCM Airlines änderte. Der erste Airbus A319 zeigte Ende 2002 auch die veränderten Farben der Gesellschaft. Weitere A 319 werden dann auch bis Ende 2003 die letzten noch verbliebenen Fokker 100 ablösen.

Routen

Ajaccio, Bastia, Bordeaux, Basel-Mühlhausen, Calvi, Figari, Lille, Lyon, Marseilles, Nantes, Nizza, Paris-ORY, Straßburg

Flotte

1 Airbus A319
6 ATR-72
2 Fokker 100

Foto: Boeing 757-200 RP-C2714 (Pierre Alain Petit / Manila)

CEBU PACIFIC AIR

30 EDSA Cor Pioneer, Mandalayong City, Metro Manila 5506, Philippinen
Tel.: 2-6371810 Fax: 2-6379170
E-Mail: feedback@cebupacificair.com.ph Web:www.cebupacificair.com.ph

ICAO-Code / IATA-Code	IATA-Nr.	Länderkennung	ICAO-Callsign
CPI (5J)	203	RP-C	Cebu Air

Nach der Deregulierung des Flugverkehrs auf den Philippinen im Jahre 1995 war eine der zahlreichen Neugründungen Cebu Pacific Air. Auf lukrativen Strecken der staatlichen Monopolgesellschaft Konkurenz zu machen war für viele Investoren ein Grund sich auch im Airlinegeschäft zu versuchen. Nicht anders ging es der JG Summit Holding, geführt von der Familie Gokongwei, die im März 1996 den Flugbetrieb aufnehmen konnte. Mit vier McDonnell Douglas DC-9-32 startete man von Manila nach Cebu. Diese Strecke flog man in sehr hohen Frequenzen als low-cost Carrier nach amerikanischem Vorbild.Bereits nach einem Jahr Flugbetrieb erhielt Cebu Pacific drei weitere DC-9-32 und die Passagierzahl betrug bereits über eine Million. Neben der Stammstrecke waren inzwischen sechs weitere Ziele hinzu gekommen. Die Regierung stoppte im Februar 1998 die weitere rasante Entwicklung mit einem Flugverbot. Cebu Pacific Air war nach dem Absturz eines ihrer Flugzeuge in ein schlechtes Licht gekommen und erst nach Prüfung des gesamten Flugbetriebs konnte dieser Ende März 1998 wieder im vollen Umfang aufgenommen werden. Auch auf Grund der Asienkrise verlief die Expansion weniger schnell, doch wurde die Flotte noch erweitert. Einige DC-9 der Cebu Pacific erfreuen die Passagiere durch ihren farbenfrohen Anstrich. Dieser wurde auch an einer der ersten beiden Boeing 757-200 aufgetragen, nachdem sie im November 2001 zur Flotte kamen. International bedient Cebu Pacific seit Ende 2002 Seoul in Korea mit Flügen von Cebu und Subic.

Routen

Bacalod, Butuan, Cagayan d Oro, Cebu, Clark, Davao, Dumaquete, Iloilo, Kalibo, Manila, Porto Princesa, Roxas, Seoul, Subic, Tacloban, Zamboango

Flotte

14 (Boeing) McDonnell Douglas DC-9-32
3 Boeing 757-200

Foto: Boeing 727-200 N295AS (Josef Krauthäuser / Las Vegas)

CHAMPION AIR

8009, 34th Ave. South Suite 500, Bloomington, Minnesota, 55425-1674 USA
Tel.: 952-8148700 Fax: 952-8148990
E-Mail: Info@ChampionAir.com Web: www.championair.com

ICAO-Code / IATA-Code	IATA-Nr.	Länderkennung	ICAO-Callsign
CCP (MG)	-	N	Champion Air

Champion Air geht aus der ehemaligen MGM Grand Air hervor. Diese war bekannt für ihre besonders luxuriös ausgestatteten DC-8 und Boeing 727. Zu deren Klientel gehörten Stars und Sternchen, Sportler, Musiker, Manager und auch solche Leute, die in diesem Umfeld glücklich sind. Den entsprechenden Luxus zahlten diese Passagiere auch mit höheren Vergütungen als bei "gewöhnlichen" Airlines. Als mit dieser Art Fliegerei 1994 kein Geld mehr zu verdienen war, verkaufte MGM einen Teil ihres Geschäfts an Front Page Tours. Diese waren spezialisiert auf den Transport von Sport-Teams und deren Fans zu Veranstaltungen wie dem Super Bowl oder dem Kentucky Derby. Die Umbenennung in Champion Air erfolgte zeitgleich mit der Übernahme der MGM Lizenz 1995. Weitere Boeing 727 wurden für die ehrgeizigen Expansionspläne der Gesellschaft gekauft. Als 1997 die neue Gesellschaft in Turbulenzen geriet, übernahmen Carl Pohland (60%) und Northwest Airlines (40%) die Anteile und formten Champion Air zu einer Chartergesellschaft für "Jedermann" um. Die Flotte wurde mit weiteren Boeing 727 erweitert um die neuen Aufgaben erfüllen zu können. Von Salt Lake City wurde der Firmensitz nach Minneapolis verlegt, wo die Flugzeuge auch bei Northwest Airlines gewartet werden. Mit großen Reiseveranstaltern wie Adventure Tours in Dallas, MLT Vacation in Minneapolis oder Worry Free Vacations arbeitet man eng zusammen.

Routen

Aruba, Cancun, Cozumel, Denver, Detroit, Grand Cayman, Kingston, Las Vegas, Los Cabos, Minneapolis/St.Paul, Nassau, Oklahoma City, Phoenix, Punta Cana, Puerte Vallarta, San Jose, St.Louis, Tulsa

Flotte

14 Boeing 727-200

Foto: Fokker F27 G-CEXA (Daniel Klein / Bournemouth)

CHANNEL EXPRESS AIR SERVICES

Bldg. 470 Bournemouth Intl. Airport, Christchurch, Dorset BH23 6SE, Großbritannien; Tel.: 1202-597600 Fax: 1202-573512
E-Mail: charters@channel-express.co.uk Web: www.channel-express.co.uk

ICAO-Code / IATA-Code	IATA-Nr.	Länderkennung	ICAO-Callsign
EXS (LS)	839	G	Channex

An ihrer Heimatbasis Bournemouth begann 1978 Express Air Service den Flugbetrieb mit einer kleinen Flotte Handley Page Herald. Zur Versorgung der Kanalinseln mit wichtigen Gütern des täglichen Bedarfs und frischen Schnittblumen beim Rückflug. Während der Sommermonate wurden auch Passagiere befördert, jedoch war dies nicht gewinnbringend. Aufträge zur Beförderung der regulären Post machten mehr Flugzeuge erforderlich und die Flotte wuchs auf acht Einheiten an. 1983 wurde der Name durch Hinzufügung von "Channel" geändert. Die gesamte Flotte der in die Jahre gekommenen Heralds wurde stets modifiziert, jedoch waren die Möglichkeiten Mitte der 90'er Jahre dazu erschöpft und Channel Express erwarb nach und nach Fokker F27 als Ersatz. Die letzte Herald verließ nach 20 Jahren 1998 die Flotte. Um auch Kontrakte für weitere Frachtaufträge -besonders im eiligen Expressfrachtgut- zu erhalten wurden Lockheed L-188 Electra eingeführt. Diese kann Paletten laden und hat den Vorteil, dass dadurch die Ladezeiten erheblich schneller werden. Auch ist bei diesem Typ die Kapazität wesentlich grösser und die Reichweite übersteigt die der Fokker F27. Die Electra kam auch auf neuen,internationalen Strecken zum Einsatz. Mit Ablieferung des ersten Airbus A300B4 Frachter im Jahre 1997 ergaben sich völlig neue Möglichkeiten für Channel Express. Langfristige Kontrakte mit DHL führten zur Lieferung von weiteren Airbus A300B4 Frachtern in den Jahren 1998 und 1999. Channel Express ist ein Unternehmen der Dart Group. Diese ist in der Lage auf spezielle Kundenwünsche zu reagieren und fliegt auch im Ad-hoc Charter und Wetlease für andere Gesellschaften. Dazu gehören auch Passagiercharter die mit Boeing 737-300 durchgeführt werden. Jet 2 ist der Geschäftsname des Low cost Bereiches der Gruppe, den Channel Express mit Boeing 737-300 ab Leeds/ Bradford betreibt.

Routen

Bournemouth, Bristol, Brüssel, Coventry, Dublin, East Midlands, Edinburgh, Guernsey, Jersey, Köln/Bonn, London-Gatwick, Liverpool, Luton, Newcastle, Nürnberg, Stansted sind regelmässige Umschlagplätze die im Frachtsystem bedient werden. Passagiercharter innerhalb Europas, besonders aber in die Feriengebiete des Mittelmeerraumes

Flotte

4 Airbus A300B4 Frachter
4 Boeing 737-300
7 Fokker F27
2 Lockheed L-118 Electra

Foto: Boeing 737-800 B-18609 (Thomas Kim / Bangkok)

CHINA AIRLINES

131, Nanking East Rd. Taipei 104, Republik China
Tel.: 02-27152233 Fax: 02-27155754
Web: www.china-airlines.com

ICAO-Code / IATA-Code	IATA-Nr.	Länderkennung	ICAO-Callsign
CAL (CI)	297	B	Cal

Am 16. Dezember 1959 gründeten einige ehemalige Angehörige der nationalchinesischen Luftwaffe, die CAL. Zum Einsatz kamen zunächst nur für Charterflüge PBY-Catalina Flugboote. Mit DC-3 und Curtiss C-46 wurden auch Linienflüge im Inland angeboten. 1966 eröffnete man mit Lockheed Constellation eine Linienverbindung nach Saigon, vornehmlich um Angehörige der US-Streitkräfte und Fracht nach Vietnam zu befördern. 1967 wurden auch Verbindungen nach Hongkong und Tokio geschaffen, ab 1968 wurde CAL Flagcarrier der Republik Taiwan/China. 1970 erfolgte der erste Transpazifikflug nach San Francisco, via Tokio und Honolulu. Im Jahre 1975 erhielt CAL den ersten Jumbo-Jet vom Typ Boeing 747. Der B-747 folgten ab Juni 1982 auch Airbus A300 für den Regionalverkehr. Im Jahre 1983 wurde eine Route nach Amsterdam eingerichtet, dem vorläufig einzigen Ziel in Europa. Dieser Zustand war allerdings politisch bedingt. MD-11 und Boeing 747-400 ergänzten die Flotte bzw. dienten dazu, ältere Baumuster zu ersetzen. Mit Mandarin Airlines und Formosa Air verfügte CAL über schlagkräftige Tochterunternehmen, da man sich in einem scharfen Wettbewerb mit privaten Anbietern befand. Auch an FAT-Far Eastern Air Transport hält man eine Beteiligung. Im Oktober 1995 wurde die heutige Bemalung der Flugzeuge eingeführt. 1999 wurde Formosa Air mit Mandarin fusioniert und eine Reorganisation der gesamten Gruppe fand ihren Abschluss. Neue Flugzeuge vom Typ Boeing 737-800 wurden eingeführt. Auch die älteren Boeing 747-200, die zuletzt als Frachter flogen, wurden durch neue Boeing 747-400F ausgetauscht. Heimatbasis ist der internationale Flughafen Chiang Kai Shek in Taipeh.

Routen

Abu Dhabi, Amsterdam, Anchorage, Atlanta, Bangkok, Chicago, Colombo, Dallas/Forth Worth, Delhi, Denpasar, Djakarta, Frankfurt, Fukuoka, Guam, Ho Chi Minh City, Hongkong, Honolulu, Kaohsiung, Kuala Lumpur, Los Angeles, Luxemburg, Manchester, Miami, Nagoya, Nashville, New York, Okinawa, Penang, Phuket, Rom, San Francisco, Singapur, Sydney, Taipeh, Tokio

Flotte		Bestellt
12 Airbus A300-600	26 Boeing 747-400/400F	4 Airbus A330
7 Airbus A340-300	11 Boeing 737-800	5 Boeing 737-800
2 Boeing 747-200F	3 (Boeing) McDonnell Douglas MD-11	3 Boeing 747-400F

Foto: Airbus A319-100 B-2331 (Jan -Alexander Lück / Beijing)

CHINA EASTERN

2550 Hongqiao Road, Intl. Airport, 200335 Schanghai, Volksrepublik China
Tel.: 21-62686268 Fax: 21-62686039
Web: www.ce-air.com

ICAO-Code / IATA-Code	IATA-Nr.	Länderkennung	ICAO-Callsign
CES (MU)	781	B	China Eastern

Im Dezember 1987 wurde China Eastern Airlines, aus der vorher den Flugverkehr beherrschenden CAAC ausgegliedert und führte seither ab Schanghai eigenverantwortlich ihre Flüge durch. Aus der staatlichen Regionalverwaltung der CAAC hatte sich eine florierende Airline entwickelt. Mit MD-11, die 1992/93 geliefert wurden, konnten Routen nach USA und Europa erschlossen werden. Im Lande gefertigte MD-82 bildeten den Grundstock einer modernen Flotte, die 1987 um Airbus A310 ergänzt wurde. Schon zu CAAC-Zeiten hatte die Schanghai Verwaltung westliche Flugzeuge wie Shorts 360, DHC-8, Lockheed Hercules oder BAe 146, jedoch nur in einigen Exemplaren im Einsatz. Mit der Expansion der Flugzeuge folgte auch eine der Strecken. Hongkong, Nagoya und Seoul wurden mit Airbus bedient und mit dem 1996 gelieferten Airbus A340-300 konnten weitere Ziele in Europa bedient werden, so unter anderem auch München. Auf der Strecke von Schanghai nach Seoul flog man gemeinsam im Codeshare System mit Asiana. Andere Partner sind Air France und American Airlines. 1997 wurde die verlustreiche China General Aviation übernommen. Airbus A320 lösten 1998/99 die Fokker 100 ab. Mit einer eigenen Fracht-MD-11 betreibt man regelmässig Flüge in die USA. Basis der China Eastern Airlines für internationale Flüge ist der Hongqiao Flughafen in Schanghai, nationale Flüge werden auch ab Nanchang geflogen. In Hefei ist das Zentrum für alle anderen Operationen, wie Landwirtschaftsfliegerei und Sprüheinsätze. Die Fusion von China Eastern, China Northwest Airlines und China Yunnan Airlines ist von der Regierung beschlossen und soll in einigen Jahren zu einer Gesellschaft unter Führung von China Eastern werden.

Routen

Bangkok, Beijing, Changsha, Cheju, Chengdu, Dalian, Fukuoka, Fukoshima, Fuzhou, Guangzhou, Guilin, Hefei, Hongkong, Hongzhou, Jinan, Jinjiang, Kunming, Los Angeles, Madrid, München, Nagasaki, Nagoya, Nanchang, Nanjing, Ningbo, Okayama, Osaka, Paris, Pusan, Qingdao, Seoul, Schanghai, Shantou, Shenyang, Shenzen, Singapur, Sydney, Tianjin, Tokio, Tunxi, Wenzhou, Wuhan, Xiamen, Xian, Yantai, Zhengzhou

Flotte		Bestellt
10 Airbus A300-600	4 Boeing 737-700	5 Airbus A340-600
20 Airbus A320	3 McDonnell Douglas-SAIC-MD-82	
8 Airbus A319	9 McDonnell Douglas-SAIC-MD-90	
5 Airbus A340-300	4 Yunshuji Y-7	
7 Boeing 737-300	6 (Boeing) McDonnell Douglas MD-11	

Foto: (Boeing) McDonnell Douglas MD-90 B-2254 (Jan-Alexander Lück / Beijing)

CHINA NORTHERN AIRLINES

Dongtha Airport, Shenyang, Liaoning 110043, Volksrepublik China
Tel.: 24-8294231 Fax: 24-8294433
Web: www.cna.com.cn

ICAO-Code / IATA-Code	IATA-Nr.	Länderkennung	ICAO-Callsign
CBF (CJ)	782	B	China Northern

Die im äussersten Nordosten der Volksrepublik beheimatete Gesellschaft wurde 1988 gegründet. Es handelte sich bei dieser Neugründung um die frühere CAAC Shenyang Administration. Heimatbasis ist der Flughafen Shenyang-Taoxin. Yunshuij Y-7 und MD-82 bildeten den Hauptanteil der Flotte, wobei China Northern der grösste Betreiber der MD-82 in China ist. Es handelt sich hierbei um die in China hergestellten SAIC-MD-82, einer Lizenzfertigung des bekannten McDonnell Douglas Flugzeuges. Neben Linien- und Charterflügen betätigt man sich auch noch mit Mil-Mi 8 Hubschraubern im Industrieflug und bei verschiedenen anderen Aufgaben wie Schwerlastflüge oder Montage von Hochspannungsmasten. 1993 wurden zunächst zwei Airbus A300-600 geleast, die sich im Einsatzprofil als gut erwiesen. Daraufhin wurden weitere sechs Airbus A300-600 bestellt, die 1994/95 eingeführt wurden. Die ebenfalls für eine Lizenzproduktion vorgesehene MD-90 wurde bereits geordert wobei CBF der Launchcarrier war. Seit Frühjahr 1996 flog man auch die erste internationale Route von Shenzen zum neuen Airport von Macau. Charterflüge erfolgen nach Japan, Korea und weitere Ziele in Südostasien. Für die Partnergesellschaft Beiya Airline führte man mit MD-90 den Flugbetrieb durch. Die chinesischen Luftfahrtbehörden haben Ende 2002 die Fusion von China Northern Airlines mit China Southern Airlines beschlossen. Ein genauer Zeitablauf ist nicht vorgesehen.Bis dahin ist China Northern Airlines weiterhin selbständig.

Routen

Beijing, Changchun, Changhsa, Chengdu, Chongqing, Dalian, Dandong, Fuzhou, Guangzhou, Gulyang, Haikou, Hangzhou, Harbin, Hefei, Hongkong, Jilin, Jinan, Kunming, Lianyungang, Macau, Nanjing, Niigata, Ningbo, Pjönjang, Qingdao, Sapporo, Seoul, Shanghai, Shantou, Shenyang, Shenzen, Tianjin, Urumqi, Wenzhou, Wuhan, Xiamen, Xian, Yangi, Yantai, Zhengzhou und Zhuhai

Flotte		Bestellt
6 Airbus A300-600	10 Yunshuij Y-7	6 Airbus A321-200
4 Airbus A321-200	24 McDonnell Douglas/SAIC MD-82	
44 Yunshuij Y-5	13 (Boeing) McDonnell Douglas MD-90	

Foto: Airbus A310-200 B-2303 (Jan-Alexander Lück / Beijing)

CHINA NORTHWEST AIRLINES

2 Feng Hao Road , 710082 Xian, Shanxi, Volksrepublik China
Tel.: 29-8702021 Fax: 29-8702027

ICAO-Code / IATA-Code	IATA-Nr.	Länderkennung	ICAO-Callsign
CNW (WH)	783	B	China Northwest

Die frühere CAAC Regionaldirektion Xian firmierte seit 1989 als China Northwest Airlines und war beauftragt Regional-Linien- und Charterflüge durchzuführen. Die von CAAC übernommene Flotte hatte zwei Basen in Lanzhou und Xian und bestand noch aus älteren Maschinen sowjetischer Bauart. Am neuen Flughafen Xian-Xianyang hatte Northwest jetzt ein modernes Maintenance Center. Mit diesen Voraussetzungen konnten die Flugzeuge sukzessive durch westliche Muster ergänzt und ersetzt werden. So erfolgte 1990/91 die Ablieferung von BAe 146 für die Regionaldienste als Ersatz der Antonov An-24. Im darauffolgenden Jahr kamen Airbus A300-600 und A310 zum Einsatz. Neben den Linien- und Charterflügen wurden auch noch land- und forstwirtschaftliche Aufgaben wahrgenommen.Darüber hinaus ist die Gesellschaft mit 80% an Nanjing Airlines beteiligt. Eine Flottenerneuerung fand mit Lieferung eines ersten Airbus A320 im November 1997 statt. Diese ersetzten bis Ende 1999 die Tupolev Tu-154 und brachten die Flotte auf westlichen Standard. Bei der geplanten Fusion von neun chinesischen Fluggesellschaften zu nur noch drei grossen Gesellschaften, soll China Northwest Airlines mit China Eastern fusioniert werden. So sieht es die Planung des Ministeriums innerhalb der nächsten Jahre vor. Bis dahin fliegen aber alle Gesellschaften weiterhin unter ihrem eigenen Firmennamen.

Routen

Beijing, Changsha, Chengdu, Chongqing, Dalian, Dayong, Dunhuang, Fukuoka, Fuzhou, Guangzhou, Guilin, Guiyang, Haikou, Hangzhou, Harbin, Hiroshima, Jiayugan, Kunming, Lanzhou, Lianyungang, Nagoya, Nanchang, Nanjing, Niigata, Ningbo, Okinawa, Qingdao, Sapporo, Seoul, Shanghai, Shantou, Shenyang, Shenzen, Urumqui, Wenzhou, Wuhan, Wuyishan, Xian, Xiamen, Xining, Yantai, Yinchuan, Zhanjiang, Zhuhai

Flotte

3 Airbus A310-200
3 Airbus A300-600
13 Airbus A320
10 BAe 146-100/300
11 Yunshuji Y5

Foto: Boeing 777-200ER B-2058 (Albert Kuhbandner / Amsterdam)

CHINA SOUTHERN AIRLINES

Baiyun Intl.Airport, 510406 Guangzhou, Volksrepublik China
Tel.: 20-86681818 Fax: 20-86665436
Web: www.cs-air.com

ICAO-Code / IATA-Code	IATA-Nr.	Länderkennung	ICAO-Callsign
CSN (CZ)	784	B	China Southern

Auch China Southern Airlines entstand 1989 nach der Reorganisation des chinesischen Luftverkehrs und der CAAC. Die in Guangzhou beheimatete zweitgrösste chinesische internationale Fluggesellschaft, wuchs und boomte immens und hatte Zuwachsraten von über 40% jährlich. In die Flotte und deren Erneuerung wurden in zwei Jahren mehr als 600 Millionen US $ investiert. So kamen ab 1990 Boeing 737, -757 und -767 kontinuierlich zum Einsatz. Auch die supermoderne Triple Seven Boeing B-777 kam ab 1995 erstmals bei einer chinesischen Gesellschaft auf Langstrecken zum Einsatz. 1996 gründete China Southern auch eine eigene Business Airline und erwarb dafür Lear-Jets. Für verschiedene Aufgaben wie Landwirtschaft und Offshore betreibt China Southern diverse Hubschrauber und kleinere Flugzeuge. Mit Einführung von Airbus A320 im Sommer 1997 wurden alle ehemaligen Flugzeuge aus sowjetischer Produktion und ältere B-737-200 ausser Dienst gestellt. An einigen chinesischen Fluggesellschaften konnte sich China Southern beteiligen, Guangxi Airlines (60%), Guihou Airlines (60%), Shantou Airlines (60%), Xiamen Airlines (60%), Zhuhai Helicopter (100%) und Zhuhai Airlines (100%). Mit der Boeing 737-800 trafen die ersten Flugzeuge dieser neuen Generation im Jahre 2002 ein. China Southern Airlines wird eine Führungsrolle bei der beschlossenen Fusion von mehreren Gesellschaften einnehmen. Sie wird nach der Fusion mit China Northern Airlines und Xinjiang Airlines als eine der dann noch verbliebenen drei Chinesischen Fluggesellschaften weiterhin als China Southern Airlines bestehen.

Routen

Amsterdam, Anchorage,Bangkok, Beihai, Changchun, Changde, Changsha, Changzhou, Chengdu, Chicago, Chongqing, Dalian, Dandong, Dayong, Djakarta, Fukuoka, Fuzhou, Guangzhou, Guilin, Guiyang, Haikou, Hangzhou, Hanoi, Harbin, Hefei, Ho Chi Minh City, Hongkong, Jilin, Jinan, Jinjiang, Jinzhou, Jiujiang, Kuala Lumpur, Kunming, Lianyungang, Liuzhou, Los Angeles, Manila, Melbourne, Mudanjiang, Nanchang, Nanjing, Nanning, Nantong, Nanyang, Ningbo, Osaka, Penang, Phnom Penh, Qingdao, Sanya, Seoul, Shanghai, Shantou, Sharjah,Shasi, Shenyang, Shenzen, Singapur, Surabaya, Sydney, Taiyuan, Tianjin, Tunxi, Urumqui, Weiha, Wenzhou, Wuhan, Xian, Xiamen, Xuzhou, Yichang, Yiwu, Zhanjiang, Zhengzhou, Zhuhai

Flotte		Bestellt
20 Airbus A320-200	18 Boeing 757-200	15 Boeing 737-800
25 Boeing 737-300	10 Boeing 777-200	
12 Boeing 737-500	2 Boeing 747-400F	
5 Boeing 737-800		

Foto: Boeing 757-200 B-2837 (Jan-Alexander Lück / Beijing)

CHINA SOUTHWEST AIRLINES

Shuangli Airport, Chengdu - Sichuan 610202, Volksrepublik China
Tel.: 28-5703361 Fax: 28-57043673
E-Mail: info@cswa.com Web: www.cswa.com

ICAO-Code / IATA-Code	IATA-Nr.	Länderkennung	ICAO-Callsign
CXN (SZ)	785	B	China Southwest

China Southwest wurde im Oktober des Jahres 1987 gegründet. Auch diese Gesellschaft ging aus einer CAAC Regional Administration hervor. Mit nicht weniger als 20 Boeing 737-300 und diversem Propgerät startete man vom Chengdu-Shuangliu Airport anfangs zu 30 Zielen.Weitere Hubs waren in Chongqing und Guiyang. Mit der schnell wachsenden Flotte wurde auch das Streckennetz immer dichter und umfasste auch immer mehr Ziele im Ausland. Hongkong, Bangkok, Kathmandu und Singapur wurden ab 1989 angeflogen. Berühmt war die Route über das Dach der Welt von Chengdu nach Lhasa. Frachtdienste wurden mit ehemaligen CAAC Boeing 707 durchgeführt, allerdings reduzierte sich die Anzahl dieser Maschinen immer mehr mit Zulauf von Boeing 757. Die schnell wachsende Gesellschaft mit über sechs Millionen Passagieren jährlich, hat ihre Wartungsbasis ebenfalls am Flughafen Chengdu und bildet auch selbst Personal aus, da die entsprechenden Lizenzen von Boeing vorliegen. Aber nicht nur Boeing Flugzeuge sind im Bestand von CSWA, sondern seit 1998 auch Airbus A340. Als eine der wenigen chinesischen Fluggesellschaften bestellte CSWA auch wieder russische Tuplev Tu-204. Ob diese allerdings nach der Fusion mit Air China auch übernommen werden ist noch unbestimmt, da die neue Generation der Boeing 737-600/700/800 besonders in China Abnehmer findet.

Routen

Bangkok, Beihai, Beijing, Changchun, Changsha, Chengdu, Chongqing, Dalian, Dayong, Fuzhou, Guangzhou, Guilin, Guiyang, Haikou, Hangzhou, Hefei, Hongkong, Kunming, Lhasa, Lanzhou, Longdongbao, Luoyang, Macau, Nanchang, Nanjing, Nanning, Ningbo, Qingdoa, Schanghai, Shantou, Shenzen, Singapur, Urumqi, Wenzhou, Wuhan, Xian, Xiamen, Xichang, Xining, Xuzhou, Yantai, Yibin, Yichang, Zhanjiang, Zhengzou, Zhuhai

Flotte		Bestellt
3 Airbus A340-300	6 Boeing 737-800	3 Tupolev 204
15 Boeing 737-300	13 Boeing 757-200	4 Boeing 737-600
3 Boeing 737-600		

Foto: ATR-72-500 B-3027 (Thomas Kim / Beijing)

CHINA XINJIANG AIRLINES

Diwobao Intl. Airport, Urumqi, Xinjiang 830016, Volksrepublik China
Tel.: 991-3801703 Fax: 991-3711084

ICAO-Code / IATA-Code	IATA-Nr.	Länderkennung	ICAO-Callsign
CXJ (XO)	651	B	Xinjiang

Xinjiang Airlines wurde im Jahre 1985 gegründet. Die vormalige CAAC Xinjiang Regionaldirektion war der Vorläufer der Gesellschaft. Mit jeweils 50% der Anteile sind CAAC und die Regionalregierung von Xinjiang die einzigen Gesellschafter. Die im äussersten Westen der Volksrepublik gelegene Region grenzt an Kirgistan, die Mongolei und Indien. Viele Orte sind nur aus der Luft schnell erreichbar. So ist es nicht verwunderlich, daß für solche Strecken die De Havilland DHC-6 Twin Otter zum Einsatz kamen, die im Februar 1985 geliefert wurden. Weiteres westliches Fluggerät erhielt CXJ 1993 und 1994 mit der Boeing 737-300. Diese kam auf internationalen Routen nach Islamabad und Hongkong zum Einsatz. Für die stark frequentierten Linienflüge nach Beijing kaufte man auch Ende 1993 drei Iljuschin IL-86. In diesem Jahr änderte man den Namen in China Xinjiang Airlines. Die Flotte wurde regelmässig erneuert. Daher kamen ab 1998 für die Twin Otter grössere ATR72 und Boeing 757 für älteres Fluggerät aus russischer Produktion zum Einsatz. Basis ist Urumqi, wo sich auch die eigene Werft befindet. Nach dem Willen der chinesischen Regierung wird China Xinjiang Airlines künftig mit China Southern Airlines fusioniert und bildet mit dieser eine der angestrebten drei Fluggesellschaften, die dann den Flugbetrieb in China abwickeln. Bis zu diesem Zeitpunkt wird auch China Xinjiang in der bisherigen Form bestehen.

Routen

Aksu, Almaty, Beijing, Changsha, Chengdu, Chongqing, Dalian, Fuyun, Guangzhou, Guilin, Harbin, Hongkong, Hotan, Islamabad, Jinan, Karamy, Kashi, Korla, Kunming, Kuqa, Lanzhou, Moskau, Novosibirsk, Qiemo, Qingdao, Schanghai, Shenyang, Shenzen, Tianjin, Xian, Xiamen, Yinning, Zhengzhou

Flotte

5 ATR 72
2 Boeing 737-300
4 Boeing 737-700
9 Boeing 757-200
3 Iljuschin Il-86

Foto: (Bombardier) Canadair RJ 200 B-3070 (Klaus Brandmaier / München)

CHINA YUNNAN AIRLINES

Wujiabao Airport, Kunming, Yunnan 650200, Volksrepublik China
Tel.: 871-7112999 Fax: 871-7151509
Web: www.chinayunnanair.com

ICAO-Code / IATA-Code	IATA-Nr.	Länderkennung	ICAO-Callsign
CYH (3Q)	592	B	Yunnan

Wie alle chinesischen Fluggesellschaften hatte auch Yunnan ihren Ursprung in der CAAC, hier der Yunnan Regional Administration. Ihre Selbständigkeit erhielt sie im Juli 1992 und begann mit Boeing 737-300 einen täglichen Liniendienst von der Basis Kunming-Wujiabao nach Beijing und Shanghai. Internationale Flüge führten ab 1993 auch nach Bangkok und Singapur. Mitte des Jahres 1996 wurde die homogene Boeing 737-300 Flotte um zwei Boeing 767-300 ergänzt, um so dem gestiegenen Verkehrsaufkommen gerecht zu werden. Dieser Typ übernahm auch einige verkehrsreiche Strecken wie nach Beijing und Bangkok. Mit der Einführung von Boeing 737-700 kam auch die neueste Boeing Flugzeuggeneration ab Anfang 1999 bei China Yunnan in den Linienbetrieb. Für Kurzstrecken und regionale Dienste erwarb China Yunnan auch einige Canadair RJ 200. Diese wurden 2002 geliefert. Wie alle Gesellschaften die zum CAAC-Verbund gehören, soll auch China Yunnan Airlines fusioniert werden um letztendlich nur noch drei Gesellschaften unter dem Banner von CAAC zu haben. Zusammen mit China Northwest Airlines soll Yunnan mit China Eastern Airlines zusammengeführt werden. Bis dahin wickeln die Gesellschaften aber weiterhin ihren eigenen Flugbetrieb ab.

Routen

Bangkok, Baoshan,Beihai, Beijing, Changchun,Changsha, Chengdu,Dali City, Dalian, Fuzhou, Guangzhou, Guilin, Guiyang, Haikou, Hangzhou,Harbin, Hefei, Jinan, Kuala Lumpur, Kunming, Lijiang, Luxi, Macau, Seoul, Schanghai, Shenzen, Singapur, Vientiane, Wuhan, Xian, Xiamen, Xuzhou, Yibin, Yichang, Zhanjiang, Zhengzhou, Zhuhai

Flotte

12 Boeing 737-300
4 Boeing 737-700
3 Boeing 767-300ER
6 (Bombardier) Canadair RJ 200

Foto: ATR-42-500 OY-CIK (Albert Kuhbandner / München)

CIMBER AIR

Sonderborg Airport, 6400 Sonderborg, Dänemark
Tel.: 74-422277 Fax: 74-426511
E-Mail: marketing@cimber.dk Web: www.cimberair.dk

ICAO-Code / IATA-Code	IATA-Nr.	Länderkennung	ICAO-Callsign
Cim (QI)	647	OY	Cimber

Cimber Air ist im Besitz der Familie Nielson und wurde von Ingolf Nielsen 1950 begründet, indem er Sonderjyllands Flyvelskab übernahm. Zunächst führte das Unternehmen nur Taxiflüge, die oft von der Basis Sonderborg nach Kopenhagen führten, durch. Für diese Strecke erhielt Cimber Air Ende 1963 eine Linienlizenz. Nord 262 kamen zum Einsatz und der Einsatzradius wurde auch über die Grenze hinweg nach Deutschland mit Flügen nach Hamburg und Kiel erweitert. 1971 gründeten SAS, Maersk und Cimber Air eine neue Gesellschaft mit Namen Danair. In diese wurden die gesamten inländischen Strecken eingebracht. Weitere Nord 262 und ab 1975 auch VFW 614 kamen zum Einsatz, wobei Cimber Air für letzteren Typ Launchcustomer war. Die Begrenztheit des dänischen Marktes zwangen Cimber Air zu Aktivitäten im Ausland. So flog man für Saudi Arabian Airlines und auch für DLT, dem Vorgänger der heutigen Lufthansa Cityline. Dazu wurde eigens eine deutsche Tochtergesellschaft in Kiel gegründet. Fokker F27 und auch die Fokker F28 wurden auf den verschiedenen Strecken eingesetzt, bis mit der ATR-42 1989 das optimale Flugzeug für die Belange der Gesellschaft zur Verfügung stand. Die Zusammenarbeit mit Lufthansa wurde besonders nach der Wiedervereinigung Deutschlands Anfang der 90'er Jahre ausgebaut und heute ist Cimber Air ein Mitglied im Team Lufthansa. Um den weiteren Ausbau zu fördern, übernahm 1998 SAS einen Anteil am Kapital. Durch die Zusammenarbeit mit Lufthansa und SAS profitiert Cimber Air auch aus den zahlreichen Aktivitäten der Star-Alliance.

Routen

Aalborg, Aarhus, Berlin, Bremen, Brüssel, Dublin, Esbjerg, Frankfurt, Helsinki, Karup, Kiel, Köln/Bonn, Kopenhagen, Luxemburg, Montpellier, München, Nizza, Nürnberg, Roenne, Sonderborg, Warschau, Wien

Flotte

11 ATR42
7 ATR72

Foto: (Bombardier) Canadair Regionaljet-100 N927CA (Josef Krauthäuser / Miami)

COMAIR

P.O.Box 75021, Cincinnati Intl. Airport, Ohio 45275, USA
Tel.: 859-7672550 Fax: 859-7672278
Web: www.comair.com

ICAO-Code / IATA-Code	IATA-Nr.	Länderkennung	ICAO-Callsign
COM (OH)	886	N	Comair

Mit einer Piper Navajo begann Comair im März 1977 den Regionalverkehr auf der Strecke von Cincinnati nach Cleveland. Embraer EMB-110 als grösseres Flugzeug kam ab 1981 zum Einsatz, nachdem immer mehr Destinationen bedient wurden. Shorts 360, Swearingen Metro und 1984 die Saab 340 waren ein Zeichen für die Expansion und grössere Nachfrage. Anfang 1984 wurden ab Cincinnati etwa 30 Ziele bedient und man war bereits eine der "Grossen" im Regionalverkehr. Comair wurde im September 1984 Partner der neu ins Leben gerufenen "Delta Connection". Unter diesem Marketingnamen bündelt Delta Air Lines seinen Zubringer- und Regionalverkehr der von eigenständigen Firmen durchgeführt wird. An Comair beteiligte sich Delta Air Lines bis 1988 mit insgesamt 20% der Anteile. 1989 wurde die Comair Holdings Inc. gegründet, die alle Aktivitäten der inzwischen recht grossen Gruppe verwaltet. Ab 1988 erhielt man mit der Embraer 120 Brasilia ein schnelles Turbopropflugzeug für das man beim Hersteller einer der Erstkunden war. So auch beim Canadair Regionaljet, der ab 1993 als erster Jet der Flotte kam. Comair hat zwei Hubs, das grössere in Cincinnati und ein weiteres in Orlando. Im Oktober 1999 übernahm Delta Air Lines alle Anteile an Comair. Weitere Canadair Jets führten zur weiteren Aufgabe von Propellerflugzeugen und bis 2003 hatte Comair eine reine Jet-Flotte. Comair war auch einer der ersten Betreiber des verlängerten Canadair Jet 700 mit Auslieferung ab Anfang 2002.

Routen

Ab den beiden Hubs Cincinnati und Orlando werden 85 Städte in 30 Staaten der USA erreicht, ebenso Ziele in Kanada und auf den Bahamas.

Flotte	Bestellt
115 (Bombardier) Canadair RJ 100	9 (Bombardier) Canadair RJ 200
19 (Bombardier) Canadair RJ 200	15 (Bombardier) Canadair RJ 700
10 (Bombardier) Canadair RJ 700	

Foto: Boeing 767-300 D-ABUZ (Marcus Baltes / Frankfurt)

CONDOR FLUGDIENST

Am Grünen Weg 3, 65440 Kelsterbach, Deutschland
Tel.: 06107-939 0 Fax: 06107-939520
E-Mail: information@condor.de Web: www.thomascook-flug.de

ICAO-Code / IATA-Code	IATA-Nr.	Länderkennung	ICAO-Callsign
CFG (DE)	881	D	Condor

Condor war die traditionelle Charterflug-Tochtergesellschaft der Deutschen Lufthansa. 1955 als Deutsche Flugdienst GmbH gegründet, waren die Bundesbahn, zwei Reedereien und die Lufthansa, Gesellschafter der DF. Erste Flugzeuge waren Vickers Viking. Nach beachtlichen Anfangserfolgen der DF, erlitt diese 1959 einen Rückschlag und wurde -mit Hilfe des Staates- ganz von der Lufthansa "übernommen" und damit vor dem drohenden Konkurs bewahrt. 1961 kaufte Lufthansa vom Oetker-Konzern die Condor Luftreederei und verschmolz diese mit der DF zur neuen Condor Flugdienst GmbH. 1961 wurden Vickers Viscount, 1963 zwei Fokker F27 gekauft und 1965 die erste Boeing 727 in Dienst gestellt. Bereits 1968 hatte Condor eine reine Jet-Flotte. 1971 und 1972 erhielt Condor jeweils eine Boeing 747-200. Mit diesen "Jumbo-Jet" genannten Flugzeugen wurden neue Strecken nach Bangkok und USA erschlossen. Ende der 70er Jahre kam es in Folge der ersten Ölkrise zum Abbau von Überkapazitäten. Künftig ersetzte die kleinere DC-10-30 den "Jumbo" auf den Langstrecken. Seit 1987 wurden Boeing 737-300 und Airbus A310 eingesetzt. 1989 wurde auch erstmals die Boeing 757 in Condor-Farben auf den Flugplätzen Europas gesichtet. Diese ersetzten die Boeing 727. Condor beteiligte sich 1995 an verschiedenen Reiseveranstaltern, um damit Kapazitäten für die eigenen Flüge zu erhalten. Zum 40-jährigen Bestehen leistete sich Condor den Rizzi-Bird, eine kunstvoll bemalte Boeing 757. Die low-cost Airline Condor Berlin, die mit Airbus A320 operiert, wurde 1997 unter dem Dach der Condor gegründet. Als Erstkunde erhielt Condor die verlängerte Boeing 757-300 Anfang 1999 und konnte die DC-10 ausmustern. Neu war auch die Bemalung der Flugzeuge in einem freundlichen gelb und weiß. Condor ist mit 40% an Sun Express beteiligt und nimmt am Vielfliegerprogramm der Lufthansa/Star-Alliance teil. Bis heute umstritten und gegen den Willen vieler Mitarbeiter und der langjährigen Stammkundschaft wurde im Jahre 2002 der Traditionsname Condor aufgegeben. Statt dessen wird der Reiseveranstaltername Thomas Cook, zu dem neben Condor auch die englische Fluggesellschaft JMC gehört, bis zum Sommer 2003 auch auf den Flugzeugen angebracht, wobei sich die Bemalung wieder änderte. Um die Kunden nicht ganz zu verärgern verfügen die Condor-Flugzeuge bei Thomas Cook noch über den Aufkleber "powered by Condor".

Routen

Über 60 Ziele weltweit, darunter Flüge nach USA, in die Karibik, Naher- und Ferner Osten, Indien, Nepal und die klassischen Ziele im Mittelmeerraum, die Kanarischen Inseln, Nordafrika, Kapverden, Mauritius, Seychellen und Kenia.

Flotte

12 Airbus A320	13 Boeing 757-300
16 Boeing 757-200	9 Boeing 767-300ER

Foto: Boeing 757-200 N29124 (Josef Krauthäuser / Fort Lauderdale)

CONTINENTAL AIRLINES

1600 Smith Street, Houston Texas 77002, USA
Tel.: 713-324-5000 Fax: 713-3248540
E-Mail: corpcomm@coair.com Web: www.continental.com

ICAO-Code / IATA-Code	IATA-Nr.	Länderkennung	ICAO-Callsign
COA (CO)	005	N	Continental

Varney Speed Lines, eine der Gründergesellschaften von United Airlines löste sich teilweise von dieser und gründete 1934 die Varney Air Lines. 1937 änderte diese Gesellschaft den Namen in Continental Airlines. Mit diversen Lockheed Flugzeugen wurde ein Streckennetz vornehmlich im Westen der USA betrieben. Nach dem 2.Weltkrieg kamen Convair 240, DC-6, Vickers Viscount und DC-7B zum Einsatz, 1954 konnte Pioneer Airlines übernommen werden. Mit der Boeing 707 begannen die "Golden Jet" Flüge am 8. Juni 1959. Die erste Boeing 747 wurde am 18. Mai 1970 in Dienst gestellt, die DC-10 folgte zwei Jahre später. Im Oktober 1981 erwarb Texas International eine Beteiligung an Continental, der Zusammenschluß beider Gesellschaften folgte im Oktober 1982. 1983 brachte riesige finanzielle Probleme, Continental stellte sich unter den Schutz von Chapter 11. Nachdem die Muttergesellschaft noch People Express, New York Air und Frontier kaufte, fusionierten auch diese Gesellschaften mit Continental. 1993 waren die Umstrukturierungen soweit fortgeschritten, daß man Chapter 11 verlassen konnte. Mit neuer Bemalung und geändertem Outfit startete man durch, bis in die nächste Krise. 1994 etablierte auch Continental eine "Billigabteilung" unter dem Namen "Light". Nach Millionenverlusten wurde dieser Versuch aber wieder aufgegeben. Ende der 90'er Jahre begann ein großes Flottenerneuerungsprogramm mit Einführung von Boeing 777 und Boeing 737-800. Die DC-10 und Boeing 727 wurden durch diese ersetzt. Auch Boeing 757 und 767 wurden zugeführt und bis 2003 soll die Flotte komplett erneuert sein. Continental Micronesia ist eine eigene Division für den Pazifikbereich. Am Kapital der COA ist Northwest Airlines mit 14% beteiligt, der Rest ist breit gestreut. Continental selbst hat Anteile an America West, COPA, Continental Express und Gulfstream International. Continental Express bedient von einigen Hubs aus weitere regionale Ziele und ist eine 100%ige Tochtergesellschaft. Die anhaltende Krise in den USA zwang auch COA in den Jahren 2001-2003 zu drastischen Sparmassnahmen. Ältere Flugzeuge wurden in der Wüste abgestellt, Strecken eingestellt und Neuanschaffungen zurückgestellt.

Routen

Continental hat ein dichtes inneramerikanisches Liniennetz mit etwa 120 Zielen, darüber hinaus werden weitere 65 Städte im Ausland bedient.

Flotte		Bestellt
120 Boeing 737-300/500	45 Boeing 757-200/300	115 Boeing 737
35 Boeing 737-700	19 Boeing 777-200	9 Boeing 777
86 Boeing 737-800/900	20 McDonnell Douglas MD-80	

Foto: Embraer EMB 120 N51726 (Josef Krauthäuser / Tampa)

CONTINENTAL EXPRESS

1600 Smith Street, Houston Texas, 77002, USA
Tel.: 713-3242639 Fax: 713-3244914
Web: www.continental.com

ICAO-Code / IATA-Code	IATA-Nr.	Länderkennung	ICAO-Callsign
BTA (CO)	565	N	Jetlink

1956 wurde Vercoa Air Service gegründet, die sich später Britt Airways nannte. Im Mittelwesten der USA erstreckte sich das Netz von Flugverbindungen zu kleineren Städten. Ihren Sitz hatte die Gesellschaft in Terre Haute, Indiana, wo sich auch ein Wartungsbetrieb befand. Beech 99, Swearingen Metro, Fairchild F27, F227 und auch BAC 1-11 kamen zum Einsatz. Man flog auch für Allegheny und Piedmont die neu aufgebauten Commuter-Routen und wurde 1986 von People Express übernommen. Aber auch People Express blieb nicht lange eigenständig, denn die Texas Air Corporation kaufte 1987 die Gesellschaft. Britt Airways war zwar verkauft, operierte aber weiter als selbständiges Unternehmen und war eine der Gesellschaften, die auch für Continental Airlines Zubringerflüge durchführten. Diese wurden ab Januar 1989 als Continental Express durchgeführt. Auch die Flugzeuge wurden im Laufe der Zeit erneuert. Für die Metros kamen Embraer EMB 120 Brasilia. Nach der Übernahme durch Continental Airlines wurden Anfang der 90'er Jahre auch ATR-42 und Beech 1900 eingeführt. Wichtige Hubs für Continental Express sind Cleveland, Denver, Newark und Houston. Als Launchcustomer für die Embraer Regionaljets RJ 145 und RJ 135 erhielt Continental Express die RJ 145 bereits Ende 1996, um ab Anfang 1997 als erste Gesellschaft damit den Liniendienst zu eröffnen. Die Lieferung der kleineren RJ 135 erfolgte Ende 1999. Bis 2004 stellt Continental Express alle ihre Dienste auf Jets um. Die letzten Beech 1900 wurden 2001 ausgemustert, ebenso die ATR-72.

Routen

Abilene,Akron, Albany, Alexandria, Allentown, Amarillo, Atlanta, Baltimore, Baton-Rouge, Birmingham, Boston, Brownsville, Buffalo, Burlington, Charlestown, Charlotte, Chicago, Cincinnati, Cleveland, Colorado Springs, Columbus, Corpus Christi, Dallas/Fort Worth, Dayton, Denver, Detroit, El Paso, Erie, Flint, Fort Wayne, Grand Rapids, Greenville, Gulfport/Biloxi, Harlingen, Harrisburg, Hartford, Houston, Huntsville, Indianapolis, Jacksonville, Kalamazoo, Kansas City, Knoxville, Lake Charles,Lansing, Laredo, Little Rock, Louisville, Lubbock, Memphis, Midland/Odessa, Milwaukee, Minneapolis,Mobile, Monroe, Nashville, New York, Oklahoma City, Omaha, Ottawa, Philadelphia, Pittsburgh, St.Louis, Syracuse, Tampa, Tampico, Toledo, Toronto, Vail, Waco, Washington, Wichita

Flotte		Bestellt
30 ATR 42	145 Embraer RJ 145	30 Embraer RJ 135
15 Embraer EMB 120		50 Embraer RJ 145
45 Embraer RJ 135		

Foto: Boeing 737-00 HP-1369CMP (Josef Krauthäuser / Miami)

COPA PANAMA

Apartado Postal 1572, Panama City 1, Panama
Tel.: 22-72522 Fax: 22-71952
Web: www.copaair.com

ICAO-Code / IATA-Code	IATA-Nr.	Länderkennung	ICAO-Callsign
CMP (CM)	230	HP	Copa

Die Compania Panamena de Aviacion SA - COPA - ist eine Gründung aus dem Jahre 1944. Wie bei vielen anderen süd- und mittelamerikanischen Gesellschaften, war auch bei COPA die Pan American Airways, zusammen mit Geschäftsleuten aus Panama der Gründer. Die Liniendienste in das benachbarte Ausland wurden 1947 mit DC-3 aufgenommen. Ab 1952 kam eine Convair CV 240 zur Flotte. Bis zur Aufnahme des Flugbetriebes mit Jets waren noch je eine HS-748 und Lockheed L-188 Electra im Dienste der COPA. 1971 nahm Pan American ihre Beteiligung zurück und verkaufte diese an die Regierung von Panama. Neue Routen wurden 1991 nach Mexiko-City und 1992 nach Cali, Montego Bay und Puerto Rico aufgenommen. 1995 erfolgte die Aufnahme der Verbindung in die Dominikanische Republik. 1998 beteiligte sich Continental Airlines mit 49% am Kapital, woraus eine enge Zusammenarbeit resultierte. Die Erneuerung der Flotte begann mit Ablieferung der ersten Boeing 737-700 Mitte 1999. Erstmals wurde mit diesem neuen Typ auch die revidierte und an Continental Airlines angelehnte Farbgebung vorgestellt. Die erste Phase der Flottenerneuerung wurde bis Ende 2002 abgeschlossen. Bis 2005 sollen dann auch die noch vorhandenen Boeing 737-200 ausgemustert werden. COPA verfügt damit über eine supermoderne Flotte. Der Flughafen Panama-Tocumen ist das wichtigste Drehkreuz und die Heimatbasis der Gesellschaft mit Werftanlagen und Verwaltung.

Routen

Barranquilla, Bogota, Buenos Aires, Cali, Cancun, Caracas, Cartagena, Guatemala-City, Guayaquil, Havanna, Kingston, Lima, Los Angeles, Managua, Medellin, Mexiko-City, Miami, Montego Bay, Orlando, Panama City, Port au Prince, Quito, San Jose, San Juan, San Pedro Sula, San Salvador, Santiago, Santo Domingo, Sao Paulo

Flotte	Bestellt
8 Boeing 737-200Adv.	8 Boeing 737-700
12 Boeing 737-700	

Foto: Boeing 737-400 F-GFUH (Daniel Klein / Münster-Osnabrück)

CORSAIR

24 rue Saarinen, Silic 221, 94528 Rungis Silic Cedex, Frankreich
Tel.: 1-49794979 Fax:1-49794968
Web: www.corsair.fr

ICAO-Code / IATA-Code	IATA-Nr.	Länderkennung	ICAO-Callsign
CRL (SS)	-	F	Corsair

Die 1981 als Corse-Air International gegründete Gesellschaft nahm den Flugbetrieb mit vier SE 210 Caravelle auf. Von Paris und Ajaccio erfolgten die Charterflüge innerhalb Europas und nach Nordafrika. Charakteristisch für die Flotte war ein markanter Kopf mit Stirnband am Heck der Flugzeuge. Die erste Boeing 737 und damit der Beginn einer Flottenerneuerung erhielt Corse Air 1987. 1990 folgte eine Boeing 747. Ein geänderter Firmenname und die farbliche Veränderung der Flugzeuge war 1991 möglich, nachdem sich mit Nouvelles Frontieres ein führender französischer Reiseveranstalter an der Gesellschaft beteiligte. Die Streckenrechte wurden entsprechend den Zielen erweitert und man flog auch in die Überseeprovinzen. Corsair entwickelt sich zu einer der großen Chartergesellschaften. Weitere Langstreckenflugzeuge wurden kontinuierlich in den Jahren 1994-1997 beschafft, 1999 traf mit einem ersten Airbus A330 eine neue Generation von Langstreckenflugzeugen ein. Dieser sollte die Boeing 747SP ersetzen. Ein weiterer A 330 kam dann Anfang 2000. Für Nouvelles Frontieres werden auch exclusiv zwei Boeing 737-400 im Rahmen von Charterflügen eingesetzt. Durch den Einstieg der TUI Gruppe bei Nouvelles Frontiers änderten sich im Jahre 2001 erneut die Besitzverhältnisse. Corsair ist seither eine Schwestergesellschaft von Britannia und Hapag Lloyd.

Routen

Abidjan, Ajaccio, Amman, Athen, Bamako, Barcelona, Bari, Bastia, Calvi, Cayenne, Cotonou,Dakar, Djerba, Dublin, Fagernes, Faro, Fort de France, Funchal, Hannover, Havanna, Heraklion, Hurghada, Istanbul, Kairo, Keflavik, Larnaca, Lissabon, Lome, Los Angeles, Luxor, Malaga, Male, Marrakesch, Mombasa, Palma de Mallorca, Papeete, Pont a Pitre, Porto, Rom, San Francisco, St.Denis, St. Louis, St. Martin, Santo Domingo, Teneriffa, Touzeur, Venedig

Flotte		Bestellt
2 Airbus A330-200	2 Boeing 747-200	2 Airbus A330-200
1 Boeing 737-200	3 Boeing 747-300	
1 Boeing 737-300	1 Boeing 747SP	
2 Boeing 737-400		

Foto: ATR-42-300 9A-CTT (Autor /Zürich)

CROATIA AIRLINES

Savska Cesta 41, 1000 Zagreb, Kroatien
Tel.: 1-6160066 Fax: 1-6176845
Web: www.croatiaairlines.hr

ICAO-Code / IATA-Code	IATA-Nr.	Länderkennung	ICAO-Callsign
CTN (OU)	831	9A	Croatia

Nach dem Zerfall von Jugoslawien bildete sich im Norden des Landes die Republik Kroatien mit der Hauptstadt Zagreb. Die im Juli 1989 gegründete nationale Fluggesellschaft hieß zunächst Zagreb Airlines, nahm jedoch 1990 den jetzigen Namen an. Mit DC-9 der Adria Airways wurden die vormaligen Linien von JAT übernommen. Wegen des UNO-Embargos und der anhaltenden Kämpfe war der Luftraum über dem Land von September 1990 bis 1. April 1991 gesperrt. Nach Wiedereröffnung erweiterte Croatia Airlines den Flugbetrieb und flog seitdem mit Boeing 737-200. Ab 1993 kamen auch ATR42 zum Einsatz, die im Inland und auch grenzüberschreitend eingesetzt wurden. Mit der Öffnung der Flughäfen von Mostar und Sarajewo im Sommer 1996 wurden diese wieder bedient. Eine Erneuerung der Flotte mit fabrikneuen Airbus-Flugzeugen begann ab 1997. Mit Ablieferung von A320 und A319 konnten die älteren Boeing 737-200 ausgemustert werden, womit Croatia über eine der jüngsten Flotten in Europa verfügt. Neben den Linienflügen werden speziell für im Ausland arbeitende Kroatier, aber auch für die zunehmenden Adriatouristen, Charterflüge durchgeführt, zu deren Vermarktung eigene Veranstalter gegründet wurden. Durch zahlreiche Restrukturierung der Routen und auch Aufgabe einiger Ziele, konnte in den Jahren 2001-2002 wieder Gewinne gemacht werden. Mit Air France, Alitalia, CSA, Iberia, Lufthansa, LOT-Polish Airlines und THY-Türkish Airlines bestehen enge Kooperationen.

Routen

Amsterdam, Berlin,.Bol, Brüssel, Dubrovnik, Düsseldorf, Frankfurt, London, Manchester, Mostar,München, Osijek, Paris, Prag, Pula, Rijeka, Rom, Sarajewo, Skopje, Split, Tel Aviv, Wien, Zadar, Zagreb und Zürich.

Flotte

4 Airbus A319-100
3 Airbus A320-200
3 ATR42-300
1 BAe 146-200

Foto: Boeing 737-500 OK-XGD (Daniel Klein / Düsseldorf)

CSA-CZECH AIRLINES

Ruzyne Airport 16008 Prag, Tschechische Republik
Tel.: 2-20111111 Fax: 2-20562266
E-Mail: okplus@csa.cz Web: www.csa.cz

ICAO-Code / IATA-Code	IATA-Nr.	Länderkennung	ICAO-Callsign
CSA (OK)	064	OK	CSA Lines

Am 6. Oktober 1923 wurde CSA gegründet. Der erste Flug, mit einer Hansa Brandenburg Aero A-14, führte von Prag nach Bratislava. Mitte 1930 wurde das Streckennetz international durch die Route Prag-Bratislava-Wien-Zagreb erweitert. Es folgten Verbindungen mit Rumänien und der UdSSR. Mitte der dreißiger Jahre war CSA ein führendes europäisches Flugunternehmen. Ab 1938 bis 1946 mußte CSA den eigenständigen Flugbetrieb wegen des Zweiten Weltkrieges einstellen. Mit DC-3 begann man 1947 einen Neuaufbau. Durch die politischen Veränderungen im Jahre 1948 begann der Einfluß der sowjetischen Technologie und CSA flog mit IL-12 und IL-14, ab dem 9.12.1957 auch Tu-104A. Mit diesem Typ flog CSA bis nach Djakarta. IL-12 wurden durch IL-18 ersetzt und ein Liniendienst nach Havanna aus politischen Gründen eröffnet. Für die Langstrecken setzte dann auch CSA ab 1969 die IL-62 ein, im Jahre 1970 wurde erstmals New York und Montreal bedient. Nachdem die Tu-134A lange Zeit die europäischen Routen bediente, wurden ab April 1988 auch modernere Tu-154M eingesetzt. Der politische Umschwung im Jahre 1989 machte es möglich, dass erstmals seit 40 Jahren wieder westliche Flugzeuge bestellt werden konnten. Airbus A310-300 wurden geordert und kamen noch 1990 zur Auslieferung. Mit diesen wurden die IL-62 abgelöst und westlicher Standard sowie weitere Flugzeuge erneuerten die Flotte kontinuierlich. Nach Teilung der ehemaligen Tschechoslowakei wurde auch ein verändertes Erscheinungsbild eingeführt, sowie eine Namensänderung vorgenommen. Ende der 90'er Jahre wurden die letzten Tu-134 und Tu-154 ausgemustert, womit die Flotte nur noch aus Airbus-, ATR- und Boeing-Flugzeugen besteht. CSA ist seit 2001 Mitglied der Skyteam Allianz. Die Flotte wird in der eigenen Werft am Heimatflughafen Prag gewartet.

Routen

Abu Dhabi, Amsterdam, Athen, Bahrain, Bangkok, Barcelona, Beirut, Belgrad, Berlin, Bologna, Bratislava, Brno, Brüssel, Bukarest, Damaskus, Dubai, Dublin, Düsseldorf, Edinburgh, Frankfurt, Genf, Göteborg, Hamburg, Hannover, Helsinki, Istanbul, Kairo, Karlovy Vary, Kiew, Kopenhagen, Kosice, Larnaca, London, Madrid, Mailand, Manchester, Montreal, München, New York, Nizza, Oslo, Paris, Poprad/Tatry, Prag, Riga, Rom, Sofia, Split, St.Petersburg, Stockholm, Stuttgart, Tel Aviv, Toronto, Warschau, Wien, Zagreb, Zürich

Flotte

3 Airbus A310-300
5 ATR42-300
4 ATR72-200
8 Boeing 737-400
11 Boeing 737-500

Foto: Foto: YAK 42 CU-T1285 (Jan-Alexander Lück / Havanna)

CUBANA DE AVIACION

23-64 Vedado Havanna 4, Republik Kuba
Tel.: 334949 Fax: 334056
Web: www.cubana.cu

ICAO-Code / IATA-Code	IATA-Nr.	Länderkennung	ICAO-Callsign
CUB (CU)	136	CU	Cubana

Seit einigen Jahren öffnet sich das sozialistische Kuba den westlichen Touristen, nachdem der Tourismus als Devisenbringer entdeckt wurde. Seither sieht man auf europäischen Flughäfen gelegentlich eine IL-62 der Cubana. Am 27. Juni 1961 wurde die Empresa Consolidada Cubana de Aviacion, von der neuen kubanischen Regierung etabliert, wobei die Vorgängergesellschaft Compania Cubana de Aviacion SA übernommen, reorganisiert und mit kleineren Gesellschaften zusammengeführt wurde. Die Flotte bestand zu diesem Zeitpunkt aus englischen und amerikanischen Flugzeugen. Nach der Wirtschaftsblockade der USA kamen nur noch Flugzeuge sowjetischer Bauart zum Einsatz, erst nach Zusammenbruch des "Warschauer Paktes" konnten geleaste, westliche Typen eingesetzt werden. 1994 übernahm man von Aviaco acht Fokker F27, auch verschaffte sich Cubana nach aussen hin ein neues Image, indem die Flugzeuge eine neue Bemalung erhielten. Geleaste DC-10 und Airbus A320 waren Ende der 90'er Jahre verstärkt im Einsatz, da die Ersatzteile für die russischen Flugzeuge immer knapper wurden. Mittelfristig benötigt Cubana neue Flugzeuge, da das Durchschnittsalter und die Betriebserwartung nur noch einen Spielraum von wenigen Jahren zu lassen. Zwischenzeitlich behilft man sich weiter mit Wetlease von verschiedenen Typen durch verschiedene Gesellschaften und hofft auf ein Ende des sinnlosen US-Embargos, das die Anschaffung von modernen Flugzeugen verhindert.

Routen

Baracoa, Bayamo, Camaguey, Cancun, Caracas, Cayo Largo, Ciego de Avila, Cienfuegos, Cordoba, Fort de France, Guantanamo, Guatemala City, Havanna, Holguin, Kingston, Las Tunas, Mendoza, Mexiko City, Montego Bay, Montevideo, Montreal, Nassau, Nueva Gerona, Paris, Punta Cana, Santiago, Santiago de Cuba, Santo Domingo, Sao Paulo, Varadero

Flotte		Bestellt
8 Antonov An-24/26	6 Fokker F27	5 Tupolev Tu-154
3 Yakolev Yak-40	4 Iljuschin IL-62	
3 Yakolev Yak-42	2 Iljuschin IL-76	

Foto: Airbus A319-100 5B-DBO (Martin Kühn / Frankfurt)

CYPRUS AIRWAYS

21 Alkeou Street Engomi 1903 Nicosia, Zypern
Tel.: 2-663054 Fax: 2-663167
Web: www.cyprusair.com.cy

ICAO-Code / IATA-Code	IATA-Nr.	Länderkennung	ICAO-Callsign
CYP (CY)	048	5B	Cyprus

Cyprus Airways wurde am 24. September 1947 von BEA, zypriotischen Geschäftsleuten und der Regierung gegründet. Zunächst mit Flugzeugen der BEA konnte der Flugbetrieb am 6. Oktober 1947 nach Athen aufgenommen werden. Weitere Strecken führten nach Haifa, Istanbul, Rom, Beirut und Kairo. Die ersten eigenen Flugzeuge vom Typ DC-3 erhielt man im April 1948 und konnte damit die Strecken auch eigenständig betreiben. 1950 übernahm BOAC 23% der Anteile, verkaufte diese aber 1959 wieder an die Regierung von Zypern. Mit Vickers Viscount, wieder von BEA geleast, wurde in den fünfziger Jahren die London-Route eröffnet und das Streckennetz bis zum Sudan ausgedehnt. Erstes Jetgerät waren zwei Hawker-Siddeley Trident, die im November 1969 von BEA gekauft wurden. Im Juli 1974 musste Cyprus Airways den Flugbetrieb einstellen, da türkische Truppen den Flughafen von Nikosia besetzten und eine Trident bei Kämpfen zerstört wurde. Ab 8. Februar 1975 startete die erste Boeing 707 vom Flugplatz Larnaca im Süden Zyperns. Je eine BAC 1-11 wurden 1977, 1978 und 1980 angeschafft, im Jahr 1984 traf auch der erste Airbus A310 und Mitte 1989 der neue Airbus A320 ein. Eurocypria Airlines, eine Tochtergesellschaft wurde 1990 von Cyprus gegründet und setzte ebenfalls drei Airbus A320 im Charterverkehr ein. 1991 erhielten alle Flugzeuge eine veränderte Bemalung. Cyprus bediente seit Jahren ein nahezu unverändertes Streckennetz, weitere Expansionen wurden erst wieder im Jahre 2002 vorgenommen. In diesem Jahr trafen gleich zwei neue Flugzeugtypen in der Flotte ein. Der erste Airbus A330 wurde im Herbst geliefert und bereits im Frühjahr waren es zwei Airbus A319. Diese brachten, nach über zehn Jahren, auch eine überarbeitete Corporate Identity mit sich.

Routen

Amman, Amsterdam, Athen, Bahrain, Beirut, Birmingham, Brüssel, Damaskus, Dubai, Düsseldorf, Frankfurt, Heraklion, Jeddah, Kuwait, Larnaca, London, Mailand, Manchester, Moskau, München, Paphos, Paris, Riad, Rom, Salzburg, Tel Aviv, Thessaloniki, Warschau, Wien und Zürich

Flotte

2 Airbus A319
8 Airbus A320
2 Airbus A330-200
4 Airbus A310-200

Foto: ATR-42-300 OY-JRJ (Andreas Witek / Graz)

DANISH AIR TRANSPORT

P.O.B.80 6580 Vamdrup, Dänemark
Tel.: 75-583777 Fax: 75-583722
E-Mail: sales@dat.dk Web: www.dat.dk

ICAO-Code / IATA-Code	IATA-Nr.	Länderkennung	ICAO-Callsign
DTR (DX)	-	OY	Danish

Das Ehepaar Kirsten und Jesper Rungholm gründeten im Jahre 1989 in Kolding ihre eigene Fluggesellschaft mit dem Namen Danish Air Transport. Jesper Rungholm war Pilot und bei der dänischen Marine auch als Pilot von Rettungshubschraubern tätig. Mit einer Shorts SC-7, die auch fliegender Schuhkarton genannt wird, als einzigem Flugzeug begann auch im April 1989 der Flugbetrieb. Transportiert wurde alles was in das Flugzeug zu laden war, so unter anderem auch Pferde, Postsäcke und Pakete sowie Ersatzteile für Autos und andere Maschinen. Für die berühmte Rally Paris - Dakar stellte DAT das Begleitflugzeug, ebenso für Transporte aller Art. Die Gesellschaft entwickelte sich positiv und weitere Flugzeuge vom Typ Beech 99 und Beech 1900 trafen bei der bunt gemischten Flotte ein. Bunt sind auch die Flugzeuge und die Farben rot, gelb, grün und blau sind auch ein Zeichen der Individualität von DAT. Neben der Familie Rungholm halten noch einige Investoren Anteile an der Gesellschaft und finanzierten den Kauf von grösseren ATR-42 und ATR-72. Zwischen Dänemark, Norwegen und Schweden bedient DAT auch eigene Liniendienste. In Schweden fliegt DAT nur ab Stockholm-Arlanda. Dabei sind einige Verbindungen staatlich subventioniert. Charter- und Urlaubsflüge werden überwiegend mit den ATR 42/72 geflogen. An andere Gesellschaften werden kurz- oder langfristig, Flugzeuge vermietet. Basis ist der Flughafen Kolding, hier werden die Flugzeuge auch durch eigenes Personal gewartet.

Routen

Aalborg, Arvidsjaur, Bergen, Billund, Esbjerg, Floro, Gällivan, Hemavan, Lyckelle, Oslo, Stavanger, Stockholm

Flotte

5 ATR 42	3 Beech 1900
3 ATR 72	1 Shorts SC-7
1 Beech 99	1 Saab 340

Foto: Boeing 737-800 N3750D (Stefan Schlick / Montego Bay)

DELTA AIR LINES

Hartsfield Atlanta Airport, Georgia 30320-6001, USA
Tel.: 404-7152600 Fax: 404-7155876
Web: www.delta.com

DAL (DA)ICAO-Code / IATA-Code	IATA-Nr.	Länderkennung	ICAO-Callsign
	006	N	Delta

Delta Air Lines ist nicht nur eine der grossen Fluggesellschaften der USA, sondern auch eine der ältesten überhaupt. 1924 gründete Huff Doland die gleichnamige Firma zur Besprühung von Baumwollfeldern im Süden der USA. Firmensitz war Monroe, Louisiana im Mississippi-Delta. Die Übernahme des Namens Delta Air Services im Jahre 1928 bezieht sich also auf diesen Landstrich. Mit einer Travelair wurden 1929 auch erstmals Passagiere von Dallas nach Jackson befördert. 1930 wurde Delta an die Aviation Corporation verkauft, 1940 gehörten bereits zehn Lockheed Electra und fünf DC-3 zur Flotte. 1953 fusionierte Delta mit Chicago & Southern Airlines, die Übernahme von North East Airlines erfolgte 1972, 1987 wurde auch Western Airlines übernommen. Mit diesen Fusionen und Übernahmen wurde das Streckennetz ständig erweitert. 1959 wurden DC-8, 1960 Convair 880 und 1965 die DC-9 in Dienst gestellt. Bei allen diesen Typen war Delta "Launching Customer". Großraumjets vom Typ Boeing 747 waren von 1970-1977, DC-10 von 1972-1975 in Dienst. Man entschied sich dann jedoch für die Lockheed TriStar. 1978 erfolgte der Sprung über den Atlantik nach London, bereits ein Jahr später stand Frankfurt im Flugplan. Im November 1991 wurde die traditionsreiche PAN AM aufgekauft. Im Oktober 1996 etablierte Delta mit Delta Express eine low-cost Division, die zu etwa 20 Destinationen fliegt. Mit der Boeing 737-800 und Boeing 777 kamen 1998 zwei neue Typen zum Einsatz, die ältere B-737-200 und Lockheed TriStar ersetzen. Ein weiterer Kauf und damit eine Festigung der Position im Regionalflugbereich, war Anfang 1999 der Erwerb von ASA-Atlantic Southwest Airlines und Comair. 2003 wurde mit Song eine neue Low cost Gesellschaft etabliert und die letzten Boeing 727 verliessen die Flotte. Delta Air Lines ist Gründungsmitglied der Skyteam Allianz.

Routen

Delta Air Lines fliegt zu über 260 Destinationen, die meisten davon sind in den USA und über weitere 40 weltweite Ziele.

Flotte

52 Boeing 737-200Adv.
26 Boeing 737-300
71 Boeing 737-800
121 Boeing 757-200
15 Boeing 767-200
87 Boeing 767-300/300ER
21 Boeing 767-400
8 Boeing 777-200
14 McDonnel Douglas MD-11
120 McDonnell Douglas MD-88
16 McDonnell Douglas MD-90

Bestellt

60 Boeing 737-800
5 Boeing 777-200

Foto: Boeing 737-300 D-ADIE (Albert Kuhbandner / München)

DEUTSCHE BA

Wartungsallee 13, 85356 München-Flughafen, Deutschland
Tel.: 089-97591 500 Fax: 089-97591 503
www.flydba.com

ICAO-Code / IATA-Code	IATA-Nr.	Länderkennung	ICAO-Callsign
BAG (DI)	944	D	Speedway

Delta Air aus Friedrichshafen wurde von der Transportgruppe Scholpp in Stuttgart gegründet und nahm 1978 mit einer DHC-6 "Twin Otter" den Verkehr zwischen Friedrichshafen und Stuttgart, sowie Friedrichshafen - Zürich auf. 1982 kam eine Swearingen Metro III zur Flotte. Eine zweite Metro III folgte 1984 ebenso wie eine Dornier 228, die auf der Route Friedrichshafen - Oberpfaffenhofen zum Einsatz kam. Im Jahre 1985 wurde Delta Air in eine GmbH umgewandelt, mit Beteiligung der schweizerischen Crossair. Ab Mai 1987 erhielt sie den Status einer Liniengesellschaft und fliegt seither im Auftrag der Deutschen Lufthansa einige Strecken mit SF 340, die ab 1986 zur Flotte kamen. 1992 erfolgte der Verkauf von Delta Air an British Airways mit Unterstützung durch ein Bankenkonsortium und die Umbenennung in Deutsche BA. Die "neue Linie im Land" setzte neben der SF 340 auch Boeing 737-300, ab 1995 Saab 2000 und Fokker 100 ein. Es folgten im Laufe der Jahre 1992/93 die Aufnahme von Linienverbindungen nach Moskau, Ankara und weiteren Zielen. Zum 1. Januar 1995 erfolgte die Verlegung des Firmensitzes nach München. 1997 verkaufte man die Regionaldivision und trennte sich von den Propellerflugzeugen. Neue Boeing 737-300 standardisierten die Flotte auf einen Typ. Die Farbgebung änderte sich und man ging, wie bei British Airways, zu kunstvoll gestalteten Leitwerken über. Deutsche BA gehörte als Tochtergesellschaft von British Airways auch zum Oneworld Verbund. Im Jahre 2001 erteilte EasyJet eine Kaufoption auf Deutsche BA und zahlte entsprechend. Letztendlich entschied man sich aber Anfang 2003 gegen eine Übernahme. Deutsche BA hatte im Jahre 2002 die Struktur geändert und eine Positionierung als low-cost Gesellschaft vorgenommen. Entsprechend war auch der neue Auftritt, weg vom British Airways Image, hin zu einem eigenständigen Auftritt, der sich auch in einer neuen Farbgebung widerspiegelt. Am 2. Juni 2003 wurde die Deutsche BA verkauft.

Routen

Berlin, Düsseldorf, Hamburg, Köln/Bonn, Malaga, München, Nizza, Stuttgart, Charterflüge überwiegend in die klassischen Mittelmeerzielgebiete

Flotte

16 Boeing 737-300

Foto: Boeing 757-200 G-BIKM (Gerhard Schütz / München)

DHL

P.O.Box 75122, Cincinnati Ohio 45275, USA
Tel.: 606-2832232 Fax: 606-5251998
Web: www.dhl.com

ICAO-Code / IATA-Code	IATA-Nr.	Länderkennung	ICAO-Callsign
DHL(ER)	423	N	Dahl

DHL Airways war ein Unternehmen der DHL Worldwide Express, die 1969 gegründet wurde. Als Tätigkeit umfasste der Aufgabenbereich den Transport wichtiger Kuriersendungen, zunächst von Kalifornien nach Hawaii, die mit planmässigen Linienmaschinen verschickt wurden. Im Laufe der Zeit und mit Zunahme der Sendungen wurden auf ausgesuchten Strecken innerhalb der USA auch eigene, kleine Flugzeuge wie die Metro II oder Cessna 402 eingesetzt. Verkehrte man Anfang der 80'er Jahre nur zu einigen Zielorten direkt, so hatte DHL nunmehr innerhalb der USA 12 Hubs und 76 sogenannte Gateways, wo Frachtsendungen aufgenommen wurden. Dabei transportierte man nicht mehr ausschließlich Kleinsendungen und Kurier- oder Expresspakete. DHL ist darüber weltweit hinaus mit 16 internationalen Hubs verbunden. Zum Einsatz kommen überwiegend Boeing 727 und für die Langstrecken DC-8, in New York auch ein Hubschrauber. Im Subcharter sind auch andere Gesellschaften für DHL tätig, so z.B. European Air Transport aus Belgien, für einige Europadienste. Für den expandierenden Ostasienmarkt hat DHL mit Sinotrans einen Partner in China, ebenso gibt es auch in vielen weiteren Ländern regionale Partner. Mit Ablieferung des ersten Airbus A300B4 im Jahre 1999 erneuerte DHL die Flotte und schaffte mehr Kapazitäten. Nach Übernahme der Kapitalmehrheit durch die Deutsche Post World Net im Jahre 2002 gab es zahlreiche Änderungen im Betriebsablauf und auch durch Verschmelzung mit anderen Logistikbereichen, so dass DHL als Integrator auftrat. Auch bei der Flotte gab es Veränderungen. Die Boeing 757-200SF kommt verstärkt zum Einsatz, ausserdem erhalten die Flugzeuge nach und nach einen neuen Anstrich.

Routen

Linienfrachtflüge innerhalb der USA und International zu mehr als 160 Zielen auf allen Kontinenten.

Flotte

7 Airbus A300B4F
1 Bell 206-L1 Longranger
30 Boeing 727-100/200
10 Boeing 757-200SF
8 McDonnell Douglas DC-8-73F

Foto: Boeing 747 – 300SCD B-KAB (Bastian Hilker / Amsterdam)

DRAGONAIR

22F. Devon House, Taikoo Place 979 Kings Road, Quarry Bay, Hongkong
Tel.: 25901328 Fax: 25901333
www.dragonair.com

ICAO-Code / IATA-Code	IATA-Nr.	Länderkennung	ICAO-Callsign
HDA (KA)	043	B	Loongair

Dragonair wurde im Jahre 1985 aktiv, um vor allem Ziele in der Volksrepublik China von Hongkong aus zu bedienen. Die Gesellschaft eröffnete den Flugbetrieb mit zwei Boeing 737-200Adv. Die Verkehrsergebnisse waren seit Gründung stets positiv, drei weitere Boeing 737-200 wurden erworben und das Liniennetz erweitert. Seit 1989 wurden auch Ziele ausserhalb der Volksrepublik China bedient und eine Charterabteilung gegründet. Mitte 1990 erwarb man von Cathay Pacific eine Lockheed L-1011 TriStar. Mit Ablieferung des ersten Airbus A320 Ende 1992 änderte sich auch die Farbgebung der Flugzeuge. Cathay Pacific ist an Dragonair beteiligt, ebenso die chinesische CITIC Investmentgesellschaft. Als Ersatz für die Lockheed TriStar erhielt Dragonair 1995/96 vier Airbus A330 und verfügte so über eine der modernsten Flotten. Diese wurde mit weiteren Airbus-Mustern erweitert. 1998 und 1999 wurden auch Airbus A321 geleast um nach der Rückgabe Hongkongs und Eröffnung des neuen Flughafens verstärkt nach Zielen in China zu fliegen. Nach dem Umzug zum neuen Flughafen stieg Dragonair auch in das Frachtgeschäft ein. Die Boeing 747-Frachter kamen von Cathay Pacific. Diesen Bereich baut Dragonair auch in den nächsten Jahren aus wobei sie dafür weitere Airbus-Frachter bestellt hat.

Routen

Beijing, Changsa, Chengdu, Chongqing, Dacca, Dalian, Dubai, Fuzhou, Guilin, Haikou,Hangzhou, Hiroshima, Hongkong, Kaohsiung, Kota Kinabalu, Kunming, Nanjing, Osaka, Phnom Penh, Phuket, Qingdao, Sendai, Shanghai, Wuhan, Xian, Xiamen

Flotte		Bestellt
8 Airbus A320-200	3 Boeing 747F	3 Airbus A320-200
4 Airbus A321-200		2 Airbus A321-200
9 Airbus A330-300		6 Airbus A300-600F

Foto: BAe 146-100 A5-RGD (Josef Krauthäuser/Bangkok)

DRUK AIR

P.O.Box 209 Thimpu, Königreich Bhutan
Tel.: 827-1856 Fax: 827-1861
E-Mail: drukair@druknet.bt

ICAO-Code / IATA-Code	IATA-Nr.	Länderkennung	ICAO-Callsign
DRK (KB)	787	A5	Royal Bhutan

Auf Erlass des Königs von Bhutan, wurde Druk Air am 1. April 1981 als nationale Fluggesellschaft etabliert. Nachdem die Voraussetzungen für den Flugverkehr geschaffen waren -erst musste ein Flughafen nahe der Hauptstadt gebaut werden- begann mit einer Dornier 228 die Aufnahme des Flugverkehrs mit einem Flug nach Kalkutta am 12.2.1983. Mitte 1983 folgte eine weitere Maschine gleichen Typs. Mit Ablieferung einer BAe 146 begann auch für diese junge Gesellschaft das Jet-Zeitalter. Mit diesem Typ erweiterte Druk Air das Liniennetz und es konnten auch entferntere Ziele bedient werden. Als erste neue Verbindung wurde Bangkok angeflogen, wo die Umsteiger aus Europa ankommen, die dann mit Druk Air weiterfliegen. Dem König von Bhutan steht die BAe 146 auch für persönliche Flüge zur Verfügung. Mit Ablieferung einer weiteren BAe 146 im Jahre 1992 stellte man dann alle Flüge auf Jets um und die Dornier 228 wurde verkauft. Von Mai bis Oktober, also während der Touristensaison bietet Druk Air spezielle Flüge an. Die Sky Kingdom genannten Rundflüge zeigen das kleine Königreich Bhutan aus einer phantastischen Perspektive. So fliegt man an den Bergketten des Himalaya entlang und geniesst ein einmaliges Panorama. Ausserhalb der Touristensaison wird eine BAe 146 auch gelegentlich vermietet. Druk Air arbeitet mit Thai International zusammen, grössere Wartungen der Maschinen und die Ausbildung des Personals erfolgen durch Thai.

Routen

Bangkok, Dacca, Delhi, Kalkutta, Kathmandu, Paro, Yangon

Flotte

2 BAe 146-100

Foto: Boeing 757-200 PH-DBA (Stefan Schlick / Arrecife)

DUTCH BIRD

P.O.B. 75798, 1118ZX Schiphol, Niederlande
Tel.: 20-6055800 Fax: 20-6055810
E-Mail: pos@dutchbird.nl Web: www.dutchbird.nl

ICAO-Code / IATA-Code	IATA-Nr.	Länderkennung	ICAO-Callsign
DBR(5D)	-	PH	Dutchbird

Dutch Bird ist die jüngste Chartergesellschaft in den Niederlanden. Gegründet wurde sie im Frühjahr 2000 in Amsterdam durch die Bimoss Holding. Mit gemieteten Boeing 757-200, ursprünglich waren diese bei der deutschen Condor Fluggesellschaft, startete man im November 2000 zum Erstflug. Dutch Bird arbeitet mit allen grossen Reiseveranstaltern in den Niederlanden zusammen und steht auch für ad hoc Charter zur Verfügung. Der wichtigste Abflughafen ist Amsterdam, es sind aber auch in Maastricht und Gronningen für diverse Abflüge Flugzeuge stationiert. Fortalezza in Brasilien war die bisher exotischste Destination wohin eine Charterkette führte. Ansonsten sind es die klassischen Ziele in der Mittelmeerregion. die bedient werden und im Winter fliegt man auch in die Karibik. Für den berühmtesten niederländischen Fussballclub Ajax Amsterdam ist Dutch Bird seit August 2002 der offizielle Carrier. Im April 2003 erhielt Dutch Bird einen fabrikneuen Airbus A320. Dieser startete am 4.April 2003 zum kommerziellen Erstflug von Groningen nach Faro.

Routen

Antalya, Arrecife, Cancun, Chania, Faro, Fortalezza, Fuerteventura, Heraklion, Hurghada, Karpatos, Korfu, Kos, Lefkas, Lesbos, Malaga, Monastir, Palma de Mallorca, Puerto Vallarta, Rhodos, Samos, Sharm el Sheik, Teneriffa, Zakyntos

Flotte

1 Airbus A320-200
3 Boeing 757-200

Foto: (Boeing) McDonnell Douglas MD-82 PJ-SEF (Frank Schorr / Miami)

DUTCH CARIBBEAN AIRLINES

Hato Aeroport, Willemsstad, Curacao
Tel.: 98394201 Fax: 9839 4300
E-Mail: hernandezf@fly-dca.net Web: www.flydca.net

ICAO-Code / IATA-Code	IATA-Nr.	Länderkennung	ICAO-Callsign
DCA (K8)	559	PJ	Dutchcaribbean

Nach dem Konkurs der Air Alm am 1. November 2001 war die Regierung dieser niederländischen Inselprovinz am schnellen Aufbau einer neuen Fluggesellschaft interessiert. Der Tourismus ist eine lebensnotwendige Industrie der Insel und ohne eigene Verbindung zu den wichtigen Märkten gehen die Besucherzahlen zurück. Sie unterstützte deshalb die Expansion von Dutch Caribbean Express, die im Juli des Jahres 2001 den Flugbetrieb aufgenommen hatte. Mit zwei DeHavilland DHC-8 wurden die Verbindungen zu den Nachbarinseln und Caracas aufrecht erhalten. Ein Investmentprogramm wurde aufgelegt und mit dem neuen Kapital konnten die ersten Douglas DC-9 und MD-82 erworben werden. Den Aufgaben entsprechend wurde auch der Name angepasst. Mit den MD-82 wurde, rechtzeitig zur wichtigen Hochsaison um Weihnachten, die Linienverbindung nach Miami wieder aufgenommen. Air Alm bediente diese Strecke ebenfalls täglich. Trotz der allgemeinen wirtschaftlichen Krise, dem Irakkrieg und anderen Widrigkeiten zum Trotz, arbeitete DCA auch am Aufbau einer Verbindung nach Amsterdam. Ab 1. Mai 2003 konnte diese Verbindung aufgenommen werden. Zum Einsatz auf dieser Strecke kommt eine Boeing 767-300. Diese ist von Sobelair gemietet und wird auch von dieser operiert.

Routen

Amsterdam, Aruba, Bonaire, Caracas, Coro, Curacao, Kingston, Los Piedras, Maracaibo, Miami, Paramaraibo, Port-au-Prince, Port of Spain, Santo Domingo, St. Maarten, Valencia

Flotte

1 Boeing 767-300
3 (Boeing) Douglas DC-9-31
3 (Boeing) McDonnell Douglas MD-82
2 (Bombardier) DeHavilland DHC-6
2 (Bombardier) DeHavilland DHC-8-300

Foto: Boeing 737-700 G-EZJK (Florian Morasch / Amsterdam)

EASYJET AIRLINE

Luton Intl. Airport, Luton LU2 9LS, Großbritannien
Tel.: 1582445566 Fax: 1582443355
Web: www.easyjet.com

ICAO-Code / IATA-Code	IATA-Nr.	Länderkennung	ICAO-Callsign
EZY (U2)	-	G	Easy

Im Oktober 1995 gründete Stelios Haji-Ioannou, dessen Familie in Griechenland eine Reederei hat, in London eine Fluggesellschaft. Nach dem Vorbild von low cost Airlines in den USA war Easy Jet die erste Gesellschaft dieser Art in Großbritannien.Von London-Luton nahm Easy Jet den Flugbetrieb nach Glasgow bereits einen Monat später auf. Mit zwei geleasten Boeing 737-200 und auch fremdem Cockpit-Personal, Easy Jet hatte zunächst keine eigene Zulassung als Fluggesellschaft, flog man die Strecke dreimal täglich. Eine weitere Destination wurde zwei Wochen später mit Edinburgh gestartet. Nach anfänglichen Schwierigkeiten, neue Linien wurden aufgenommen aber die entsprechende Anzahl Flugzeuge stand nicht bereit, stabilisierte sich die Lage und die Gesellschaft konnte sich durchsetzen. Neue Boeing 737-300 wurden geordert und trafen ab 1996 monatlich ein. Amsterdam war das erste Ziel im Ausland und wird seit Frühjahr 1996 angeflogen. Hier entstand der erste Hub in Festland-Europa. 1997 erhielt dann Easy Jet auch die eigene Fluglizenz und mit Liverpool wurde ein zweiter Hub geschaffen. Mit Easy Jet Switzerland besteht eine enge Kooperation, man ist auch am Kapital dieser Gesellschaft mehrheitlich beteiligt. Ebenso wurde Go Fly Airways im Jahre 2001 übernommen und eine Kaufabsichtserklärung für die Deutsche BA in diesem Jahr erteilt. Mit Go Fly wuchs das Streckennetz und die Flotte deutlich an. Schlagzeilen machte EasyJet mit der Bestellung über 120 Airbus A319 Flugzeuge im Jahre 2002 und im März 2003 als die Option zum Kauf von Deutsche BA nicht wahrgenommen wurde. Besonders in Frankreich will Easy Jet in den nächsten Jahren investieren, hat man für Paris doch ehemalige Air Lib Slots erwerben können.

Routen

Aberdeen, Alicante,Amsterdam, Athen, Barcelona, Belfast, Bilbao, Bologna, Bristol, East Midlands, Edinburgh, Faro, Genf, Glasgow, Ibiza, Inverness, Kopenhagen, Liverpool, London-Gatwick/Luton/Stansted, Lyon, Mailand, Madrid, Malaga, München, Neapel, Palma de Mallorca, Paris-CDG, Prag, Rom, Toulouse, Venedig, Zürich

Flotte	Bestellt
40 Boeing 737-300	115 Airbus A319
27 Boeing 737-700	6 Boeing 737-700

Foto: Airbus A330-200 HB-IQZ (Autor / Zürich)

EDELWEISS AIR

Postfach, 8055 Zürich-Flughafen, Schweiz
Tel.: 1-8165060 Fax: 1-8165061
E-Mail: office@edelweissair.ch Web: www.edelweissair.ch

ICAO-Code / IATA-Code	IATA-Nr.	Länderkennung	ICAO-Callsign
EDW(5H)	-	HB	Edelweiss

Eine neue Chartergesellschaft wurde am 19. Oktober 1995 in der Nähe von Zürich gegründet. Das Reiseunternehmen Kuoni und die griechische Venus Airlines sind am Kapital beteiligt. Die Gesellschaft agierte als AG und ist offen für weitere Anteilseigner, da dieses Kapital zur Anschaffung der Flugzeuge im Dezember 1995 auf 3,5 Millionen Sfr erhöht wurde. Ende Januar 1996 erhielt man die erste MD-83, die zweite folgte Ende März des Jahres. Edelweiss sollte nach den Worten der Verantwortlichen von Kuoni Reisen AG, dem Hauptgesellschafter nachdem Venus ausstieg, eine Fluggesellschaft sein, die urschweizerische Atmosphäre vermittelt. Die Bemalung der Flugzeuge entspricht dem Namen und ist recht auffällig. Ab der Sommersaison 1996 startete man bereits zu vielen traditionellen Zielen im Mittelmeergebiet und zu Städteflügen innerhalb Europas. Der Erfolg blieb auf Grund des guten Services und der Pünktlichkeit im Flugbetrieb auch nicht aus. Eine weitere MD-83 konnte erworben werden. Nach einigen Jahren Flugbetrieb erfolgte ab Februar 1999 die Umstellung auf werksneue Airbus A320, von denen bis Juni 1999 drei Maschinen geliefert wurden. Für die Zukunft plante Edelweiss den Einstieg in den Langstreckentourismus. Als Fluggerät wurde ein Airbus A330-200 ausgewählt. Dieser traf vor Jahresende 2000 in Zürich ein. Dadurch erhöhte sich die Sitzplatzkapazität erneut und Edelweiss ist seither auch in der Lage, Fernziele in der Karibik, in Afrika und dem Indischen Ozean anzusteuern.

Routen

Antalya, Arrecife, Cancun, Catania, Colombo, Djerba, Eilat, Faro, Fuerteventura,Genf, Heraklion, Holguin, Hurghada, Ibiza, Korfu, Kos, Larnaca, La Palma, Las Palmas, London, Mahon, Malaga, Male, Marsa Alam, Miami, Mombasa, Monastir, Mykonos, Neapel, Olbia, Orlando, Palermo, Palma de Mallorca, Puerto Plata, Punta Cana, Rhodos, Santorin, Sharm el Sheik,Teneriffa, Varadero, Wien, Zürich

Flotte

3 Airbus A320-200
1 Airbus A330-200

Foto: Airbus A340-200 SU-GBN (Albert Kuhbandner / München)

EGYPT AIR

International Airport, Kairo, Ägypten
Tel.: 2-2454400 Fax: 2-3901557
Web: www.egyptair.com.eg

ICAO-Code / IATA-Code	IATA-Nr.	Länderkennung	ICAO-Callsign
MSR (MS)	055	SU	Egyptair

Im Juni 1932 wurde Misr Airwork, die Vorläufergesellschaft von Misrair SAE, gegründet. Mit Syrien zusammen wurden dann im Dezember 1960 die United Arab Airlines (UAA) ins Leben gerufen. Unstimmigkeiten waren der Grund, dass Syrien diese Allianz jedoch nach einem Jahr wieder verliess. Zum Einsatz bei UAA kamen die Comet 4B und Vickers Viscount. Ägypten führte unter dem Namen UAA die Gesellschaft zunächst alleine weiter. Als Inlandsfluggesellschaft gab es 1964 für Misrair eine Wiedereinführung. Beide Fluggesellschaften wurden jedoch am 10. Oktober 1971 zu der neuen Egypt Air zusammengefasst. Politisch bedingt flog UAA/Egypt Air in den 60'er und 70'er Jahren auch sowjetisches Fluggerät wie die Tu-154. Im April 1975 stellte man den Flugbetrieb aber auf Airbus A300 und Boeing 737 um. Für die Langstrecken folgten Boeing 707, später auch Boeing 747. Eine umfangreiche Flottenerneuerung begann bei Egypt Air im Jahre 1989 mit Boeing 767 und Airbus A300-600. Im Jahre 1991 folgten Airbus A320 für Kurz- und Mittelstrecken. Ende 1996 kam erstmals mit dem neuen Airbus A340 auch ein Langstreckenflugzeug für künftigen Ersatz der Boeing 747 zum Einsatz. Mit Einführung dieses Typs erhielt Egypt Air auch eine modernere Bemalung der Flugzeuge. Als weiteres Langstreckenflugzeug kam dann 1997 noch die Boeing 777 zur Flotte, die auch die Flottenerneuerung vorläufig abschloss. Ende des Jahrtausend wurden aber die Weichen für weitere Erneuerungen gestellt. Egypt Air wurde Launchcarrier für den neuen Superlangstrecken Airbus A340-600. Egypt Air forciert weiter ihre Flottenerneuerung mit einer Bestellung weiterer Airbus Flugzeuge vom Typ A330 Anfang 2003. Auch im Frachtbereich expandiert Egypt Air mit neuen Zielen.

Routen

Abidjan, Abu Dhabi, Abu Simbel, Accra, Addis Abeba, Aden, Al Ain, Aleppo, Alexandria, Algier, Amman, Amsterdam, Asmara, Assuit, Assuan, Athen, Bahrain, Bangkok, Barcelona, Beirut, Berlin, Brüssel, Budapest, Casablanca, Damaskus, Dhakla, Doha, Dubai, Düsseldorf, Frankfurt, Gaza, Genf, Hamburg, Hurghada, Istanbul, Jeddah, Johannesburg, Kairo, Kapstadt, Khartoum, Kiew, Kopenhagen, Kuwait, Lagos, Larnaca, Lissabon, London, Los Angeles, Luxor, Madrid, Malta, Manchester, Mailand, Manila, Mombasa, Moskau, Mumbai, München, Muscat, Nairobi, New York, Osaka, Paris, Riad, Rom, Sanaa, Sharja, Sharm el Sheik, Singapur, Stockholm, Sydney, Taba, Tokio, Tunis, Wien, Zürich

Flotte		Bestellt
7 Airbus A300-600	3 Airbus A340-200	5 Airbus A320
2 Airbus A300F	2 Boeing 747-300	2 Airbus A340-600
7 Airbus A320	4 Boeing 737-500	7 Airbus A-330-200
4 Airbus A321	5 Boeing 777-200ER	

Foto: Boeing 777-200 4X-ECC (Ken Petersen / New York-JFK)

EL AL ISRAEL AIRLINES

P.O.Box 41 Ben Gurion Airport 70100 Tel Aviv, Israel
Tel.: 3-9716111 Fax: 3-9716040
Web: www.elal.co.il

ICAO-Code / IATA-Code	IATA-Nr.	Länderkennung	ICAO-Callsign
ELY (LY)	114	4X	EIAI

Mit Flugzeugen der israelischen Luftwaffe übernahm EL AL nach der Staatsgründung die Initiative und den Aufbau eines Luftverkehrs der, für den von seinen Nachbarn ungeliebten Staat Israel, lebenswichtig war und ist. Bei diesen Flugzeugen, die nach Gründung der Gesellschaft am 15. November 1948 zum Einsatz kamen, handelte es sich um Transporter vom Typ Curtiss C-46 und DC-4 (C-54). Erste Flüge führten in die Schweiz und nach Paris. Mit Lockheed-Constellation erfolgte bereits 1950 eine regelmässige Verbindung nach New York. Mit geleasten Boeing 707 begann 1960 die Umstellung auf Jetflugzeuge. Rückgrat der EL AL-Flotte waren über viele Jahre hinweg Boeing 707/720. Die erste Boeing 747 traf 1971 ein. Als Ersatz für die 707 wurde 1983 die Boeing 767 und ab 1987 die Boeing 757 beschafft. Mitte der achtziger Jahre erfolgte eine Umstrukturierung der EL AL, da die Gefahr eines wirtschaftlichen Zusammenbruchs drohte. Auch wollte man die Gesellschaft langfristig privatisieren, was allerdings bis 2003 immer noch nicht erfolgte. Neue Boeing 747-400 trafen 1994 und 1995 ein und verjüngten die Flotte. An Arkia Airlines, ebenfalls aus Israel, gab man saisonal Flugzeuge ab und betrieb darüber hinaus auch für CAL Cargo Airlines Boeing 747 Frachter. Mit Ablieferung von Boeing 737-700/800 im Jahre 1999 erhielt EL AL auch eine neue Bemalung ihrer Flugzeuge. Für ältere Boeing 747-200 erhielt EL AL 2002 auch die Boeing 777-200. Überkapazitäten wurden abgebaut und B-757 ausgemustert und an North American abgegeben, an der EL AL beteiligt ist. EL AL bleibt auch weiterhin eine Staatsairline, da sich keine Investoren finden und das wirtschaftliche Risiko weiterhin nicht kalkulierbar ist, da immer weniger Touristen nach Israel fliegen wollen.

Routen

Almaty, Amsterdam, Athen, Atlanta, Bangkok, Barcelona, Beijing, Berlin, Brüssel, Budapest, Bukarest, Chicago, Delhi, Dnepropetrovsk, Düsseldorf, Eilat, Frankfurt, Genf, Hongkong, Istanbul, Johannesburg, Kairo, Kiew, Krakau,Lissabon,London, Los Angeles, Madrid, Mailand, Marseille, Miami, Minsk, Moskau, Mumbai, München, Nairobi, New York, Odessa, Ovda, Paris, Prag, Rom, St.Petersburg, Tel Aviv, Toronto, Warschau, Wien, Zürich

Flotte

4 Boeing 747-400	6 Boeing 767-200	3 Boeing 737-800
2 Boeing 747-200	5 Boeing 757-200	3 Boeing 777-200
2 Boeing 747-200F	2 Boeing 737-700	

Foto: Airbus A330-200 A6-EKV (Oliver Köstinger / Dubai)

EMIRATES

P.O.Box 686, Dubai, Vereinigte Arabische Emirate
Tel.: 4-2951111 Fax: 4-2952001
E-Mail: media.relations@emirates.com Web: www.emirates.com

ICAO-Code / IATA-Code	IATA-Nr.	Länderkennung	ICAO-Callsign
UAE (EK)	176	A6	Emirates

Mit der politischen und finanziellen Unterstützung des Obersten Rates der sieben unabhängigen Emirate und des amtierenden Regierungschefs, des Emir von Dubai, wurde im Jahre 1985 die eigenständige, staatliche Fluggesellschaft gegründet. Das erste Fluggerät, eine Boeing 727, wurde von Pakistan Airlines geleast. Diese unterstützte Emirates auch beim Aufbau. Erste Verbindungen bestanden mit Indien und Pakistan. 1986 folgten Verbindungen nach Dacca, Colombo und Kairo. Bereits 1987 führten erste neue Strecken nach Europa. Hier kam bereits ein Airbus A310 zum Einsatz, weitere Flugzeuge dieses Typs folgten 1988 und 1990. Größere Airbus A300-600 wurden ebenfalls bestellt damit die letzten beiden Boeing 727 im Jahre 1995 ausgemustert werden konnten. Emirates expandierte gezielt, aber überaus vorsichtig in neue Märkte. 1996 erfolgte die Aufnahme einer Verbindung nach Melbourne. Hier wird die neue Boeing 777, deren erste im Juni 1996 geliefert wurde, eingesetzt.1999 folgte als weiteres Ziel in Europa München. Emirates verfügte über eine der modernsten Flotten und hat nur Großraumflugzeuge im Einsatz. Ab 1999 fand eine ständige Flottenerneuerung statt. Airbus A330 und Boeing 777 ersetzten alle Airbus A310 und A300-600. Diese beiden Typen bilden nunmehr die Emirates Flotte. Keine andere Gesellschaft ist so expansiv und erfolgreich, weder der Konflikt im Irak, noch die wirtschaftliche Stagnation halten Emirates auf. So ist man Launchcustomer des neuen Airbus A380. Auch im Frachtbereich expandiert Emirates, hier kommen Boeing 747F zum Einsatz. Ein Codeshare Abkommen besteht mit SriLankan Arlines, an der Emirates (25%) beteiligt ist mit United Airlines, Thai Air-ways International, British Airways und South African Airways. Emirates bleibt aber weiter unabhängig und tritt keiner Allianz bei.

Routen

Abu Dhabi, Amman, Athen, Bahrain, Bangkok, Beirut, Birmingham, Casablanca, Chenai, Colombo, Damaskus, Dammam, Dar-es-Salaam, Delhi, Dacca, Djakarta, Doha, Dubai, Düsseldorf, Entebbe/Kampala, Frankfurt, Hongkong, Islamabad, Istanbul, Jeddah, Johannesburg, Kairo, Karachi, Khartoum, Kuala Lumpur, Kuwait, Lahore, Larnaca, London, Mailand, Male, Malta, Manila, Manchester, Mauritius, Melbourne, Mumbai, München, Muscat, Nairobi, Nizza, Osaka, Paris, Peshawar, Riad, Rom, Sanaa, Singapur, Sydney, Teheran, Tripolis, Zürich

Flotte	Bestellt
1 Airbus A310-300	6 Airbus A340-500
28 Airbus A330-200	20 Airbus A380
21 Boeing 777-200/300	2 Airbus A380F
	25 Boeing 777

Foto: Convair 580 N569JA (Lutz Schönfeld / Anchorage)

ERA AVIATION

6160 Carl Brady Drive, Anchorage Alaska 99502, USA
Tel.: 907-2484422 Fax: 907-2668383
E-Mail: airlineinfo@eraaviation.com Web: www.era-aviation.com

ICAO-Code / IATA-Code	IATA-Nr.	Länderkennung	ICAO-Callsign
ERH (7H)	808	N	Erah

ERA Aviation ist nicht nur in Alaska ein wichtiges Unternehmen und besonders für seine zahlreichen Aktivitäten im Bereich der Exploration und der Versorgung von Ölbohrinseln im Golf von Mexiko bekannt. Bereits 1948 gegründet, wurde ERA 1967 von Rowan Companies aus Houston,Texas übernommen. Rowan ist im Erdöl- und Erdgasgeschäft tätig. Es gab mehrere Divisionen wie ERA Helicopters Alaska Division oder die Gulf Coast Division. Dann gab es noch Jet Alaska, später auch als ERA Jet Alaska bekannt, deren Aufgabe im Betrieb von Flächenflugzeugen lag. Diese flogen Charter und ad-hoc Fracht und auch Passagiere, meist Bauarbeiter der Alaska Pipeline. Als man 1983 auch im Liniendienst aktiv tätig wurde, fasste man die einzelnen Bereiche zu ERA Aviation zusammen. Mit DHC-6 Twin Otter, DHC-7 und Convair 580 flog ERA Aviation im Auftrag von Alaska Airlines für diese ab Anchorage und Bethel. Die DHC-7 wurde 1990 durch eine DHC-8 ersetzt. Da sich die Convair 580 in Alaska besonders bewährte wurden weitere erworben. ERA fliegt als Alaska Commuter unter Alaska Airlines Flugnummern, operiert aber die Flugzeuge in ERA-Bemalung. In ERA Classic Airlines Farben sind auch noch zwei DC-3 für spezielle Flüge im Einsatz. ERA Flightseeing führt Charterflüge für Touristen, sowohl mit Hubschraubern, als auch mit der DC-3 oder anderen Flugzeugen durch.

Routen

Anchorage, Bethel, Chefornak, Chevak, Cordova, Eek, Goodnews Bay, Homer, Hooper Bay, Iliamna, Kenai, Kipnuk, Kodiak, Kongiganak, Kwigillingkok, Mekoryuk, Mountain Village, Newtok, Nightmute, Pilot Station, Platinium,Quinhagak, Scammon Bay, St.Marys, Toksook Bay, Tuntutuliak, Tununak, Valdez, Whitehorse

Flotte

9 (Bombardier) DeHavilland DHC-6 Twin Otter
3 (Bombardier) DeHavilland DHC-8
5 Convair 580
2 Douglas DC-3

Foto: Fokker 50 ES-AFM (Daniel Hustedt / Hamburg)

ESTONIAN AIR

2 Lennujaama Str. Tallinn 11101, Estland
Tel.: 6401100 Fax: 6312740
E-Mail: ov@estonian-air.ee Web: www.estonian-air.ee

ICAO-Code / IATA-Code	IATA-Nr.	Länderkennung	ICAO-Callsign
ELL(OV)	960	EE	Estonian

Estonian Air wurde von der Regierung des neuen Staates Estland am 1. Dezember 1991 gegründet und zum Flagcarrier erklärt. Estonian Air nahm mit Tu-134 noch im Dezember 1991 die erste Linienverbindung nach Helsinki auf. Weitere Strecken, vor allen Dingen nach Skandinavien, wurden schnell folgend eröffnet. 1995 ordnete die staatliche Privatisierungskommission die Umwandlung in eine öffentliche Gesellschaft an. 34% des Gesellschafterkapitals verblieben beim Staat, der Rest teilte sich unter verschiedenen Anteilseignern unter Führung der dänischen Maersk Air auf. Erster Schritt nach der Privatisierung war der Verkauf einiger Tu-134 und die Anschaffung von Boeing 737-500 und ein neues, modernes Outfit der Flugzeuge, verbunden mit Ausweitung des Streckennetzes. In Tallinn verfügt man über eine Werft, hier ist auch die Basis von Estonian Air. Neben Linienflügen werden auch europaweit saisonale Charterflüge durchgeführt. Mit Aeroflot, Air Botnia, SAS und Ukrainian bestehen Kooperationsabkommen. Heute verfügt Estonian Air nur noch über Flugzeuge aus westlicher Produktion, seit zwei Fokker 50 die letzten Yak 40 für regionale Strecken 1998 ablösten. Neben den Liniendiensten werden die Boeing 737 auch für Charterflüge zu den bekannten Zielen der Mittelmeerregion genutzt. Hier arbeitet Estonian Air mit Reiseveranstaltern zusammen.

Routen

Amsterdam, Brüssel, Frankfurt, Hamburg, Helsinki, Kopenhagen, Kiew, London-LGW, Minsk, Moskau, Oslo, Paris, Riga, Stockholm, Tallin, Wilnius

Flotte

3 Boeing 737-500
2 Fokker 50

Foto: Boeing 737-200 ET-AJB (Sammlung Josef Krauthäuser)

ETHIOPIAN AIRLINES

P.O.Box 1755, Bole Airport, Addis Abeba, Äthiopien
Tel.: 1-612222 Fax: 1-611474
E-Mail: webmaster@flyethiopian.com Web: www.flyethiopian.com

ICAO-Code / IATA-Code	IATA-Nr.	Länderkennung	ICAO-Callsign
ETH (ET)	071	ET	Ethiopian

Ethiopian Airlines wurde im Dezember 1945 laut Proklamation des damaligen Kaisers Haile Selassie gegründet. Die Linienflüge starteten mit fünf DC-3 am 8. April 1946. Mit der US-Gesellschaft TWA wurde ein Managementvertrag bis 1970 geschlossen, der langfristige Unterstützung zusicherte. Mit DC-6B wurde als erstes europäisches Ziel Frankfurt ab Juni 1958 regelmässig bedient. Seit November 1962 flog Ethiopian mit Boeing 720 Jets, weitere B-707 und B-720 folgten. Als Ersatz für diese Flugzeuge wurden 1984 Boeing 767 eingeführt, für die DC-3 die ersten modernen ATR42 im Jahre 1989 übernommen. Mit dem Zulauf weiterer Boeing 757 wurden die B-727 und B-737 ab 1993 abgelöst. Nach einigen Jahren der Stagnation, auch bedingt durch den langen Krieg um Eritrea, erhielt die Gesellschaft einige Fokker 50 und eine Boeing 767-300ER. Mit letzterer eröffnete Ethiopian Airlines Anfang 1998 eine Linie nach New York und Washing-ton. 1999 wurde eine weitere Boeing 767-300ER geleast. Im Herbst 2002 gab Ethiopian Airlines eine Flottenerneuerung bekannt. Man hatte sich wieder für Boeing Flugzeuge entschieden und will mit 737-700 ältere 737-200 ablösen und auch Boeing 777 für Langstrecken kaufen. Im Jahre 2002 konnte Etiopian auch erstmals über eine Million Passagiere befördern, was auch durch eine weitere Boeing 767-300 und neue Ziele, wie Hongkong oder Amsterdam, möglich wurde.

Routen

Mehr als 40 Ziele im Inland, international nach Abidjan,Abu Dhabi, Accra, Amsterdam, Bahrain, Bamako, Bangkok, Beijing, Beirut, Dakar, Dar-es-Salaam, Delhi, Djibouti, Dubai, Entebbe, Frankfurt, Harare, Hongkong, Jeddah, Johannesburg, Karachi, Khartoum, Kigali, Kilimanjaro, Kinshasa, Kuwait, Lagos, Lilongwe, Lome, London, Luanda, Lusaka, Mumbai, Muscat, Nairobi, Ndjamena, New York, Niamey, Riad, Rom, Sanaa, Tel Aviv, Washington

Flotte		Bestellt
2 ATR42	3 Boeing 767-300ER	5 Boeing 737-700
3 De Havilland DHC-6	5 Boeing 757-200	3 Boeing 777
2 Lockheed L-100-30 Hercules	2 Boeing 737-200Adv.	
1 Boeing 707-320	5 Fokker 50	
2 Boeing 767-200ER		

Foto: Boeing 737-800 F-GRNB (Josef Krauthäuser / Paris-CDG)

EURALAIR

Aeroport de Paris, Le Bourget, Zone Nord, 93350 Le Bourget, Frankreich
Tel.: 1-49346200 Fax: 1-49346300
E-Mail: aviation_commerciale@euralair.com Web: www.euralair.com

ICAO-Code / IATA-Code	IATA-Nr.	Länderkennung	ICAO-Callsign
EUL (RN)	-	F	Euralair

1962 wurde in Toussus-le-Noble die Vereinigung, oder Kooperative S.E.R.V.I.C.E. gegründet. Das Ziel von einigen Flugzeughaltern war es, die Flugzeuge entweder für Geschäfts- oder Vergnügungsreisen zu vermieten. Nachdem dieses recht gut ankam, konnten auch weitere Flugzeuge erworben werden. Aus der Kooperation entstand 1966 Euralair. Der Firmensitz wurde nach Le Bourget verlegt. Zwei Fokker F-27 waren 1968 die Grundlage für den Beginn mit Charterflügen. Hier ergaben sich Verträge mit der staatlichen CNRO, einer sozialen Institution, die Arbeiterfamilien die Möglichkeit eines erschwinglichen Urlaubes verschaffte. 1971 und 1972 erwarb Euralair je eine SE.210 Caravelle und löste die F-27 damit ab. Anders als bei Air France, oder Air Inter, wurden diese Caravelle mit einem Zweimann-Cockpit geflogen. Da Euralair auch im Charterpool bei Air France war, gab es deshalb nicht nur Ärger, sondern die Gesellschaft musste auf Druck der AF-Pilotenvereinigung den gemeinsamen Pool verlassen. Die Ära der Caravelle, ging mit Eintreffen der Boeing 737-200, im Jahre 1979 zu Ende. Erst 1983, als auch Air France keine drei Piloten mehr im Cockpit hatte, kam Euralair in den Charterpool zurück. Weitere Aktivitäten der Euralair waren ab 1988 der Betrieb von zwei BAe 146 für TNT und ab 1991 erste Linienflüge von Paris nach Madrid. Aus einer Beteiligung bei Air Liberte, im Tausch gegen Aktien und Slots, konnte man sich nach dem Einstieg von British Airways 1996 wieder zurückziehen. Langfristige Verträge mit zwei Reiseveranstaltern waren die Grundlage zum Kauf neuer Boeing 737-800. Hier war Euralair erster Betreiber in Europa. Auch ein Airbus A310-300 wurde ab 2002 im Auftrag für NAS Air Mali betrieben. Euralair gliedert sich in die Bereiche Industries, Airport Service, Business-Flugzeuge, Vermietung und die 2001 gebildete Horizon. Letzte ist der Charterflugbetrieb für die Boeing 737-800.

Routen

Charterflüge für die Reiseveranstalter Frog und Go Voyages in die Feriengebiete im Inland, dem weiteren Mittelmeerraum und Nordafrika.

Flotte

1 Airbus A310-300
5 Boeing 737-800
1 Boeing 737-400

Foto: Boeing 737-800 5B-DBV (Florian Morasch / München)

EUROCYPRIA AIRLINES

P.O.Box 40970, 6308Larnaca, Zypern
Tel.: 4-658006 Fax: 4-658008
E-Mail: sales@eurocypria.com.cy Web: www.eurocypria.com.cy

ICAO-Code / IATA-Code	IATA-Nr.	Länderkennung	ICAO-Callsign
ECA (UI)	-	5B	Eurocypria

Cyprus Airways gründete am 12 Juni 1991 eine Tochtergesellschaft mit Namen Eurocypria Airlines. Diese sollte vermehrt für Reiseveranstalter zu günstigen Charterpreisen den Tourismus auf der Insel Zypern beleben und für neue Urlaubergruppen attraktiv machen. Bisher kamen nach Cypern überwiegend englische Touristen wegen der historischen Schönheiten der Insel, weniger aber Badetouristen aus anderen europäischen Ländern. Während und nach dem Golfkrieg entdeckten aber immer mehr die Badestrände von Zypern. Mit geliehenen Airbus A320 von der Muttergesellschaft Cyprus Airways startete die neue Gesellschaft im März 1992. Die Kapazität von drei Airbus A320 Flugzeugen wurde mit der Eurocypria Flotte das ganze Jahr über bereit gestellt. Man fliegt europaweit auch zu kleineren Flughäfen. Ziel in Zypern sind Larnaca und Paphos, beide im griechischen Teil der geteilten Insel. Eine Umstrukturierung der Gesellschaft erfolgte Anfang des Jahres 2003. Mit der Lieferung einer ersten Boeing 737-800 im März 2003 wurden die Airbus A320 ersetzt.

Routen

Aalborg, Alesund, Basel, Bergen, Berlin-SXF, Birmingham, Bristol, Brüssel, Chania, Cork, Dresden, Dublin, East Midlands, Edinburgh, Göteborg, Graz, Hamburg, Hannover, Kairo, Kopenhagen, Korfu, Leipzig, London-LGW, Luela, Malmö, Manchester, München, Oreboe, Oslo, Prag, Rhodos, Salzburg, Stavanger, Trondheim, Wien, Zakinthos, nach Larnaca und Paphos

Flotte

4 Boeing 737-800

Foto: Boeing 747-200 G-BDXJ (Daniel Klein / Bournemouth)

EUROPEAN AVIATION AIR CHARTER - EAL

European Aviation House, Bournemouth Intl. Airport, Christchurch, Dorset BH23 6EA; Tel.: 01-202 581111 Fax: 01-202578333
Mail: info@eaac.co.uk Web: wwww.eaac.co.uk

ICAO-Code / IATA-Code	IATA-Nr.	Länderkennung	ICAO-Callsign
EAL (E7)	158	G	Eurocharter

European Aviation gründete im September 1993 European Aviation Air Charter. European Aviation war seit 1989 tätig und etablierte sich als Spezialist für Airline Charter, Executive Air Charter, Engineering, Crew Training und Airline Support. Von British Airways wurden 20 BAC 1-11 übernommen und 16 davon durch European Aviation Air Charter betrieben. Die Basis wurde in Bournemouth errichtet, obwohl das Hauptquartier der Gesellschaft in Ledbury war. Hier verfügt EAL auch über ein riesiges Ersatzteillager, speziell für die BAC-1-11, aber auch Airbus A300 und Boeing 737-200. Alle heute noch fliegenden BAC 1-11 wurden von EAL technisch betreut und mit notwendigen Ersatzteilen beliefert. In Europa haben diese Flugzeuge jedoch ausgedient, als Ersatz beschaffte EAL Boeing 737-200. Diese kommen für Reiseveranstalter im Kettencharter, Einzel- und adhoc Charter zum Einsatz. Hier bedienen sich Airlines bei Engpässen der eigenen Flotte, oder neue Gesellschaften greifen auf die Flugzeuge im Leasingverfahren zurück. Eine der B 737-200 ist auch als VIP-Ausführung eingerichtet und wird auch von Mitgliedern des englischen Königshauses genutzt. Ebenfalls von British Airways stammen die Boeing 747-200, die ab dem Jahre 2002 für Aufsehen auf verschiedenen Flughäfen sorgten. Besonders im Rahmen der Formel 1 Rennen sieht man die auffällig bemalten Flugzeuge. Sie transportieren den "Autozirkus" und viele Fans von Rennen zu Rennen. EAL ist einer der Hauptsponsoren des Minardi Teams.

Routen

Charterflüge, ad-hoc und Subcharter für Veranstalter führen die Flugzeuge zu weltweiten Zielen

Flotte

10 Boeing 737-200
5 Boeing 747-200

Foto: (Bombardier) Canadair RJ 200 D-ACRF (Klaus Brandmaier / München)

EUROWINGS

Flugplatz 21, 44319 Dortmund, Deutschland
Tel.: 0231-92450 Fax: 0231-9245102
E-Mail: postkasten@eurowings.de Web: www.eurowings.de

ICAO-Code / IATA-Code	IATA-Nr.	Länderkennung	ICAO-Callsign
EWG (EW)	104	D	Eurowings

Mit Zusammenschluß von NFD-Nürnberger Flugdienst und RFG-Regional Fluggesellschaft zum 1. Januar 1993 entstand Eurowings. Nachdem der Mehrheitsgesellschafter, Albrecht Knauf, eine Konzentration und Arbeitsteilung beider Gesellschaften forderte war die Konsequenz eine gemeinsame Operation. Gleichzeitig wurde auch ein neues "Outfit" der Flugzeuge geschaffen. NFD und RFG hatten beide einen umfangreichen Regionalverkehr ab Dortmund und Nürnberg, jeweils mit ATR, Fairchild-Metro und Do 228. Für TNT wurde ein Nurfrachter BAe 146-200 QT betrieben. Die guten Eigenschaften dieses Flugzeuges stellte man seit 1995 auch den Passagieren zur Verfügung. Auf Strecken mit hohem Aufkommen kam die BAe 146 zum Linieneinsatz und verstärkte auch im Charterbereich. Mit der eigenen Touristiktochter Eurowings Flug stieg EWG ab Herbst 1995 verstärkt in diesen Markt ein. Dafür wurden bei Airbus zwei A319 bestellt, die erstmals in der Saison 1997/98 zum Einsatz kamen. Neben eigenen Liniendiensten flog Eurowings im Auftrag anderer Gesellschaften im Codeshare. Mit Air France, KLM und Northwest Airlines hatte man Kooperationsabkommen und bot dem Passagier gute Anbindungen an die internationalen Flüge dieser Gesellschaften in Amsterdam und Paris. Weitere Airbus A319 kamen noch 1998 und 1999. Diese wurden überwiegend im Charterflug eingesetzt, bildeten aber im Jahre 2002 den Grundstock zur Flotte der Germanwings. Diese wurde von Eurowings als "Billigairline" etabliert. Im September 2000 übernahm Lufthansa 25% der Aktien. Seither fliegt Eurowings in enger Abstimmung mit dieser und ist auch in das Vielfliegerprogramm Miles & More eingebunden. Die Basis ist sowohl Dortmund als auch Nürnberg, umfangeiche eigene Werftanlagen stehen hier zur Verfügung.

Routen

Amsterdam, Barcelona, Berlin, Bilbao, Birmingham, Bologna, Bordeaux, Bremen, Brüssel, Budapest, Dortmund, Dresden, Düsseldorf, Frankfurt, Friedrichshafen, Genf, Hamburg, Hannover, Kattowice, Köln/Bonn, Leipzig, London, Lyon, Mailand, Marseille, München, Münster/Osnabrück, Neapel, Nizza, Nürnberg, Paderborn/Lippstadt, Paris, Stuttgart, Toulouse, Turin, Warschau, Wien, Wrocklaw, Zagreb, Zürich

Flotte		Bestellt
10 ATR42-300/500	13 (Bombardier) Canadair RJ 100/200	12 Canadair RJ 200
16 ATR72-200		
9 BAe 146-200		

Foto: Boeing 747-400F N416MC (Ken Petersen / New York-JFK)

EVA AIR

376 Hsin-nan Road, Sec. 1 Luchu, Taoyuan Hsien 338, Republik China
Tel.: 3-3515151 Fax: 3-3510005

ICAO-Code / IATA-Code	IATA-Nr.	Länderkennung	ICAO-Callsign
EVA (BR)	695	B	Evaair

Im März 1989 gründete Evergreen Companie, grösste Containerschiffahrtslinie der Welt, die eigene Fluggesellschaft. Staatliche Auflagen, Streitereien um den Gesellschaftsnamen (Verwechslungen mit anderen Firmen) und nicht sofort verfügbares neues Fluggerät, verhinderten jedoch die sofortige Aufnahme des Flugbetriebs. Schließlich nahm die mit 370 Millionen US-$ ausgestattete EVA Air den Flugbetrieb am 1.Juli 1991 auf. Zum Einsatz auf Strecken nach Bangkok, Manila, Hongkong und Seoul kamen Boeing 767-300ER. Ab November 1991 wurde Wien bedient, ab April 1993 auch London. Wichtige Verbindungen gibt es auch in die USA. Die rasant wachsende EVA Air drängte an die Spitze der taiwanesischen Fluggesellschaften und kaufte sich bei Makung Airlines ein, sowie man auch Anteile der Great China Airlines übernahm, so dass Eva Air auch über eine regionale Anbindung an ihr Streckennetz verfügte. Die erste MD-11wurde im Herbst 1994 in die Flotte eingegliedert, auch erhielt man weitere Boeing 747-400. Der erste MD-11 Frachterservice führte ab Oktober 1995 von Taiwan nach Amsterdam. Neue Routen wurden nach Brisbane, Paris und San Francisco aufgebaut. 1996 gab es eine weitere Beteiligung an der Inlandsgesellschaft Taiwan Airlines. Mit einigen BN-Islander und Do 228 gehörte sie zu dieser expandierenden Gesellschaft, die sich auch im Bedarfsfluggeschäft betätigt mit saisonalen Flügen in ostasiatische Ferienzentren. Makung Airlines und Taiwan Airlines wurden zu Uni-Air fusioniert und übernahmen 1998 den gesamten Regionalverkehr von EVA Air. Besonders im Frachtbereich expandiert EVA Air überproportional. Hier wurden von anderen Gesellschaften Frachter langfristig angemietet, da die eigenen Kapazitäten nicht ausreichend sind. Im Jahre 2002 wurde das Erscheinungsbild der Flugzeuge leicht verändert. An Air Macau ist EVA Air ebenfalls beteiligt. Allianzen bestehen mit Air Canada, Air New Zealand, ANA, American Airlines, Qantas und Uni Air.

Routen

Amsterdam, Anchorage, Atlanta, Auckland, Bangkok, Brisbane, Brüssel, Chicago, Dallas/Fort Worth, Djakarta, Dubai, Fukuoka, Ho Chi Minh City, Hongkong, Kaoshing, Kuala Lumpur, London, Los Angeles, Macau, Manila, Mumbai, New York, Osaka, Paris, Penang, Phnom Penh, San Francisco, Seattle, Seoul, Sharjah, Singapur, Surabaya, Sydney, Taipeh, Tokio, Toronto, Vancouver, Wien

Flotte

4 Boeing 767-300ER
4 Boeing 767-200
2 Boeing 757-200
19 Boeing 747-400/400F
11 (Boeing)McDonnell Douglas MD-11

Foto: Boeing 747-100F N480EV (Sebastian Poller / Frankfurt)

EVERGREEN INTERNATIONAL AIRLINES

3850 Three Mile Lane, Mc Minnville, OR 97128-9496 USA
Tel.: 503-4720011 Fax: 503-4346492
E-Mail: info@evergreenaviation.com Web: www.evergreenaviation.com

ICAO-Code / IATA-Code	IATA-Nr.	Länderkennung	ICAO-Callsign
EIA (EZ)	494	N	Evergreen

Evergreen International Airlines ist ein Teilbereich der Evergreen Aviation. Zu dieser Holdinggesellschaft gehört auch eines der grössten Helicopter-Unternehmen der USA, Evergreen Helicopter, sowie der berühmte Marana Airpark in Arizona, wo Flugzeuge abgestellt sind, die zeitweise nicht verwendet werden. Hier hat Evergreen auch eine grosse Werft und führt Wartungs- und Überholungsarbeiten an fast allen Flugzeugtypen durch. Darüber hinaus ist durch Evergreen, am Firmensitz in McMinville, ein sehenswertes Luftfahrtmuseum aufgebaut worden. Evergreen Vintage Flight hält einige Oldtimer aus diesem Museum in einem flugfähigen Zustand. Evergreen International Airlines wurde 1975 gegründet, als die Johnson Airlines of Missoula übernommen wurde. Für UPS und andere Gesellschaften wurden Flugzeuge im inner-amerikanischen Frachtbetrieb eingesetzt. Aber man hatte auch eigene Frachtrouten nach China und Hongkong. Daneben wurden Flugzeuge im wet-lease, also mit Besatzung, an andere Fluggesellschaften vermietet. 1995 wurde die Flotte reduziert und die Boeing 727 an einen Kunden verkauft, der diese mit neuen Triebwerken ausstatten liess. Evergreen steht für ad-hoc Charter, sowohl im Fracht-, als auch im Passagierdienst bereit, ein regelmässiger Kunde ist die US-Army, hier war Evergreen besonders während der Golfkriegsaktivitäten im Jahre 2002/2003 mit Truppentransporten und auch Frachtflügen in die Einsatzgebiete beschäftigt.

Routen

Regelmäßige Linien-Frachtflüge von Hongkong nach New York, Anchorage, Atlanta, Auckland, Chicago, Columbus, Honolulu, Los Angeles, Nadi, Pago Pago, San Francisco, Sapporo, Sydney, Taipeh, Toledo.
Weltweite ad-hoc Charterflüge im Auftrag.

Flotte

10 Boeing 747-100/200
8 (Boeing) McDonnell Douglas DC-9-15/30

Foto: Boeing 737-800 G-XLAA (Stefan Schlick / Arrecife)

EXCEL AIRWAYS

Mitre Court, Fleming Way, Crawley, West Sussex RH10 9NJ, Großbritannien
Tel.: 0-8701677 737 Fax: 0-8701677 767
E-Mail: sales@excelairways.com Web: www.excelairways.com

ICAO-Code / IATA-Code	IATA-Nr.	Länderkennung	ICAO-Callsign
XLA (JN)	-	G	Excel

Excel Airways übernahm Anfang des Jahres 2001 die Lizenz von Sabre Airlines. Eine Umbenennung der Gesellschaft wurde allerdings notwendig, da eine gleichnamige Firma, die ein internationales Reservierungssystem betreibt, gegen Sabre Airlines geklagt hatte. Sabre Airlines wurde 1994 gegründet und hatte mit Boeing 727 einen Charterflugbetrieb aufgebaut. 1999 kamen noch Boeing 737-800 zur Flotte und man flog auch für Libra Holidays, ein Reiseveranstalter aus Großbritannien. Die Libra Holidays Group verfügt über 2/3 der Anteile an Excel Airways und lastet entsprechend die Kapazitäten aus. Am 1. Mai 2001 startete Excel Airways zum ersten Flug. London-Gatwick und Manchester sind die zentralen Hubs der Gesellschaft, es wird jedoch auch von anderen Flughäfen in Großbritannien gestartet, wobei an einigen Plätzen auch die Flugzeuge stationiert sind. Die Flotte wurde von Sabre übernommen und um weitere Boeing 737-800 ergänzt. Schnell entwickelte sich Excel Airlines zu einer beliebten Gesellschaft. Die Kapazitäten wurden noch mit grösseren Boeing 767-200 aufgestockt, da die Nachfrage von kleineren Veranstaltern anstieg. Excel Airways bietet auch Einzelplatzbuchungen an, ein Segment was von vielen unabhängigen Chartergesellschaften genutzt wird.

Routen

Alicante, Arrecife, Athen, Bastia, Birmingham, Bodrum, Bristol, Chania, Dalaman, East Midlands, Faro, Fuerteventura, Glasgow, Heraklion, Hurghada, Ibiza, Kavala, Kefalonia, Korfu, Los, Larnaca, Las Palmas, Luxor, Mahon, Malaga, Malta, Mykonos, Newcastle, Palma de Mallorca, Olbia, Paphos, Preveza, Rhodos, Samos, Santorin, Sharm el Sheik, Skiatos, Thessaloniki

Flotte

7 Boeing 737-800
3 Boeing 767-200

Foto: Boeing 737-300QC SE-DPB (Albert Kuhbandner / Salzburg)

FALCON AIR

P.O.B 36, 23032 Malmö-Sturup, Schweden
Tel.: 40-500500 Fax: 40-500149
E-Mail: office@falconair.se Web: www.falconair.se

ICAO-Code / IATA-Code	IATA-Nr.	Länderkennung	ICAO-Callsign
FCN (IH)	759	SE	Falcon

1986 wurde in Göteborg Falcon Cargo Aviation gegründet. Die Gesellschaft spezialisierte sich auf Frachtcharter und ad-hoc Flüge innerhalb des Landes. Zum Einsatz kamen drei Lockheed L-188 Electra. Einziger Gesellschafter war Kungsair Falcon AB, eine Gesellschaft, die bereits 1966 als Kungsair i Göteborg AB, gegründet wurde. Diese hatte mit kleineren Flugzeugen einen Airtaxi Flugbetrieb aufgebaut und operierte von Göteborg und Stockholm aus. Falcon Cargo gewann eine Ausschreibung der schwedischen Post zum Nachttransport von Brief- und Päckchensendungen innerhalb des Landes. Die Gesellschaft verlegte ihren Sitz 1987 nach Malmö, nachdem Postbolagen sich mit einem Kapitalanteil von 42% eingekauft hatte. Auch die restlichen Anteile übernahm die schwedische Post im Jahre 1988. Über SAS konnten 1991 drei Boeing 737-300 QC erworben werden, wobei SAS auch die Crews stellte. Die L-188 Electra wurden daraufhin verkauft. Der grosse Vorteil der QC-Version ist die schnelle Umrüstung von der Fracht- in eine Passagierausrüstung, wobei die Sitze, Küchen und Toiletten palettisiert sind und innerhalb einer Stunde umgerüstet werden können. So fliegen sie tagsüber linienmässig einige Strecken für SAS und im Nachtbetrieb für die Post Briefe, Pakete und Päckchen. Zahlreiche Reiseveranstalter haben auch Charterketten gebucht, so dass Falcon Air Flugzeuge auch in den Urlaubsregionen zu sehen sind.

Routen

Angelholm/Helsingborg, Göteburg, Malmö, Skelleftea, Stockholm, Sundsvall, Uemea werden linienmässig im Post- oder Passagierverkehr bedient. Charterflüge innerhalb Europas

Flotte

3 Boeing 737-300QC

Foto: Boeing 757-200 B-27015 (Wolfgang Juli / Phuket)

FAR EASTERN AIR TRANSPORT-FAT

No.5 Alley 123, Lane 405, Tun Hwa North Road, Taipeh 105, Republik China
E-Mail: master@fat.co.tw Web: www.fat.co.tw

ICAO-Code / IATA-Code	IATA-Nr.	Länderkennung	ICAO-Callsign
FEA (EF)	265	B	-

Im Frühjahr 1957 wurde Far Eastern Air Transport Corporation – FAT von ehemaligen Militärpiloten und einigen Geschäftsleuten gegründet. Der Flugbetrieb wurde im Juli des Jahres 1957 mit Douglas DC-3 und Beech 18 aufgenommen. Lange Zeit flog FAT nur zu Destinationen im Inland. Handley Page Herald, Vickers Viscount und als erster Jet die Caravelle, waren ebenfalls im Einsatz. Mit der Vickers Viscount flog man als erste Ziele im Ausland nach Hongkong und Saigon. Während des Vietnam-Krieges führten auch viele Sonderflüge von Saigon nach Taipeh. Mit Boeing 737-100 kamen 1967 die nächsten Jets zur Flotte und lösten die Viscounts ab. Modernere B-737-200 folgten dann zwei Jahre später. Anfang der 90'er Jahre erfolgte eine Umstellung auf MD-80 und grössere Boeing 757. FAT ist heute die grösste Regionalgesellschaft in Taiwan und führt sowohl Linien- als auch Charterflüge durch. China Airlines hält knapp 10% des Kapitals dieser privaten Gesellschaft. Far Eastern erhielt 2002 die Rechte für Direktflüge in die Volksrepublik. Man muss diese Flüge zwar über Hongkong oder Macau führen, kann aber dann direkt zu den entsprechenden Flughäfen weiterfliegen. Die Genehmigung wurde zunächst für Charterflüge erteilt. Am Stadtflughafen von Taipeh, Sung San befindet sich die Basis mit einem Werftbetrieb.

Routen

Chiayi, Hualien, Kaoshiung, Kinmen, Koror, Kota Kinabalu, Laoag, Macau, Makung, Phuket, Subic Bay, Tainan, Taipeh, Taitung

Flotte

7 Boeing 757-200
9 (Boeing

Foto: Airbus A310-200 N451FE (Josef Krauthäuser / München)

FEDEX

P.O.Box 727, Memphis TN 38134-2424, USA
Tel.: 901-3693600 Fax: 901-3323772
E-Mail: smunoz@fedex.co Web: www.fedex.com

ICAO-Code / IATA-Code	IATA-Nr.	Länderkennung	ICAO-Callsign
FDX (FX)	023	N	Fedex

Frederick W. Smith gründete im Juni 1971 Federal Express. Diese nahm mit Falcon 20 den Flugbetrieb am 17. April 1973 auf. Bis zu 60 dieser Flugzeuge waren im Einsatz. 1978 ging Fed Ex, so die Abkürzung und seit 1995 offizieller Name, an die Börse und wurde eine Aktiengesellschaft. Das System von Fed Ex revolutionierte den gesamten Frachtmarkt und hat inzwischen viele Nachahmer gefunden. Vom zentralen Umschlagzentrum (Hub) in Memphis werden die Sendungen verteilt. Nach der "Air Cargo Deregulierung", im November 1977, konnte Fed Ex auch grösseres Fluggerät betreiben. Gekauft wurden massenweise Boeing 727, später auch DC-10 und Boeing 747. 1989 wurde Flying Tiger Line gekauft und integriert. Beförderte man erst nur Expresssendungen, so wurden inzwischen auch andere Frachtsendungen transportiert. 1995 war das Jahr der besonderen Erneuerungen, so eröffnete man auf dem ehemaligen US-Stützpunkt Subic Bay, Philippinen ein eigenes Hub und startete im Juli des Jahres Asia One, den ersten Übernacht Lieferdienst in Asien. Ab Subic Bay wird der gesamte asiatische Raum für Fed Ex erschlossen. Zweite Neuerung in diesem Jahr war die Einführung eines neuen Corporate Designs mit der bisherigen und geläufigen Abkürzung FedEx als offizieller Firmenname. Mit Ablieferung des ersten Fracht-Airbus A310 wurde auch an den Flugzeugen dieses neue Farbschema eingeführt. Zahlreiche Airbus A310 und A300 wurden von anderen Gesellschaften angekauft und zu Vollfrachtern umgebaut. Die Kapazitätserweiterungskäufe lassen auch weiter ein Wachstum dieser weltweit grössten Frachtfluggesellschaft erwarten. Zahlreiche kleinere Gesellschaften operieren im Auftrag die Cessnas, Fokker F27 oder Shorts 360 und bedienen vor allem auch Städte mit geringerem Aufkommen an Fracht. FedEx musste ab Ende 2001 viele Flugzeuge in der Wüste vorübergehend abstellen, da die wirtschaftliche Rezession in den USA Überkapazitäten produzierte und einige Frachtgesellschaften deshalb den Betrieb einstellten. Auch das Umrüstprogramm der DC-10 wurde gestoppt. Neuestes Flugzeug in der Flotte ist die ATR 42. Diese löst mittelfristig die Fokker F27 ab.

Routen

FedEx bedient über 160 Städte in USA, weltweit etwa 180 Länder auf allen Kontinenten. Hubs sind in Memphis, Miami, Brüssel, Paris und Hongkong

Flotte

42 Airbus A300-605F
51 Airbus A310
8 ATR 42
129 Boeing 727-100/200
250 Cessna Caravan
33 Fokker F27
72 McDonnell Douglas DC-10
42 McDonnell Douglas MD-11

Foto: Airbus A320-200 OH-LXB (Albert Kuhbandner / Innsbruck)

FINNAIR

Tietotie 11A, Airport, 01053 Vantaa, Finnland
Tel.: 9-81881 Fax. 9-8184401
E-Mail: communications@finnair.com Web: www.finnair.com

ICAO-Code / IATA-Code	IATA-Nr.	Länderkennung	ICAO-Callsign
FIN (AY)	105	OH	Finnair

Die deutsche Firma Junkers war an der Aero OY, die am 9.10.1923 gegründet worden war mit 50% beteiligt. Der erste Flug führte von Helsinki nach Tallinn mit einer Junkers F-13. Weitere Strecken führten in den nächsten Jahren nach Berlin und Paris. Der Betrieb der Aero OY musste am 21.9.1944 eingestellt werden und ruhte bis zum Frühjahr 1945. Von der USAAF wurden Anfang 1945 acht C-47 gekauft. Erste Flüge fanden nach Stockholm und Kopenhagen statt. Ab 1951 wurde bereits Düsseldorf ins Streckennetz aufgenommen. Convair 340/440 lösten die C-47 (DC-3) ab. Die Aufnahme einer Verbindung mit Moskau im Jahre 1956 war ein Höhepunkt, Frankfurt, Köln, Basel und Genf kamen im Jahre 1957 hinzu. Mit Einführung der Caravelle im Jahre 1960 begann bei Finnair die Umstellung auf Jet-Flugzeuge. KAR AIR, eine private finnische Gesellschaft wurde 1962 übernommen. Für neue Langstreckendienste in die USA wurden DC-8 bestellt, deren erste 1969 eintrafen. Diese wurden auch für Charterflüge in die Mittelmeerregion verwendet. 1968 wurde der Name Finnair als allein gültige Bezeichnung der Gesellschaft angenommen. DC-10-30 kamen am 4.2.1975 zur Auslieferung. Für die Mittelstrecke wurde die Caravelle durch DC-9 abgelöst. Die erste MD-11 konnte von Finnair im Dezember 1990 übernommen werden. Aus Kostengründen wurde 1993 KAR AIR integriert, auch Finn-aviation folgte 1996. Im Jahre 1997 erhielt Finnair Boeing 757-200 und eine neue Bemalung der Flugzeuge. Die Flottenerneuerung mit Airbus A319/320/321 erfolgte kontinuierlich ab 1999. Diese lösten ältere Douglas DC-9 und MD-80 ab. Seit 1999 ist Finnair Partner in der Oneworld Allianz.

Routen

Amsterdam, Bangkok, Barcelona, Beijing, Berlin, Brüssel, Budapest, Dublin, Düsseldorf, Frankfurt, Göteburg, Hamburg, Helsinki, Kopenhagen, London, Mailand, Madrid, Manchester, Moskau, München, New York, Oslo, Paris, Prag, Rom, St.Petersburg, Singapur, Stockholm, Stuttgart, Tallinn, Tokio, Warschau, Wien, Wilnius, Zürich. Darüber hinau fliegt Finnair zu 25 Zielen im Inland und saisonal bis zu 30 Charterzielen, vorzugsweise im Mittelmeergebiet und den Kanarischen Inseln.

Flotte		Bestellt
9 Airbus A319-100	5 (Boeing) McDonnell Douglas MD-11	6 Airbus A320
8 Airbus A320-200	16 (Boeing) McDonnell Douglas MD-82/83	2 Airbus A321
5 Airbus A321-100	8 (Boeing) McDonnell Douglas DC-9-51	
9 ATR 72		
7 Boeing 757-200		

Foto: Boeing 727-200 C-GVFA (Gerhard Schütz / München)

FIRST AIR

Carp Airport, 3257 Carp Road, Carp Ontario KOA ILO, Kanada
Tel.: 613-8393340 Fax: 613-8395690
Web: www.firstair.com

ICAO-Code / IATA-Code	IATA-Nr.	Länderkennung	ICAO-Callsign
FAB (7F)	245	C	First

Bradley Air Services ist eine Abteilung der Bradley Flying School, einem über die Grenzen Kanadas hinaus bekannten Unternehmens, welches 1946 gegründet wurde. Mit DC-3 nahm Bradley Air Services im Jahre 1954 den Flugbetrieb auf. Die Linienflüge wurden unter dem Marketingnamen First Air durchgeführt. HS-748 lösten ab 1978 die DC-3 ab. Spezialisiert in Operationen in extremen klimatischen Verhältnissen bewährt sich dieser Typ besonders gut. Mit der Boeing 727 kamen erstmals ab 1985 auch Jets zum Einsatz. Das Einsatzprofil ist sehr unterschiedlich, überwiegend wird Fracht in den Norden Kanadas und bis nach Grönland transportiert, es besteht aber auch die Möglichkeit auf den Strecken Passagiere zu befördern, da alle Flugzeuge als Combiversion ausgerüstet sind. Heimatbasis ist Carp und Ottawa wo sich auch eine Werft zum Unterhalt der Flugzeuge befindet, eine weitere Basis ist in Yellowknife, wo man auch mit Ptarmigan Airways, einer Tochtergesellschaft arbeitet. First Air ist seit 1995 ein Unternehmen der Makivik Corporation, einer Non Profit Organisation der Inuit. 1999 übernahm First Air die Northwest Territorial Airways NWT und deren drei Boeing 737-200 mit Basis Yellowknife. Neuester Flugzeugtyp ist die ATR-42 als Ersatz für die BAe HS-748. Im November 2001 kam die erste von drei bestellten Maschinen, die beiden anderen wurden 2002 geliefert.

Routen

Broughton Island, Cambridge Bay, Cape Dorset, Clyde River, Edmonton, Fort Simpson, Gjoa Haven, Hall Beach, Hay River, Holman Island, Igloolik, Inukjuak, Iqaluit, Kangerlussaq, Kimmirut/Lake Harbour, Kugluktuk Coppermine, Kuujjuarapik, La Grande, Montreal, Nanisivik, Ottawa, Pangnirtung, Pelly Bay, Pond Inlet, Puvirnituq, Resolute Bay, Sanikiluaq, Taloyoak, Umiujaq, Whitehorse, Yellowkife

Flotte		Bestellt
3 ATR-42	6 Boeing 727-200C/F	1 Lockheed L130 Hercules
1 Beech 99 Airliner	3 Boeing 737-200	
3 BAe HS-748	9 (Bombardier) DeHavilland DHC-6	

Foto: Boeing 737-300 OK-FIT (Sammlung Autor)

FISCHER AIR

Ruzyne Airport, 16008 Prag 6, Tscheschische Republik
Tel.: 2-20116170 Fax: 2-20115439
E-Mail. info@fischer.cz Web: www.fischer.cz

ICAO-Code / IATA-Code	IATA-Nr.	Länderkennung	ICAO-Callsign
FFR (8F)	-	OK	Fischer

Vaclav Fischer hatte viele Jahre bereits in Deutschland erfolgreich einen Reiseveranstalter aufgebaut und geleitet. Als im Zusammenhang mit den politischen Erneuerungen auch die Demokratie und ein offener Markt in der Tschechoslowakei Anfang der 90er Jahre eingeführt wurde, verkaufte der Exiltscheche sein Unternehmen in Deutschland und versuchte in seiner früheren Heimat an den Erfolg anzuknüpfen. Da ein ungeheurer Bedarf nach Reisen in westliche Länder bestand florierte das Geschäft. Es war jedoch schwierig für den Veranstalter auch die ausreichende Flugkapazität zu stellen, denn CSA war überwiegend für den eigenen Veranstalter tätig. So gründete Fischer 1996 kurzerhand die eigene Fluggesellschaft. Mit geleasten Boeing 737-300 startete man erstmals am 27.April 1997, voller Optimismus, in die Sommersaison. Von Prag nach Palma de Mallorca führte der Erstflug. Noch im selben Jahr 1997 kam eine weitere B-737-300 nach Prag, dem Heimatflugplatz der Fischer Air. Mit CSA kooperiert Fischer und als Codeshare wird die einzige Linienverbindung von Prag nach Malta betrieben und von Fischer durchgeführt. Da man aber ansonsten nur für die eigenen Veranstalter fliegt, expandierte die Gesellschaft sehr zurückhaltend. 1999 kam eine weitere Boeing 737-300 zur Flotte. Fischer weitete seine Angebote auch mit Abflügen von Polen, der Slowakei und Ungarn aus, da auch in diesen Ländern eigene Veranstalter tätig wurden.

Routen

Malta, Prag wird linienmässig in Kooperation mit CSA bedient. Charterflüge in die Mittelmeergebiete, Nordafrika, Kanarische Inseln und Nahost.

Flotte

3 Boeing 737-300

Foto: (Bombardier) DeHavilland DC-8-400Q G-JEDL (Josef Krauthäuser / Salzburg)

FLY BE

Exeter Airport, Exeter, Devon EX5 2BD, Großbritannien
Tel.: 1392366669 Fax: 1392366151
E-Mail: info@flybe.com Web: www.flybe.com

ICAO-Code / IATA-Code	IATA-Nr.	Länderkennung	ICAO-Callsign
BEE (BE)	267	G	Jersey

Am 1. November 1979 wurde Jersey European Airways gegründet um den Flugbetrieb der beiden Gesellschaften Intra Airways und Express Air Service zu übernehmen. Intra Airways geht auf das Jahr 1969 zurück, als einige BUA Piloten eine eigene Airline gründeten. Mit einer Douglas DC-3 startete man, von Jersey ausgehend, einen Service zu den anderen Kanalinseln, nach Nordfrankreich und später auch nach Oostende in Belgien. 1974 erhielt man eine BN-Islander und eröffnete eine Linienverbindung nach London-Gatwick. Neben den Liniendiensten hatte Intra Verträge für Charter-und Frachtflüge, bei der Fusion waren auch noch sechs DC-3 in Betrieb. Express Air Service hatte einige Kleinflugzeuge für Kurier- und Passagierflüge im Einsatz. Nach dem Verkauf an die Walker Group im Jahre 1983 gab es bereits eine Vereinigung beider Gesellschaften im operativen Bereich. Mit DHC-6 und EMB 120 wurden die Kleinflugzeuge ersetzt und mit Aufnahme einer Linie nach Birmingham traf eine erste Fokker F27 ein. 1989 war es dann die HS 748, die als neuester Flugzeugtyp eingesetzt werden konnte. Die Gesellschaft war nicht nur zwischen den Kanalinseln, sondern inzwischen auch innerhalb Großbritanniens aktiv. Strecken wie Belfast-Birmingham wurden reglrecht für den Passagierdienst erschlossen. Shorts 360 und BAe 146 waren ebenfalls Flugzeugtypen die zum Einsatz kamen. Im Juli 2000 nannte sich die Gesellschaft dann auch folgerichtig in British European Airlines um. Für Air France übernahm man einige Linien als Franchise Partner und kaum war die Farbe der neuen Corporate Identity auf den Flugzeugen angebracht, gab es im Juli 2002 den nächsten Wechsel des Namens. Flybe British European Airways ist der aktuelle Name und es gab auch wieder andere Bemalungen. Neben den Liniendiensten werden auch vermehrt Charterflüge angeboten.

Routen

Aberdeen, Belfast, Birmingham, Blackpool, Bristol, Brüssel, Cork, Dublin, Edinburgh, Exeter, Glasgow, Genf, Guernsey, Isle of Man, Jersey, Leeds/Bradford, London-City, London-Gatwick, London-Heathrow, London-Luton, Malaga, Murcia, Newcastle, Shannon, Southampton, Toulouse

Flotte

9 BAe 146-100/200
6 BAe 146-300
4 (Bombardier) Canadair RJ 200
7 (Bombardier) DeHavilland DHC-8-200Q/300Q
4 (Bombardier) DeHavilland DHC-8-400Q

Foto: Boeing 737-300 ZK-FDM (Frank Schorr / Sydney)

FREEDOM AIR INTERNATIONAL

P.O.Box 109-698, Newpark Tower, 5 Short Street Newmarket, Auckland 1001, Neuseeland; Tel.: 649 9126980 Fax: 649 9126998
E-Mail: contactus@freedomair.co.nz Web: www.freedomair.co.nz

ICAO-Code / IATA-Code	IATA-Nr.	Länderkennung	ICAO-Callsign
FCM	-	ZK	Freeair

1995 gründete die Mount Cook Group, zu dieser gehört auch Mount Cook Airlines, South Pacific Air Charters. Zunächst bot man Charterflüge für verschiedene Reiseorganisationen, etablierte jedoch den Namen Freedom Air International als Low cost Element der Air New Zealand Holding. Zu dieser gehört auch die Mount Cook Group. Eine Boeing 737-300 kam zum Einsatz. Man flog zweimal wöchentlich zu den Fidschi Inseln und eröffnete eine erste Linienverbindung nach Australien. Hier kam auch kurzfristig eine geleaste Boeing 757 zum Einsatz. Auch in Neuseeland wurden zunächst einige Linienverbindungen etabliert die auch in Konkurrenz zu Air New Zealand und der, damals noch existierenden, Ansett of New Zealand standen. Nach dem Zusammenbruch der Ansett Gruppe, sowohl in Australien als auch in Neuseeland, wurde im Jahre 2001 die gesamte Air New Zealand Gruppe neu positioniert. Für Freedom Air bedeutete dies den Rückzug vom inländischen Markt und die Konzentration auf Flüge von Neuseeland nach Australien. Diese Konzentration beschränkte sich aber nicht nur auf Abflüge ab Auckland oder Christchurch, sondern man expandierte in regionale Zentren. So finden heute die meisten Flüge zwischen zweitrangigen Hubs statt, wobei die Flotte und die Verbindungen weiter ausgebaut werden.

Routen

Auckland, Brisbane, Christchurch, Dunedin, Goldcoast, Hamilton, Melbourne, Palmerston North, Sydney, Wellington

Flotte

4 Boeing 737-300

Foto: Airbus A319-200 N903FR (Tony Stork / Baltimore)

FRONTIER AIRLINES

7001 Tower Road, Denver, CO 80249, USA
Tel.: 720-374-4200 Fax: 720-374-4375
E-Mail: info@flyfrontier.com Web: www.flyfrontier.com

ICAO-Code / IATA-Code	IATA-Nr.	Länderkennung	ICAO-Callsign
FFT (F9)	422	N	Frontierflight

Schon bald nach Eröffnung des neuen Flughafens in Denver kürzte Continental Airlines ihre Flüge ab diesem Airport um 80%. Dieses Vakuum nutzten regionale Investoren und Geschäftsleute zum Aufbau einer neuen Gesellschaft mit traditionsreichem Namen: Frontier Airlines. Die erste "Frontier" wurde bereits 1948, ebenfalls in Denver gegründet und war bis 1986 tätig. Nach der Deregulierung des US-Luftverkehrs bildeten sich zunächst einige Megacarrier, die kleinere Gesellschaften aufkauften. So erging es auch der Frontier, sie wurde von Continental übernommen und der Name verschwand vom Himmel. Erst am 5. Juli 1994 startete wieder eine Frontier Boeing 737 von Denver und eröffnete mit zwei geleasten Boeing 737-200 den Flugbetrieb nach Bismarck und Fargo. Zwei weitere Boeing 737 wurden im August 94 geleast und das Streckennetz wurde erweitert. Die mit Tiermotiven bemalten Leitwerke der Frontier Boeing 737 sind eine auffällige Erscheinung an jedem Zielort. Mit Continental Airlines gibt es eine Marketing Allianz und zur weiteren Expansion plant man eine breite Streuung der Aktien, wobei kein Aktieninhaber über 10% Anteil haben soll.So ist Vanguard Airlines mit 8 % am Kapital beteiligt. Einen Schritt in die Zukunft machte die Airline Anfang 2000. Als erster Schritt einer Flottenerneuerung wurden bei Airbus knapp 30 Flugzeuge der Typen A318 und A319 bestellt.Ab Februar 2002 geht der Frontier JetExpress, für Flüge im regionalen Bereich, an den Start. Am 14. Mai 2001 erhält Frontier den ersten Airbus A 319. Ein verändertes Bemalungsschema der Flugzeuge wird eingeführt, wobei die typischen Leitwerkbemalungen aber beibehalten werden.

Routen

Albuquerque, Atlanta, Austin, Baltimore, Boise, Chicago, Dallas/Fort Worth, Denver, El Paso, Fort Lauderdale, Fort Meyers, Houston, Indianapolis, Kansas City, Las Vegas, Los Angeles, Minneapolis/St. Paul, New Orleans, New York-LGA, Oklahoma City, Orlando, Phoenix, Portland, Reno, Salt Lake City, San Diego, Sacramento, San Francisco, Seattle, Tampa, Tucson, Washington-DCA

Flotte	Bestellt
17 Airbus A319	6 Airbus A318
3 Boeing 737-200	5 Airbus A319
16 Boeing 737-300	

Foto: Boeing 737-800 EC-HHG (Autor / Palma de Mallorca)

FUTURA INTERNATIONAL AIRWAYS

Gran Via Asima 17, Poligono Son Castello, 07009 Palma de Mallorca, Spanien; Tel.: 971-910700 Fax: 971-910701
Web: www.futura-aer.com

ICAO-Code / IATA-Code	IATA-Nr.	Länderkennung	ICAO-Callsign
FUA (FH)	-	EC	Futura

Futura International Airways ist ein Joint Venture zwischen Air Lingus (85% Anteil) und spanischen Investoren. Gegründet wurde das Unternehmen 1989 mit dem Ziel, Pauschalreisen von Irland nach Spanien durchzuführen. Im März 1990 konnte mit zwei Boeing 737-300 der Flugbetrieb von Dublin nach Palma de Mallorca aufgenommen werden. Schnell folgten auch andere Flughäfen wie Basel, Düsseldorf, Manchester, München und Wien. Größere Boeing 737-400 wurden jeweils 1991 und 1992 beschafft. Mit Öffnung des Marktes in den ehemaligen Warschauer Paktstaaten, konnte sich Futura ein Stück von diesem Kuchen abschneiden. Inzwischen flogen auch Touristen aus Ungarn, Ukraine und Rußland nach Spanien. 1995 erwarb man weitere Boeing 737-400 im Austausch gegen die der Serie 737-300. 1,3 Millionen Passagiere flogen in diesem Jahr mit Futura. Die Expansion und Entwicklung der Gesellschaft setzte sich auch zum Ende des Jahrhunderts fort. Mit der Boeing 737-800 kamen Jets der neuen Generation zum Einsatz. Auch die Farben änderten sich vom traditionellen gelb-rot zu dunkelblau.

Routen

Charterflüge von Irland, Israel, Großbritannien, Deutschland, Österreich, Ukraine, Ungarn, Tschechien und Schweiz nach Spanien, besonders Mallorca und die Kanarischen Inseln.

Flotte

6 Boeing 737-400
6 Boeing 737-800

Foto: Boeing 747-400 PK-GSH (Dominik Stapf / Frankfurt)

GARUDA INDONESIA

Jalan Merdeka Selastan 13, Jakarta 10110, Indonesien
Tel.: 21-3801901 Fax: 21-3806652
Web: www.garuda.co.id

ICAO-Code / IATA-Code	IATA-Nr.	Länderkennung	ICAO-Callsign
GIA (GA)	126	PK	Indonesia

Der 26. Januar 1949 wird offiziell als Gründungstag der Garuda genannt. An diesem Tage flog eine DC-3 von Kalkutta nach Rangun und war als "Indonesian Airways" registriert. Es war zugleich die erste zivile Maschine der neuen Republik Indonesien, die aber aus politischen Gründen in Indonesien nicht fliegen konnte. Erst nach der offiziellen Unabhängigkeitserklärung Ende 1949 wurde von der Regierung die Gesellschaft auch in Indonesien installiert. Neben der DC-3 kamen Convair 240/340 und ab 1961 auch Lockheed L-188 Electra zum Einsatz. 1963 wurde de Kroonduif, eine Gesellschaft im indonesischen Teil Neu Guineas, übernommen. Mit Convair CV 990 startete Garuda 1965 erstmals mit einem Jet nach Amsterdam. Diese Maschinen wurden durch DC-8 im Jahre 1968 ersetzt. 1969 wurde dann, via Bali, erstmals Sydney bedient und DC-9 gekauft, ebenfalls einige Fokker F27 für Inlandsdienste bestellt. Diese wurden allerdings schon 1971 durch Zulauf der F28 wieder verkauft. Großgerät kam, zunächst von KLM geleast, in Form der DC-10-30, 1973 zur Flotte der Garuda. Boeing 747 stellte die Gesellschaft Anfang 1980 in Dienst und flog auch nach Frankfurt und London. 1992 erhielt Garuda die ersten MD-11. Mit KLM, China Airlines und Iberia hat man Codeshare-Abkommen, an Merpati ist man beteiligt. Die Asienkrise Ende der 90'er Jahre zwang auch Garuda zu Reduzierungen beim Personal, den Strecken und Flugzeugen. Alle MD-11 und Airbus A300 wurden ausgemustert und die Kapazität um fast 50 % abgebaut. Erst Anfang 2000 stabilisierte sich die Lage etwas, doch waren die Einbrüche im Tourismus länger anhaltend. Hinzu kommen seit 2001 immer mehr neue Gesellschaften im indonesischen Inlandsmarkt. Diese sind flexibler und können kostengünstiger anbieten. Mit neuem und modernem Fluggerät versucht Garuda als Nationalcarrier auch wieder in der Region an Einfluss zu gewinnen.

Routen

Adelaide, Amsterdam, Auckland, Balikpapan, Banda Aceh, Bangkok, Banjarmasin, Batam, Biak, Brisbane, Dammam, Darwin, Denpasar, Djakarta, Frankfurt, Fukuoka, Guangzhou, Hongkong, Jayapura, Jeddah, Kuala Lumpur, London, Manado, Manila, Mataram, Medan, Melbourne, Nagoya, Osaka, Padang, Palambang, Pekanbaru, Perth, Pontianak, Riad, Semarang, Seoul, Singapur, Solo City, Surabaya, Sydney, Tokio, Ujung Pandang, Yogyakarta

Flotte		Bestellt
6 Airbus A330-300	3 Boeing 747-400	18 Boeing 737-700
29 Boeing 737-300/400/500	5 (Boeing) Douglas DC-10-30	
4 Boeing 747-200	1 Fokker F2	

Foto: Boeing 737-700 D-AGEU (Josef Krauthäuser / München)

GERMANIA

Flughafen Tegel, Gebäude 23, 13405 Berlin, Deutschland
Tel.: 030-41013610 Fax: 030-41013615
Web: www.germania.aero

ICAO-Code / IATA-Code	IATA-Nr.	Länderkennung	ICAO-Callsign
GMI (ST)	-	D	Germania

1986, genau zehn Jahre nach Gründung, nannte sich die SAT-Fluggesellschaft nunmehr Germania. Mit drei ex LTU Caravelle 10R wurde im September 1978 der Jet-Betrieb aufgenommen, nachdem eine F27 das erste Flugzeug der SAT war. Neben der Caravelle waren noch zwei Boeing 727 im Besitz der Gesellschaft, die jedoch erst nach Umbenennung in Germania-Farben flogen. Ab 1988 erfolgte die Ausmusterung der Caravelle und die ersten Boeing 737-300 wurden gekauft. Germania flog in Subcharter für andere Gesellschaften und für diverse Veranstalter. Einige Flugzeuge der Germania flogen in DFD-Bemalung. Besonders stark ist Germania ab Berlin tätig. So wurden u. a. Linien von Berlin nach Heringsdorf a.d. Ostsee eingeführt. Mit Einsatz von sechs weiteren Boeing 737-300 ab Frühjahr 1992 wurde der Flotte ein verändertes Farbschema verpaßt. Germania stieg 1995 beim Reiseveranstalter Hetzel ein. Mehrere Flugzeuge wurden an Condor vermietet und flogen für diese, allerdings mit Germania-Besatzung. Um auch für die Zukunft gerüstet zu sein, hatte Germania sich bereits früh für die neuesten Flugzeuge vom Typ Boeing 737-700 festgelegt. So erhielt auch Germania als eine der ersten Fluggesellschaften weltweit, 1998 die ersten Boeing 737-700 der neuesten Generation und hat damit inzwischen die Flotte komplett ausgetauscht.Einige Flugzeuge fliegen bei anderen Gesellschaften wie Hapag Lloyd Express. Anfang 2003 übernahm Germania 12 Fokker 100 von US Airways. Diese kommen als Germania Express auf eigenen „Billigflügen“ seit 1. Juni 2003 zum Einsatz.

Routen

Charterflüge ins Mittelmeergebiet, nach Nordafrika, Kanarische Inseln, Türkei, Madeira

Flotte

14 Boeing 737-700
12 Fokker 100

Foto: Airbus A319-100 D-AKNF (Daniel Klein / Frankfurt)

GERMANWINGS

Terminalstrasse 10, Flughafen 51147 Köln, Deutschland
Tel.: 01805 955855 Fax: 02203 1027300
E-Mail: info@germanwings.com Web: www.germanwings.com

ICAO-Code / IATA-Code	IATA-Nr.	Länderkennung	ICAO-Callsign
GWI (4U)	-	D	Germanwings

Germanwings meldete am 30. April 1990, nach einem knappen Jahr Flugbetrieb, Konkurs an und wurde aufgelöst. Den Namen und Firmenmantel kaufte die Deutsche Lufthansa AG. Mehr als 10 Jahre nach diesem unrühmlichen Konkurs geht nun seit Herbst 2002 eine neue Germanwings an den Start. Hatte die erste Germanwings schon erhebliche Schwierigkeiten, die seinerzeit vollmundigen Ankündigungen zu erfüllen, scheinen sich Parallelen zu ergeben, die auch der neuen Germanwings zu schaffen machen. Gründer von Germanwings ist die Eurowings AG, an der die Lufthansa eine Beteiligung hat. Man plazierte die Gesellschaft im Low Cost- no frills, oder Billigflug-Segment. Standort und zentraler Hub der Gesellschaft ist der Flughafen Köln/Bonn an dem auch eine andere Low Cost Gesellschaft ihre Flüge abwickelt. Die Philosophie war auf einem kostengünstigen Verwaltungsapparat aufgebaut, wobei sich Germanwings allerdings schon einen eigenen Pressedirektor leistet und das bei sechs Flugzeugen, günstigen Löhnen und wenig allgemeiner Servicekosten. Deshalb sind die Flüge nur über Internet und Callcenter und nur oneway, buchbar. Abgesehen von den billigen Werbepreisen, die nur begrenzt verfügbar sind, scheinen die tatsächlichen Preise weit entfernt von einem "Billigflieger" zu sein.Vergleichbare Preise zu Zielen die Germanwings anfliegt, wie Lissabon oder London, gibt es auch bei den etablierten Gesellschaften. Zum Einsatz kommen Airbus A319. Die Pläne für einen weiteren Ausbau der Gesellschaft haben sich noch nicht klar abgezeichnet, denn noch scheint es sich mehr um eine Testphase zu handeln ob das Produkt ankommt. Anders als andere Low Cost Gesellschaften fliegt man meist zu den Flughäfen der ausgeschriebenen Städte und nutzt nur wenige Sekundär-Flughäfen, die zwar günstiger, aber auch oft weit weg vom eigentlichen Zielort sind.

Routen

Von Köln/Bonn nach Barcelona, Berlin, Bologna, Budapest, Dresden, Edinburgh, Istanbul, Izmir, Lissabon, London, Madrid, Mailand, Nizza, Paris, Prag, Rom, Thessaloniki,Venedig, Wien, Zürich

Flotte

5 Airbus A319-100
1 Airbus A320-200

Foto: (Boeing) McDonnell Douglas DC-10-30 9G-ANA (Daniel Klein / Düsseldorf)

GHANA AIRWAYS

Ghana Airways Ave 9. P.O.Box 1636 Accra, Ghana
Tel.: 21-773321 Fax: 21-777078
Web: www.ghanaairways-usa.com

ICAO-Code / IATA-Code	IATA-Nr.	Länderkennung	ICAO-Callsign
GHA (GH)	237	9G	Ghana

Mit Unterstützung von BOAC, wurde am 4. Juli 1958 von der Regierung Ghanas, die staatliche Fluggesellschaft gegründet. Bereits zwölf Tage später, am 16. Juli wurde eine Linienverbindung nach London aufgenommen. Zum Einsatz kamen, von BOAC geleaste Boeing 377 Stratocruiser. Diese wurden später durch die Bristol Britannia ersetzt. 1961 übernahm Ghana die alleinige Kontrolle über die Fluggesellschaft. Zur weiteren Expansion wurden sowjetische IL-18 gekauft. Da diese aber nicht besonders wirtschaftlich einsetzbar waren, gab man nach einiger Zeit alle acht Maschinen an den Hersteller zurück. Mit VC-10 erhielt Ghana Airways den ersten Jet. Für Kurzstrecken kam die BAe HS-748 zum Einsatz, 1983 war dann die DC-10-30 für die Langstrecken einsetzbar, regionale Dienste wurden mit Fokker F28 und DC-9 geflogen. Langfristig will man regional expandieren und auch weitere Ziele in Europa bedienen. 1999 erhielt Ghana Airways eine weitere DC-10-30. Basis ist der internationale Flughafen von Accra-Kotoka. Die seit Jahren immer wieder, wegen der desolaten Geschäftsführung, in den Schlagzeilen stehende Gesellschaft soll nun 2003 endgültig saniert und teilweise privatisiert werden. Interesse zeigen Nationwide Air und South African Airways, allerdings nur dann, wenn eine Mehrheitsbeteiligung möglich ist. Mit SAA bestehen bereits Kooperationsabkommen.

Routen

Abidjan, Accra, Baltimore-Washington, Bamako, Banjul, Beirut, Conakry, Cotonu, Dakar, Douala, Dubai, Düsseldorf, Freetown, Hamburg, Harare, Johannesburg, Kuassi, Lagos, Lome, London, Monrovia, New York, Ouagadougou, Rom

Flotte

2 Fokker F27
3 McDonnell Douglas DC-10-30
3 McDonnell Douglas DC-9-51

Foto: Boeing 737-700 PR-GOM (Manfred Turek / Sao Paulo-CGH)

GOL Transportes Aereos

Avenida Dom Jaime de Barros Camara 300, Planalto
09895-400 Sao Bernardo do Campo, Sao Paulo, Brasilien
Tel.: 11-43556500 Fax: 11-43556526 Web: www.voegol.com.br

ICAO-Code / IATA-Code	IATA-Nr.	Länderkennung	ICAO-Callsign
GLO(G9)	-	PP/PR/PT	Gol Transporte

Trotz der seit Jahren kränkelnden Wirtschaft und damit auch der heimischen Luftfahrt, entschloss sich die in Sao Paulo ansässige Groupo Aurea zur Gründung einer Fluggesellschaft. Die Verhandlungen mit Banken und Leasingfirmen im Jahre 2000 führten zum Erfolg, da man als Low coast Airline an den Start gehen wollte. Vorbild war auch hier die US - Gesellschaft Southwest Airlines. Man stand so mit Varig, Viasa, TAM und anderen Gesellschaften in direkter Konkurrenz. Internet- und Telefonbuchungen sind genauso selbstverständlich wie auch sonst möglichst geringe Kosten. Heimatflughafen ist Sao Paulo - Congonhas von wo aus am 15. Januar 2001 der Erstflug stattfand. Nach dem Zusammenbruch von Transbrasil Anfang 2002 erhielt GOL weiteren Auftrieb, da hier einige Strecken übernommen werden konnten. Auch die Flotte wuchs beständig, es kommen nur fabrikneue Boeing 737-700 und 737-800 zum Einsatz.

Routen

Belem, Belo Horizonte, Brasilia, Campinas, Curitiba, Florianopolis, Porto Alegre, Recife, Rio de Janeiro, Salvador, Sao Paulo, Vitoria

Flotte

14 Boeing 737-700
3 Boeing 737-800

Foto: Airbus A340-300 A40-LF (Sammlung Hans-Willi Mertens)

GULF AIR

P.O.Box 138 Manama, Bahrain
Tel.: 322200 Fax: 331145
E-Mail: info@gulfairco.com Web: www.gulfairco.com

ICAO-Code / IATA-Code	IATA-Nr.	Länderkennung	ICAO-Callsign
GFA (GF)	072	A40	Gulfair

Gulf Air ist Nationalcarrier der Golfstaaten-Kooperation Bahrain, Qatar, Vereinigte Arabische Emirate und Oman. Gegründet wurde diese Gesellschaft als Gulf Aviation im Jahre 1950. Geflogen wurde in der Region mit Avro Anson. Teilweise unter britischer "Patenschaft" kamen DC-3 und F27 zur Flotte. Ab November 1969 wurden diese durch BAC 1-11 abgelöst. Mit geleasten Vickers VC 10 erfolgten ab 1970 regelmäßige Flüge nach London. Am 1. April 1974 übernahmen die vier Staaten Gulf Aviation und gaben der Gesellschaft eine neue Rechtsform und den heutigen Namen Gulf Air. Boeing 737 ersetzten die BAC 1-11 ab 1977. Für Langstrecken setzte Gulf Air ab Januar 1976 Lockheed L-1011 TriStar ein. Eine Flottenerneuerung und Expansion begann mit Zulauf der ersten Boeing 767-300ER. Langfristig sollten diese die älteren TriStar ersetzen. Durch die Golfkrise wurde dieses Programm allerdings zunächst ausgesetzt und wurde erst 1993 wieder, mit Ablieferung von Airbus A320, gestartet. 1994/95 wurden die letzten Boeing 737-200 ausgemustert und Airbus A340 eingeführt. Ende 1996 verließen dann die letzten TriStars die Gesellschaft. Da Gulf Air, durch Neugründungen in den Mitgliedstaaten, Überkapazitäten an Flugzeugen hat, werden diese an andere Gesellschaften vermietet. Zum 50-jährigen Jubiläum erhielten einige Flugzeuge der Gesellschaft eine spezielle dekorative Bemalung. Trotzdem steckte Gulf Air in einer Krise und erst die Reorganisation im Jahre 2002/03 brachte wieder bessere Ergebnisse.

Routen

Abu Dhabi, AlAin, Amman, Athen, Bahrain, Bangkok, Beirut, Boston, Casablanca, Chennai, Chicago, Colombo, Damaskus, Dammam, Dar-es-Salaam, Delhi, Dharan, Djakarta, Doha, Dubai, Frankfurt, Glasgow, Hongkonk, Islamabad, Istanbul, Jeddah, Kairo, Karachi, Kathmandu, Kuala Lumpur, Kuwait, Lahore, Larnaca, London, Los Angeles, Mailand, Manchester, Manila, Melbourne, Miami, Mumbai, Muscat, Nairobi, New York, Paris, Rom, Riad, Sanaa, Sansibar, Sharjah, Shiraz, Singapur, Sydney, Teheran

Flotte

12 Airbus A320-200
5 Airbus A340-300
6 Airbus A330-300
9 Boeing 767-300

Foto: Beech 1900 Airliner N152GA (Hans-Willi Mertens / Fort Lauderdale)

GULFSTREAM INTERNATIONAL AIRLINES

1815 Griffin Road, Dania Florida 33004, USA
Tel.: 954-266-3000 Fax: 954-266-3030
E-Mail: hperez@gulfstreamair.com Web: www.gulfstreamair.com

ICAO-Code / IATA-Code	IATA-Nr.	Länderkennung	ICAO-Callsign
GFT (3M)	449	N	Gulf Flight

Als ehemaliger Eastern Air Lines Kapitän hatte Thomas L. Cooper bereits einige Jahre Erfahrung in diesem Geschäft als er 1990 eine eigene kleine Bedarfs-Fluggesellschaft gründete. Mit Cessna 402 betrieb er einen Taxidienst zwischen Miami und Haiti. Als die politische Situation in diesem Land 1991/92 eskalierte und es zu Übergriffen seitens der Regierung gegen die Bevölkerung kam, verlegte Cooper die Operationen zu den Bahama Inseln. Der Abschluss eines Codesharevertrages im Mai 1994 mit United Airlines eröffnete neue Möglichkeiten und auch die Beschaffung größeren Fluggerätes. Beechcraft 1900 kamen nun im Feederservice für United zum Einsatz. Auch mit Continental Airlines konnte ein solcher Vertrag ausgehandelt werden und das Streckennetz und die Anzahl der Flugzeuge verdoppelten sich innerhalb weniger Jahre. Shorts 360 waren ebenfalls ab 1996 im Einsatz, eine dieser Maschinen hatte eine spezielle "Sandals Clubs" Bemalung und wurde exclusive für diesen Club geflogen. Cooper gründete als Dachgesellschaft G-Holding, da auch andere Aufgaben wie Abfertigung der Flugzeuge übernommen wurde. Continental beteiligte sich 1998 ebenfalls an Gulfstream International. Im August des Jahres 1998 übernahm G-Holding die in Fort Lauderdale residierende Paradiese Island Air mit ihren DHC-7 Flugzeugen. Als eine der wenigen US-Fluggesellschaften die Kuba anfliegen dürfen, bedient Gulfstream die klassische Route, auch "Cuba Airbridge" genannt, von Miami nach Havanna. Diese Flüge sind als Charterflüge deklariert. Mit Continental Airlines, Copa Airlines, Northwest Airlines und United Airlines bestehen Codeshare Vereinbahrungen. Als Continental Connection führt man auch einen Feeder Service durch. Dabei sind die Flugzeuge in der Bemalungen von Continental.

Routen

Fort Lauderdale, Freeport, Havanna, Key West, Marsh Harbour, Miami, Nassau, North Eulethere, Orlando, Tampa, Tresure Key, West Palm Beach

Flotte

9 Beech 1900 Airliner
9 Beech 1900D Airliner

Foto: Boeing 737-800 B-2647 (Thomas Kim / Beijing)

HAINAN AIRLINES

Haihang Devl. Buildg., 29 Haixiu Rd., Hainan Province, Haikou 570206, China
Tel.: 898-679829 Fax: 898-6798976
E-Mail: mail@hnair.com Web: www.hnair.com

ICAO-Code / IATA-Code	IATA-Nr.	Länderkennung	ICAO-Callsign
CHH (HU)	880	B	Hainan

1989 wurde in China mit Hainan Joint Stock Air Enterprises, oder auch Hainan Tour and Aviation Services genannt, die erste private Fluggesellschaft gegründet. Die Organisation und auch die Überwindung der bürokratischen Hindernisse für eine solche private Gesellschaft zogen sich über einige Jahre hin. Bemerkenswert ist auch die Tatsache, dass erstmals ausländisches Kapital erlaubt wurde. Dazu suchte man den Weg an die Börse in Shanghai. Erst 1993 konnte deshalb der Flugbetrieb aufgenommen werden. Beheimatet ist die Gesellschaft auf der subtropischen Insel Hainan, die auch 1995 zum Namensgeber der Gesellschaft wurde. Mit drei Boeing 737 wurde 1993 der Flugbetrieb aufgenommen. Die Beliebtheit der Insel Hainan bei der chinesischen Mittelschicht führte zu mehr Zielen auf dem Festland und auch zum Kauf von einigen Geschäftsreisejets. Für regionale Dienste erwarb Hainan etwa 15 Fairchild Metro. Neben der Heimatbasis am internationalen Flughafen Meilan, an diesem ist Hainan Airlines mit 25% des Kapitals beteiligt, entstand auch ein Hub in Ningbo. Keine Fluggesellschaft in China wuchs so schnell wie Hainan Airlines, deshalb kamen mehr Boeing 737-400 und auch 737-800 um die entsprechend benötigten Kapazitäten zu schaffen. Auch die Flotte für die Regionaldienste wuchs stetig und wurde auf Jetgerät umgestellt. 1999 erhielt Hainan Airlines den ersten Fairchild / Dornier 328 Jet, die erste von drei Boeing 767-300 erhielt die Gesellschaft im November 2002. Damit will man auch Ziele im Ausland bedienen. An Changan Airlines, Deer Jet und Shanxi Airlines ist Hainan Airlines beteiligt und man arbeitet als Kooperationspartner zusammen.

Routen

Beihai, Beijing, Changsha, Chengdu, Chongqing, Dalian, Fuzhou, Guangzhou, Guilin, Guiyang, Haikou, Hailar, Hangzhou, Jinan, Jinjiang, Kunming, Lanzhou, Luoyang, Macau, Nanchang, Nanjing, Nanning, Ningbo, Qingdao, Sanya, Seoul, Shanghai, Shantou, Shenzen, Tianjin, Tongren, Ulanhot, Urumqui, Wuhan, Xian, Xiamen, Xilinhot, Xuzhou, Zhanjian, Zhuhai

Flotte

19 Fairchild / Dornier 328 Jet
5 Boeing 737-300
8 Boeing 737-400
13 Boeing 737-800
3 Boeing 767-300

Foto: Boeing 737-800 D-AHLR (Stefan Schlick / Korfu)

HAPAG LLOYD FLUG

Postfach 420240, 30662 Hannover, Deutschland
Tel.: 0511-97270 Fax: 0511-9727494
E-Mail: info@hlf.de Web: www.hlf.de

ICAO-Code / IATA-Code	IATA-Nr.	Länderkennung	ICAO-Callsign
HLF (HF)	617	D	Hapaglloyd

Die bekannte deutsche Reederei Hapag Lloyd gründete im Juli 1972 die Fluggesellschaft mit dem traditionellen Namen. Der Flugbetrieb wurde im März des folgenden Jahres mit drei Boeing 727-100 aufgenommen. Nach langwierigen Verhandlungen erfolgte Ende 1978 die Übernahme der Bavaria-Germanair. Mit dieser Übernahme erhielt Hapag Lloyd diverse Flugzeuge der Typen BAC 1-11 und Airbus A300B4. Während letzterer in die bestehende Flotte integriert wurde, verkaufte man die BAC's und orderte neue Boeing 737-200. Eine Erneuerung der Flotte und Anpassung an künftigen Bedarf wurde 1987 beschlossen. Die insgesamt sechs Airbus A300-B4 wurden gegen Airbus A310 ausgetauscht, weiter wurden Boeing 737-400 bestellt, von denen die ersten im Herbst 1990 in Hannover eintrafen. Mit Einführung des Airbus A310 war Hapag Lloyd erstmals in der Lage, auch Flüge in die USA und die Karibik durchzuführen. Für die neue Boeing 737-800 war Hapag Lloyd Erstbesteller und verfügte Anfang 1999 bereits über einige Maschinen, die die Hapag Lloyd zur modernsten deutschen Charterflotte machten. Einige ältere Flugzeuge konnten deshalb an andere Gesellschaften vermietet werden. Basis ist Hannover, hier ist auch eine eigene Werft. Geflogen wird allerdings ab allen deutschen Flughäfen überwiegend für Reiseveranstalter der TUI Gruppe, die auch Mehrheitsanteile an Hapag Lloyd hält. Mit der britischen Britannia, der italienischen Nexos Air, die auch zum World of TUI Konzern gehören, hat Hapag Lloyd eine Partnerschaft und man will die künftige Flottenstruktur, besonders für die Langstrecken, gemeinsam abstimmen. Die Zugehörigkeit zur TUI wird seit Anfang 2002 auch durch eine einheitliche Bemalung aller Konzernflugzeuge sichtbar. Lediglich die traditionellen Namen sind -noch- geblieben. Im Herbst 2002 gründete man Hapag Lloyd Express, eine 100% Tochtergesellschaft die im Segment der Billigflüge ins Liniengeschäft eingestiegen ist.

Routen

Charterflüge zu den prominenten Zielen im Mittelmeergebiet, zu den Kanarischen Inseln und nach Nordafrika .

Flotte

4 Airbus A310-200
2 Airbus A310-300
3 Boeing 737-400
3 Boeing 737-500
26 Boeing 737-800

Foto: Boeing 737-700 D-AGEP (Martin Bach, Köln / Bonn)

HAPAG LLOYD EXPRESS

Benkendorffstr. 22b, 30855 Langenhagen, Deutschland
Tel.: 0511-59000 Fax: 0511-59000-609
E-Mail: info@hlx.com Web: www.hlx.com

ICAO-Code / IATA-Code	IATA-Nr.	Länderkennung	ICAO-Callsign
HLX(X3)	-	D	-

Am 3. Dezember 2002 startete in Köln der erste Flug von Hapag Lloyd Express nach Berlin. Eine Boeing 737-700, in einer auffälligen und an die New Yorker "Yellow Cab"- Taxifahrzeuge erinnernde Bemalung, rollte vom Terminal zur Startbahn und eröffnete ein neues Kapitel der Ära low coast carrier. Damit realisierte der größte europäische Touristikkonzern TUI - AG, zu welchem die neue Tochtergesellschaft 100% gehört, seine ehrgeizigen Ziele zum Aufbau einer konzerneigenen Billigfluglinie. Mit vier Boeing 737-700 werden europäische Ziele angesteuert. Weitere vier Boeing 737-700 folgten bis März 2003. Auch die Anzahl der Flugziele wurde rasant ausgeweitet. Neben attraktiven Städtedestinationen werden auch verstärkt touristische Ziele bedient. Dabei werden aber überwiegend die zentralen Flughäfen angeflogen und nicht, wie bei einigen anderen Billigfluggesellschaften, die etwas abgelegenen Regionalplätze. Einige Verbindungen wurden bereits in der Startphase mehrmals täglich angeboten. Neben dem ersten Hub in Köln / Bonn etablierte Hapag Lloyd Express aber bereits am 1. April 2003 ein zweites Hub am Konzernstandort Hannover. Die Expansion sowohl mit Destinationen, als auch die entsprechende Flottengröße, soll in den nächsten Jahren kontinuierlich fortgesetzt werden.

Routen

Berlin, Bilbao, Catania, Hamburg, London-Luton, Madrid, Mailand, Manchester, Marseille, Neapel, Nizza, Olbia, Pisa, Reuss, Rom-Ciampino, Valencia, Venedig

Flotte	Bestellt
8 Boeing 737-700	4 Boeing 737-700

Foto: Boeing 767-300 N581HA (Thomas Kim)

HAWAIIAN AIR

P.O.Box 3008 Int.Airport Honolulu, 96820 Hawaii, USA
Tel.. 808-8353700 Fax: 808-8353690
E-Mail: info@hawaiianair.com Web: www.hawaiianair.com

ICAO-Code / IATA-Code	IATA-Nr.	Länderkennung	ICAO-Callsign
HAL (HA)	173	N	Hawaiian

Hawaiian Air wurde 1929 als Inter Island Airways in Honolulu gegründet. Geflogen wurde ab 1. November 1929 zwischen Honolulu und Hilo mit Sikorsky S-43 Amphibien-Flugbooten, die durch größere Ausführungen ersetzt wurden. 1941 wurde der jetzige Name verbindlich und der Flugbetrieb auf DC-3 umgestellt. Verstärkte Expansion im Touristengeschäft und Streckenergänzungen führten ab 1952 zur Anschaffung größeren Fluggeräts wie Convair 340, dann ab 1958 DC-6. 1967 erfolgte mit Einführung der DC-9-30 die Umstellung auf Jet-Flugzeuge. Für Charterflüge zum US-Festland, den Pazifikraum und nach Europa stießen 1983 DC-8 und ab 1987 Lockheed TriStar zur Flotte. Wegen finanzieller Schwierigkeiten begab sich Hawaiian Air 1993 unter den Schutz von Chapter 11, suchte nach finanzstarken Partnern und reorganisierte die gesamte Gesellschaft. Zunächst wurden die DHC-7 verkauft, DC-8 außer Dienst gestellt, die Lockheed TriStar gegen DC-10 getauscht und viele Routen eingestellt. Im September 1994 war man finanziell wieder soweit den Chapter 11 zu verlassen. Mit American Airlines schloß man ein Marketingabkommen ab und arbeitete eng zusammen. Nach der Stabilisierung am Markt wurden auch weitere Flugzeuge beschafft und Flüge nach Papeete und Samoa angeboten. 1999 wurden neue Strecken von Los Angeles nach Maui und Kona eröffnet, bot man doch bisher nur Honolulu im Direktflug ab dem Festland an. Weitere DC-10-30 kamen zur Flotte und man beschloss den Rückkauf von eigenen Aktien. Im Jahre 2001 wurde die gesamte DC-9 Flotte gegen modernste Boeing 717 ausgetauscht. Mit Ablieferung der ersten B-717 änderte sich auch die Farbgebung der Flugzeuge. Anfang Januar 2002 wollten Aloha und Hawaiian fusionieren, der Antrag wurde aber nicht genehmigt. Hawaiian versucht seither über Wachstum und Flottenausbau mehr Marktanteile zu gewinnen. Nahezu die gesamte DC-10 Flotte konnte gegen weniger kostenintensive B-767-300 eingetauscht werden.

Routen

Hilo, Honolulu, Hoolehua, Kahului, Kauai, Kona, Lanai City, Las Vegas, Los Angeles, Pago Pago, Papeete, Portland, San Diego, San Francisco, Seattle.

Flotte

16 Boeing 767-300
4 (Boeing) McDonnell Douglas DC-10-10/30
13 Boeing 717

Foto: (Bombardier) Canadair RJ-700 N611QX (Thomas Kim)

HORIZON AIR

P.O.Box 48309 Seattle,Washington 98148, USA
Tel.: 206-2416757 Fax: 206-4314696
Web : www.horizonair.com

ICAO-Code / IATA-Code	IATA-Nr.	Länderkennung	ICAO-Callsign
QXE (QX)	481	N	Horizon Air

Die zur Alaska Air Group gehörende Horizon Air hat ihre Ursprünge im Jahre 1981. Nach der Gründung im Mai wurde eine erste Route von Seattle nach Yakima eröffnet. Mit dem Kauf von Air Oregon, einer kleinen Gesellschaft im Nordwesten der USA, begann Mitte 1982 der Aufstieg zu einer der größten Regionalgesellschaften der USA. Swearingen-Fairchild Metro und Fokker F27 kamen zum Einsatz. 1984 ging Horizon Industries an die Börse, um das notwendige Kapital zur weiteren Expansion der Fluggesellschaft zu erhalten. Auch nach dem Kauf von Transwestern Airlines wuchs die Gesellschaft kräftig weiter. Innerhalb von drei Jahren vervierfachten sich die Passagierzahlen von 185000 im ersten Jahr auf über eine Million im Jahr 1984. Das rasante Wachstum hielt auch in der Fläche und bei den Flugzeugen mit, da man für Northwest Airlines und Alaska Airlines Zubringerflüge unternahm. Als erster Jet kam 1985 eine Fokker F28 zum Einsatz und da sich das Muster auch bewährte folgten weitere nach. Alaska Air Group erwarb 1986 die Mehrheit des Aktienkapitals, ließ aber Horizon als eigenverantwortliche Gesellschaft bestehen. Moderne DHC-8 und auch Dornier Do 328 lösten Mitte der 90'er Jahre die F27 und auch die Metros ab. Während die Dornier Do 328 den Erwartungen nicht entsprach und nach kurzer Zeit ausgemustert wurde, wuchs die Flotte der Dash 8 stetig. Mit der DHC-8-Q400, für diesen Typ war Horizon Launch Customer in den USA und dem verlängerten Canadair Regional Jet 700 will man die Herausforderung der Zukunft angehen. Mit Zulauf der CRJ-700 können dann die Fokker F28 Zug um Zug ausgemustert werden. Allianzen, die auch die Vorteile von Marketingaktivitäten und Buchungsvorteile haben, bestehen mit Alaska Airlines, Northwest Airlines, Continental Airlines und KLM. Basis und zentraler Hub ist Seattle, weitere Hubs in Boise, Portland und Spokane.

Routen

Arcata, Bellingham, Billings, Boise, Bozeman, Butte, Calgary, Edmonton, Eugene, Fresno, Great Falls, Helena, Idaho Falls, Kalispell, Kelowna, Klamath Falls, Lewiston, Medford, Missoula, North Bend, Palm Springs, Pasco, Pendleton, Pocatello, Port Angeles, Portland, Pullman, Redding, Redmont, Sacramento, San Jose, Seattle, Spokane, Sun Valley, Vancouver, Victoria, Walla Walla, Wenatchee, Yakima

Flotte		Bestellt
8 (Bombardier) DeHavilland DHC-8-100	DHC-8-Q400	10 (Bombardier) Canadair RJ-700
28 (Bombardier) DeHavilland DHC-8-200	15 (Bombardier) Canadair RJ-700	
15 (Bombardier) DeHavilland	12 Fokker F28	

Foto: Airbus A321-200 EC-HTF (Klaus Brandmaier / Amsterdam)

IBERIA

130 Calle Velazquez, 28006 Madrid, Spanien
Tel.: 91-5878787 Fax: 91-5857469
E-Mail: information@iberia.com Web: www.iberia.com

ICAO-Code / IATA-Code	IATA-Nr.	Länderkennung	ICAO-Callsign
IBE (IB)	075	EC	Iberia

Die heute bekannte Iberia wurde 1940 durch Zusammenschluß mehrerer Gesellschaften formiert. Nach dem spanischen Bürgerkrieg war der deutsche Einfluß auf die Gesellschaft noch recht groß, so dass Lufthansa 49% des Kapitals hielt. 1944 übernahm die spanische Regierung alle Anteile und bestellte als Ergänzung ihrer Ju-52-Flotte, nunmehr DC-3. Iberia erschloß, als europäische Vorreiter-Gesellschaft nach dem Krieg, wichtige Routen nach Buenos Aires (1946), Caracas und San Juan (1949), Havanna, New York und Mexiko (1954), Bogota (1958), Santiago und weitere Ziele Anfang 1960. Damit gehört Südamerika traditionell zu den wichtigsten Märkten. Zum Einsatz kamen DC-4, Lockheed Constellation und als erster Jet die DC-8 im Jahre 1961. Die Caravelle wurde 1962 für Kurz- und Mittelstrecken beschafft, ab 1967 an die Tochterfirma Aviaco abgegeben und DC-9 gekauft. Ihr erstes Großraumflugzeug, die Boeing 747 erwarb Iberia im Oktober 1970. Boeing 727 wurden 1972 und im folgenden Jahr DC-10-30 gekauft. Mit einem großen Flottenerneuerungsprogramm startete Iberia in das letzte Jahrzehnt dieses Jahrhunderts. MD-87, Boeing 757 und A320 ersetzten ältere DC-9 und Boeing 727. Auch beteiligte man sich an anderen Fluggesellschaften wie VIASA, Aerolineas Argentinas, Viva, Aviaco, Ladeco und Royal Air Maroc. 1996 trafen die ersten Airbus A340 ein, die die DC-10 auf Langstrecken ersetzten.1999 wurde die Tochtergesellschaft Aviaco integriert, da die Konkurrenz im Inland stärker wurde. Weitere neue Flugzeuge, die für ältere Boeing 727 in die Flotte kamen waren 1999 Airbus A321 und im Jahr 2000 A319. Seit 2001 ist Iberia vollständig privatisiert und die Aktien werden an der Madrider Börse gehandelt. Mit Lieferung von Airbus A340-600 wird Iberia 2004 auch die letzten Boeing 747-200 ausmustern. Iberia gehört zur Oneworld Allianz, weitere Kooperationen gibt es mit Air Nostrum, die auch im Auftrag von Iberia ein dichtes regionales Streckennetz betreibt.

Routen

Dichtes inländisches Liniennetz zu 30 Zielen mit Schwerpunkt in Madrid und Barcelona. Liniendienste in die USA, Karibik, Süd-und Mittelamerika, Mittlerer Osten, Afrika und wichtige Ziele in Europa werden regelmäßig bedient.

Flotte		Bestellt
52 Airbus A320-200	19 Boeing 757-200	5 Airbus A319
4 Airbus A319	6 Boeing 747-200	13 Airbus A321
6 Airbus A321	18 (Boeing) McDonnell Douglas MD-87	4 Airbus A340-300
18 Airbus A340-300	14 (Boeing) McDonnell Douglas MD-88	
3 Airbus A340-600		

Foto: Airbus A320-200 EC-IEQ (Stefan Schlick / Saarbrücken)

IBERWORLD AIRLINES

Gran Via Asima 23, 07009 Palma de Mallorca, Spanien
Tel.: 971-787940 Fax: 971-713184
E-Mail: iberworld@iberworld.com Web: www.iberworld.es

ICAO-Code / IATA-Code	IATA-Nr.	Länderkennung	ICAO-Callsign
IWD (TY)	-	EC	Iberworld

Die spanische Iberostar-Gruppe ist seit 70 Jahren im Tourismusgeschäft tätig und ihre Aktivitäten tätigt sie heute in 23 Ländern der Welt. Die Gruppe verfügt über Hotels, Reisebüros und ist auch seit Jahren als Veranstalter weltweiter Urlaubsreisen bekannt. Seit 1998 verfügt sie nunmehr auch über die eigene Fluggesellschaft, Iberworld Airlines. Der Erstflug von Palma de Mallorca nach Bilbao war am 12. April 1998. Als Fluggerät wählte Iberworld den Airbus A320. Bereits Ende 1998 verfügte die Gesellschaft über vier Maschinen des bewährten Typs. Die Entwicklung der Gesellschaft verlief sehr zügig, da die eigenen Veranstalter der Gruppe natürlich die Flugzeuge auslasten konnten Neben spanischen Zielen kamen aber immer mehr europäische Destinationen hinzu. Für die Langstrecken, besonders zu den Winterzielen der Karibik, erhielt Iberworld 1999 zunächst einen Airbus A310-300, im Februar 2002 wurde dieser jedoch durch einen Airbus A330-200 ersetzt. Die Flotte wird kontinuierlich weiter ausgebaut, wobei diese in der eigenen Werft am Flughafen Palma de Mallorca gewartet wird.

Routen

Alicante, Amsterdam, Arrecife, Athen, Barcelona, Bergen, Berlin, Bilbao, Birmingham, Brüssel, Budapest, Cancun, Ciego de Avilla, Cork, Dublin, Düsseldorf, East Midlands, Frankfurt, Fuerteventura, Glasgow, Groningen, Hamburg, Helsinki, Ibiza, Las Palmas, Lissabon, London, Madrid, Mailand, Malaga, München, Nantes, Paris, Prag, Puerto Plata, Punta Cana, Sansibar, Sevilla, Shannon, Valencia, Varadero, Vaxjo, Vigo,Vitoria, Zürich

Flotte

1 Airbus A 310-300
7 Airbus A320-200
2 Airbus A330-200

Foto: Boeing 757-200 TF-FIH (Josef Krauthäuser/Frankfurt)

ICELANDAIR

Reykjavik Airport, 101 Reykjavik, Island
Tel.: 5050300 Fax: 5050391
E-Mail: info@islandair.is Web: www.icelandair.is

ICAO-Code / IATA-Code	IATA-Nr.	Länderkennung	ICAO-Callsign
ICE (FI)	108	TF	Iceair

Icelandair oder Flugfelag Islands HF wurde an der Nordküste Islands als Flugfelag Akureyar im Juni 1937 gegründet. Mit einer Waco YKS wurde der Flugbetrieb nach Reykjavik aufgenommen. 1940 wurde der Sitz der Gesellschaft in die Hauptstadt Reykjavik verlegt, eine Beech 18, zwei Dragon Rapide und eine weitere Waco YKS, gekauft. Nach dem Ende des Zweiten Weltkriegs wurde erstmals 1946 von Island über Prestwick nach Kopenhagen eine Linienverbindung ins Ausland geschaffen. Im April 1948 erhielt Flugfelag ihre erste DC-4 mit der eine zweite Verbindung nach London geschaffen wurde. Bereits 1955 wurde erstmals auch Deutschland bedient, 1965 kamen Fokker F27 und zwei Jahre später Boeing 727 zum Einsatz. Am 1. Oktober 1979 erfolgte der Zusammenschluß mit Loftleidir, mit der es bereits 1973 zu enger Kooperation gekommen war, zur neuen Holdinggesellschaft Icelandair-Flugleidir. Beide Streckennetze und Flugzeugflotten führte man zusammen. 1988 flogen 836000 Passagiere mit Icelandair. Ab 1989 wurden die DC-8 durch moderne Boeing 757 ersetzt, die weitere Flotte stetig erneuert und Boeing 737 zugeführt. Für regionale Strecken konnte die F27 von der modernen F-50 abgelöst werden, womit Icelandair über eine komplett neue Flotte verfügte. 1999 änderte Icelandair ihr Erscheinungsbild und die ersten Flugzeuge trugen die Farben eines neuen Corporate Identity. Icelandair Cargo wurde eine eigenständige Abteilung mit einer B-757F. Seit 2002 verfügt Icelandair über eine reine Jetflotte, da die Regionalflüge und die Fokker 50 an die Tochtergesellschaft Flugfelag abgegeben wurden.

Routen

Isländische Regionaldienste zu etwa 10 Zielen. Internationale Routen von Reykjavik nach Amsterdam, Baltimore, Barcelona, Boston, Faröer Inseln, Frankfurt, Glasgow, Göteborg, Halifax, Hamburg, Helsinki, Kopenhagen, London, Mailand, Minneapolis/St.Paul, New York, Orlando, Oslo, Palma de Mallorca, Paris, Stockholm. Charterflüge auch in die Mittelleerregion.

Flotte

11 Boeing 757-200ER
1 Boeing 737-300
2 Boeing B-757-300

Foto: Airbus A320-200 VT-EPI (Jörg Thiel / Bangkok)

INDIAN AIRLINES

113 Gurdwara Rakabganj Road, New Delhi 110001, Indien
Tel.: 11-3718951 Fax: 11-3711014
Web: www.nic.in/indian-airlines

ICAO-Code / IATA-Code	IATA-Nr.	Länderkennung	ICAO-Callsign
IAC (IC)	058	VT	Indair

Indian Airlines Corporation wurde am 28. Mai 1953 von der Zentralregierung in Delhi gegründet. Die bisherigen privaten Fluggesellschaften wurden alle nationalisiert und zu Air India und Indian Airlines zusammengefasst, wobei Indian Airlines für die regionalen Dienste zuständig wurde. Am 1. August 1953 nahm die Gesellschaft den Flugbetrieb auf. Zum Einsatz kamen DC-3, DC-4 und Vickers Viking. 1957 wurden diese teilweise durch Vickers Viscount ersetzt, ab Mai 1961 dann von Fokker F-27. Erstes Jet-Fluggerät war ab Februar 1964 die "Caravelle". In Indien lizenzgefertigte HS-748 kamen ebenso zum Einsatz wie der Airbus A300 als erstes Großraumflugzeug. Bei Einführung der neuesten Flugzeug-Generation vom Typ Airbus A320 gab es zur Jahreswende 1989/90 einige Komplikationen, die auch auf den Flugbetrieb und die Passagierzahlen Auswirkungen hatten. Von Delhi, Kalkutta, Madras und Mumbai (früher Bombay) waren die Flüge von Indian Airlines regional aufgeteilt. 1994 wurde Indian Airlines teilweise privatisiert, blieb aber weiter unter dem Einfluß der Regierung. Vayoodut Airlines mit einem regionalen Streckennetz und einigen Dornier 228 wurde 1996 übernommen. Die Regierung schrieb 1998 nochmals einen weiteren Anteil zum Verkauf aus und hält die eigenen Anteile bei 49%. Alliance Air ist eine Tochtergesellschaft, die mit B-737 innerhalb Indiens im Einsatz ist. Mit Air France, Air India, Druk Air, Pakistan Airlines und Srilankan Airlines bestehen Kooperationsabkommen.

Routen

Über 50 Ziele in Indien werden regelmässig bedient, darüber hinaus auch internationale Flüge nach Al-Fujairah, Bahrain, Bangkok, Colombo, Dacca, Doha, Karachi, Kathmandu, Kuala Lumpur, Male, Muscat, Ras al Khaimah, Sharjah, Singapur, Yangon

Flotte

8 Airbus A300B4
34 Airbus A320-200
2 Fairchild-Dornier 228

Foto: Airbus A300-600 EP-IBA (Josef Krauthäuser / Frankfurt)

IRAN AIR

P.O.Box 13185-775, Mehrabad Airport, Teheran, Islamische Republik Iran
Tel.: 979111 Fax: 6003248
Web: www.iranair.co.ir

ICAO-Code / IATA-Code	IATA-Nr.	Länderkennung	ICAO-Callsign
IRA (IR)	096	EP	Iranair

Iran Air entstand 1962 durch Fusion von Iranian Airways und Persian Air Service, auf Veranlassung der damaligen Regierung. Strecken und Fluggerät wurden von den Vorgängergesellschaften übernommen. 1965 stellte Iran Air die Boeing 727 in Dienst und eröffnete damit neue Strecken nach London und Frankfurt. Im März 1976 wurde mit einer Boeing 747SP der Liniendienst nach New York aufgenommen. 1978 kamen die ersten Airbus A 300 zum Einsatz, hauptsächlich auf stark frequentierten Routen in die Nachbarländer. Die politische Entwicklung Anfang der 80'er Jahre und der langjährige Krieg mit dem Nachbarn Irak brachten starke Veränderungen mit sich. Erst ab 1989 konnte sich Iran Air neu strukturieren. Eine Modernisierung der Flotte begann im September 1990 mit Ablieferung der ersten Fokker 100 für den regionalen Verkehr. Eine weitere Modernisierung scheiterte immer noch an einem US-Wirtschaftsembargo, welches sich auch auf Zivilflugzeuge erstreckte. 1992 wurde als Tochterunternehmen, zusammen mit Tajik Air, Iran Air Tours gegründet. Eine Kooperation besteht mit Aeroflot, Austrian Airlines, Lufthansa, Malaysian Airlines und Syrianair.

Routen

Abu Dhabi, Ahwaz, Almaty, Amsterdam,Ardabil, Ashgabat, Bahrein, Baku, Bandar Abbas, Bandar Lengeh, Beijing, Buskihr, Cha-Bahar, Damaskus, Dacca, Delhi, Doha, Dubai, Entebbe, Frankfurt, Genf, Göteborg, Hamburg, Isfahan, Istanbul, Jeddah, Kabul, Karachi, Kerrnan, Köln/Bonn, Kormanshar, Kopenhagen, Kuala Lumpur, Kuwait, Larnaca, London, Mashad, Moskau, Mumbai, Nairobi, Paris, Rom, Sary, Sharjah, Shiraz, Stockholm, Täbris, Tashkent, Teheran, Tokio, Wien, Yazd, Zahedan

Flotte

4 Airbus A300B2	6 Boeing 727-200	4 Boeing 747SP
2 Airbus A300-600	4 Boeing 707-300	5 Fokker 100
3 Airbus A310	3 Boeing 747-200	
4 Boeing 737-200	1 Boeing 747-100	

Foto: Boeing B-727-200ADV EP-ASB (Bastian Hilker / Dubai)

IRAN ASEMAN AIRLINES

P.O.Box 141748 Mehrabad Airport, Teheran 13145-1476, Islamische Republik Iran
Tel.: 21-6400257 Fax: 21-6404318

ICAO-Code / IATA-Code	IATA-Nr.	Länderkennung	ICAO-Callsign
IRC (EP)	815	EP	Asseman

Nach der politischen Revolution im Jahre 1980 wurde Iran Asseman Airlines durch den Zusammenschluss von kleineren Taxigesellschaften auf staatliche Veranlassung hin etabliert. Air Taxi, die 1958 gegründet worden war, Air Service, gegründet 1962, und Pars Air, die seit 1969 bestand sowie Hoor Asseman waren mit ihren kleineren Flugzeugen die Keimzelle der neuen Gesellschaft, die schon bald Fokker F 28 einsetzte. Der Krieg zwischen Iran und Irak verhinderte vorerst jedoch eine weitere Entwicklung der Gesellschaft, die nur im Inland zum Einsatz kam. Hier waren es keine regelmäßigen Linienflüge, sondern überwiegend Kontrakt- und Charteraufträge für Firmen und auch staatliche Stellen, die einen Flugbetrieb ermöglichten. In den Jahren 1993/94 erfolgte eine umfassende Reorganisation und es kam zur Beschaffung von weiteren Fokker F28 sowie von ATR 42 und ATR 72. Auch erhielt man noch vier Boeing B-727. Inzwischen hatte, die in Iran Aseman Airline umbenannte Gesellschaft, ein weit verzweigtes Streckennetz im Iran aufgebaut und flog auch ins benachbarte Ausland auf der arabischen Halbinsel. 1999 erhielt die Gesellschaft dann mit der leistungsstärkeren ATR-72-500 die vorläufig letzten Flugzeuge. Neben Teheran ist Shiraz ein wichtiges Hub für Iran Aseman Airlines, doch auch Dubai entwickelte sich mit mehreren Flügentäglich zu einem Drehkreuz.

Routen

Abadan, Ahwaz, Ardabai, Ashgabat, Bahrain, Bam, Bandar Abbas, Birjand, Bishkek, Bojnord, Bishier, Chah Bahar, Doha, Dubai, Dushanbe, Fasa, Gonbad, Hamadan, Isfahan, Kerman, Keramshah, Khorramabad, Kish, Kuwait, Lar, Mashad, Quetta, Rafsanjan, Ramsar, Sanandaj, Shiraz, Tabas, Täbris, Teheran, Yazd, Zahedan

Flotte

6 ATR 72	6 Fokker F28
4 Boeing 727-200	1 YAK 40
2 Britten Norman BN-Islander	

Foto: Boeing 737-400 JA 8991 (Samlung Josef Krauthäuser)

JAL EXPRESS

4-11 Higashi-Shinagawa, 2-chome Sinagawa-ku, Tokio 1040, Japan
Tel.: 6-68577378 Fax: 6-68577384
Web: www.jal.co.jp/jex

ICAO-Code / IATA-Code	IATA-Nr.	Länderkennung	ICAO-Callsign
JEX (JC)	-	JA	Janex

Im dichtbevölkerten Japan hat der Inlandsluftverkehr einen wichtigen Stellenwert. Neben den bisher einzigen Anbietern ANA/All Nippon, Japan Airlines und JAS haben sich in den letzten Jahren einige kleinere Airlines einen Nischenmarkt erschlossen. Auf einigen Strecken tobt deshalb ein harter Konkurrenzkampf, der teilweise über den Ticketpreis ausgetragen wird. Die hohen Kosten der etablierten Fluggesellschaften haben bereits ANA veranlasst, viele Flüge auf die Tochtergesellschaft Air Nippon zu übertragen. Japan Airlines gründete deshalb im April 1997 die eigene low-cost Airline und nannte sie JAL-Express. Mit zunächst zwei Boeing 737-400, diese wurden von der Muttergesellschaft geleast, begann der Flugbetrieb am 1. Juli 1998. Die erste Route war Osaka-Miyazaki und wurde mehrmls täglich geflogen. Mit Erhalt von weiteren B-737-400 konnte der Flugbetrieb ausgeweitet werden, so von Osaka nach Kagoshima. Alle Flüge werden mehrmals am Tage durchgeführt. Die langfristige Zielsetzung von JAL-Express ist ein dichtes Inlandstreckennetz nach dem Vorbild der amerikanischen und europäischen low-cost/low-fare Gesellschaften. Nach dem Zusammenschluss von JAL und JAS im Jahre 2002 wird über die weitere Zukunft von JAL-Express spekuliert.

Routen

Akita, Fukuoka, Kagoshima, Kumamoto, Memambetsu, Miyazaki, Nagasaki, Nagoya, Oita, Okinawa, Osaka, Sapporo, Sendai, Tokio

Flotte

6 Boeing 737-400

Foto: (Boeing) Douglas DC-10-40 JA8544 (Sammlung Josef Krauthäuser)

JALWAYS

2-4-11 Higashi-Shinagawa 2 chome, Shinagawa-Ku, Tokio 140-8647, Japan
Tel. : 3-54606830 Fax: 3-54606839
Web: www.jalwys.co.jp

ICAO-Code / IATA-Code	IATA-Nr.	Länderkennung	ICAO-Callsign
JAZ (JO)	708	JA	J-Way

Am 5. Oktober 1990 wurde Japan Air Charter - JAZ gegründet. Japan Airlines war an dieser Neugründung massgeblich beteiligt und hielt etwa 80% des Kapitals. Von JAL kamen auch die Flugzeuge, eine DC-10-40 und eine Boeing 747-200 im wet-lease. Piloten und Kabinenpersonal kam ebenfalls von JAL. Die Einklassen-Bestuhlung war traditionell japanisch und das Ziel der zahlreichen Charterflüge war Hawaii. Das was für den Mitteleuropäer der Urlaub am Mittelmeer ist, ist für den Japaner das sechs Stunden entfernte Hawaii. Weitere Ziele waren Bangkok und Guam. Die Flotte wurde im Verlaufe der nächsten Jahre erweitert und auch bunter. 1997 gab es eine erste Resort-Bemalung, diese wurde sowohl auf DC-10, als auch die Boeing 747 übertragen. Japan Air Charter hatte auch die Aufgabe einer Leasinggesellschaft für JAL übernommen. Zum 1. Oktober 1999 wurde der Name in JALways abgeändert. Geändert wurde auch die Bestimmung der Gesellschaft und die Bemalung der Flugzeuge. Sie flog ab dieser Zeit nicht mehr nur Charterflüge, sondern übernahm für JAL die gesamten Flüge zu den Feriengebieten und war damit eine eigenständige Gesellschaft. Das machte sich auch bei den Uniformen der Kabinenbesatzung augenfällig bemerkbar. JAL konnte so die freigewordenen Kapazitäten nutzen und ohne Zwischenstopp direkt nach Los Angeles oder San Francisco fliegen. Die Flugzeuge werden von JAL betreut und gewartet, Basis ist der Flughafen Tokio-Narita.

Routen

Bangkok, Guam, Hiroshima, Honolulu, Kona, Niigata, Osaka, Saipan, Sapporo, Sendai, Tokio

Flotte

2 Boeing 747-200
4 (Boeing) Douglas DC-10-40

Foto: Boeing 747-400 JA 8904 (L. Mukrati / Tokio)

JAPAN AIRLINES

Jal Building, Higashi Shinagawa 2-4-11, Shinagawa-ku, Tokio 140, Japan
Tel.: 3-54603121 Fax: 3-54603936
Web: www.jal.co.jp

ICAO-Code / IATA-Code	IATA-Nr.	Länderkennung	ICAO-Callsign
JAL (JL)	131	JA	Japanair

Die Gründung der JAL war am 1.8.1951. Bereits am 25.10.1951 erfolgte der Erstflug mit einer geleasten Martin 202 von Tokio-Haneda nach Osaka, genau ein Jahr später der erste Flug mit einer eigenen DC-4. 1953 erfolgte die Einführung der DC-6. Am 2. Februar 1954 dann der erste internationale Flug von Tokio nach San Francisco. 1960 wurde die DC-8 für diese Strecke eingeführt. Im darauffolgenden Jahr konnte die Polarroute Tokio-London und Paris/Kopenhagen-Tokio mit DC-8 eröffnet werden. 1962 kaufte JAL Convair 880 und setzte sie über Südostasien erstmals nach Frankfurt ein. Am 2. Mai 1965 folgte als zweite Destination in Deutschland Hamburg. 1967 wurde ein "Rund um die Welt"-Flug installiert. Ab März 1970 wurde erstmals über Sibirien nach Europa geflogen, wobei die Zeitersparnis gegenüber der Polroute einige Stunden beträgt . Im selben Jahr, am 1. Juli 1970, kam die Boeing 747 zum Einsatz, zunächst auf den Pazifikstrecken. Speziell für JAL ist die DC-10-40 ausgelegt, die ab Mitte der 70'er Jahre eingesetzt wurde. Neue Ziele waren im Jahre 1979 Zürich und ab 1985 Düsseldorf. Auch eine Expansion in die USA wurde während der 80'er Jahre vorgenommen. Neue Ziele waren Atlanta, im Jahre 1987 wurde auch die erste Boeing 767 in die Flotte integriert. Die staatliche JAL wurde im Jahre 1988 privatisiert. Ab 1993 kam die MD-11 zum Einsatz, ab 1995 die Boeing 737-400 und 1996 die Boeing 777. JAL ist an folgenden anderen Gesellschaften beteiligt: Japan Asia, JALexpress, JALways und Japan Trans Ocean. Auch an JAS - Japan Air System hatte JAL eine Beteiligung von 8,5 %. Im Jahre 2002 übernahm Japan Airlines die gesamten Anteile und beide Gesellschaften wurden fusioniert. Der Name Japan Airlines blieb dabei erhalten und die Gesellschaft gab sich auch eine neue Corporate Identity, wobei die Bemalung der Flugzeuge durch die symbolische rote Sonne im Leitwerk, mehr an die Kamikaze Flieger und ihre Zero Jäger erinnern, denn an eine seriöse Airline.

Routen

Akita, Amami, Amsterdam, Atlanta, Bangkok, Beijing, Brisbane, Chicago, Dalian, Dallas/Fort Worth, Delhi, Denpasar, Djakarta, Frankfurt, Fukuoka, Fukushima, Genf, Guam, Guangzhou, Hakodate, Hiroshima, Ho Chi Minh City, Hongkong, Honolulu, Kagoshima, Kochi, Komatsu, Kona, Kuala Lumpur, Kumamoto, Las Vegas, London, Los Angeles, Mailand, Manila, Matsuyama, Memphis, Mexiko City, Moskau, Nagasaki, Nagoya, New York, Niigata, Obihiro, Oita, Okinawa, Osaka, Paris, Pusan, Qingdao, Rom, Saipan, San Francisco, Sao Paulo, Sapporo, Sendai, Seoul, Shanghai, Singapur, Sydney, Tianjin, Tokio, Tukushima, Vancouver, Xian, Yamagata, Zürich

Flotte		Bestellt
36 Airbus A300B2/B4/300-600	27 Boeing 777-200/300	26 (Boeing) McDonnell Douglas MD-81/87
31 Boeing 767-200/300	8 (Boeing) Douglas DC-10-40	
43 Boeing 747-400	6 (Boeing) McDonnell Douglas MD-11	
34 Boeing 747-100/200/300	16 (Boeing) McDonnell Douglas MD-90	

Foto: Boeing 737-300 YU-ANF (Marcus Baltes / Frankfurt)

JAT-YUGOSLAV AIRLINES

Bulevar Umetnosti 16, 11070 Novi Beograd, Jugoslawien
Tel.: 11-3114222 Fax: 11-137756
E-Mail: sales@jat.com Web: www.jat.com

ICAO-Code / IATA-Code	IATA-Nr.	Länderkennung	ICAO-Callsign
JAT (JU)	115	YU	JAT

Vorgängergesellschaft war die 1927 gegründete Aeroput, die allerdings mit Beginn des zweiten Weltkrieges den Betrieb einstellen mußte. Am 1. April 1947 wurde dann JAT gegründet. Zum Einsatz kamen DC-3. Die Ära der Jetflugzeuge, die 1963 mit der Caravelle begann, beschleunigte die Ausdehnung des Streckennetzes. Besonders in Europa wurden Ziele wie Moskau, Amsterdam und Stockholm ohne Zwischenstopp erreicht. 1969 kamen DC-9 und 1970 Boeing 707 zur Flotte mit der erstmals ein Transatlantikverkehr nach USA und Kanada möglich war. Aber auch Ziele in Fernost und Australien wurden aufgenommen. 1974 wurde dann die Flotte mit der B-727 für die Mittelstrecken ergänzt und die Caravelle ausgemustert, ab 1978 folgten für die Langstrecken DC-10 als Nachfolger der B-707. Eine Flottenerneuerung begann dann 1985 mit Erwerb der Boeing 737-300. Am 31. Mai 1992 mußte JAT seine internationalen Flüge auf Grund von UN-Sanktionen einstellen. Die politische Situation in Ex-Jugoslawien mit dem anhaltenden Bürgerkrieg in Bosnien war der Grund. Zum 6. Oktober 1994 nahm JAT den internationalen Flugbetrieb wieder auf, nachdem die UN das Embargo vorläufig aussetzte. Der neuen Situation folgend, wurde auch das Erscheinungsbild angepasst. Mit neuen Farben und der Aufschrift "Yugoslav Airlines" startete man wieder ab Belgrad, überwiegend zu europäischen Zielen, da für die Langstrecken keine Nachfrage bestand und drei DC-10 verkauft wurden. Weitere Flugzeuge der früher umfangreichen Flotte waren an andere Gesellschaften verleast. Erneute Komplikationen gab es für JAT im Jahre 1999, als die NATO ab März Teile von Jugoslawien bombardierte. Ein neues Embargo folgte und wurde erst im März 2000 aufgehoben. Seitdem baut JAT ein neues Streckennetz auf, welches sich auf Europa und den Nahen Osten konzentriert. Die Flotte ist entsprechend ausgerichtet und die letzte DC-10 ist langfristig an Cubana vermietet. Ein Austauschprogramm der relativ alten Flotte ist für die Jahre 2004-2005 vorgesehen. Hier hat sich JAT für Airbus A319 entschieden. Basis mit einer Wartungswerft ist der Flughafen Belgrad.

Routen

Amsterdam, Athen, Banjaluka, Beirut, Belgrad, Berlin, Bukarest, Damaskus, Dubai, Düsseldorf, Frankfurt, Göteborg, Hamburg, Hannover, Istanbul, Kairo, Kopenhagen, Larnaca, London, Mailand, Malta, Moskau, Paris, Podgorica, Prag, Rom, Skopje, Sofia, St.Petersburg, Stockholm, Stuttgart, Tel Aviv, Thessaloniki, Tivat, Triest, Tripolis, Tunis, Wien, Zürich

Flotte		Bestellt
3 ATR72 11 Boeing 737-300/400	1 (Boeing) McDonnell Douglas DC-10-30	8 Airbus A319

Foto: Boeing 737-400 VT-JAU (Mumbai / Sammlung Gerhard Schütz)

JET AIRWAYS

SM Centre, Andheri-Kurla Road, Andheri, Mumbai, 400059 Indien
Tel.: 91-22 8505080 Fax: 91-228505631
Web: www.jetairways.com

ICAO-Code / IATA-Code	IATA-Nr.	Länderkennung	ICAO-Callsign
JAI (9W)	589	VT	Jet Airways

Indien ist das Land mit der weltweit zweitgrößten Bevölkerung und nimmt flächenmäßig die gesamte indische Halbinsel ein. Da ist das Flugzeug eine bedeutende und zunehmend wichtigere Transportmöglichkeit. Die jahrelangen Beschränkungen für private Gesellschaften und die Monopolstellung der beiden staatlichen Gesellschaften Air India und Indian Airlines wurden teilweise aufgehoben. Seit einigen Jahren werden immer mehr private Gesellschaften zugelassen, so auch Jet Airways. Die Gesellschaft wurde 1992 in Mumbai gegründet und nahm Anfang 1993 den Flugbetrieb auf. Zum Einsatz kamen Boeing 737-300. 1994 erhielt Jet Airways die Bestätigung als Liniengesellschaft. Von diesem Zeitpunkt an wuchs die Gesellschaft rasant und ist inzwischen die größte private Fluggesellschaft in Indien. Die Flotte ist homogen und besteht aus Boeing 737-300, 400, 700 und 800. Für Kurzstrecken wurden ATR-72 beschafft die ab 1999 zum Einsatz kamen. An der Heimatbasis in Mumbai unterhält Jet Airways einen Werftbetrieb. Weitere wichtige Hubs sind Bangalore, Chennai, Delhi und Kalkutta. Von hier aus werden alle wichtigen Orte des Subkontinents bedient.

Routen

Ahmedabat, Aurangabad, Bagdogra, Bangalore, Bhavnagar, Bhopal, Bhubaneswar, Bhuj, Chandigarh, Chennai, Coimbatore, Delhi, Diu, Goa, Guwahati, Hyderabad, Imphal, Indore, Jaipur, Jammu, Jodphur, Jorhat, Khajuraho, Leh, Lucknow, Ludhiana, Madurai, Mangalore, Mumbai, Nagpur, Porbandar, Port Blair, Puna, Rajkot, Srinagar, Thiruvananthapuram, Tirupati, Trivandrum, Udaipur, Vadodara, Varanasi, Vishakhapatnam

Flotte		Bestellt
8 ATR-72-500	14 Boeing 737-800	2 Boeing 737-800
8 Boeing 737-400	2 Boeing 737-900	
7 Boeing 737-700		

Foto: Airbus A320-200 N505JB (Ken Petersen / loves New York)

JET BLUE AIRWAYS

8002 Kew Gardens Road, New York,11415, USA
Tel.: 718-2867900 Fax: 718-2867950
E-Mail: dearjetblue@jetblue.com Web: www.jetblue.com

ICAO-Code / IATA-Code	IATA-Nr.	Länderkennung	ICAO-Callsign
JBU (B6)	279	N	Jetblue

In Airlinerkreisen ist der Begründer von Jet Blue Airways kein Unbekannter, führte er doch vor einigen Jahren Morris Air zu einem solchen Erfolg, dass diese von der mächtigen Konkurrenz Southwest Airlines gekauft wurde. Dabei hatte David Neeleman auch am Erfolg von Southwest mitwirken können. In den Jahren nach Morris Air baute er ein Reservierungssystem auf und half auch der kanadischen West Jet beim Aufbau ihres Flugbetriebes. Die Idee einer eigenen Fluggesellschaft blieb aber offenbar immer aktuell und 1998 wurde der Plan konkret. Erst wurden Investoren gesucht, die eine bisher von neu gegründeten Fluggesellschaften nicht erreichte Summe von $ 130 Millionen aufbrachten. Ein weiterer Punkt des Plans war die Auswahl der Flugzeuge. Hier kamen nur fabrikneue Typen in Frage und die Entscheidung fiel zu Gunsten der Airbus Industrie aus. Im April wurden deshalb 82 Airbus A320 bestellt, die alle mit einem modernen 24 Kabel-Fernsehsystem und Ledersitzen ausgestattet werden. Als Basis und Ausgangsflugplatz kam nur der New York J.F.Kennedy Airport in Frage, da sich hier die besten Marktchancen erhofft wurden. Für 75 Slots konnten hier Optionen erteilt werden. Mit Eintreffen des ersten A320 im Januar 2000 war Jet Blue für den Einsatz bereit. Am 11.2.2000 erfolgte der erste Linienflug von New York nach Fort Lauderdale. Tags darauf eröffnete man eine weitere Linie nach Buffalo. Tampa war ein weiteres Ziel und mit Eintreffen weiterer Flugzeuge wurden die Verbindungen ausgebaut. Im ersten Jahr sollten es zehn Fluzeuge und auch zehn Zielorte sein. Seit dem ersten Jahr hat sich Jet Blue gewaltig entwickelt und auch die Auswirkungen des 11. September waren nur kurzfristig. Inzwischen wurde die Flotte erweitert und weitere Flugzeuge bestelltt. Das Streckennetz wurde erweitert, so dass Jet Blue nun landesweit fliegt aber ebenso auch nach Puerto Rico.

Routen

Atlanta, Buffalo, Burlington, Denver, Fort Lauderdale, Fort Myers, Las vegas, Long Beach, New Orleans, New York-JFK, Oakland, Ontario, Rochester, Salt Lake City, San Diego, San Juan, Seattle, Tampa, West Palm beach, Washington DC-Dulles

Flotte	Bestellt
45 Airbus A320-200	120 Airbus A320

Foto: (Boeing) McDonnell Douglas MD-83 C-GKLK (Thomas Kim / Toronto)

JETSGO

7800 Chemin Cote du Liesse, St. Laurent, Quebec H4T 1G1, Kanada
Tel.: 514-3447100 Fax: 514-7331376
E-Mail: info@jetsgo.com Web: www.jetsgo.net

ICAO-Code / IATA-Code	IATA-Nr.	Länderkennung	ICAO-Callsign
JGO (SG)	-	C	Jetsgo

Nachdem Air Canada mit Tango und Zip bereits zwei Low-cost / no frills Gesellschaften gegen die seit einigen Jahren etablierte und erfolgreiche Westjet in das Rennen um die Gunst der Passagiere schickte, kam im Juni 2002 eine weitere hinzu. Der in Airline Kreisen bestens bekannte Michael Leblanc kündigte im Mai 2002 den Start von Jetsgo an. Leblanc war Eigentümer von Royal Airlines, die er im Jahre 2001 an Canada 3000 verkaufte. Diese musste, genau zwei Monate nach den Ereignissen des 11. September, den Flugbetrieb einstellen und Konkurs anmelden. Die Buchungszahlen brachen abrupt ein und es gab auch bekanntlich für einige Tage ein generelles Flugverbot für den Luftraum der USA. Leblanc hatte also noch Gelegenheit den Kaufpreis zu kassieren und konnte jetzt wieder in eine neue Airline investieren. Mit Unterstützung einer kanadischen Grossbank und der Boeing Company wurde im März 2002 Jetsgo Corporation in Montreal gegründet. Mit drei Boeing-McDonnell Douglas MD-83 startete am 12. Juni 2002 der Flugbetrieb. Die Preise für die One-way Flüge, es gibt keine Tickets und die Buchung erfolgt überwiegend per Internet oder telefonisch, liegen meistens unter denen der Konkurrenz. Entsprechend liegen die Auslastungen bei über 70%. Jetsgo beschränkt sich nicht nur auf die zentralen Grosszentren, sondern auch Ziele die Air Canada Jazz mit DHC-8 anfliegt. Noch im Jahre 2002 kamen weitere MD-83 zur Flotte, die schneller ausgebaut werden konnte als zunächst geplant. Entsprechend schnell wuchs auch das Streckennetz, hier werden auch saisonabhängig einige Ziele mehr bedient. Erste Strecken in die USA führen nach New York und Fort Lauderdale.

Routen

Calgary, Charlottetown, Edmonton, Fort Lauderdale, Gander, Goose Bay, Halifax, Montreal, Newark, Ottawa, Quebec-City, Saguenay, Saint John, St. Johns, Stephenville, Sydney NS, Thunde Bay, Timmins, Toronto, Winnepeg, Vancouver, Victoria

Flotte

7 (Boeing) McDonnell Douglas MD-83

Foto: Boeing 737-400 JA-8524 (Sammlung Josef Krauthäuser)

JTA-JAPAN TRANSOCEAN AIR

3-24 Yamashita-cho, Naha-shi, Okinawa 900, Japan
Tel.: 98-8572112 Fax: 98-8589396
Web: www.jal.co.jp/jta

ICAO-Code / IATA-Code	IATA-Nr.	Länderkennung	ICAO-Callsign
JTA (NU)	353	JA	Jai Ocean

South West Airlines- SWAL -hatte ihre Basis am Flughafen Naha, der Hauptstadt von Okinawa. Diese Insel gehört zur Riukiu Gruppe und war von 1945 bis 1972 unter amerikanischer Kontrolle und Verwaltung. Während des zweiten Weltkrieges war Okinawa von Amerika besetzt worden. Gelegentlicher Flugverkehr wurde von Air Amerika durchgeführt, allerdings galten für japanische Bürger gewisse Beschränkungen. Am 22. Juni 1967 gründeten deshalb Geschäftsleute aus Okinawa eine eigene Fluggesellschaft. Unterstützung leistete Japan Air Lines, die sich auch mit 51% am Kapital beteiligte. Zum Einsatz kam ab dem 1. Juli 1967 eine Convair 240. Nach einem Jahr konnten bereits NAMC YS-11 aus heimischer Produktion die Flüge übernehmen. Die kleineren Inseln des Archipels wurden ebenfalls bedient, hier kamen DeHavilland DHC-6 Twin Otter zum Einsatz, da vielerorts nur kurze Pisten vorhanden waren. Anfang der 80'er Jahre kamen die ersten Boeing 737-200, die nach Ishigaki, der wichtigsten Route zum Festland, zum mehrmals täglichen Einsatz kamen. Im Juli 1993 wurde der Name in Japan Trans Ocean Air geändert. Ein Jahr später erhielt JTA mit der Boeing 737-400 modernere Flugzeuge, die als Ersatz für ältere YS-11 kamen. Mit Ryukyu Air Commuter hat JTA eine Tochtergesellschaft, die mit DeHavilland DHC-6 und DHC-8 weiterhin kleinere Inseln bedient.

Routen

Aguni, Amami O Shima, Fukuoka, Fukushima, Hateruma, Ishigaki, Kagoshima, Kerama, Kitadaito, Kochi, Komatsu, Kume Jima, Matsuyama, Minami Daito, Miyako Jima, Nagoya, Nahe, Obihiro, Okayama, Osaka, Sapporo, Taramajima, Tokio, Yonaguni Jima, Yoronjima

Flotte

18 Boeing 737-400

Foto: Boeing 767-300ER 5Y- KQZ (Albert Kuhbandner / Amsterdam)

KENYA AIRWAYS

Jomo Kenyatta Intl. Airport, P.O.Box 19002, Nairobi, Kenia
Tel.: 2-823000 Fax: 2-823488
Web: www.kenyaairways.co.uk

ICAO-Code / IATA-Code	IATA-Nr.	Länderkennung	ICAO-Callsign
KQA (KQ)	706	5Y	Kenya

Nach dem Zusammenbruch der multinationalen East African Airways gründete - notgedrungen - die kenianische Regierung eine eigene nationale Fluggesellschaft. Mit Hilfe der BMA-British Midland Airways und zwei geleasten Boeing 707 wurde, ein Monat nach Gründung, im Februar 1977 der Flugverkehr von Nairobi nach London, Frankfurt, Athen und Rom aufgenommen. Die geleasten Flugzeuge wurden durch eigene Boeing 707 ersetzt. Modernes Fluggerät bekam die Gesellschaft ab 1986, als die Boeing 707 durch Airbus A310 ersetzt werden konnte. 1996 erfolgte eine Teilprivatisierung unter Beteiligung von KLM, die 26% der Kapitalanteile hält. 1998 wurde ein geändertes Farbschema an den Flugzeugen eingeführt und die letzte Fokker 50 ausgemustert. Weitere Boeing 737 wurden übernommen, womit man nur noch über Jetflugzeuge verfügte. Anfang 2000 leaste Kenya Airways eine Boeing 767, die nach einem Absturz auch den letzten verbliebenen Airbus A310 ablöste. Die Boeing 737-700 wird ältere Boeing 737-200 ersetzen. Die Basis von Kenya Airways ist am internationalen Flughafen der Hauptstadt Nairobi.

Routen

Abidjan, Accra, Addis Abeba, Amsterdam, Bujumbura, Dar-es-Salaam, Douala, Dubai, Eldoret, Entebbe/Kampala, Frankfurt, Harare, Jeddah, Johannesburg, Kairo, Khartoum, Kigali, Kinshasa, Kisumu, Lagos, Lilongwile, London, Lusaka, Mahe, Malindi, Mombasa, Mumbai, Nairobi, Sansibar, Yaounde

Flotte		Bestellt
2 Boeing 737-200Adv.	3 Boeing 767-300	3 Boeing 777-200
4 Boeing 737-300		
2 Boeing 737-700		

Foto: Boeing 727-200F N278US (Josef Krauthäuser / Dallas-DFW)

KITTY HAWK AIRCARGO

P.O.B.612787 1515 West 20th Street, DFW Airport, Dallas, Texas 75261, USA
Tel.: 972-4566000 Fax: 972-4562277
E-Mail: info@kha.com Web: www.kha.com

ICAO-Code / IATA-Code	IATA-Nr.	Länderkennung	ICAO-Callsign
KHA (KR)	-	N	Air Kittyhawk

Nach dem Zusammenschluss von Kitty Hawk International mit Kalitta American International 1997 dauerte es nur einige Jahre bis das neue Unternehmen den Flugbetrieb vorläufig einstellen musste und sich unter Chapter 11 Gläubigerschutz stellte. Auflagen hinsichtlich der Flotte durch die FAA und auch die Ereignisse um den 11. September spielten dabei eine nicht unerhebliche Rolle. Die Flugzeuge der Gesellschaft wurden auf den Wüstenflughäfen in Arizona und Kalifornien vorübergehend eingemottet. Nach einer Reorganisation durch die Kitty Hawk Group und mit Hilfe neuer Investoren konnte im September 2002 Chapter 11 verlassen werden. Einige Boeing 727-200F wurden grundüberholt, mit neuen Ladebordsystemen ausgerüstet und wurden wieder in den Flugbetrieb aufgenommen. Daraus ergab sich eine neue Gesellschaft unter dem bekanntem Namen „Kitty Hawk“, die über ein eigenes Waren-Umschlagcenter in Fort Wayne, Indiana verfügt. Hier kommen Nacht für Nacht die Flugzeuge sternförmig aus allen Staaten der USA an, werden be- und entladen und fliegen zu ihren Ausgangspunkten zurück. Dabei transportiert Kitty Hawk alles vom kleinen Paket bis hin zu sperrigen Gütern. Die Boeing 727-200 Frachtmaschinen sind entsprechend ausgerüstet.

Routen

Atlanta, Baltimore, Boston, Buffalo, Charlotte, Chicago, Cincinatti, Cleveland, Dallas, Dayton, Denver, Detroit, El Paso, Erie, Fort Wayne, Grand Rapids, Hartford, Houston, Huntsville, Indianapolis, Jacksonville, Lexington, Los Angeles, Luisville, Memphis, Miami, Milwaukee, Minneapolis, Nashville, Newark, New York-JFK, Norfolk, Ontario, Orlando, Philadelphia, Pittsburgh, Portland, Rochester, San Diego, San Jose, Seattle, South Bend, Syracruse, Tampa, Toronto, Washington-Dulles

Flotte

41 Boeing 727-200F

Foto: Fokker 50 PH-KVG (Stefan Schlick / Luxemburg)

KLM-CITYHOPPER

Postbus 7700, 1117 ZL Schiphol Oost, Niederlande
Tel.: 20-6492227 Fax: 20-6488154
Web: www.klm.com

ICAO-Code / IATA-Code	IATA-Nr.	Länderkennung	ICAO-Callsign
KLC (KL)	195	PH	City

Die heutige KLM-Cityhopper ist die namentliche Nachfolgegesellschaft von NLM Dutch Airlines. Diese wurde 1966 gegründet und nahm am 29. August 1966 den Liniendienst zwischen Amsterdam, Eindhoven und Maastricht auf. Zum Einsatz kam die bewährte Fokker F27 Friendship. 1976 wurde der Name in NLM-Cityhopper geändert und KLM erwarb die Mehrheit des Kapitals. Netherlines wurde 1984 grgründet und begann am 8. Januar 1985 mit Aufnahme von Flügen zwischen Amsterdam und Luxemburg. Mit Jetstream 31 wurden zwischen 1985 und 1988 noch weitere Linien eröffnet. 1988 erfolgte eine Übernahmeofferte von KLM. Diese verschmolz ihre Tochtergesellschaft NLM-Cityhopper mit Netherlines und neu entstand die heutige KLM-Cityhopper, eine Gesellschaft deren Kapital sich in Händen der KLM befindet. Mit Ablieferung der ersten Fokker 70 im Frühjahr 1996 wurde eine Erneuerung der Flotte begonnen, welche jedoch durch den Konkurs von Fokker etwas außer Plan geriet. Basis ist Amsterdam-Schiphol, wo die gesamte Infrastruktur von KLM genutzt wird. KLM-Cityhopper fliegt unter KLM-Flugnummern weniger stark ausgelastete Linien oder zu kleineren Flughäfen. 2002 wurden KLM Cityhopper und KLM UK organisatorisch zusammengelegt, nachdem sich die gesamte KLM Gruppe einer neue Organisationsstruktur unterwarf um Kosten einsparen zu können. KLM Cityhopper ist für die Zuführung von Passagieren aus den regionalen Bereichen zuständig.

Routen

Aberdeen, Amsterdam, Basel, Berlin, Birmingham, Bologna, Bremen, Bristol, Brüssel, Cardiff, Düsseldorf, Frankfurt, Glasgow, Hamburg, Humberside, Kristiansand, London, Luxemburg, Lyon, Malmö, Manchester, München, Newcastle, Nizza, Norwich, Oslo, Paris, Rotterdam, Stavanger, Teeside, Toulouse, Turin, Venedig, Verona

Flotte

14 Fokker 100
20 Fokker 70
21 Fokker 50

Foto: Boeing 737-300 PH-BDG (Richard Schmaus / München)

KLM ROYAL DUTCH AIRLINES

P.O.Box 7700, 1117 ZL Amsterdam, Airport Schiphol, Niederlande
Tel.: 20-6499123 Fax: 20-6493113
Web: www.klm.com

ICAO-Code / IATA-Code	IATA-Nr.	Länderkennung	ICAO-Callsign
KLM (KL)	074	PH	KLM

Am 7. Oktober 1919 gegründet, zählt die KLM zu den ältesten Fluggesellschaften der Welt. Erste Linienflüge führten von Amsterdam nach London. Bereits seit 1921 fliegt KLM nach Deutschland. Zur Verwendung kamen bis zum Ausbruch des zweiten Weltkrieges vorwiegend Fokker-Flugzeuge. 1929 wurde die damals längste Strecke nach Batavia (dem heutigen Djakarta) aufgenommen, 1935 die DC-2, eingeführt, worauf 1936 die DC-3 folgte. KLM hatte bis zum Jahre 1940 eines der dichtesten Streckennetze in Europa. Nach 1945 begann der Wiederaufbau mit DC-3 Flugzeugen, 1948 folgte die Convair 240. Diese wurde durch die Convair 340 im Jahre 1953 ersetzt. Ab 1957 übernahm die Vickers Viscount wichtige Strecken in Europa, die wurde ab 1959 durch die Lockheed Electra ergänzt. Nach Übersee wurde zunächst mit DC-4, der Lockheed Constellation und als letztem Propellermuster, der DC-6 und DC-7 geflogen. Ab dem 16.4.1960 kam die erste DC-8 auf der Strecke nach New York zum Einsatz. Boeing 747 ab 1971 und DC-10 übernahmen in den siebziger Jahren die Langstrecken. Auf den Kurz- und Mittelstrecken setzte KLM zunächst auf die DC-9, welche dann durch Boeing 737 ersetzt und mit Airbus A310 ergänzt wurde. Das Flaggschiff der KLM ist die Boeing 747-400, die ab Mai 1989 in Dienst gestellt wurde. KLM übenahm 1993 eine Minderheitsbeteiligung von 25% an Northwest Airlines. Weitere Beteiligungen hat KLM an Kenya Airways, Martinair, Transavia und KLM-Cityhopper. Mit Northwest Airlines bildet KLM seit Jahren eine erfolgreiche Allianz. 2002 wurde die gesamte KLM-Gruppe neu organisiert und auch ein grosses Flottenaustauschproramm beschlossen. Nebeneffekt war auch die Einführung einer veränderten Farbgebung der Flugzeuge. 2003 wurde der low-cost Bereich mit der verlustbringenden Buzz verkauft.

Routen

KLM bedient vom Heimatflughafen Amsterdam-Schiphol ein dichtes europäisches Liniennetz und verbindet international über 165 Städte auf allen Kontinenten.In Zusammenarbeit mit Northwest und allen Partnern können mehr als 350 Ziele bedient werden.

Flotte		Bestellt
24 Boeing 747-400	17 Boeing 737-800/900	6 Airbus A330-200
6 Boeing 747-200 (einige SUD)	12 Boeing 767-300	10 Boeing 777-200
30 Boeing 737-300/400	10 (Boeing) McDonnell Douglas MD-11	

Foto: Tupolev Tu-204 RA-64016 (Bernhard Müller jun. / Salzburg)

KMV-KAVKAZSKIE MINERALNYE VODY

Mineralnye Airport –5, Mineralnye Vody, Stavropol 357310
Russland; Tel.: 86531- 58535 Fax: 86531- 57228 59637
Web: www.kmvavia.ru

ICAO-Code / IATA-Code	IATA-Nr.	Länderkennung	ICAO-Callsign
MVD (KV)	348	RA	Air Minvody

Die Vorgeschichte von KMV, oder Kavminvodyavia, wie die Gesellschaft auch genannt wird, ist nahezu identisch mit denen anderer Gesellschaften in Russland. Nach dem Zerfall der ehemaligen Aeroflot bildete sich auch in Mineralnye eine Gesellschaft mit Namen Mineralnye Vody C.A.P.O und Aeroflot Mineralnye Vody Product & Flying Unit. Einige tausend Menschen suchten weiter Beschäftigung und mit den ehemaligen Flugzeugen der Aeroflot wurde der Betrieb fortgeführt. Neben den Liniendiensten wurden auch Charterflüge durchgeführt. Hier waren es die Staaten in der Region am Persischen Golf, die besonders attraktiv waren. Die Umgebung von Mineralnye Vody ist auch bei Touristen beliebt und durch die zahlreichen Mineralquellen ist diese Gegend auch für Kuranwendungen bekannt. So erlebte diese Region einen langsamen Aufschwung. 1999 wurde mit einer neuen Tupolev Tu-204 erstmals mit München ein Linienziel in Westeuropa angeflogen. Darüber hinaus fliegt KMV auch Charterflüge im Sommer in die Türkei, Bulgarien und nach Italien, im Winter in die Skigebiete Österreichs, der Schweiz und nach Frankreich.

Routen

Aleppo, Antalya, Athen, Chaborovsk, Chisniau, Chita, Dubai, Istanbul, Jekatharinenburg, Krasnoyarsk, Larnaca, Malta, Mineralnye Vody, Moskau, München, Murmansk, Nizhnevartovsk, Niszhny Novgorod, Norilsk, Novosibirsk, Omsk, Salzburg, Samara, St. Petersburg, Sharjah, Surgut, Tel Aviv, Thessaloniki, Tyumen, Ufa, Uljanowsk, Varna

Flotte

5 Tupolev Tu-134
15 Tupolev Tu-154
2 Tupolev Tu-204

Foto: Boeing 737-800 HL 7558 (Sammlung Josef Krauthäuser)

KOREAN AIR

C.P.O.Box 864, Seoul, Republik Korea
Tel.: 2-6567114 Fax: 2-7752936
E-Mail: selpro@koreanair.co.kr Web: www.koreanair.com

ICAO-Code / IATA-Code	IATA-Nr.	Länderkennung	ICAO-Callsign
KAL (KE)	180	HL	Koreanair

Die private Hanjin Transport Group übernahm am 1. März 1969 die bis dahin staatliche Korean Airlines mit acht Flugzeugen. Internationale Routen führten nach Hongkong und Osaka. 1973 erhielt KAL ihre erste Boeing 747, womit ab Mai 1973 der Trans-Pazifik-Dienst über Tokio und Honolulu nach Los Angeles eingeführt wurde. Im selben Jahr wurde mit Boeing 707 ein wöchentlicher Dienst nach Paris aufgenommen, dem ersten Ziel in Europa. 1975 erfolgte die Indienststellung von Airbus A300B4. Mit diesem Typ wurde der ostasiatische Markt bedient. Im Jahre 1984 wurde der Name Korean Air eingeführt, alle Flugzeuge erhielten auch das heutige Farbschema, als dritte Destination in Europa konnte in diesem Jahr auch Frankfurt angeflogen werden. Korean Air entwickelte sich zu einer der größten Fluggesellschaften weltweit mit Linienverbindungen in alle fünf Kontinente. Korean Air verfügt über eine umfangreiche Frachtflotte, fünf Passagier MD-11 wurden 96/97 in Frachter umgebaut. Ende der 90'er Jahre erlebte Korean Air, bedingt durch die Asienkrise und auch weiteren anderen Umständen, einige turbulente Jahre. Die Strecken und auch die Flotte werden reduziert, um Verluste zu begrenzen, ein neues Management übernahm die Führung. Anfang 2000 ging es wieder aufwärts und die Erneuerung und Ergänzung der Flotte zeigte Erfolg. 2002 erfolgte der Umzug zur neuen Basis in Inchon International, Kimpo wird nur noch als innerkoreanisches Drehkreuz genutzt. Alle Fokker 100 und MD-82 wurden 2001/02 ausgemustert und durch neue Boeing 737-800/900 ersetzt. Korean Air ist seit 2002 auch Mitglied in der Skyteam Allianz.

Routen

Akita, Amsterdam, Anchorage, Atlanta, Auckland, Bangkok, Beijing, Boston, Brisbane, Brüssel, Cheju, Cheong Ju, Chicago, Chinju, Christchurch, Colombo, Dallas/Fort Worth, Delhi, Djakarta, Dubai, Frankfurt, Fukuoka, Ho Chi Minh City, Hongkong, Honolulu, Jinan, Kairo, Kangnung, Kopenhagen, Kuala Lumpur, Kunming, Kunsan, Kwangju, London, Los Angeles, Manila, Mokpo, Moskau, Mumbai, Nagasaki, Nagoya, New York, Okayama, Osaka, Paris, Penang, Pohang, Portland, Pusan, Qingdao, Rom, San Francisco, Sao Paulo, Sanya, Sapporo, Seoul, Shanghai, Shenyang, Singapur, Sokcho, Sydney, Tashkent, Taegu, Taipeh, Tianjin, Tokio, Toronto, Ulaanbaatar, Ulsan, Vancouver, Washington, Wladiwostock, Wonju, Wuhan, Xiamen, Yantai, Yosu, Zürich

Flotte		Bestellt
12 Airbus A300-600	10 Boeing 747-400F	8 Boeing 737-900
2 Airbus A300B4F	2 Boeing 747-300	3 Boeing 777-200
18 Airbus A330-300	2 Boeing 747-200	
21 Boeing 737-800/900	12 Boeing 777-200/300	
28 Boeing 747-400	4 (Boeing) McDonnell Douglas MD-11F	

Foto: Tupolev Tu-154 RA-85694 (Jannis Malzahn / Hannover)

KRAS AIR

Airport Krasnojarsk, 663020 Krasnojarsk, Russland
Tel.: 3912-267563 Fax: 3912-660205
E-Mail: krasair@krasair.ru Web: wwww.krasair.ru

ICAO-Code / IATA-Code	IATA-Nr.	Länderkennung	ICAO-Callsign
KJC (7B)	499	RA	Krasnoyarskyair

Wie die meisten anderen russischen Fluggesellschaften auch, so hat Kras Air ihren Ursprung in der Aeroflot. Die Division der sibirischen Region Krasnojarsk wurde 1993 als Krasnojarskie Avialinii privatisiert. Dabei übernahmen die lokale Regierung 51 % der Anteile, der Rest ist breiter gestreut, und findet sich ebenso auch bei Mitarbeitern der Gesellschaft. Eine Vielzahl von Flugzeugen wurde übernommen, die zu unterschiedlichen Zwecken Verwendung fanden. Zeitweise kamen auch Douglas DC-10 zum Einsatz. Während sich Kras Air die ersten Jahre nur auf Flugstrecken innerhalb der GUS beschränkte, kamen ab Ende der 90'er Jahre immer mehr Charterflüge in den Nahen Osten und Europa zur Durchführung. Auch Frachtflüge mit der IL-76 führten immer häufiger nach Dubai oder Sharjah und man sah die IL-76 der Kras Air auf vielen Flughäfen weltweit im Einsatz. Daraus resultierten auch die Linienverbindungen nach Seoul, Frankfurt und Hannover. Diese Strecken wurden im Jahre 2002 aufgenommen. Voraussetzung dafür war auch ein Ausbau des Flughafens von Krasnojarsk der zum Umsteige- und Knotenpunkt im West-Ost Verkehr der Gesellschaft avancierte. Die ersten modernen Tupolev Tu-204 wurden im Jahre 2002 in die Flotte aufgenommen, weitere sind bestellt und sollen ältere Flugzeuge der Typen Tu-134 und IL-62 ersetzen. Auch an westliche Flugzeugmuster ist langfristig wieder als Ablösung dieser Typen gedacht. So erhielt Kras Air Anfang 2003 eine Boeing 767-200 und setzt diese auf der wichtigsten Strecke von Krasnojarsk nach Moskau ein. Hier wird der Flughafen Domodedowo bedient von wo aus auch viele Charter-und Frachtflüge starten.

Routen

Adler/Sochi, Almaty, Baku, Barnaul, Chita, Frankfurt, Hannover, Irkutsk, Jekatharinenburg, Kaliningrad, Kermerovo, Khaborovsk, Kiew, Komsomolsk, Krasnodar, Krasnojarsk, Mineralnye Vody, Mirnyj, Moskau, Norilsk, Novosibirsk, Omsk, Petropavlovsk, Poljarnij, Rostow, Samara, Seoul, St. Petersburg, Tashkent, Tomsk, Ufa, Ulan-Ude, Wladiwostock

Flotte		Bestellt
2 Antonov An-26	5 Iljuschin IL-86	3 Tupolev Tu-204
2 Boeing 767-200	3 Tupolev Tu-134	
6 Iljuschin IL-62	24 Tupolev Tu-154	
12 Iljuschin IL-76	2 Tupolev Tu-204	

Foto: Airbus A340-300 9K-AND (Martin Kühn / Frankfurt)

KUWAIT AIRWAYS

P.O.Box 394, 13004 Safat, Kuwait
Tel.: 4345555 Fax: 4314118
Web: www.kuwaitairways.com

ICAO-Code / IATA-Code	IATA-Nr.	Länderkennung	ICAO-Callsign
KAC (KU)	229	9K	Kuwaiti

Kuwait Airways Corporation entstand bereits 1953 als nationale Fluggesellschaft. Die erste Route führte von Kuwait-City nach Basra und wurde im Jahre 1954 erstmals mit DC-3 durchgeführt. 1958 übernahm die britische BOAC das Management der Gesellschaft bis zur Unabhängigkeit 1962. Vickers Viscount lösten die DC-3 ab. Kuwait Airways betrieb ab 1964 eine Comet 4C auf den Routen nach London, Paris und Frankfurt. Trans Arabia war eine Übernahme der inzwischen verstaatlichten Kuwait Airways. Am 20. März 1966 erfolgte die Einführung der ersten von insgesamt drei HS-Trident, drei Boeing 707 folgten zwei Jahre später und übernahmen nach und nach alle Strecken. 1978 erhielt Kuwait Airways ihren ersten Jumbo vom Typ Boeing 747. Airbus-Flugzeuge waren als Nachfolger für die Boeing 707 bestellt, zur weiteren Flottenerneuerung kamen ab 1986 drei Boeing 767 hinzu. Mit der irakischen Besetzung von Kuwait im Sommer 1990 wurde der Flugbetrieb eingestellt, einige Flugzeuge konnten ins Ausland überführt und dort verleast werden, andere wurden bei den Angriffen zerstört. Ebenso wie die Flugzeuge war auch die Infrastruktur am Flughafen Kuwait zerstört. Ein eingeschränkter Flugbetrieb der Kuwait Airways fand ab Kairo statt. Einige Flugzeuge der Kuwait Airways sind für Flüge der Regierung vorbehalten. Kuwait baute zusammen mit Egypt Air auch Shorouk Air auf und hält 49% der Anteile. Eine leicht geänderte Bemalung ziert seit 1993 die Flugzeuge von Kuwait Airways. Bis 1995 wurde fast die komplette Flotte erneuert und als letzter Typ kam 1998 die erste von zwei Boeing 777-200ER zur Auslieferung. Neu aufgenommen wurden Flüge über London oder Amsterdam nach New York. Verlustreich war auch der zweite Irak-Konflikt im März/April 2003. Es wurde nichts zerstört, aber die Sperrung des Flughafens und die Einstellung des Flugbetriebes brachten wieder Verluste von vielen Millionen Euro.

Routen

Abu Dhabi, Alexandria, Amman, Amsterdam, Bahrain, Bangalore,Bangkok, Beirut, Calcutta, Chennai, Colombo, Damaskus, Damman, Dacca, Delhi, Doha, Dubai, Frankfurt, Genf, Islamabad, Istanbul, Jeddah, Kairo, Karachi, Kuwait, Lahore, Larnaca, London, Luxor, Manila, Mumbai, Muscat, New York, Paris, Riad, Rom, Singapur, Teheran

Flotte

5 Airbus A300-600
3 Airbus A310-300
3 Airbus A320-200
4 Airbus A340-300
2 Boeing 777-200ER

Foto: Tupolev Tu-154M EX-85762 (Bastian Hilker / Hannover)

KYRGHYZSTAN AIRLINES

720062 Bishkek, Manas Airport, Kirgistan
Tel.: 3312-257755 Fax: 3312-257162
Web: www.kyrgyzair.de

ICAO-Code / IATA-Code	IATA-Nr.	Länderkennung	ICAO-Callsign
KGA (K2)	758	EX	Kyrgyz

Kirgistan wurde 1991 ein unabhängiger Staat, verblieb allerdings in der GUS-Staatengemeinschaft. Als einzige Fluggesellschaft wurde die frühere Aeroflot Kirgistan Abteilung beauftragt, künftigen Flugverkehr abzuwickeln und als Nationalcarrier zu fungieren. Die umgewandelte Gesellschaft nannte sich Kyrgyzstan Aba Yoldoru National Airline mit dem Hauptanteilseigner Bishkek Air Enterprises. Es gibt auch noch in der zweitgrößten Stadt des Landes Osch als Tochtergesellschaft die Osch-Karakol Air Enterprises. Außerdem arbeitet man auch weiterhin mit der Aeroflot im Ticketing, Marketing und als Codesharepartner zusammen. Darüber hinaus wurden der Gesellschaft auch staatliche Aufgaben, wie Ambulanz- und Hilfsflüge übertragen. Kirgistan zählt zu den ärmsten Staaten der GUS, verstärkte wirtschaftliche Beziehungen zu den Nachbarländern Kasachstan, Usbekistan und China bringen auch mehr Flugverbindungen in dieser abgelegenen Region. Neben Linienflügen setzt man auch auf Charterflüge und versucht mit Cargo die Maschinen auszulasten. Als erste Verbindung nach Westeuropa wurde Frankfurt mit Beginn des Sommerflugplanes 1996 bedient. 1998 erhielt man als erstes neues Flugzeug einen Airbus A319, der allerdings aus Kostengründen nach einigen Monaten retourniert wurde. Seither stützt man sich auf die bestehende Flotte und hat einige Flugzeuge mit einem moderneren Design versehen.

Routen

Almaty, Baku, Beijing, Bishek, Chisinau, Delhi,Ekatarinenburg, Frankfurt, Istanbul, Hannover, Kaliningrad, Karachi, Karakol, Krasnoyarsk, Moskau, Novosibirsk, Omsk, Osch, Samara, Sharjah, St. Petersburg, Stuttgart, Taschkent und Ufa

Flotte		Bestellt
7 Antonov An-26/28	5 Tupolev Tu-134	2 Airbus A319
1 Iljuschin IL-76TD	18 Yakolev Yak-40	
10 Tupolev Tu-154		

Foto: Boeing 727-200 CP-1366 (Sammlung Autor)

LAB-LLOYD AEREO BOLIVIANO

Casilla Correo 132, Cochabamba, Bolivien
Tel.: 42-50736 Fax: 42-50766
Web: www.labairlines.com

ICAO-Code / IATA-Code	IATA-Nr.	Länderkennung	ICAO-Callsign
LLB (LB)	051	CP	Lloyd Aereo

Im Jahre 1925 von deutschen Einwanderern gegründet, wurde ab Juli 1925 mit einer Junkers F-13 von Cochabamba nach Santa Cruz geflogen. Die bolivianische Regierung beteiligte sich an der Gesellschaft, die allerdings 1928 in finanzielle Schwierigkeiten geriet. Firmenanteile wurden an die Firma Junkers verkauft, diese brachte als ihren Anteil drei weitere F-13 in die Gesellschaft ein. Das Streckennetz wurde ständig erweitert und reichte bis an die brasilianische und argentinische Grenze. Im Laufe der Jahre waren weitere Junkers Flugzeuge wie W-34 und Ju-52 in Diensten der LAB. Der deutsche Einfluss ging 1941 - auf amerikanischen Druck hin - verloren und DC-3 Flugzeuge übernahmen den Flugverkehr. 1948 kamen Curtiss C-46 zur Flotte, die erste DC-4 konnte auf der neuen Strecke nach Asuncion oder Porto Vila eingesetzt werden, ab 1961 folgte die DC-6. Ende der sechziger Jahre wurde LAB reorganisiert und FH-227 für Regionalstrecken, sowie eine Lockheed Electra für internationale Strecken angeschafft. 1970 erfolgte die Umstellung auf Boeing 727 und Miami in den USA wurde erstmals 1975 angeflogen. Weitere Routen nach Santiago und Caracas folgten. Die brasilianische VASP beteiligte sich Ende 1995 mit 49% am Kapital der LAB, auch wurde das Farbschema der Flugzeuge modifiziert und dem Erscheinungsbild der VASP angepasst. Die finanzielle Situation änderte sich Anfang 2000 jedoch zu negativ bei VASP, so dass die Anteile wieder verkauft wurden. Mit der Boeing 737-300 und 767-300 startete LAB ein Flottenerneuerungsprogramm.

Routen

Arica, Asuncion, Bogota, Buenos Aires, Cancun, Caracas, Cobija, Cochabamba, Cordoba, Cuzco, Guayara, Havanna, Iquique, La Paz, Lima, Magdalena, Manaus, Mexiko-City, Miami, Montevideo, Panama, Riberalta, Rio de Janeiro, Salta, San Joaquim, Santiago, Santa Cruz de la Sierra, Sao Paulo, Sucre, Tarija, Trinidad, Tucuman

Flotte

1 Airbus A310-300	2 Boeing 737-300
1 Boeing 767-300	1 Fokker F27
8 Boeing 727-100/200	

Foto: Airbus A320 N941LF (Josef Krauthäuser/Miami)

LACSA

Apartado 1531, San Jose 1000, Costa-Rica
Tel.: 2316064 Fax: 2329185
E-Mail: prensa@taca.com Web: www.grupotaca.com

ICAO-Code / IATA-Code	IATA-Nr.	Länderkennung	ICAO-Callsign
LRC (LR)	133	TI	Lacsa

Pan American gründete im Dezember 1945, mit Unterstützung der Regierung von Costa-Rica die Lineas Aereas Costarricenses SA. Der Flugbetrieb nach Miami wurde 1950 aufgenommen, ab Juni 1946 waren bereits einige Ziele im Inland erstmals zu einem Liniennetz verknüpft worden. Zum Einsatz kamen Convair CV-440, Curtiss C-46 und DC-6. 1952 wurde TACA de Costa Rica, einziger Konkurrent im Lande, aufgekauft. 1967 erhielt LACSA den ersten Jet, eine BAC 1-11-400. Diese wurden von Boeing 727 Ende 1970 ersetzt. Ein Flottenbeschaffungsprogramm sah als Flugzeug der 90'er Jahre den Airbus A320 vor, der erste wurde Ende 1990 geleast. Inlandsflüge werden von der Tochtergesellschaft SANSA durchgeführt. TACA hält 10% am Kapital und LACSA ist Mitglied der Grupo Taca. Diese Tatsache zeigte sich seit 1999 auch deutlich am Erscheinungsbild, da die Farben der gesamten Gruppe übernommen wurde. Mit den anderen Grupo- Mitgliedern Aviateca, Nica, Taca und der Alianza Summa bestehen Kooperationen. Basis und wichtiger Hub der Grupo Taca ist der internationale Flughafen von San Jose, wo sich auch die Maintenance Werft befindet.

Routen

Bogota, Caracas, El Salvador, Guatemala, Guayaquil, Havanna, La Ceiba, Los Angeles, Managua, Mexico-City, Miami, Montreal, New Orleans, New York, Panama-City, Quito, San Jose, San Pedro Sula, San Salvador, Santiago, Tegucigalpa, Toronto

Flotte

5 Airbus A320
2 Boeing 737-200Adv.

Foto: Boeing 737-200 C9-BAC (Sammlung Josef Krauthäuser)

LAM

P.O.Box 2060, Maputo, Volksrepublik Mosambik
Tel.: 1- 465026 Fax: 1-422936
E-Mail: linhadocliente@lam.co.mz Web: www.lam.co.mz

ICAO-Code / IATA-Code	IATA-Nr.	Länderkennung	ICAO-Callsign
LAM (TM)	068	C9	Mozambique

Man schrieb den August 1936 als DETA - Direccao de Exploracao dos Transportes Aereos - gegründet wurde. Als Abteilung der Eisenbahn- und Hafenverwaltung in Laurenco Marques (heute Maputo), der Hauptstadt von Mosambik, wurde am Rande der Stadt erst einmal ein Flugfeld eingerichtet. Mosambik stand damals unter portugiesischer Verwaltung. Der Erstflug, zugleich auch die einzige Linienverbindung, erfolgte im Dezember 1937 mit einer Junkers Ju-52 nach Johannesburg. Zum Einsatz kamen weitere Ju-52, die aber nach Ende des zweiten Weltkrieges durch DC-3 ersetzt wurden. Ab Juli 1962 kamen dann moderne Fokker F27 zum Einsatz. Mit Erhalt von zwei Boeing 737 im Dezember 1969 begann auch für DETA das Jet-Zeitalter. Während der Revolution in den siebziger Jahren kam der Flugverkehr praktisch zum Erliegen. Seit der Unabhängigkeit und einer Reorganisation erhielt auch die nationale Fluggesellschaft einen neuen Namen: LAM-Lineas Aereas de Mocambique. 1993 kam neben der Boeing 737-300 auch die geleaste Boeing 767 zum Einsatz. Mit diesen änderte sich auch die farbliche Gestaltung der Flugzeuge. TAP-Air Portugal ist ein wichtiger Partner von LAM und man betreibt gemeinsam die Linie Lissabon-Maputo. Aus Kostengründen gab man die Strecken nach Europa auf. Ende der 90'er Jahre kam es zu einem langsamen wirtschaftlichen Aufschwung, bedingt durch die Veränderungen im Nachbarland Südafrika. Mit South African Airways und Air Zimbabwe bestehen kooperative Vereinbahrungen sowie technische und logistische Hilfe. Die langfristige geplante Privatisierung wurde mit der Ausgabe von Anteilsaktien an die Mitarbeiter gestartet. Der Staat hält noch 80% der Anteile.

Routen

Beira, Durban, Dzaoudi, Harare, ,Johannesburg, Lichinga, Maputo, Manzini, Nampula, Pemba, Quelimane,Tete, Vilanculos

Flotte

4 Boeing 737-200Adv.
2 Beech 200C
1 Beech 1900
4 CASA 212-200

Foto: Airbus A340-300 CC-CQA (Bastian Hilker / Frankfurt)

LAN CHILE

Estado 10, Piso 21, Casilla 147-D, Santiago de Chile, Republik Chile
Tel.: 2-6394411 Fax: 2-6383884
E-Mail: info@lanchile.com Web: www.lanchile.com

ICAO-Code / IATA-Code	IATA-Nr.	Länderkennung	ICAO-Callsign
LAN (LA)	045	CC	Lan

LAN Chile, Linea Aerea Nacional de Chile, ist eine der ältesten Fluggesellschaften in Südamerika. Gegründet im März 1929 führte sie zunächst Postflüge durch. Die Gesellschaft ging 1932 in staatlichen Besitz über. Mit Lockheed Lodestar wurde 1948 ein Liniendienst nach Buenos Aires eröffnet, mit DC-6 dann ab 1958 auch nach Miami. SE 210 Caravelle waren die ersten Jetflugzeuge bei LAN Chile, die im März 1964 geliefert wurde. 1967 folgte die Boeing 707, mit der eine Verbindung zu den Osterinseln und weiter nach Tahiti eröffnet wurde. 1974 flog man die erste Südpolroute nach Australien. Drei DC-10 kamen ab 1980 zur Flotte und wurden nach USA und Europa eingesetzt. 1986 wurden diese durch Boeing 767 ergänzt und später ersetzt. Im September 1989 wurde LAN Chile privatisiert und die Cueto Familie damit zum grössten Anteilseigner. Der Regional- und Nationalverkehr wurde ab 1990 mit geleasten BAe 146 weiter verbessert und ausgebaut. 1996 kaufte die Cueto-Gruppe auch die Mehrheit der Anteile an LADECO und man vereinbarte eine Aufteilung der Routen. Mit American Airlines besteht seit 1998 eine enge Kooperation, die zum Beitritt von LAN Chile zur Oneworld Allianz im Jahre 1999 führte. LAN Chile führt 1999 ein neues Corporate Identity ein und bestellte bei Airbus 30 Flugzeuge zur Erneuerung der Kurz- und Mittelstreckenflotte. Auch gründete man LAN-Peru, um im Nachbarland zu expandieren. LADECO wurde mit Jahresende 2001 aufgelöst und firmiert künftig als LAN Express. Der erste Airbus A340 wurde Ende 2000 geliefert, der auf den Langstrecken nach Europa und USA zum Einsatz kommt. Airbus A320 ersetzten ab Mitte 2001 ältere Boeing 737-200. Basis von LAN Chile ist der Flughafen in Chiles Hauptstadt Santiago.

Routen

Antofagasto,Arica, Bogota, Buenos Aires, Cancun, Caracas, Cordoba, Frankfurt, Guayaquil, Havanna, Houston, Iquique, La Paz, Lima, Los Angeles, Madrid, Mendoza, Mexiko-City, Miami, Montevideo, New York, New Orleans, Papeete, Paris, Puerto Montt, Punta Arenas, Punta Cana, Rio de Janeiro, Rio Gallegos, Salta, San Salvador, Santiago, Santa Cruz, Sao Paulo

Flotte		Bestellt
8 Airbus A320	12 Boeing 767-300	11 Airbus A319
4 Airbus A340-300	1 McDonnell Douglas DC-8F	3 Airbus A320
8 Boeing 737-200		1 Airbus A330

Foto: Antonov An-24 RDPL34005 (Romano Germann / Vientiane)

LAO AVIATION

2, Rue Pang Kham, Vientiane, Volksrepublik Laos
Tel.: 212057 Fax: 212056
Web: www.mekongexpress.com/laos/

ICAO-Code / IATA-Code	IATA-Nr.	Länderkennung	ICAO-Callsign
LAO (QV)	627	RDPL	Lao

In Folge des Vietnamkrieges, in den das damalige Königreich Laos auch verwickelt wurde, waren Anfang der siebziger Jahre drei Fluggesellschaften tätig. Royal Air Lao, Lao Air Lines und Civil Aviation Co. Letztere wurde von der Pathet Lao-Bewegung für ein freies Laos betrieben. Hilfestellung erhielt diese Gesellschaft von Nord-Vietnam. Nach der endgültigen Machtübernahme wurden 1979 die noch verbliebenden Flugzeuge der Gesellschaften zur Lao Aviation zusammengeführt. Die Flotte bestand aus Vickers Viscount, Lockheed Hercules, Sikorsky S-58, DC-3 und DC-4. Da in Laos kein Bedarf an Flugverkehr herrschte, wurden diese Maschinen verkauft oder verschrottet. Ersatzteile waren nicht vorhanden, um die Maschinen zu unterhalten. So wurde zu Gunsten von sowjetischen Flugzeugen eine neue Flotte aufgebaut. Der heutige Name der Gesellschaft wurde 1979 eingeführt. Nachdem die Regierung 1995 einigen ausländischen Investoren eine Beteiligung erlaubte, wurden für internationale Strecken eine ATR72 und eine Boeing 737 angeschafft, letztere wurde wegen der Asienkrise aber wieder abgegeben. Durch die finanziellen Probleme der Asienregion entwickelte sich der Verkehr zum Ende des Jahrhunderts rückläufig und Expansionsziele wurden zunächst auf die Infrastruktur beschränkt. Erst 2002 wurde auch wieder, mit Hilfe durch Air France, in die Flotte und neue Strecken investiert. Langfristig soll die bestehende Flotte mit weiteren französischen Produkten ersetzt werden.

Routen

Bangkok, Chiang Mai, Dien Bien Phu, Hanoi, Ho Chi Minh City, Houeisay, Kunming, Luang Namtha, Luang Prabang, Pakse, Phnom Penh, Siem Riap, Vientiane, Xieng Khouang, Yangon.

Flotte

1 Antonov An-24
1 Antonov An-74
2 ATR 72
3 Yunshuji Y 12
4 Yunshuji Y 7

Foto: Boeing 737-600 OE-LNL (Josef Krauthäuser / München)

LAUDA AIR

Postfach 56, 1300 Flughafen Wien-Schwechat, Österreich
Tel.: 1-70000 Fax: 70074105
Web: www.laudaair.com

ICAO-Code / IATA-Code	IATA-Nr.	Länderkennung	ICAO-Callsign
LDA (NG)	231	OE	Laudaair

Die Lauda Air wurde im April 1979 gegründet, als Niki Lauda, Ex-Formel 1-Weltmeister, eine Bedarfsflugkonzession der Alpair übernahm. Mit zwei Fokker F27 begann noch im Jahre 1979 der Flugbetrieb. Nach einer Phase der Umstrukturierung und Umwandlung in eine Aktiengesellschaft erhielt diese 1985 zwei Rombac 1-11 im Leasingverfahren von Tarom. Diese wurden ergänzt und später gegen Boeing 737-200 und 737-300 ausgetauscht. Lauda Air flog zu dieser Zeit vorwiegend nach Griechenland und Spanien. 1986 beantragte Lauda Air die Linienkonzession für Flüge nach Australien, die schließlich 1988 erteilt wurde. In diesem Jahr erhielt Lauda Air die erste Boeing 767-300ER. Im November 1989 folgte eine zweite Maschine diesen Typs. Der Linienverkehr nach Sydney, Hongkong und Singapur konnte weiter ausgebaut werden. Erste europäische Linien von Wien nach London-Gatewick wurden Ende 1990 aufgenommen. Im Herbst 1990 beteiligte sich der Lufthansa-Konzern über die Condor mit 25% am Kapital und erhöhte 1994 den Anteil auf 39,7%. In Zusammenarbeit mit Lufthansa flog Lauda Air nach Miami und weitere europäische Strecken. Lauda Air SPA war eine Tochterfirma, die in Italien gegründet wurde. Die erste Boeing 777 erhielt Lauda Air im Herbst 1997 und setzte sie auf Langstrecken ein.Im März 1997 erwarb Austrian Airlines von Lufthansa die Hälfte deren Anteile an Lauda und wurde so neuer Mehrheitsgesellschafter. Lauda Air wurde in der AUA-Gruppe integriert und Anfang 2000 Mitglied der Star-Alliance. Der Gründer Niki Lauda trat im November 2000 frustriert als Vorstandsvorsitzender zurück, nachdem AUA auch die restlichen Anteile erworben hatte. Langfristig wird Lauda Air in der AUA Group für das Chartergeschäft zuständig sein.

Routen

Agadir,Alicante, Bangkok, Cancun, Denpasar,Genf, Graz, Innsbruck, Hamburg, Klagenfurt, Kuala Lumpur, Las Palmas, Linz, Lissabon, London, Madrid, Mailand, Manchester, Melbourne, Miami, München,Nizza, Phuket, Riga, Rom, Salzburg, Sofia, Split, Sydney, Talinin, Teneriffa, Timisoara, Verona, Wien, Wilnius, Wrocklaw , Yangon

Flotte		Bestellt
3 Boeing 777-200ER	1 Boeing 737-400	3 Boeing 737-800
4 Boeing 767-300ER	2 Boeing 737-600	3 Canadair Regionaljet
1 Boeing 737-300	2 Boeing 737-700	

Foto: (Bombardier) DeHavilland DHC-8-100 V2-LDP (Stefan Schlick / Barbados)

LIAT

P.O.Box 819 V.C.Bird Intl. Airport St.Johns, Antigua & Barbuda
Tel.: 4620700 Fax: 4622682/4765
E-Mail: connections@liatairlines.com Web: www.liatairline.com

ICAO-Code / IATA-Code	IATA-Nr.	Länderkennung	ICAO-Callsign
LIA (LI)	140	V2	Liat

Leeward Island Air Transport Services Ltd., kurz LIAT, wurde 1956 von zwei amerikanischen Geschäftsleuten gegründet. Mit einer Piper Apache begann LIAT Flüge nach Montserat. Schon ein Jahr später war LIAT Teil der British West Indian Airways. Beech Bonanza und DH Heron waren die idealen Flugzeuge für kleine Inselsprünge zu anderen Inseln der Virgin Islands. Am 1. Februar 1965 wurde die erste HS-748 übernommen. 1971 übernahm die britische Court Line Ltd. die Gesellschaft und führte die BAC 1-11 und BN-Islander ein. 1974 wurde, nach dem Konkurs von Court Line, eine Auffanggesellschaft gegründet. Gesellschafter waren die Regierungen von sechs karibischen Inselstaaten, weitere kamen mit Beteiligungen im Laufe der Jahre hinzu. Die ersten DHC-8 wurden 1987 gekauft und trugen zum Ausbau des weiteren Streckennetzes bei. Anfang 1995 wurde die letzte HS-748 ausgemustert und im November des Jahres 1995 wurde die Gesellschaft teilweise privatisiert. Etwa 30 % des Eigneranteils lagen aber noch in Händen der Regierungsbevollmächtigten. 1996/97 wurden weitere Dash 8-300 erworben und DHC-6 ausser Dienst gestellt. Die Umstellung auf grössere und leistungsstärkere Versionen der DHC-8-300 wurde auch in den Jahren 2002 und 2003 fortgesetzt, wobei die Flugzeuge auch nach und nach eine neue Farbgebung erhielten. Neu ist auch die Gründung der Caribsky Alliance zum 12. Juli 2002. LIAT und Air Caraibas sind Gründer der Allianz, wobei sich auch Trans Island Airways und einige weitere regionale Gesellschaften im Laufe der Zeit anschlossen. Basis ist Antigua wo auch ein eigener Werftbetrieb unterhalten wird.

Routen

Anguilla, Antigua, Barbados, Barbuda, Beef Island, Caracas, Carriacou, Grenada, Dominica,Fort de France, Georgetown, Grenada, Martinique, Monteserat, Nevis, San Juan, St.Croix, St.Kitts, St.Lucia, St.Maarten, St.Thomas, St.Vincent, Tobago, Tortola, Trinidad und Union Island

Flotte

1 Britten-Norman BN Islander
5 (Bombardier) De Havilland DHC-8-100
7 (Bombardier) De Havilland DHC-8-300

Foto: Fokker F28 5A-DTH (Richard Schmaus / Malta)

LIBYAN ARAB AIRLINES

Haiti Street, P.O.Box 2555 Tripolis, Volksrepublik Libyen
Tel.: 21-3684829 Fax: 21-3614103

ICAO-Code / IATA-Code	IATA-Nr.	Länderkennung	ICAO-Callsign
LAA (LN)	148	5B	Libair

Aus dem Zusammenschluß der Gesellschaften Libiavia und United Libyan Airlines wurde die staatliche Kingdom of Libya Airlines 1964 gegründet, um eine staatliche Fluggesellschaft zu besitzen. Ab August 1965 wurden mit zwei Caravelle Strecken nach Europa und im Norden Afrikas, sowie dem Mittleren Osten bedient. 1969 kamen für Inlanddienste einige Fokker F27 zur Flotte, und durch politischen Veränderungen im Lande wechselte auch der Name der Gesellschaft. Boeing 707, 727 und später auch Airbus A310 ergänzten die Flotte. Durch politische- und auch Handelssanktionen war die Flotte nur bedingt einsatzbereit und wurde teilweise verkauft. Aus diesem Grund erfolgte ab 1990 eine Erweiterung um sowjetische Flugzeuge vom Typ Tu-154M. Mit einer selbständigen Division, der Libyan Arab Cargo, war man mit IL-76 und Lockheed L-100 Hercules im Frachtgeschäft tätig. Seit dem 15.4.1992 hatte Libyan Arab Airlines, auf Grund von UN-Sanktionen, keine Verkehrsrechte mehr ins Ausland, konnte keine Ersatzteile kaufen und hatte entsprechend einen sehr eingeschränkten Flugbetrieb im Inland. Einige Flugzeuge wurden deshalb nur noch als Ersatzteilspender verwendet. Erst 1999 wurden die Sanktionen aufgehoben und einige Befürworter dieser Sanktionen erhofften sich bei der Neuausrüstung der Gesellschaft gute Geschäfte. Mit geleasten Airbus A320, als Ersatz für die Boeing B-727, nahm im Herbst 1999 Libyen Arab wieder einige Strecken in Europa auf. Neu ist dabei auch das veränderte Erscheinungsbild der Flugzeuge. Verhandlungen über eine Flottenerneuerung scheiterten bisher und so mietet man weiter Flugzeuge bei befreundeten Gesellschaften.

Routen

Al Bayda, Algier, Amman, Bengasi, Casablanca, Damaskus, Dubai, Frankfurt, Ghadames, Istanbul, Jeddah, Khartoum, London, Malta, Mailand, Mersa Brega, Paris, Rom, Sebha, Tobruk, Tripolis

Flotte

2 Airbus A300-600
2 Fokker F27
5 Fokker F28
3 Boeing 727-200

Foto: Saab 2000 LY-LBC (Josef Krauthäuser / Frankfurt)

LITHUANIAN AIRLINES

A.Gustacio 4, Vilnius Airport, 2038 Vilnius, Litauen
Tel.: 5-2301617 Fax: 5-2162159
E-Mail: info@lal.lt Web: www.lal.lt

ICAO-Code / IATA-Code	IATA-Nr.	Länderkennung	ICAO-Callsign
LIL (TE)	874	LY	Lithuania

Als erste Fluggesellschaft der von der ehemaligen Sowjetunion in die Unabhängigkeit entlassenen Baltischen Republiken, begann 1991 Lithuanian Airlines mit eigenen Flügen. Die Flugzeuge wurden vom ehemaligen Direktorat der Aeroflot übernommen. Lithuanian orientierte sich sofort nach Westeuropa und Skandinavien und nahm als erstes Flüge dorthin auf. Eine geleaste Boeing 737 kam am 20.12.1991 zum Ersteinsatz nach Kopenhagen. Beim Aufbau des Flugbetriebs assistierte Malev und schulte die Piloten auf Boeing 737. Ende 1992 wurde Lithuanian in die IATA aufgenommen. Mit Zulauf weiterer Boeing 737 wurden einige Tu-134 verkauft, für die An-24 und Yak-40 fand man ebenso Abnehmer, so das man bei Lithuanian Airlines fast von einer einheitlichen Flotte reden konnte. Diese veränderte ab 1994 ihr äußeres Erscheinungsbild. Als 1997/98 Saab SF34 und Saab 2000 geleast wurden, war das auch gleichzeitig das Ende eines Tu-134 Flugbetriebs.1999 veränderte Lithuanian Airlines nochmals das Farbschema an den Flugzeugen. Mit Air Baltic, Finnair, LOT und Air Ukraine bestehen Kooperationsverträge. Ende 2001 übernahm Lithuanian Airlines Air Lithunia mit ihren Yak 40 und ATR-42. Letztere wurden übernommen, die Yak 40 verkauft. Anfang 2003 wurden von der Regierung erste Anteile zum Kauf freigegeben und der Privatisierungsprozess eingeläutet. Zur Modernisierung tragen auch zwei Boeing 737-500 bei die im Frühjahr 2003 ältere Boeing 737-300 ersetzten.

Routen

Amsterdam, Berlin, Brüssel, Frankfurt, Hamburg, Helsinki, Kiew, Kopenhagen, London, Madrid, Moskau, Paris, Prag, Stockholm, Tallin, Warschau, Wilna

Flotte

2 Boeing 737-500
2 Boeing 737-200
2 Saab 2000

Foto: Boeing 767-300ER SP-LPA (Martin Kühn / Palma de Mallorca)

LOT- POLISH AIRLINES

Uliczka 17 Stycznia 39, 00906 Warschau, Polen
Tel.: 22-66066111 Fax: 22-8466409
E-Mail: contact@lot.com Web: www.lot.com

ICAO-Code / IATA-Code	IATA-Nr.	Länderkennung	ICAO-Callsign
LOT (LO)	080	SP	LOT

Auf Beschluss der polnischen Regierung wurden am 1. Januar 1929 Aero Lloyd Warschau und Aero T2 zur künftigen staatlichen Polskie Linie Lotnicze-LOT vereinigt. Mit Junkers F-13 flog man nach Wien, Berlin, Moskau und Helsinki. Bedingt durch den 2. Weltkrieg erfolgte ein Neubeginn mit Flugzeugen aus sowjetischer Produktion erst wieder 1946. Während in den fünfziger Jahren die IL-14 Bestandteil der Flotte war, kamen doch auch westliche Flugzeuge wie CV 240 oder Vickers Viscount, zum Einsatz. An Jet-Gerät bildeten die Tu-134 und Tu-154 das Rückgrat der Kurz- und Mittelstrecke, während die IL-62M die Langstrecke bediente. Seit 1989 kamen auch wieder westliche Boeing 767 zum Einsatz. Die Flotte wurde schnellstens auf westlichen Standard gebracht. Ebenso arbeitete LOT an Serviceleistungen und wurde so immer mehr zum Konkurrenten für etablierte Gesellschaften. Für regionale Strecken wurden ab 1991 ATR72 eingesetzt, die Flottenerneuerung mit Boeing 737 konnte in den Jahren 1993-1996 fortgesetzt werden, um die letzten Jets aus russischer Produktion aus dem Verkehr zu nehmen. 1997 etablierte LOT mit Eurolot eine Tochtergesellschaft für den regionalen Liniendienst. 1999 erwarb die SAir Group 37% der freien Anteile der Gesellschaft, den Rest hält noch immer der polnische Staat. Allerdings konnten seither die Mitarbeiter auch Anteile übernehmen, sie repräsentierten 2003 etwa 7% der Anteile. Ebenfalls 1999 erhielt LOT die ersten Embraer RJ 145 Jets, die sie auf Europastrecken einsetzt. Nach dem Bankrott der SAir Group fielen die Anteile an deren Nachfolgegesellschaft SAir Lines Europe BV. Zu einer engen Zusammenarbeit kam es ab April 2002 mit Lufthansa da LOT sich deren Vielfliegerprogramm anschloss. Im Jahre 2003 wurde LOT auch Mitglied der Star-Alliance Gruppe.

Routen

Amsterdam, Athen, Bangkok, Barcelona, Berlin, Bratislava, Brüssel, Budapest, Bydgoszcs, Chicago, Damaskus,Düsseldorf, Frankfurt, Genf, Gdansk, Hamburg, Helsinki, Istanbul, Kaliningrad, Kattowice, Kiew, Kopenhagen, Krakau, Larnaca, London, Lodz, Lyon, Madrid, Mailand, Manchester, Minsk, Moskau, München, New York, Nizza, Odessa, Oslo, Paris, Posen, Prag, Riga, Rom, Sofia, St.Petersburg, Stockholm, Szczecin, Tallin, Tel Aviv, Vilnius, Warschau, Wien, Wrocklaw, Zielona Gora, Zürich

Flotte		Bestellt
5 Boeing 767-200/300ER	14 Embraer RJ 145	10 Embraer RJ 170
10 Boeing 737-500		
9 Boeing 737-300/400		

Foto: Airbus A320-200 EC-IEP (Oliver Köstinger / München)

LTE - INTERNATIONAL AIRWAYS

Calle del Ter 27, 07009 Palma de Mallorca, Spanien
Tel.: 475700 Fax: 478877
Web: www.lte.es

ICAO-Code / IATA-Code	IATA-Nr.	Länderkennung	ICAO-Callsign
LTE (XO)	-	EC	Funjet

In Palma de Mallorca wurde am 29. April 1987 LTE-Lineas Transportadores Espanola gegründet. Initiatoren waren die deutsche Charterfluggesellschaft LTU, die mit einer spanisch-deutschen Gesellschaft das Ungleichgewicht im Spanientourismus und damit die jahrelangen Querelen um Kontingente abbauen wollte. Auch sollte damit der Zugang zu anderen europäischen Chartermärkten geschaffen werden. Wichtig erschien dabei auch die Besetzung neuer Positionen in Anbetracht eines künftigen liberalisierten europäischen Marktes. Mit zwei Boeing 757-200, diese kamen von der LTU-Tochter LTS, startete LTE am 1. November 1987 den Flugbetrieb. Man konzentrierte sich zunächst auf den skandinavischen Markt und ab der deutschen Wiedervereinigung waren es besonders die Flughäfen der neuen Bundesländer die bedient wurden. Die Gesellschaft wurde von LTU ganz übernommen als die europäischen Gesetze zur Liberalisierung des Luftverkehrs in Kraft traten. Die Flugzeuge erhielten nun die für LTU typischen rot-weissen Farben und der Name wurde in LTE-International Airways geändert. Nach Beteiligung der SAir Group an LTU und den sich abzeichnenden finanziellen Problemen, stand LTE im Jahre 2001 zum Verkauf, nachdem eine Integration und Fusion mit LTU nicht möglich war. Die Gesellschaft ging an eine Investorengruppe aus Spanien und Italien über. Mit Erhalt des ersten Airbus A320, erhielt LTE im Jahre 2002 eine neue Bemalung.

Routen

Charterflüge innerhalb Europas zu Zielen im Mittelmeergebiet, besonders Spanien und die Kanarischen Inseln

Flotte	Bestellt
2 Airbus A320-200	3 Airbus A320-200
3 Boeing 757-200	

Foto: Airbus A330-200 D-AERQ (Josef Krauthäuser / Düsseldorf)

LTU - INTERNATIONAL AIRWAYS

Halle 8, Flughafen, 40474 Düsseldorf, Deutschland
Tel.: 0211-9418888 Fax: 0211-9418881
E-Mail: internet@ltu.de Web: www.ltu.de

ICAO-Code / IATA-Code	IATA-Nr.	Länderkennung	ICAO-Callsign
LTU (LT)	266	D	LTU

Die LTU wurde am 8. Februar 1955 von dem Engländer Mr. Dromgoole gegründet. Hauptgesellschafter und bald auch Alleininhaber war aber der Duisburger Bauunternehmer Conle. Die ersten Flugzeuge vom Typ Vickers Viking waren bis 1963 im Einsatz. Weiter waren Bristol 170, Fokker F27 und DC-4 bei LTU, bis in Form einer ersten Caravelle 1965 der Jetbetrieb aufgenommen wurde. Ab 1969 setzte LTU ausschließlich Düsenflugzeuge ein. Neben der Caravelle waren das noch Fokker F28 Fellowship. 1973 wurde das Zeitalter der Großraumflugzeuge, mit Lockheed L-1011 TriStar eröffnet. Dieser Flugzeugtyp war es auch, der für LTU den Durchbruch zur größten Charterfluggesellschaft Deutschlands brachte. So standen bis zu 11 TriStars in Diensten der LTU und ermöglichten die Aufnahme von Zielen im Ferntourismus. 1989 beantragte man die Zulassung als Liniengesellschaft, die im Herbst 1990 für einige Strecken erteilt wurde. Mit Zulauf der ersten MD-11 Ende 1991 setzte ein Flottenerneuerungsprozeß ein, der 1996 mit neuen Großraumflugzeugen des Typs Airbus A330 seinen Abschluss fand. Diese ersetzen bei LTU die TriStars, deren letzter im Mai 1996 die Flotte verließ. LTU übernahm im Frühjahr 1996 die Rheinland Air Service und integrierte LTU-Süd in die Muttergesellschaft. Die Integration wurde auch durch ein einheitliches Erscheinungsbild der LTU-Flugzeuge kenntlich gemacht. Gravierende Veränderungen brachten das Jahr 1998. Alle MD-11 wurden ausgemustert und die Mehrheit der Anteile gingen an die SAair Group. Diese reorganisierte die gesamte LTU-Gruppe und brachte sie an den Rand des finanziellen Zusammenbruchs. Neue Gesellschafter und eine neue Geschäftsführung, dazu eine Bürgschaft der lokalen Regierung halfen zum Überleben. Die Tochtergesellschaft LTE wurde 2001 verkauft. Auch die Flotte wurde weiter harmonisiert und auf eine komplette Airbus-Flotte ausgerichtet. Nach Erhalt der bestellten A321 wurde auch die letzte Boeing 757 ausgemustert.

Routen

Agadir, Alicante, Almeria, Antalya, Araxos, Arrecife, Athen, Bangkok, Berlin, Bodrum, Brindisi, Burgas, Cagliari, Cancun, Catania, Chongqing, Colombo, Dalaman, Djerba, Düsseldorf, Egilsstadir, Faro, Fort Myers, Frankfurt, Fuerteventura, Funchal, Genua, Hamburg, Hannover, Heraklion, Holguin, Hurghada, Ibiza, Istanbul, Izmir, Jerez de la Frontera, Kapstadt, Karpathos, Kavalla, Köln/Bonn, Korfu, Kos, Larnaca,, Las Palmas, Leipzig, Lesbos, Los Angeles, Mahon, Malaga, Male, Malta, Miami, Mombasa, Monastir, München, Neapel, Olbia, Orlando, Palma de Mallorca, Phuket, Puerto Plata, Punta Cana, Reykjavik, Rhodos, Rimini, Salzburg, Samos, Sevilla, St. Cruz, Stuttgart, Tabarka, Teneriffa, Thessaloniki, Toronto, Varadero, Varna, Windhoek, Zakynthos

Flotte		Bestellt
12 Airbus A320-200	4 Boeing 757-200	5 Airbus A321
1 Airbus A321-100		2 Airbus A330
13 Airbus A330-200/300		

Foto: Airbus A319-100 D-AILU (Josef Krauthäuser / München)

LUFTHANSA

von Gablenz-Str 2-6, 50679 Köln, Deutschland
Tel.: 0221-826-0 Fax: 0221-8263818
Web: www.lufthansa.com

ICAO-Code / IATA-Code	IATA-Nr.	Länderkennung	ICAO-Callsign
DLH (LH)	220	D	Lufthansa

Die "alte" Lufthansa, gegründet 1926, wurde von den Siegermächten des zweiten Weltkrieges liquidiert. Anfang 1950 waren die Bemühungen um die Erlangung der Lufthoheit und eine eigenständige nationale Luftverkehrsgesellschaft das Bemühen der Bundesregierung. Zu diesem Zweck wurde 1953 die "Luftag" gegründet, die sich 1954 nach der alten Lufthansa umbenannte. Der Erstflug mit Convair 340 war am 1. April 1955, der erste Auslandsflug nach New York startete am 8. Juni 1955 mit einer Lockheed-Constellation. 1960 setzte Lufthansa erstmals Boeing 707 im Transatlantik-Dienst ein, für Routen nach Afrika und den Mittleren Osten wurde die Boeing 720 beschafft. Als erster Kunde ausserhalb der USA erhielt Lufthansa die Boeing 727 im April 1964 für die Mittelstrecken, die Boeing 737 wurde ab 1967 geliefert. Das Grossraum-Zeitalter brach mit Einführung der Boeing 747 im März 1970 an, DC-10 und Airbus A300 folgten Mitte der 70'er Jahre. Lufthansa ist bekannt für ihre Flottenerneuerungspolitik. 1988 wurden die Boeing 747-400 und der Airbus A320 eingeführt, 1993 Airbus A340, 1994 der A321 und 1996 der "kleine" Airbus A319. 1997 wurde Lufthansa völlig privatisiert und die Aktien sind breit gestreut. In diesem Jahr gründete Lufthansa mit United, SAS, Air Canada und Thai International die Star-Alliance, darüber hinaus hat Lufthansa direkte Beteiligungen an den folgenden Fluggesellschaften: Air Dolomiti, Eurowings, Lufthansa Cargo, Lufthansa Cityline, Luxair, SAS und Thomas Cook Airlines. Als Team Lufthansa fliegen Air Littoral, Augsburg Airways, Cimber Air, Contact Air als Franchisepartner im Auftrag der Lufthansa innerdeutsche und europäische Strecken. Zahlreiche Einschränkungen nach dem 11. September 2001 brachten für Lufthansa massive Verluste. Auch die zahlreichen low-cost Gesellschaften werden, besonders innerdeutsch und im europäischen Raum, zu einer spürbaren Konkurrenz. Lufthansa legte viele Flugzeuge still und stellte Routen und Verbindungen ein.

Routen

Das Lufthansa Streckennetz reicht von Europa, Nord-und Südamerika bis nach Asien und Afrika. Nahezu 150 Ziele in etwa 100 Ländern werden direkt bedient.

Flotte		Bestellt
20 Airbus A319	36 Airbus A340-200/300	10 Airbus A340
36 Airbus A320-200	39 Boeing 737-300	15 Airbus A380
26 Airbus A321-100	30 Boeing 737-500	
6 Airbus A310-300	4 Boeing 747-200	
15 Airbus A300-600	13 Boeing 747-400	
5 Airbus A330-200		

Foto: Boeing 747-200F D-ABYZ (Oliver Köstinger / Sharjah)

LUFTHANSA CARGO

Flughafen, Bereich West, 60546 Frankfurt, Deutschland
Tel.: 01802020020 Fax: 01802747747
E-Mail: lhcargo@dhl.de Web: www.lhcargo.com

ICAO-Code / IATA-Code	IATA-Nr.	Länderkennung	ICAO-Callsign
GEC (LH)	020	D	Lufthansa Cargo

Die Lufthansa Cargo Aktiengesellschaft wurde am 1. Januar 1995 gegründet. Sie ist eine 100%ige Tochtergesellschaft des Lufthansa Konzerns und nimmt die weltweiten Frachtaktivitäten war. Vorläufergesellschaft war Lufthansa Cargo Airlines, eine der vielen Umstrukturierungen innerhalb der Lufthansa, und German Cargo Services GmbH. Letztere verdankt ihre Entstehung der Abschaffung eines anachronistischen Gesetzes im Jahre 1977, welches bis dahin Vollfracht-Charter in der Bundesrepublik untersagte. Treibende Kraft hinter diesen Änderungen war auch Lufthansa, der viele Tonnen an Fracht ins benachbarte Ausland verlorengingen. Am 10. März 1977 wurde German Cargo Services GmbH in Frankfurt gegründet. Der erste Flug mit einer Boeing 707 ging am 15. April 1975 nach Hongkong. Bis Mitte 1979 wurden bereits vier Boeing 707 betrieben, da das Frachtaufkommen stetig wuchs. Mit dem Einsatz der DC-8 veränderten sich die Strukturen der GCS, hatte sich doch bisher die Lufthansa um Besatzung und Wartung gekümmert, so mussten jetzt eigene Piloten eingestellt und auch ein eigener Wartungsbetrieb errichtet werden. Insgesamt waren bei German Cargo Services vier DC-8-73 im Einsatz. Eine dieser DC-8 kam auch bei Condor im Passagiercharter zum Einsatz. Transportiert wird alles was fliegbar ist, man hat sich besonders auf Afrika, Südamerika und den Fernen Osten spezialisiert, jedoch wird weltweit Charter geflogen. Im Rahmen der Konzern-Umorganisation 1994/95 ging German Cargo Services in Lufthansa Cargo auf. Mit Erhalt der ersten MD-11 Mitte 1998 erfolgte die Neuorganisation der Flotte, die künftig nur noch aus Boeing 747 und MD-11 Frachtern besteht. Ab März 2002 bilden Lufthansa Cargo, SAS Cargo und Singapore Airlines Cargo die WOW-Allianz, der auch im April 2003 JAL Cargo beitrat.

Routen

Weltweite Frachtflüge im Linien- und Charterverkehr.

Flotte

8 Boeing 747-200F
14 (Boeing) McDonnell Douglas MD-11F

Foto: : (Bombardier) Canadair RJ-700 D-ACPI (Marcus Baltes / Frankfurt)

LUFTHANSA CITYLINE

Heinrich Steinmann Str. 51147 Köln, Deutschland
Tel.: 02203-5960 Fax: 02203-596801
E-Mail: lh-cityline@dlh.de Web: www.lh-cityline.com

ICAO-Code / IATA-Code	IATA-Nr.	Länderkennung	ICAO-Callsign
CLH (CL)	683	D	Hansaline

Als Nachfolgegesellschaft von OLT-Ostfriesische Lufttransport GmbH wurde 1974 DLt-Deutsche Luftverkehrsgesellschaft mbH gegründet. Mit Shorts 330, DHC-6 Twin Otter und Hawker Siddeley HS 748 wurde im Auftrag der Lufthansa ein innerdeutscher Ergänzungsluftverkehr betrieben. Da die eigenen Flugzeuge nicht ausreichten, kamen der WDL mit F 27 und auch noch andere Gesellschaften mit Fairchild Metro zum Einsatz. 1987 wurden Embraer EMB-120 eingeführt, dieser Typ war aber auch schon bald zu klein, da DLT expandierte. Fokker 50 als Nachfolger der legendären Fokker F27 Friendship wurden geordert, nachdem sich Lufthansa auch finanziell an DLT beteiligte und das Kapital erhöht werden konnte. Bereits 1990 wurden über eine Million Passagiere befördert, mit einer steigenden Tendenz. Im März erfolgte die Umbenennung in Lufthansa Cityline und nach einer Reorganisation auch eine Umstellung der Flotte ausschliesslich auf Jetflugzeuge. Dazu wurden 50-sitzige Canadair Regional Jets bestellt, der erste traf im Herbst 1992 ein. Ab 1994 erhielt City Line auch die ersten Avro RJ 85. Dadurch war man in der Lage noch mehr Routen von Lufthansa zu übernehmen die für deren kleinsten Jet nicht rentabel war. Lufthansa Cityline ist heute zu 100% im Besitz der Lufthansa und ist in alle Marketing, Buchungs- und Promotionprogramme wie Miles & More eingebunden. Cityline flog erstmals am 1. Juli 2001 mit dem Canadair RJ 700 und bestellte von diesem Typ auch weitere Maschinen, da das Dornier 728 Projekt, hier war Cityline Erstbesteller, nicht realisiert wurde. Die Basis der Cityline ist am Flughafen Köln/Bonn, hier ist auch die eigene Wartungs- und Reparaturwerft angesiedelt.

Routen

Lufthansa Cityline fliegt zu etwa 80 Destination in Deutschland und Europa

Flotte		Bestellt
18 Avro RJ85	20 (Bombardier) Canadair RJ-700	10 Canadair RJ 700
34 (Bombardier) Canadair RJ 100ER		
11 (Bombardier) Canadair RJ 200		

Foto: Boeing 737-500 LX-LGP (Dominik Stapf / Frankfurt)

LUXAIR

Bp 2203, 2987 Luxembourg-Airport, Großherzogtum Luxemburg
Tel.: 4-7984281 Fax. 4-7984289
E-Mail: info@luxair.lu Web: www.luxair.lu

ICAO-Code / IATA-Code	IATA-Nr.	Länderkennung	ICAO-Callsign
LGL (LG)	149	LX	Luxair

Die Societe Luxembourgeoise de Navigation Aerienne, oder kurz Luxair wurde 1961 mit Unterstützung der Regierung, von Banken und Radio Luxemburg, gegründet. Mit einer Fokker F-27 wurde im April 1962 der regelmäßige Linienverkehr nach Amsterdam, Frankfurt und Paris aufgenommen. 1966 setzte Luxair die Vickers Viscount und ab März 1970 die SE 210 Caravelle ein. Diese wurde 1977 durch Boeing 737 ersetzt. Für Langstreckenflüge kamen geleaste Boeing 707 ab 1980 zur Flotte. Nur recht kurze Zeit kam bei Luxair auch ein Airbus A300B4 zum Einsatz, dieser war aber für den Bedarf der Gesellschaft zu groß. Der Airbus wurde dann gegen eine Boeing 747SP eingetauscht und mit diesem Flugzeug künftig die Langstrecken bedient. Ein Flottenerneuerungsprogramm begann 1989 mit Ablieferung der ersten Fokker 50. Doch die Langstreckenrouten wurden 1995 aufgegeben. Luxair Commuter war eine Tochtergesellschaft, die mit Embraer 120 Nahziele bediente, Ende der 90'er Jahre aber in Luxair inetegriert wurde. Embraer RJ-145 kamen erstmals 1998 zum Einsatz und sind langfristig Ersatz für die Fokker 50. An Cargolux hält Luxair 24,5% Anteile, während Lufthansa an Luxair mit 13% beteiligt ist. Air France und Luxair sind auch Kooperationspartner. Zur Flottenerneuerung bestellte Luxair Anfang 2003 neue Boeing 737-700 Flugzeuge. Neben den Linienflügen wickelt Luxair auch einen grossen Anteil an Charterflügen ab.

Routen

Agadir, Alicante, Amsterdam, Arrecife, Athen, Barcelona, Berlin, Catania, Djerba, Dublin, Faro, Florenz, Frankfurt, Fuerteventura, Funchal, Genf, Hamburg, Ibiza, Innsbruck, Kopenhagen, Las Palmas, Lissabon, London, Luxemburg, Luxor, Madrid, Mailand, Malaga, Malta, Manchester, Marseille, Metz, Monastir, Montpellier,München, Nizza, Palma de Mallorca, Paris, Porto, Rom, Saarbrücken, Sharm el Sheik, Stockholm, Teneriffa, Turin, Wien

Flotte		Bestellt
2 Boeing 737-400	3 Fokker 50	2 Boeing 737-700
3 Boeing 737-500		
8 Embraer RJ 145		

Foto: (Bombardier) Canadair RJ 100 OY-MBO (Sammlung Josef Krauthäuser / Frankfurt)

MAERSK AIR

Copenhagen Airport South, 2791 Dragoer, Dänemark
Tel. 32-314444 Fax: 32-314490
E-Mail: info@maersk-air.dk Web: www.maersk-air.com

ICAO-Code / IATA-Code	IATA-Nr.	Länderkennung	ICAO-Callsign
DAN (DM)	349	OY	Maerskair

Die Reederei A.P. Moeller errichtete, neben Maersk Shipping Line, als weiteren Teilbetrieb die Maersk Air im Jahre 1969. Zunächst war an ein reines Charterunternehmen gedacht, entsprechend war die Ausstattung mit einer Fokker F27 und einer HS-127. Mit diesen Flugzeugen wurde der Flugbetrieb im Januar 1970 aufgenommen. Der Expansionsdrang der neuen Gesellschaft führte bereits im Jahre 1970 zur Übernahme der Falck Air, einer Gesellschaft, die im Linienflug tätig war und Strecken nach Odense und Arhus betrieb. Air Business, eine andere Regionalgesellschaft konnte 1983 ebenfalls übernommen werden. Mit De Havilland DHC-7 wurde die Strecke Billund-Sonthad eröffnet, weitere Liniendienste verbinden Kopenhagen mit Billund und Ronne. Neben Linien- und Charteraktivitäten erwirtschaftete Maersk auch im Flugzeugleasing beachtliche Umsätze. So waren einige Boeing 737 langfristig an die Deutsche BA vermietet. Im Juli 1993 wurde Maersk Air UK gegründet um die Aktivitäten der Birmingham European zu übernehmen. Eine weitere Beteiligung ist Estonian Air, an der Maersk 49% der Anteile hält. Als eine der ersten Fluggesellschaften weltweit, hatte Maersk bereits Aufträge für die neueste Generation der Boeing 737-700 erteilt. Im März 1998 erhielt Maersk die erste und konnte ältere Boeing 737-300 ausmustern. Ab Mai 2000 kamen auch Canadair Regional Jets zum Einsatz. Eine weitere Tochtergesellschaft ist Star Air. Diese hatte Fokker F27 für regionale Strecken im Einsatz.Das Aufgabenprofil hat sich aber geändert da nun im Auftrag und den Farben von UPS, Boeing 727 und 757 Frachter in Europa operiert wird.

Routen

Aalborg, Amsterdam, Athen, Billund, Brüssel, Dublin, Esbjerg, Faröer Inseln, Frankfurt, Kopenhagen, Kristiansand, Lissabon, London, Nizza, Odense, Paris, Ronne, Stockholm, Venedig, Vojens. Charterziele jeweils saisonal in die Mittelmeerregion oder in die Wintersportgebiete der Alpen

Flotte

11 Boeing 737-500
10 Boeing 737-700
4 (Bombardier) Canadair RJ 100
2 Fokker 50

Foto: Airbus A310-200 EP-MHH (Bastian Hilker, Düsseldorf)

MAHAN AIR

Mahan Tower, 21 Azadeghan St., M.A. JenaH Express Way, Teheran
Tel.: 9821-4070507-9 Fax: 9821-4070404
E-Mail: fly@mahanair. r Web: www.mahanairlines.com

ICAO-Code / IATA-Code	IATA-Nr.	Länderkennung	ICAO-Callsign
IRM (W5)	537	EP	Mahan Air

Die bereits im Hotelmanagement tätige private Organisation Mola-Al-Movahedin gründete 1991 auch eine eigene Chartergesellschaft, Mahan Air. Sitz der Gesellschaft war die einige hundert Kilometer südöstlich der Hauptstadt gelegene Industriemetropole Kirman. Aufgrund des wirtschaftlichen Boykotts der USA musste die Gesellschaft zunächst mit Tupolev Tu-154 den Flugbetrieb aufnehmen. Im Frühjahr 1992 führten zunächst viele Charterflüge nach Saudi Arabien zur jährlichen Pilgersaison. Aber auch Flüge innerhalb des Landes, besonders in die Hauptstadt Teheran wurden angeboten. Aus den Charterflügen wurden schnell regelmäßige Linienflüge auf dieser Strecke. Damaskus in Syrien war das erste Ziel im internationalen Streckennetz. Dieses wurde kontinuierlich mit neuen Zielen in der Golf-Region ausgebaut. Weitere Tu-154 wurden in der ehemaligen Sowjetunion beschafft, dazu auch einige IL-76 für die Aufnahme des Frachtbetriebes. Der Flugbetrieb und auch die Verwaltung wurden Ende der 90'er Jahre nach Teheran verlegt, 1999 konnten zwei Airbus A300 erworben werden. Diese werden auf internationalen Strecken eingesetzt und bringen eine Verdopplung des Sitzplatzangebotes. In Kirman eröffnete 2002 ein eigenes Werft- und Unterhaltszentrum mit angeschlossenem Trainingscenter. Man arbeitet mit Lufthansa und SOGERMA bei der Wartung zusammen. Im Jahre 2002 erhielt Mahan Air auch weitere Airbus A310. In diesem Jahr konnte mit Düsseldorf auch die erste Linienverbindung nach West-Europa aufgenommen werden.

Routen

Antalya, Bahrain, Bandar Abbas, Bangkok, Colombo, Damaskus, Delhi, Dubai, Düsseldorf, Isfahan, Jeddah, Kabul, Kirman, Kish, Male, Mashad, Muscat, Qeshm, Seoul, Sharjah, Shiraz, Teheran, Zahedan

Flotte		Bestellt
3 Airbus A300B4	5 Tupolev Tu-154	2 Airbus A310
3 Airbus A310		
2 Iljuschin IL-76		

Foto: Boeing 777-200ER 9M -MRE (Gottfried Auer / Zürich)

MALAYSIA AIRLINES

Jalan Sultan Ismail Bangunan MAS, 50250 Kuala Lumpur, Malaysia
Tel.: 3-21610555 Fax: 3-21613472
E-Mail: corpcomm@mas.com.my Web: www.malaysia-airlines.com.my

ICAO-Code / IATA-Code	IATA-Nr.	Länderkennung	ICAO-Callsign
MAS (MH)	232	9M	Malaysian

Malaysian Airline System Berhad entstand 1971 nach der Aufteilung der ehemaligen MAS (Malaysia-Singapore Airlines). Mit neun Fokker F27 und drei Britten-Norman Islander wurden die Verbindungen innerhalb Malaysias bedient. Ab 1974 wurde erstmals London mit Boeing 707 wöchentlich angeflogen, weitere Ziele in Europa wie Amsterdam, Zürich und Frankfurt folgten bald nach. 1976 wurde die erste DC-10-30 geliefert und 1982 kamen zwei Boeing 747-200 dazu, die ab 1985 den Flugverkehr auch zu Zielen in den USA aufnahmen. Am 15. Oktober 1987 führte MAS ein neues Erscheinungsbild ein, nachdem in diesem Jahr erstmals die Aktien öffentlich zum Verkauf standen und die Regierung ihren Anteil verringerte. Der Name wurde ebenfalls verändert, bzw. gekürzt (Airline System entfiel). 1992 war der neue Flughafen München neues Ziel in Europa, weltweit expandiert MAS und investierte in neueste Technik und Flugzeuge. Als DC-10 Ersatz trafen 1994 die ersten Airbus A330 ein, 1994 und 1995 auch die MD-11. Die eigene Frachtabteilung, MASkargo, führt mit MD-11 und 747-200F die Nurfrachtflüge durch. Regionale Ziele bedient man mit Fokker 50 und DHC-6 Twin Otter. 1997 erhielt die Gesellschaft die ersten Boeing 777. Diese ersetzten älterere Boeing 747-100 und DC-10 auf den Langstrecken. Malaysia Airlines wurde Ende der 90'er Jahre durch die Asienkrise arg in Mitleidenschaft gezogen. Wie bei anderen Gesellschaften der Region wurden Strecken eingestellt und Flugzeuge verkauft und an die Leasinggeber retourniert. Erst Anfang 2000 stabilisierte sich die Airline wieder und setzte ihren unterbrochenen Expansionskurs fort. Die letzte MD-11 verliess Ende 2001 die Flotte, diese wurde mit Airbus A330 und Boeing 777 weiter ausgebaut.

Routen

Etwa 35 Ziele im Inland, dazu Verbindungen nach Australien, Japan, Korea, Hongkong, Indonesien, Philippinen, Thailand, Taiwan und der Volksrepublik China. Ebenso bestehen Verbindungen im Mittlerer Osten, Südafrika, USA und Europa. Insgesamt mehr als 110 Ziele weltweit.

Flotte		Bestellt
12 Airbus A330-300	17 Boeing 747-400	3 Boeing 747-400
39 Boeing 737-400	15 Boeing 777-200ER	9 Boeing 777-200
1 Boeing 737-500	6 (Bombardier) De Havilland DHC-6	
5 Boeing 747-200F	10 Fokker 50	

Foto: Boeing 737-400 HA-LEZ (Gerhard Schütz / Korfu)

MALEV-HUNGARIAN AIRLINES

V. Roosevelt ter 2, 1051 Budapest, Ungarn
Tel.: 1-2353535 Fax: 1-2662759
Web: www.malev.hu

ICAO-Code / IATA-Code	IATA-Nr.	Länderkennung	ICAO-Callsign
MAH (MA)	182	HA	Malev

Am 29. März 1949 wurde unter Beteiligung der UdSSR Maszovlet gegründet. Die neue Gesellschaft setzte für erste Flüge Lisunow Li-2 ein. Ab November 1954 wurde der Name Magyar Legiközlekedesi Vollat (MALEV) angenommen. Mit Lieferung der IL-18 ab Mai 1960 wurden europäische Ziele wie Amsterdam, Wien und Moskau bedient. Die Tupolev Tu-134 war das erste Jet-Flugzeug im Jahre 1968, gefolgt von der Tu-154 ab 1973. Die sowjetischen Muster wurden ab 1989 von Boeing 737 ersetzt. Ebenfalls von Boeing kamen auch die Flugzeuge für die Langstrecken. Die erste Boeing 767 erhielt Malev Ende 1992, nachdem in diesem Jahr eine Teilprivatisierung erfolgte. Alitalia beteiligte sich mit 30% am Kapital und arbeitete eng mit Malev zusammen. 1995 erhielt Malev die erste Fokker 70 für kurze Europastrecken, während alle Tupolev Tu-134 und einige Tupolev 154 verkauft werden konnten. Ein ungarisches Bankenkonsortium kaufte 1998 die Alitalia Anteile wieder zurück, um die Entwicklung der Gesellschaft stärker zu nationalisieren. Mit Air France, British Airways, CSA, Delta Air Lines, Moldavian und Tarom hat man Kooperationsverträge und Codeshare-Vereinbahrungen. Die Basis von Malev ist am Flughafen Budapest-Ferihegy an dem auch umfangreiche Wartungseinrichtungen für die zunehmend grössere Flotte vorhanden sind. An Malev angeschlossen sind die Charterabteilung mit Urlaubsflügen in die Mittelmeerregion und eine eigene Regional Gruppe.

Routen

Amsterdam, Athen, Berlin, Beirut, Bologna, Brüssel, Budapest, Bukarest, Damaskus, Debrecen, Dublin, Düsseldorf, Frankfurt, Genf, Hamburg, Helsinki, Istanbul, Kairo, Kiew, Larnaca, London, Mailand, Madrid, Moskau, München, Odessa, Oslo, Paris, Prag, Prestina, Rom, Sarajewo, Skopje, Sofia, Split, St.Petersburg, Stockholm, Stuttgart, Tel Aviv, Thessaloniki, Tirana, Toronto, Tripolis, Warschau, Wien, Zagreb, Zürich

Flotte		Bestellt
3 Boeing 737-200	2 Boeing 737-500	2 (Bombardier) Canadair CRJ-200
7 Boeing 737-300	1 Boeing 737-700	6 Fokker 70
6 Boeing 737-400	2 Boeing 767-200ER	

Foto: Fokker 100 B-12291 (Sammlung Autor)

MANDARIN AIRLINES

134 Minsheng Est Road, Sector 3, Taipeh 105, Republik China
Tel.: 2-27171188 Fax: 2-27170716
Web: www.mandarinair.com

ICAO-Code / IATA-Code	IATA-Nr.	Länderkennung	ICAO-Callsign
MDA (AE)	803	B	Mandarin Air

Im Juni 1991 gründeten Kuos Development Corporation und China Airlines eine gemeinsame Fluggesellschaft mit dem Namen Mandarin Airlines. Ende 1992 übernahm China Airlines alle Anteile der Gesellschaft. Mit Boeing 747SP, Boeing 747-400 und MD-11 flog Mandarin nach Kanada, Europa und AustralienAls Yun Shin Airlines wurde im Mai 1966 eine private Fluggesellschaft gegründet, die sich später Formosa Airlines nannte und Flüge im Inland durchführte. Dornier 228, Fokker 50 und Saab SF 340 kamen zum Einsatz zu Zielen, die nicht von Jets bedient wurden. Basis dieser Gesellschaft, an der China Airlines 42% der Anteile hatte, war der Stadtflughafen von Taipeh, Sung Shan. Im Laufe der Zeit übernahm China Airlines auch alle Anteile von Formosa Airlines. Diese private Gesellschaft startete 1978 mit Dornier 228 den Flugbetrieb und hatte einige Strecken innerhalb Taiwans und zu den vorgelagerten Inseln.Im August 1999 wurden Formosa Airlines und Mandarin Airlines formell zusammengeführt und fusionierten unter dem Mandarin Airlines Namen ihren Flugbetrieb. Dabei wurden die internationalen Langstrecken an China Airlines übertragen. Ebenso wechselten die Langstreckenflugzeuge Boeing 747-400 und MD-11 die Flotte. Den gesamten Inlandsverkehr der China Airlines Gruppe dagegen wurde von Mandarin Airlines übernommen. Die notwendigen Umstrukturierungen der Gruppe waren bis Ende 2001 erfolgt. Neben dem Inlandsflugverkehr wurden auch noch regionale Ziele in den Nachbarländern an Mandarin Airlines übertragen. Dabei handelt es sich um Ziele, die vom Verkehr her keine grösseren Flugzeuge notwendig machen.

Routen

Cebu, Chi Mei, Chiang Mai, Denpasar, Green Island, Hualien, Kaohsiung, Makung, Macau, Phnom Penh, Orchid Island, Taichung, Taipeh, Taitung, Yangon

Flotte

3 Boeing 737-800
3 Dornier 228
7 Fokker 50
2 Fokker 100

Foto: Airbus A320-200 PH-MPE (Jan-Alexander Lück / Amsterdam)

MARTINAIR

Postbus 7507,1118 ZG Schiphol, Niederlande
Tel.: 20-6011222 Fax: 20-6011303
E-Mail: sales@martinair.com Web: www.martinair.com

ICAO-Code / IATA-Code	IATA-Nr.	Länderkennung	ICAO-Callsign
MPH (MP)	129	PH	Martinair

Martin Air Holland, oder korrekt Martin's Luchtvervoer Maatschappij N.V., wurde im Mai 1958 von Martin Schröder gegründet. Zunächst hieß die Gesellschaft Martins Air Charter, bis 1967 der Name Martin Air Holland eingeführt wurde. Rund- und Taxiflüge wurden angeboten. 1964 konnte eine kleinere Gesellschaft, Fairways Rotterdam übernommen werden. KLM beteiligte sich mit 25% am Unternehmen, weitere Anteile gingen an die NedLloyd Reederei. Von KLM erhielt Martinair DC-7, Lockheed Electra und DC-8. Mit diesen Flugzeugen stieg Martinair in den Charterflugverkehr grossen Stils ein. 1973 kam die DC-10 als erster Widebody, 1984 Airbus A310 und 1988 auch die erste Boeing 747 in einer Kombiversion. Die Erneuerung der kompletten Flotte wurde konsequent weitergeführt und die Boeing 767 löste den Airbus ab. Ende 1994 kam dann auch die Zeit für die erste MD-11, weitere drei füllten die entstandenen DC-10 Lücken. Mit einer supermodernen Flotte expandierte Martinair, der Titel "Holland" wurde 1995 abgeschafft, erheblich und setzte vor allem auch auf Frachtdienste. Traditionell werden aber auch noch Fotoflüge, Vermessung und Luftwerbeflüge durchgeführt. Für das Niederländische Königshaus wurde die Fokker 70 gewartet und betrieben. Am 1. Juli 1998 übernahm KLM die Anteile von NedLloyd und ist jetzt im Besitz von Martinair. Diese soll aber weiterhin eigenständig bleiben. Ende 1999 wurden von Air Holland Boeing 757 übernommen. Neuestes Flugzeug bei Martinair ist der Airbus A320-200. Die erste Maschine traf im April 2003 in Amsterdam ein. Diese ersetzen die Boeing 757 und sind Auftakt für weitere Airbus Flugzeuge in der Flotte. Basis ist Amsterdam-Schiphol, hier verfügt man über einen beachtlichen Werftbetrieb.

Routen

Aruba, Amsterdam, Calgary, Cancun, Edmonton, Havanna, Holguin, Miami, Montego Bay, Orlando, Puerto Plata, Punta Cana, San Jose, Santo Domingo, Toronto, Vancouver, Varadero werden linienmäßig angeflogen dazu Charterflüge zu Ferienzielen im Mittelmeergebiet, Karibik, USA, Kanada, Südostasien. Frachtflüge weltweit.

Flotte		Bestellt
2 Airbus A320-200	6 (Boeing) McDonnell Douglas MD-11	1 Airbus A320-200
4 Boeing 747-200		
5 Boeing 767-300ER		

Foto: Boeing 737-300 (Jannis Malzahn / Hamburg)

MAT- MACEDONIAN AIRLINES

Vasil Glavinov 3, 9100 Skopje, Mazedonien
Tel.: 389-2292333 Fax: 389-2229576
E-Mail: systems@mat.com.mk Web: www mat.com.mk

ICAO-Code / IATA-Code	IATA-Nr.	Länderkennung	ICAO-Callsign
MAK (IN)	367	Z3	Makavio

Nachdem sich das frühere Jugoslawien in Teilstaaten auflöste, entstand mit Mazedonien 1991 ein eigener Staat mit der Hauptstadt Skopje. Neben Skopje gibt es noch einen Flughafen in der Stadt Ohrid. Mit Gründung von Mazedonien wurden auch einige Fluggesellschaften aktiv, die mehr oder weniger lange existierten und mit, oft veraltetem, russischen Fluggerät operierten. Da Griechenland eine Blockade, wegen Namensgleichheit mit seiner eigenen Provinz Makedonien, gegen den Binnenstaat Mazedonien verhängte und auch den nordgriechischen Hafen Thessaloniki für Güter nach Mazedonien sperrte, wurden vermehrt auch Flugzeuge eingesetzt um wichtige Versorgungsgüter zu transportieren. Am 16. Januar 1994 wurde MAT-Makavio gegründet. Man wählte die Form einer Aktiengesellschaft um auch an Investitionskapital gelangen zu können. Mit einer Boeing 737-200 wurde der Flugbetrieb am 23. September 1994 aufgenommen. Der erste Flug führte von Skopje nach Zürich. Weitere Strecken innerhalb Westeuropas folgten. 1997 konnte mit einer Boeing 737-300 ein moderneres Flugzeug erworben werden. Mit diesem änderte sich auch das Erscheinungsbild der Gesellschaft und die heutigen Farben wurden übernommen. Auch der Name wurde internationalisiert, da MAT inzwischen zum Nationalcarrier bestellt wurde. Besonders während der Ferienzeiten oder zu Festtagen werden auch viele Charterflüge durchgeführt. 1999 kam eine weitere B-737-300 und mit einer Douglas DC-9 konnte im Jahre 2002 die Flotte nochmals erweitert werden.

Routen

Amsterdam, Berlin, Düsseldorf, Frankfurt, Hamburg, Ohrid, Rom, Skopje, Stuttgart, Wien, Zürich

Flotte

2 Boeing 737-300
1 (Boeing) Douglas DC-9-32

Foto: Airbus A320 -200 F-OHLO (Sammlung Autor)

MEA-MIDDLE EAST AIRLINE

P.O.Box 206, Beirut, Libanon
Tel.: 1-629250 Fax: 629260
E-Mail: mea@mea.com.lb Web: www.mea.com.lb

ICAO-Code / IATA-Code	IATA-Nr.	Länderkennung	ICAO-Callsign
MEA (ME)	076	OD	Cedar Jet

MEA, mit vollem Titel als Middle East Airline SA bekannt, wurde 1945 im September als privates Unternehmen gegründet. Mit drei DH 89 A Dragon Rapide wurde damals der Flugbetrieb aufgenommen. 1949 beteiligte sich Pan American an dem Unternehmen und tauschte als erstes die DH 89 A gegen die DC-3 ein. Pan American zog sich bereits 1955 aus dem Unternehmen zurück, den Anteil übernahm die britische BOAC. Mit Vickers Viscount wurde der planmäßige Liniendienst am 2. Oktober 1955 nach London aufgenommen. Es folgten Karachi und Bombay (heute Mumbai). Erstes Strahlflugzeug war die Comet 4 B. MEA setzte diese ab 6. Januar 1961 auf der Strecke nach London ein. Veränderungen gab es 1963, Air Liban wurde übernommen und damit auch deren Flugzeuge wie DC-6 und SE210 Caravelle. Als neuer Anteilseigner wurde Air France gewonnen. Boeing 707 kamen ab 1968 zum Einsatz und 1969 wurde Lebanese International Airways (LIA) samt Flotte, Routen und Personal übernommen. Dieser Zusammenschluß war durch die bürgerkriegsähnlichen Kämpfe seit über 10 Jahren immer wieder beeinträchtigt worden, jedoch ist MEA die einzige Gesellschaft die - trotz aller Widrigkeiten - die Verbindung zur Welt aufrecht erhielt. Neue Flugzeuge fanden Zulauf, so zwei Airbus A310, welche geleast wurden, um Boeing 707 ausmustern zu können. Damit die Gesellschaft für das nächste Jahrzehnt fit wurde, beteiligte sich wiederum Air France und eine Investmentgesellschaft als Kapitalgeber. Der Neuanfang machte sich auch in den Farben der Flugzeuge bemerkbar, denn ab Anfang 1997 wurde eine neue Bemalung eingeführt. Die Flotte und auch die Infrastruktur am Flughafen Beirut konnten mit diesem frischen Kapital erneuert werden. Airbus A320 und A321 fanden Zulauf. Die drei Boeing 747 wurden verkauft und weitere Airbus A310 bestellt. Nunmehr verfügt MEA wieder über eine recht neue Flotte und hat auch wieder ein beachtliches Streckennetz aufgebaut. Mit Einführung des neuen Airbus A330-200 im Mai 2003 setzte MEA wieder neue Standards um sich noch besser zu etablieren. Dazu gehört auch ein eigenes Vielfliegerprogramm und eine enge Kooperation mit Air France.

Routen

Abidjan, Abu Dhabi, Accra, Amman, Athen, Beirut, Colombo, Dammam, Dubai, Frankfurt, Genf, Istanbul, Jeddah, Kairo, Kano, Kuwait, Lagos, Larnaca, London, Nizza, Paris, Riad, Rom, Teheran

Flotte		Bestellt
1 Airbus A310-300	2 Airbus A321-200	4 Airbus A321-200
1 Airbus A300-600	3 Airbus A330-200	
3 Airbus A320-200		

Foto: BAe 146-200 I-FLRE (Daniel Klein / Amsterdam)

MERIDIANA

Aeroporto Costa Smeralda, 07026 Olbia, Italien
Tel.: 0789-52600 Fax. 0789-52802
Web: www.meridiana.it

ICAO-Code / IATA-Code	IATA-Nr.	Länderkennung	ICAO-Callsign
ISS (IG)	191	I	Merair

Meridiana ging aus dem operativen Zusammenschluß der italienischen Alisarda und der spanischen Universair im Jahre 1991 hervor. Bis zum Konkurs der spanischen Meridiana Ende 1992 operierten beide Partner koordiniert, aber doch relativ unabhängig. Alisarda wurde am 24.3.1963 in Olbia gegründet. Mit DC-9 flog man zu Zielen in Frankreich, der Schweiz und innerhalb Italiens. Es folgten saisonal auch andere Ziele wie Frankfurt oder München, zunächst als Charter später auch linenmäßig. 1986 gründete man Avianova, diese Zubringergesellschaft wurde aber 1991 an die Alitalia-Gruppe verkauft, um sich auf weitere Ziele in Europa zu konzentrieren. Hauptbasis ist Olbia und auch Florenz wird immer mehr als Knoten im Streckennetz ausgebaut. Meridiana expandierte stetig und Jahr für Jahr kamen weitere Strecken und Flugzeuge hinzu. Neben den Linienflügen werden für verschiedene Veranstalter auch immer mehr Charterflüge durchgeführt. Auch an Meridiana ging die Krise der Luftfahrtindustrie nicht vorbei. Die Jahre 2001 und 2002 waren verlustreich und nur Kürzungen der Kosten und Einsparungen ließen die Gesellschaft überleben. So wurden einige Flugzeuge verkauft und Strecken aufgegeben. Mit Alitalia will man enger zusammenarbeiten.

Routen

Amsterdam, Barcelona, Bologna, Cagliari, Catania, Florenz, Frankfurt, Genf, Genua, London, Mailand, München, Neapel, Nizza, Olbia, Palermo, Paris, Pisa, Rom, Turin, Verona, Zürich

Flotte

4 BAe 146-200
8 (Boeing) McDonnell Douglas MD-83
9 (Boeing) McDonnell Douglas MD-82

Foto: Fokker F27 PK-MFF (Hans Willi Mertens / Djakarta)

MERPATI

Jolan Angkasa 2, Kotak pos 323, Jakarta 10720, Indonesien
Tel.: 21-4243608 Fax: 21-6540620
Web: www.merpati.co.id

ICAO-Code / IATA-Code	IATA-Nr.	Länderkennung	ICAO-Callsign
MNA (MZ)	621	PK	Merpati

Die indonesische Regierung gründete Merpati Nusantara Airlines im Jahre 1962 mit Unterstützung der indonesischen Luftwaffe, um den Flugbetrieb der Fluggesellschaft "De Kroondruif" zu übernehmen. Diese Vorgängergesellschaft war besonders in West-Guinea tätig. Bei Merpati kamen DC-3, HS-748, Vickers Viscount, Vickers Vanguard, NAMC-YS 11, Dornier 28 und Pilatus Porter zum Einsatz. Zahlreich sind auch die in Lizenz gefertigten CASA-Flugzeuge im Einsatz, wie die IPTN 235, welche ältere Typen ersetzte. Mit dem Eintreffen der ersten DC-9 wurde im Herbst 1990 auch eine neue, moderne Bemalungsvariante der Flugzeuge eingeführt. Garuda, die nationale Fluggesellschaft, ist Mehrheitsgesellschafter bei Merpati. 1993 trafen die ersten Fokker 100 ein, 1994 übernahm Merpati auch einige Boeing 737-200, um damit die DC-9 zu ersetzen. Merpati hatte das dichteste Streckennetz in Indonesien und war bis zur Krise 1998 immer auf Expansionskurs. Mit der Asienkrise hatte besonders Indonesien zu kämpfen, hinzu kamen ethnische Probleme und der Verfall der Rupie. Das traf besonders die Gesellschaften, die Leasingraten in US $ zu zahlen hatten. So mußte auch Merpati Flugzeuge abgeben und Strecken einstellen oder das Angebot an Flügen reduzieren. 1999 wurde diskutiert ob man Garuda und Merpati verschmelzen sollte. Diese Pläne wurden aber nicht realisiert, stattdessen auch in den Jahren bis 2003 weitere Flotten- und Streckenbereinigungen vorgenommen. Dreiviertel der Fokker 28 Flotte wurden verkauft, einige Boeing 737-200 übernommen um damit die längeren Strecken zu fliegen. Von einer Abnahme der bestellten neuen Flugzeuge hat Merpati vorläufig Abstand genommen.

Routen

Ambon, Balikpapan, Bandar Lampung, Bandung, Batam, Bengkulu, Biak, Bima, Denpasar, Dilli, Djakarta, Jambi, Jayapura, Jogjakarta, Kuala Lumpur, Kupang, Mataram, Medan, Merauke, Padang, Palankarya, Palembang, Pekanbaru, Pontianak, Port Hedland, Sorong, Sumbawa, Surabaya, Tanjung Pinan, Ujung Padang

Flotte		Bestellt
7 Boeing 737-200	9 Fokker F27	9 ITPN-CN-235-10
6 (Bombardier)De Havilland DHC-6 Twin Otter	7 Fokker F28	7 ITPN-212 AB4/CC4 Aviocar
	3 Fokker 100	

Foto: Saab 340 N 401BH (Josef Krauthäuser / Lansing)

MESABA AIRLINES

7501 26th Ave. South, Minneapolis,MN 55450 USA
Tel.: 612-7265151 Fax: 612-7261568
E-Mail: info@mesaba.com Web: www.mesaba.com

ICAO-Code / IATA-Code	IATA-Nr.	Länderkennung	ICAO-Callsign
MES (XJ)	582	N	Mesaba

Im Jahre 1944 kaufte Gory Newstrom ein Flugzeug und gründete in Coleraine, Minnesota seine Firma Mesaba Aviation. 1950 wurde der Firmensitz ins nahegelegene Grand Rapids verlegt. Über die weiteren Aktivitäten ist wenig bekannt, da Mesaba Aviation erst 1973 als Regionalairline aktiv wurde. Mit Beech 99 und anderen Kleinflugzeugen wurde ein bescheidenes, regionales Netzwerk aufgebaut. Ein Besitzerwechsel an die Firma Swenson wurde für das Jahr 1977 vermerkt und seither entwickelte sich Mesaba Aviation beständig. Die Deregulierung der Airlines machte es auch möglich über die Grenzen von Minnesota hinaus einen Luftverkehr zu organisieren. Minneapolis/St.Paul wurde nunmehr der neue Standort und Mesaba hatte Verträge mit North Central Airlines und auch ein erstes Codeshare Abkommen. Grössere Swearingen Metro kamen nunmehr zum Einsatz. Nach der Fusion von North Central Airlines mit Southern Airlines wurden die Flüge auch für die neue Republic Airlines weiter durchgeführt. BAe Jetstream 31 kamen ebenso zum Einsatz wie später auch Fokker F-27. 1983 wurde aus organisatorischen Gründen der Flugbetrieb von Mesaba Aviation in Mesaba Airlines umbenannt. Eine weitere Fusion von Republic Airlines und Northwest Orient Airlines brachte ab 1984 eine neue Partnerschaft und einen Vertrag als erster Northwest Airlink Partner. Weitere umfangreichere Abkommen mit Northwest sicherten Mesaba Airlines eine kontinuierliche Entwicklung. Weitere Fokker F-27 wurden beschafft und auch die ersten DHC-8 hatten Northwest Airlink Farben. Conquest Air war eine Erwerbung im Jahre 1994, die in Air Tran umbenannt und bereits 1995 den Flugbetrieb wieder einstellte. Saab 340 und BAe/Avro 85 gelangten ab Mitte der 90'er Jahre zur Flotte, die beständig wuchs. 1995 wurden alle Aktivitäten in der Mesaba Holding zusammengefasst und die zwei Divisionen, Northwest Airlink und Northwest Jetlink gebildet. Neue Strecken kamen ebenfalls hinzu und auch ein weiterer Hub in Detroit wurde eingerichtet. Langfristig soll die Saab 340 durch Canadair RJ ersetzt werden

Routen

Als Northwest Airlink und Jetlink Partner, bedient Mesaba etwa 100 Ziele in den nördlichen Staaten der USA und im benachbarten Kanada

Flotte

36 BAe /Avro RJ 85
79 Saab 340

Foto: Airbus A320 F-OHME (Stefan Schlick / Puerto Vallarta)

MEXICANA

Xola 535, Piso 3C, Colonia de Valle 03100 Mexiko-City, Mexiko
Tel.: 5-4483096 Fax:5-4483096
Web: www.mexicana.com

ICAO-Code / IATA-Code	IATA-Nr.	Länderkennung	ICAO-Callsign
MXA (MX)	132	XA	Mexicana

Die Compania Mexicana de Aviacion ist eine der ältesten Fluggesellschaften der Welt. Im Jahre 1924 wurde sie gegründet, um zunächst Lohngelder zu den Erdölfeldern in der Nähe von Tampico zu fliegen, da ein Landtransport dieser Gelder nicht mehr sicher war. Linienflüge begannen am 15.4.1928 zwischen Mexiko Stadt und Tampico. 1929 bis 1968 war Pan American im Besitz der Kapitalmehrheit von Mexicana. 1935 wurde Aerovias Centrales und 1955 Transportes Aereos de Jalinco, gekauft. Neben DC-3 und DC-6 kam ab 1960 auch die Comet 4C auf den Strecken nach Havanna, Los Angeles und New York zum Einsatz. 1966 wurde die Boeing 727 eingeführt und ab Juni 1981 auch DC-10. Private Unternehmen erwarben 1989 die Gesellschaft. Eine notwendige Reorganisation brachte Veränderungen im Flugbetrieb und im Streckennetz mit sich. Die relativ alte Flotte der Mexicana wurde ab Mitte 1991 mit Airbus A320 und ab 1992 auch mit der kleineren Fokker 100 ergänzt. Gleichzeitig wurde auch eine neue Bemalung der Flugzeuge eingeführt, wobei das Leitwerk eines jeden Flugzeugs eine andere Farbe zeigte. Mexicana ist an einigen Regionalgesellschaften wie Aerocaribe, Aerocozumel, Aeromonterrey und Turboreactores beteiligt. 1996 erwarb die Cintra Gruppe Mexicana. In deren Portfolio gehören auch andere Gesellschaften und Aeromexico als ehemaliger Konkurrent. Ein Feedersystem im Auftrag von Mexicana mit Flugnummer und dem Namen Inter wird von Aerocaribe und Aerocozumel durchgeführt. Mexicana ist seit Anfang 2000 auch Mitglied bei Star Alliance. Neuestes Flugzeug der Mexicana ist seit 2001 der Airbus A319. Auch die A 320 Flotte wurde weiter aufgestockt, die Boeing 727 dagegen weiter ausgemustert.

Routen

Acapulco,Bogota, Buenos Aires, Cancun, Caracas, Chicago, Ciuad del Carmen, Cozumel, Denver, Durango, Guadalahara, Guatemala, Havanna, Hermosilo, Huatulco, Ixtapa, Ixtepec, Las Vegas, Leon, Los Angeles, Managua, Manzanillo, Mazatlan, Merida, Miami, Mexicali, Mexiko-City, Montreal, Monterrey, Morelia, New York, Nuevo Laredo, Oakland, Oaxaca, Orlando, Panama City, Puerto Vallarta, Saltillo, San Antonio, San Francisco, San Jose, San Jose Cabo, San Juan, San Luis Potosi, San Salvador, Santo Domingo, Tampico, Toronto, Veracruz, Villahermosa, Zacatecas

Flotte		Bestell:
3 Airbus A319	8 Boeing 757-200	8 Airbus A320
24 Airbus A320-200	12 Fokker 100	2 Airbus A319
15 Boeing 727-200Adv.		

Foto: Boeing 737-800 N733MA (Josef Krauthäuser / Fort Lauderdale)

MIAMI AIR INTERNATIONAL

5000 NW 36 Street, Ste. 307, Miami, Florida 33122, USA
Tel.: 305-8763600 Fax: 305-87142222
E-Mail: service@miamiair.com Web: www.miamiair.com

ICAO-Code / IATA-Code	IATA-Nr.	Länderkennung	ICAO-Callsign
BSK (GL)	-	N	Biscayne

Nachdem der Zusammenbruch von Eastern Airlines im Jahre 1990 immer wahrscheinlicher wurde, entschlossen sich einige Piloten und Mitarbeiter des Eastern Managements und auch der Technik, zur Gründung einer neuen Gesellschaft. Im August 1990 gründeten sie Miami Air International. Nachdem sie die entsprechenden Lizenzen erhielten, konnte der Flugbetrieb im Oktober 1991 aufgenommen werden. Zum Einsatz kamen die bewährten Boeing 727. Als Chartergesellschaft konnte sich Miami Air International für viele Reiseveranstalter qualifizieren. So fliegt man für die großen Kreuzfahrten-Veranstalter in die Karibik, für andere Veranstalter wiederum zu Zielen innerhalb der USA. Auch ad hoc Charter werden angeboten, so für Incentive Veranstaltungen oder Tourneen für Stars der Musik- und Filmindustrie. Für die College Sport Teams werden während der Saison die Spieler und Fans zu ihren Auswärtsspielen geflogen. Ein wichtiger Kunde ist aber auch der Staat. Zahlreiche Miami Air Flugzeuge werden für Truppentransporte genutzt und führen zu Zielen auch ausserhalb der USA. Zwei Bewerber für die Präsidentschaftswahlen in den USA, nutzten während ihrer Kampagnen Flugzeuge der Miami Air um zu zahlreichen Veranstaltungen kreuz und quer im Lande zu fliegen. Im Jahre 2000 ergänzte man die Boeing 727 Flotte mit einer ersten Boeing 737-800. Die Tradition der Namensnennung für jedes Flugzeug wurde auch bei diesem neuen Typ fortgeführt. Verdiente Mitarbeiterinnen übernehmen diese Patenschaften. Auch die Bemalung der Flugzeuge wurde mit Einführung der B-737-800 leicht verändert. Am Kapital der Gesellschaft beteiligte sich im Jahre 2000 ein Frachtunternehmen. Eine der B-727 wurde als Frachter umgerüstet und bringt neue Aufgaben und ein zweites Standbein in diesem Bereich. Weitere B-737-800 kamen im Jahre 2001 und 2002. Eine weitere Expansion und kontinuierliche Flottenerneuerung ist bis 2005 geplant.

Routen

Charterflüge innerhalb der USA, in die Karibik und nach Mexiko. Ad hoc Charter werden weltweit durchgeführt.

Flotte	Bestellt
4 Boeing 727-200	1 Boeing 737-800
4 Boeing 737-800	

Foto: Boeing 737-800 EI-CXV (Marcus Baltes / Frankfurt)

MIAT-MONGOLIAN AIRLINES

Flughafen Buyant-Ukhaa 34, Ulan-Bator, Mongolische Volksrepublik
Tel.: 311333 Fax: 310238
E-Mail: info@miat.com.mn Web: www.miat.com.mn

ICAO-Code / IATA-Code	IATA-Nr.	Länderkennung	ICAO-Callsign
MGL (OM)	289	JU	Mongolair

Unter verschiedenen Namen wie "Mongolian Airlines", "Mongolflot" oder "Air Mongol" ist die 1956 gegründete Gesellschaft bekannt. Mit Hilfe der UdSSR und der Aeroflot wurde MIAT aufgebaut. Am 7.Juli 1956 erfolgte der erste Flug mit An-24 von Ulan Bator nach Irkutsk. Eine Verbindung nach Peking wurde bald wieder eingestellt, da kein Bedarf bestand. Im Rahmen einer "Entwicklungshilfe" und Kooperation erhielt MIAT eine Boeing 727 von Korean Airlines, zwei weitere erhielt man günstig und konnte die Tu-154 verkaufen. Neben Linien- und Charterflügen wurden auch Aufgaben in der Landwirtschaft wahrgenommen. 1998 stellte man dann die devisenträchtigen Flüge nach Europa auf einen geleasten Airbus A310 um, den die Gesellschaft im Mai des Jahres erhielt. Eine veränderte Bemalung an diesem symbolisiert auch in dieser Hinsicht einen weiteren Schritt in modernere Zeiten. Mit Ablieferung einer ersten Boeing 737-800, die für einige Jahre geleast wurde, konnte auch im Jahre 2002 weiter modernisiert werden.

Routen

Von Ulan Bator werden Ziele in der Mongolei, wie Darchan und Eerdenet, bedient. Weitere Verbindungen gibt es nach Beijing, Frankfurt, Irkutsk, Moskau und Seoul. Charterflüge nach Korea, Japan, in den Nahen Osten und nach anderen Zielen in China.

Flotte

1 Airbus A310-300
14 Antonow An-24/26
1 Boeing 737-800
2 Yunshuji Y 12

Foto: (Boeing) McDonnell Douglas MD-80 N808ME (Josef Krauthäuser / Phoenix)

MIDWEST EXPRESS

6744 South Howell Ave., Oak Creek, Wisconsin 53154, USA
Tel.: 414-5704080 Fax: 414-5700199
Web: www.midwestexpress.com

ICAO-Code / IATA-Code	IATA-Nr.	Länderkennung	ICAO-Callsign
MEP (YX)	453	N	Midex

Midwest Express entstand nach der Deregulierung 1983 im November. Mit DC-9 wurde der Flugbetrieb am 11. Juni 1984 aufgenommen, und zwar die Linie Milwaukee-Boston. Im Laufe der Jahre wurden die Strecken bis Dallas und nach Los Angeles ausgedehnt. Insgesamt werden etwa 20 Ziele in den USA bedient. 1994/95 erfolgte eine Kapitalerhöhung um eine anstehende Expansion zu finanzieren. Weitere DC-9-32 wurden beschafft und neue Strecken eröffnet, bzw. verdichtet. In diesem Jahr 1995 führte die Gesellschaft eine modifizierte Bemalung ihrer Jets ein. Auch in den folgenden Jahren expandierte die Gesellschaft und mit Skyway Airlines, einer 100% Tochtergesellschaft, wurde auch ein Zubringernetz zu den beiden Hubs Milwaukee und Omaha geschaffen. Weitere MD-80 ergänzten und erneuerten die homogene Flotte von McDonnell Douglas Flugzeugen und ermöglichten die Aufnahme neuer Strecken. Das Streckennetz reicht inzwischen von Los Angeles bis New York. Allianzen bestehen mit American Eagle Airlines und USAirways Express. Als Midwest Express Connection wird von Skyways ein regionales Zubringernetz ab Milwaukee betrieben. Mit Eintreffen der ersten Boeing 717 im Frühjahr 2003 beginnt die Phase der Flottenerneuerung, wobei die älteren Douglas DC-9 ausgemustert werden.

Routen

Appletown, Atlanta, Baltimore, Boston, Dallas/Fort Worth, Denver, DesMoines, Fort Lauderdale, Fort Myers, Kansas City, Las Vegas, Los Angeles, Milwaukee, New York, Omaha, Orlando, Philadelphia, Phoenix, San Francisco, Tampa , Washington-National

Flotte		Bestellt
4 (Boeing) McDonnell Douglas DC-9-14/15	11 (Boeing) McDonnell Douglas MD-81/82	22 Boeing 717
15 (Boeing) McDonnell Douglas DC-9-32	2 (Boeing) McDonnell Douglas MD-88	
3 Boeing 717		

Foto: Boeing 757-200 G-MONE (Gerhard Schütz / Korfu)

MONARCH

Luton Airport, Luton Bedfordshire LU2 9NU, Großbritannien
Tel.: 1582-400000 Fax:. 1582-411000
Web: www.flymonarch.com

ICAO-Code / IATA-Code	IATA-Nr.	Länderkennung	ICAO-Callsign
MON (ZB)	974	G	Monarch

Monarch Airlines ist eine bekannte britische Charterfluggesellschaft, welche von Cosmos Tours am 5. Juni 1967 gegründet wurde. Mit einer Bristol Britannia wurde der Flugbetrieb am 5. April 1968 aufgenommen. Ziele waren die Urlaubsregionen im Mittelmeergebiet. 1971 konnte mit der Boeing 720 das erste Jet-Gerät beschafft werden, BAC 1-11 folgten 1975. Die Boeing 707 wurde im Jahre 1978 eingeführt und die erste Boeing 737 dann 1980. Mit der Boeing 757 erhielt Monarch 1983 eines der ersten Flugzeuge dieses Typs in Europa. Monarch ist neben dem Charterfluggeschäft auch sehr stark im Flugzeugleasing tätig. So war die gesamte Euroberlin-Flotte über Jahre von Monarch geleast. 1986 eröffnete Monarch auch einen regelmässigen Liniendienst nach Mahon und später nach Palma de Mallorca. Flüge in die USA wurden 1988 aufgenommen. 1990 erhielt Monarch mit dem Airbus A300 das erste Grossraumflugzeug. Um immer "up to date" mit der Flotte zu sein, wurde die Boeing 737 gegen Airbus A320 ab Anfang 1993 eingetauscht, ebenso wurden auch Boeing 767 beschafft, die aber an Alitalia verleast wurden. Für die Langstrecken mietete Monarch, bis zum Eintreffen ihrer Airbus A330, saisonweise DC-10 an. 1999 übernahm man dann zwei A330-200. Zum Saisonanfang 2002 überraschte Monarch mit einer neuen Bemalung ihrer Flugzeuge. Zur Monarch Holding gehören, neben der Fluggesellschaft und Monarch Engineering auch einige Reiseveranstalter. Basis ist Luton, man fliegt aber auch von Birmingham, Gatwick, Liverpool, Manchester und weiteren Flughäfen in Großbritannien.

Routen

Linienflüge ab Manchester und London nach Alicante, Faro, Gibraltar, Malaga, Palma de Mallorca und Teneriffa Charterflüge, saisonbedingt ins Mittelmeergebiet, die Alpenregion, in die Karibik, Ostafrika, Kanada und USA

Flotte		Bestellt
4 Airbus A300-600	2 Airbus A330-200	5 Airbus A321
4 Airbus A320-200	7 Boeing 757-200/200ER	
5 Airbus A321-200		

Foto: Fokker 100 YU-AOK (Albert Kuhbandner / Zürich)

MONTENEGRO AIRLINES

Slobode 23, 81000 Podorica, Montenegro
Tel.: 1-18224406 Fax: 1-246207
E-Mail: commerce@mgx.cg.yu Web: www.montenegro-airlines.cg.yu

ICAO-Code / IATA-Code	IATA-Nr.	Länderkennung	ICAO-Callsign
MGX (YM)	409	YU	Montenegro

Auch bei Montenegro Airlines spielte die Politik eine Rolle bei der Gründung, denn nach der Auflösung des ehemaligen Jugoslawien war auch Montenegro nicht mehr an das Luftfahrtnetz angebunden. Auch hatte man keinen Nationalcarrier und war von anderen Gesellschaften abhängig. Die Regierung von Montenegro gründete daraufhin im Jahre 1994 Montenegro Airlines und beteiligte auch die Banken, die Tourismusindustrie oder halbstaatliche Betriebe an der neuen Gesellschaft. Trotzdem musste die Regierung 51% der Anteile bereitstellen um auch die Kontrolle zu behalten. Knapp zwei Jahre nach der Gründung traf das erste Flugzeug in Podgorica ein. Es handelte sich um eine Fokker F28, die auf dem dürftigen Streckennetz zum Einsatz kam. Die UN verhängte gegen Rest-Jugoslawien, also Serbien und Montenegro einen Wirtschaftsboykott, da vor allen Dingen Serbien einen Bürgerkrieg um Bosnien-Herzegowina führte. Erst 1999 wurde dieser aufgehoben und auch Montenegro Airlines konnte expandieren. Dafür hatte man schon Ende 1998 eine zweite Fokker F28 beschafft. Es waren Ziele in Westeuropa die bedient wurden, denn viele Flüchtlinge und Gastarbeiter wollten wieder zurück nach Montenegro. Mit der ersten Fokker 100 im Jahre 2000 änderte sich auch das Erscheinungsbild der Gesellschaft und die aktuelle Farbgebung wurde angenommen. Mit weiteren Fokker 100, die 2001 und 2002 übernommen werden konnten, war die Flotte komplett. Neben den Linienflügen ist Montenegro Airlines sehr aktiv im Charterbereich. Die beiden Flughäfen des Landes, Podgorica und Tivat werden regelmässig bedient.

Routen

Athen, Belgrad, Budapest, Düsseldorf, Frankfurt, Istanbul, Korfu, Ljubljana, Paris, Podgorica, Rhodos, Riga, Rom, Skiathos, Skopje, Tel Aviv, Tivat, Zürich

Flotte

3 Fokker 100

Foto: Fokker 28 XY-AGA (Sammlung Josef Krauthäuser)

MYANMA AIRWAYS

104 Kanna Road, Yangon, Myanmar
Tel.: 1-280710 Fax: 1-289583

ICAO-Code / IATA-Code	IATA-Nr.	Länderkennung	ICAO-Callsign
UBA (UB)	209	XY	Unionair

Ursprünglich im Jahre 1948 von der birmesischen Regierung als "Union of Burma Airways" gegründet, änderte die Gesellschaft den Namen im Dezember 1972 in Burma Airways Corporation und letztlich im Jahre 1990 in Myanma Airways. Dazwischen liegen über 40 Jahre Flugbetrieb, der mit DeHavilland "Dove" im Jahre 1948 aufgenommen wurde. Diesen folgten DC-3 und Vickers Viscount, die Einführung nationaler und internationaler Verbindungen. Die erste F27 wurde im Oktober 1963 geliefert. 1969 ersetzte eine Boeing 727 die Vickers Viscount auf internationalen Flügen. Mit Ablieferung der Fokker F28 im Jahre 1977 setzte Myanma nur noch Fokker-Flugzeuge ein. Mit Highsonic Enterprises aus Singapur wurde 1993 eine Kooperation vereinbart, welche vorsah, daee die internationalen Strecken von einer gemeinsamen Gesellschaft durchgeführt werden sollen. Diese ist als Myanmar Airways International seit Anfang 1994 mit geleasten Boeing 737 aktiv und bedient internationale Strecken, während Myanma Airways nur noch im Inland ein dichtes Streckennetz unterhält. Um das zu bedienen, wurden im Jahre 2001 noch drei weitere Fokker 27 und auch zwei Fokker 28 gekauft.

Routen

Akyab, Bhamo, Dawe, Heho, Kalemyo, Kawthaung, Kengtung, Khamti, Lashio, Loikaw, Mandalay, Maulmyne, Mong Hsat, Myeik, Myitkyina, Nyaung-u, Putao, Sittwe,Tachilek, Tandwe, Yangon

Flotte

7 Fokker F27
5 Fokker F28

Foto: Boeing 757-200 G-PIDS (Martin Kühn / Palma de Mallorca)

MY TRAVEL AIRWAYS

Parkway Three, 300 Princess Road, Manchester, Lanc. M14 7QU,
Großbritannien; Tel.: 161-2326600 Fax: 161-2326610
E-Mail: info@mytravel.com Web: www.mytravel.com

ICAO-Code / IATA-Code	IATA-Nr.	Länderkennung	ICAO-Callsign
AIH (VZ)	727	G	Kestrel

Einer der größten britischen Reiseveranstalter gründete 1990 in Manchester eine eigene Fluggesellschaft. Diese nahm im März 1991 den Flugbetrieb mit drei MD-83 auf. Die Gesellschaft expandierte schnell und erhielt Ende 1991 weitere MD-83. Im Sommer 1993 übernahm die Holdinggesellschaft von Airtours den Konkurrenten Aspro Holidays mit der Fluggesellschaft Intereuropean. Die Flotte dieser Gesellschaft, bestehend aus B-737 und B-757, wurde teilweise übernommen. Die eigene Flotte wurde mit Airbus A320 ab der Sommersaison 1994 ergänzt und auch zwei Boeing 767 für Langstreckenflüge nach USA und Thailand stießen noch im selben Jahr hinzu. Mit der 767 änderte sich auch die Bemalung der Flugzeuge. Die MD-83 wurden bis Mai 1996 aus dem Verkehr gezogen und durch weitere Airbus A320 ersetzt. In diesem Jahr übernahm Airtours die dänische Spies Holding mit der Fluggesellschaft Premiair, 1997 kam mit der belgischen Sun International ein weiterer Reiseveranstalter hinzu. Zu dieser Gruppe gehörte auch Air Belgium. In Deutschland gründete die Frosch Touristik Gruppe 1998 eine eigene Inhouse-Fluggesellschaft Fly FTI, die erstmals 1999 mit Airbus A320 aus dem Bestand der Airtours flog. An FlyFTI war Airtours ebenfalls beteiligt, diese strich jedoch im November 2001 die Segel. Die ersten Airbus A330 für die Langstrecken kamen ebenfalls 1999 zur wachsenden Airtours Flotte. Den britischen Firmen gefielen diese Veränderung und so wurden ab 1.1. 2002 Airtours und Premier zur neuen My Travel zusammengeführt. Alle Flugzeuge erhielten eine neue Bemalung und als My Travel lite wurde auch ein Low cost Carrier auf den Weg gebracht um im boomenden Markt für Billigflieger beteiligt zu sein.

Routen

Charterflüge ab Manchester, Birmingham, Cardiff, London-Gatwick, Glasgow, Liverpool, Newcastle und weiteren Städten in Großbritannien und Scandinavien zu den beliebten Sommerzielen rund ums Mittelmeer, in die Karibik, USA, Thailand, Afrika und Australien.Wintercharter auch in die Schneegebiete der Alpen.

Flotte		Bestellt
23 Airbus A320	6 Boeing 757-200	4 Airbus A321
4 Airbus A321	3 Boeing 767-300 ER	
7 Airbus A330	4 (Boeing) Douglas DC-10	

Foto: (Bombardier) DeHavilland DHC-8-300 VH-JSQ (Jörg Thiel / Darwin)

NATIONAL JET SYSTEM

28 James Schofie d Drive, Airport. Adelaide SA 5090, Australien
Tel.: 8-81547000 Fax: 8-81547256
E-Mail: info@nationaljet.com.au Web: www.nationaljet.com.au

ICAO-Code / IATA-Code	IATA-Nr.	Länderkennung	ICAO-Callsign
NJS (NC)	-	VH	National Jet

Das 1990 in Adelaide gegründete Unternehmen spezialisierte sich auf vielfältige Aufgaben in der Luftfahrtindustrie. Es begann alles mit einer Piper Navajo und einer IAI Westwind. Die Expansion ging mit fünf BAe 146 im Jahre 1992 schnell voran, da man bereits zu diesem Zeitpunkt für Australian Airlink auch Liniendienste flog. Für Australian Air Express kamen Frachtaufträge hinzu und man erwarb BAe 146 QC, die auch im wichtigen Express-Paket-Service über Nacht eingesetzt werden konnten. Auch für die australische Luftwaffe übernahm National Jet Aufgaben für die spezielle Learjets zum Einsatz kamen. Ein wichtiges Aufgabengebiet war und ist heute noch das Vermieten von Flugzeugen. Hier bietet man einen Komplettservice an, der vom Aufbau bis zum Betrieb einer Airline reicht. Im Auftrag der australischen Regierung fliegt man seit 1993 mit einer speziell ausgerüsteten DeHavilland DHC-8 Überwachungsflüge entlang den Küsten des Landes. Auch bei der Ausbeutung von wichtigen Rohstoffen im Landesinneren leistet National Jet wichtige Unterstützung. Im Auftrag von Minengesellschaften werden die Mitarbeiter und Material zu den meist abseits von Verkehrsflughäfen gelegenen Minen eingeflogen. Im Jahre 2001 gab die Gesellschaft ein kurzes Zwischenspiel in Italien, wo sie National Jet Italia als regionale Airline im Auftrag etablierte, sich allerdings nach kurzer Zeit zurückzog. Im Auftrag von Qantas Link betreibt man einige Flugzeuge für deren Regionalsystem und auch für Australian Air Express einige BAe 146 in deren Frachtexpress-System. Die einzige Linienverbindung zum neuen Staat Ost-Timor stellt National Jet von Darwin aus her.

Routen

Brisbane, Cairns, Christmas Island, Cocos Island, Darwin, Launcheston, Learmonth, Mc Arthur River, Perth Tanami, Timka werden linienmäßig bedient. Charterflüge und Ad-hoc Frachtflüge werden ebenso durchgeführt.

Flotte

2 Avro RJ 70
17 BAe 146-100/200/300
10 (Bombardier) DeHavilland DHC-8-100/200/300

Foto: BAe BAC 1-11-500 ZS-NUI (Manfrd Turek / Lanseria)

NATIONWIDE AIRLINES

P.O.Box 422, Lanseria Airport, Gauteng 1748, Johannesburg, Republik Südafrika; Tel.: 011-7013330 Fax: 01-7013243
E-Mail: info@flynationwide.co.za Web: www.flynationwide.co.za

ICAO-Code / IATA-Code	IATA-Nr.	Länderkennung	ICAO-Callsign
NTW (CE)	567	ZS	Nationwide Air

Als sich Anfang der 90'er Jahre das politische System in Südafrika langsam änderte, schaffte das auch Raum für neue Fluggesellschaften, denn die praktische Monopolstellung von South African Airlines wurde von Seiten der Industrie nicht besonders geschätzt. So kam es auch aus politischen Gründen zu Neugründungen, da die meisten Länder Afrikas das Einflugverbot für Flugzeuge aus Südafrika aufhoben. Andere Gesellschaften weiteten ihren Service aus. So auch Nationwide Charter, die mit einigen Beech-Flugzeugen seit den 70'er Jahren vom Lanseria Airport Geschäftsreise- und Taxiflüge unternahm. Im Februar 1994 wurde eine BAC-1-11 gekauft und erste Charterflüge duchgeführt. Das Geschäft lief gut an und noch im November 1994 kamen zwei weitere BAC-1-11 rechtzeitig zur beginnenden Reisesaison in Südafrika. Flüge in die Nachbarländer, nach Madagaskar und Mauritius wurden als Charter für einige Veranstalter durchgeführt. Mit dem Zulauf weiterer BAC-1-11 wurden dann auch erste Linienflüge durchgeführt. Seit 1997 verstärken Boeing 727 die Flotte und mit verschiedenen Gesellschaften werden Codeshare-Abkommen vereinbart. Neben den Passagiercharter- und Linienflügen setzt Nationwide Airlines, der Name wurde mit Aufnahme der Linienflüge geändert, auch verstärkt auf Frachtaufträge und Vercharterung der Flugzeuge an andere Gesellschaften. Da die Ära der BAC 1-11 auch in Südafrika dem Ende entgegen geht, ebenso auch künftig verschärfte Lärmschutzvorschriften gelten, rüstet man auf Boeing 737-200 um. Für Charterflüge und Leasing bleiben einige BAC 1-11 weiter einsatzfähig.

Routen

Durban, East London, George, Johannesburg, Kapstadt, Livingstone, Lusaka, Nelspruit, Port Elizabeth als Linenflug. Charterflüge in die Nachbarländer Namibia, Zimbabwe, nach Kenia, die Komoren, Seychellen und Mauritius

Flotte

11 BAe/BAC 1-11-400/500
5 Boeing 727-100/200
8 Boeing 737-200

Foto: Boeing 737-200 N501NG (Sammlung Autor)

NICA AIRLINES

.O.Box 6018 Managua, Nicaragua
Tel.: 2-631929 Fax: 2-631822
Web: www.groupotacacom

ICAO-Code / IATA-Code	IATA-Nr.	Länderkennung	ICAO-Callsign
NIS (6Y)	930	YN	Nica

Nach dem Zusammenbruch und Auflösung der staatlichen Aeronica 1991 gab es keine internationale Fluggesellschaft mehr in dem politisch sehr instabilen Nicaragua. Erst nach den Wahlen von 1991 die das Regime der Sandinisten beendeten, konnte sich 1992 mit Hilfe von TACA eine neue Gesellschaft,die Nicaraguenses de Aviacion SA, kurz NICA. etablieren.TACA beteiligte sich am Aufbau auch finanziell und die Anteile der Groupo TACA liegen heute bei 49%, den Rest teilen sich private Investoren und die Regierung von Nicaragua. Im Juli 1992 konnte mit einer Boeing 737-200 der Flugverkehr zunächst nach Miami aufgenommen werden. Heimatbasis ist Nicaragua, von hier wurde auch mit der CASA 212 kurzzeitig ein Inlandsverkehr durchgeführt. Neben den regulären Liniendiensten bietet man auch Charter- und Frachtflüge an. NICA ist in das Vielfliegerprogramm von TACA, LACSA und Aviateca eingebunden. Diese Gesellschaften bilden auch eine Marketing-Allianz und nach Bildung der Grupo TACA 1998 ist die Dominanz auch im Erscheinungsbild der Flugzeuge zu erkennen. Ausser dem Namen trägt auch NICA nunmehr die Farben der Grupo TACA. Bei Bedarf kann NICA auf Flugzeuge der anderen Groupo-Mitglieder zurückgreifen.

Routen

Guatemala City, Managua, Miami, Panama City, Puerto Cabezas, San Jose, San Salvador

Flotte

1 Boeing 737-200Adv.

Foto: Boeing 747-200F JA8167 (Josef Krauthäuser / Amsterdam)

NIPPON CARGO AIRLINES -NCA

Shiodome City Center 8F5-2, Higashi-Shinbashi 1-Chome, Minato-Ku, Tokio 105-7108, Japan; Tel.: 81-367355500 Fax: 81-367355535
E-Mail: sales@nca.aero Web: www.nca.aero

ICAO-Code / IATA-Code	IATA-Nr.	Länderkennung	ICAO-Callsign
NCA (KZ)	933	J	Nipponcargo

Als exportorientiertes Land von technisch- und hochqualifizierten Waren ist für Japan der Transport dieser Güter enorm wichtig. Dabei spielt oft der Zeitfaktor eine wichtigere Rolle denn der Preis des Transportes. Dieses erkannten auch die Gründer von Nippon Cargo Airlines Ltd. als diese am 21. September 1978 gegründet wurde. Teilhaber sind u.a. All Nippon Airways, Kawasaki Industries, Mitsui, Nippon Express, Bank of Tokio, Tokio Marine & Fire Insurance und noch weitere 60 Anteilseigner mit geringeren Einlagekapital. Ziel war der Aufbau eines Linien-Frachtflugnetzwerkes weltweit. Es dauerte allerdings noch einige Jahre um die staatlichen Restriktionen für neue Airlines zu überwinden, schliesslich hatte die staatliche JAL eine Monopolstellung für Frachtflüge ausserhalb Japans. Nach heftigen Kontroversen und erheblichem Druck seitens der Industrie, erteilte das zuständige Ministerium 1985 zunächst eine Lizenz für Flüge in die USA. Hier waren erst auch bilaterale Verhandlungen notwendig, da die USA ihrerseits mehr Zugeständnisse und Streckenrechte für US-Fluggesellschaften in Japan forderte. NCA setzte von Anfang an nur Boeing 747F ein. Einige dieser Flugzeuge sind mit "Nose Cargo Door" ausgestattet und machen ein Beladen mit Containern oder Stückgut durch diese recht einfach. Bis 1989 wurde die Flotte auf den heutigen Stand gebracht. Auch die Strecken entsprachen den Notwendigkeiten und an einigen Zielorten verfügt NCA über eigene Abfertigungs- und Lagerhallen an den Umschlagplätzen.

Routen

Amstredm, Anchorage, Chicago, Frankfurt, Guadelajara, Hongkong, Kuala Lumpur,London, Los Angeles, Mailand, Manila, New York, Osaka, San Francisco, Seoul, Shanghai, Singapur, Taipeh, Tokio

Flotte

11 Boeing 747-200F

Foto: Boeing 757-200 N752NA (Josef Krauthäuser / Miami)

NORTH AMERICAN AIRLINES

Suite 250, Bulding 75 North Hangar Road, Jamaica, NY 11430, USA
Tel.: 718-6562650 Fax: 718-9953372
E-Mail: acooper@northamericanair.com Web: www.northamair.com

ICAO-Code / IATA-Code	IATA-Nr.	Länderkennung	ICAO-Callsign
NAO (XG)	455	N	Northamerican

Dan McKinnon, ehemals Vorsitzender des CAB-Civil Aeronautics Board of the USA, gründete North American Airlines 1989. Beteiligt war- offiziell nur mit 25% Anteilen- EL AL Israel Airlines. Absicht war es zunächst für die EL AL Flüge nach New York und einen Zubringerdienst nach Montreal zu schaffen. So hätte EL AL auf die teuren Anschlussflüge New York-Los Angeles verzichten können, da diese unrentabel dadurch waren, dass in New York keine Passagiere für Los Angeles zusteigen durften (IATA-fifth freedom) Mit Boeing 757-200 startete am 22. Januar 1990 der erste Jet für North American vom New Yorker J.F. Kennedy Airport nach Los Angeles. Die Basis der neuen Gesellschaft wurde ebenfalls am JFK-Airport eingerichtet. 1992 ergänzte eine McDonnell Douglas MD-83 die Flotte und 1995 kam eine weitere Boeing 757-200. Neben den New York- Los Angeles Flügen kamen jetzt auch noch Charterflüge hinzu, dabei flog man für verschiedene Reiseveranstalter. Die Flotte wurde mit Eintreffen der ersten Boeing 737-800 wieder geändert und die MD-83 ausgemustert. Mit Linienflügen nach Guyana startete man 1999 zweimal wöchentlich, nachdem Guyana Airways den Betrieb und damit die Verbindung nach New York einstellte. Weitere Linienflüge folgten 2002 nach Puerto Rico und in die Dominikanische Republik, ebenfalls ersetzten grössere Boeing 767-300 die beiden Boeing 737-800. Neben den Linienverbindungen werden Charterflüge weltweit angeboten. Auch die Regierung der USA beauftragt North American regelmässig mit solchen Flügen, sei es für Truppentransporte oder bei Staatsbesuchen den Pressetross des Präsidenten.

Routen

Von NewYork nach Aquadilla,Georgetown, Los Angeles und Santo Domongo linienmässig, Charterflüge weltweit

Flotte

2 Boeing 767-300
5 Boeing 757-200

Foto: Douglas DC-118A (DC-6F) N2907F (Lutz Schönfeld / Anchorage)

NORTHERN AIR CARGO

3900 West International Airport Road, Anchorage, Alaska, 99502 USA
Tel.: 907-2433331 Fax: 907-2495190
E-Mail: sales@northernaircargo.com Web: www.northernaircargo.com

ICAO-Code / IATA-Code	IATA-Nr.	Länderkennung	ICAO-Callsign
NAC(NC)	345	N	Yukon

Robert Sholton und Maurice Carlsen waren 1956 die Gründer eines kleinen Luftfahrtunternehmens Sholton & Carlsen Inc. in Alaska. Mit zwei Fairchild C-82 "Flying Boxcar" startete man den Flugbetrieb. Diese Maschinen hatten den Korea Krieg überlebt und wurden von der US-Luftwaffe ausgemustert. Es handelte sich dabei um das erste Modell des berühmten US-Transportflugzeuges wobei die C-119 Version bis 1955 gebaut wurde. Auch das Militär war Hauptauftraggeber des Unternehmens. In Alaska wurde Mitte der 50'er Jahre die DEW-Line (Defence Early Warning), eine Kette von Radarstationen, die von Alaska bis Grönland reichte, gebaut. Schweres Material wie Generatoren und andere Ausrüstungen wurden zu den weit ausserhalb der Zivilisation gelegenen Behelfspisten geflogen. Aber auch bei humanitären Einsätzen, wie nach dem Karfreitags-Erdbeben 1964, sah man die Boxcars in der vordersten Linie. 1969 kam die erste DC-6 und im Laufe der kommenden 25 Jahre waren 14 dieses unverwüstlichen Douglas Propliner im Einsatz. Einige der DC-6 sind mit sogenannten Swing tails versehen. Zur Beladung mit sperriger Fracht kann der gesamte Heckbereich zur Seite geklappt werden. Ein weiterer Schwerpunkt ist der Transport im Bereich der Öl- und Offshore Industrie im Norden Alaskas. Unter schwierigsten Bedingungen werden hier bei jedem Wetter die benötigten Frachten geflogen. Seit Jahren bedient NAC regelmässig über 40 Stationen im sogenannten Flagstop Service. Auch gibt es spezielle Verträge mit Firmen zur Versorgung der Eskimosiedlungen mit allem Bedarf des täglichen Lebens. Seit März 2003 bemühte sich NAC die Lizenz der bankrotten National Airlines zu übernehmen. Geplant sind dann Charterflüge für eine Ölgesellschaft von Houston nach Magadan in Russland. NAC könnte mit der Lizenz dann auch grösseres Fluggerät wie die Boeing 757 nutzen und der mögliche Einstieg in den Passagiercharter wäre möglich.

Routen

Anchorage, Aniak,Barrow, Bethel, Dillingham, Dutch Harbor, Emmanek, Fairbanks, Fort Yukon, Galena, Iliamna, King Salmon, Kodiak, Kotzbue, McGreth, Nome, Prudhoe Bay, Red Dog, Seattle, St. George, St. Marys, St.Paul, Unalaklet, Whitehorse

Flotte

3 Boeing 727-100F
14 Douglas DC-6 (C-118)

Foto: Airbus A319-100 D-AVWL (Jan-Alexander Lück / Hamburg-XFW)

NORTHWEST AIRLINES

5101 Northwest Drive, St. Paul, Min.55111-3034, USA
Tel.: 612-7262331 Fax: 612-7263942
Web: www.nwa.com

ICAO-Code / IATA-Code	IATA-Nr.	Länderkennung	ICAO-Callsign
NWA (NW)	012	N	Northwest

Als Northwest Airways wurde diese Gesellschaft am 1. August 1926 in Minneapolis/St. Paul gegründet. Zunächst flog man mit einer Thomas Morse Scout die Post von Chicago nach St. Paul, später kamen Ford Trimotor im Passagierdienst zum Einsatz. Den Namen änderte man 1934 in Northwest Airlines um. Am 15. Juli 1947 wurde die erste Polarroute mit DC-4 aufgenommen, sie führte von Seattle, Anchorage, Tokio, Seoul nach Schanghai und weiter nach Manila. Fortan nannte man sich Northwest Orient Airlines. Nach Ostasien kamen Boeing Stratocruiser zum Einsatz, Lockheed Constellation, DC-6, DC-7 und Lockheed L-188 Electra waren weitere wichtige Typen während der Prop-Ära. 1960 traf die erste DC-8, mit der zunächst die Strecke von Seattle nach Chicago bedient wurde, ein. Am 30. April 1970 erhielt NWO mit der Boeing 747 den ersten Großraum-Jet, gefolgt von DC-10-40 Ende 1972. 1979 wagte Northwest Orient auch den Sprung über den Atlantik nach Kopenhagen und Stockholm. London folgte 1980, diese Verbindung führte weiter nach Hamburg, jedoch verlegte Northwest Orient ihre Aktivitäten 1984 nach Frankfurt. Anders als viele andere Gesellschaften wuchs man jahrelang nur durch eigene Anstrengungen. 1986 erfolgte der Kauf von Republik. 1988 wurde wieder der alte Name Northwest Airlines eingeführt und die gesamte Gesellschaft umstrukturiert. Die Ablieferung der ersten A320 Ende 1989 führte auch zum neuen Farbschema. Zehn Jahre später wird der kleinere Airbus A319 eingeführt. Mit KLM, die auch am Kapital beteiligt ist, besteht seit Jahren eine enge Zusammenarbeit. Als Northwest Airlink fliegen einige Gesellschaften im Auftrag einen Feederservice zu den wichtigsten Hubs von Northwest in Detroit, Memphis und Minneapolis. An Champion Air, Continental Airlines, Express Airlines und Mesaba Airlines hält, die an der New Yorker Börse notierte, Northwest Airlines Anteile. Die Cargo Division wird als Northwest Cargo 2001 selbständig. Im selben Jahr wird die verlängerte Boeing 757-300 erstmals auf Streckeneinsatz geschickt und 2003 gibt sich Northwest Airlines ein neues Outfit. Der klassische Namensschriftzug und die traditionsreichen Farben verschwinden fast ganz.

Routen

Northwest bedient über 250 Ziele in mehr als 20 Staaten, davon alleine in den USA über 120 Destinationen. Im Verbund des Northwest Airlink Express-Systems werden viele Zubringer- und Regionalflüge durchgeführt.

Flotte

56 Airbus A319
74 Airbus A320-200
12 Boeing 727-200
20 Boeing 747-200
16 Boeing 747-400
56 Boeing 757-200
15 Boeing 757-300
24 (Boeing) McDonnell Douglas DC-10-30/40
167 (Boeing) McDonnell Douglas DC-9-14/15/31/32

Bestellt

10 Airbus A330

Foto: Boeing 737-300 LN-KKF (Sammlung Autor)

NORWEGIAN AIR SHUTTLE

Postbox 115, 1330 Fornebue, Norwegen
Tel.: 67593000 Fax: 67593001
E-Mail: post@norwegian.no Web: www.norwegian.no

ICAO-Code / IATA-Code	IATA-Nr.	Länderkennung	ICAO-Callsign
NAX (DY)	-	LN	Nor Shuttle

Die Gesellschaft wurde bereits 1993 gegründet, sie hatte aber zunächst keine eigenen Flugzeuge, sondern charterte diese bei Bedarf von Busy Bee, ebenfalls eine Fluggesellschaft aus Norwegen. Zum Einsatz kamen diese, meist handelte es sich um Fokker 50, dann aber auf den Strecken von Braathens. Bis zu sechs gemietete Fokker 50 waren im Einsatz , erst ab 2002 erhielt Norwegian Air Shuttle dann eine eigene Fokker 50 und flog damit von Stavanger nach Newcastle. Auch diese Route wurde im Auftrag von Braathens geflogen. 2002 begann Norwegian, mit einer geänderten Strategie und in Konkurrenz zu SAS / Braathens, sich als Low coast/no frills Airline zu etablieren. Mit geleasten Boeing 737 startete man von Oslo aus zu verschiedenen Zielen in Norwegen. Die Flugzeuge sind in einer attraktiven und auffälligen Bemalung, wobei das Leitwerk jeweils mit dem Porträt einer bekannten norwegischen Perönlichkeit verziert ist. Internationale Ziele wurden ab April 2003 angeboten. Hier sind es die typischen Ferienziele in Spanien und Portugal. Auch die Flotte wurde zügig ausgebaut und weitere Boeing 737 gemietet. Norwegian verfügt über einen eigenen Werftbetrieb in Stavanger.

Routen

Andenes, Bergen, Bodo, Faro, Haugesund, Kristiansund, Lakselv, Malaga, Molde, Murcia, Oslo, Stavanger, Tromsoe, Trondheim

Flotte

6 Boeing 737-300
6 Fokker 50

Foto: Airbus A320 TS-INB (Albert Kuhbandner / Paris-CDG)

NOUVELAIR TUNISIE

BP 66 Aeroport International H/B Monastir, Monastir 5000, Tunesien
Tel.: 3-520671 Fax: 3-520666
E-Mail: info@nouvelair.com.tn Web: www.nouvelair.com

ICAO-Code / IATA-Code	IATA-Nr.	Länderkennung	ICAO-Callsign
LBT (BJ)	-	TS	Nouvelair

Die französische Air Liberte gründete 1990 in Tunesien eine Tochtergesellschaft. Rechtzeitig zur Sommersaison startete Air Liberte Tunisie mit einer MD-83 der Muttergesellschaft den Charterverkehr. Besonders die neuen Bundesländer im wiedervereinigten Deutschland waren Destinationen, da sich hier Tunesien zum bevorzugten Urlaubsland entwickelte. Bei Bedarf wurden weitere MD-83 von Air Liberte ausgeliehen. Nachdem sich die Gesellschaft zufriedenstellend entwickelte, kam 1991 eine weitere MD-83 zum Einsatz. Finanzielle Probleme der französischen Air Liberte hatten auch Auswirkungen auf den Ableger in Tunesien.1996 wurde deshalb die Gesellschaft an den Tunesischen Reise Service, eine halbstaatliche Organisation, verkauft. Mit Tunis Air und auch, bis zu deren Verkauf an British Airways, Air Liberte arbeitete man zusammen. Nachdem die Anteile nunmehr mehrheitlich in tunesischen Händen lagen, wurde Air Liberte Tunisie eine Gesellschaft nach tunesischem Recht. Der Name wurde 1996 in Nouvelair Tunisie geändert und auch die Flugzeuge erhielten eine völlig neue Bemalung. Zwei weitere MD-83 konnten 1997 erworben werden, bevor man sich für den Airbus A320 als nächstes Flugzeug entschied. Dieser Airbus traf Anfang des Jahres 2000 in Monastir ein. Hier ist die Heimatbasis der Gesellschaft und auch Ausgangspunkt der meisten Flüge. Mit Zulauf eines weiteren Airbus A320 änderte Nouvelair Tunesie auch das Erscheinungsbild ihrer Flotte.

Routen

Als typische Chartergesellschaft fliegt Nouvelair Urlauber aus vielen europäischen Ländern nach Tunesien. Tunis, Monastir und Djerba werden regelmässig von den Jets angeflogen.

Flotte

3 Airbus A320-200
3 (Boeing) McDonnell Douglas MD-83

Foto: Airbus A330-200 SE-RBF (Sammlung Autor / Frankfurt)

NOVAIR

Svaevägen 155, 11346 Stockholm, Schweden
Tel.: 8-6738600 Fax: 8-6738605
E-Mail: info@novair.se Web: www.novair.net

ICAO-Code / IATA-Code	IATA-Nr.	Länderkennung	ICAO-Callsign
NVR (1L)	-	C	Navigator

Apollo Reser gehört zu den grossen Reiseveranstaltern in Skandinavien. Die schweizer Kuoni Gruppe hat eine Mehrheitsbeteiligung an der Apollo Reser mit Sitz in Stockholm. Die expandierende Gruppe sah 1997 die Notwendigkeit eine eigene Fluggesellschaft zu installieren. Nova Airlines AB, oder Novair hob erstmals im Herbst 1997 zu Flügen in Zielorte im Mittelmeerraum und der Kanarischen Inseln ab. Fluggerät war die bewährte Lockheed L-1011 TriStar. Die Flugzeit von Stockholm oder Oslo nach Las Palmas beträgt sechs Stunden und ist damit ein Langstreckenflug. Insgesamt hatte Novair drei Lockheed Tristar im Einsatz. Diese flogen in der Wintersaison auch nach Phuket in Thailand, oder Goa in Indien. Die schweren Tristar waren aber nicht auf allen Plätzen einsetzbar und so mietete Novair auch einen Airbus A320. Im Frühjahr 1999 erhielt Novair mit der Boeing 737-800 ein flexibleres Flugzeug, welches auch in der Lage ist von Skandinavien non-stop zu den Kanarischen Inseln zu fliegen. Der Einsatz von kleineren Flughäfen war damit auch möglich und Novair konnte weitere Abflughäfen in Schweden oder Norwegen bedienen. Für die altgedienten, aber nicht mehr ökonomisch günstigen TriStars folgte im Frühjahr 2000 Ersatz. Man entschied sich für Airbus A330-200 und erhielt, jeweils im September und Oktober 2000, eine Maschine. Anfang 2003 sah man den ersten Airbus in einer neuen Bemalung und der Europaflagge im Leitwerk. Am Flughafen Stockholm-Arlanda hat Novair ihre Basis.

Routen

Agadir, Antalya, Arrecife, Athen, Burgas, Chania, Dalaman, Faro, Goa, Göteborg, Heraklion, Hurghada, Karpthos, Kopenhagen, Korfu, Larnaca, Las Palmas, Lulea, Malmö, Mykonos, Oslo, Palma de Mallorca, Phuket, Prevesa, Rhodos, Samos, Santorin, Sharm el Sheik, Skiathos, Stavanger, Stockholm, Teneriffa, Thessaloniki, Trondheim, Umea, Vargas, Zakinthos

Flotte

3 Boeing 737-800
2 Airbus A330-200

Foto: Airbus A340-300 SX-DFB (Albert Kuhbandner / München)

OLYMPIC AIRWAYS

96 Snygrou Ave. 11741 Athen, Griechenland
Tel.: 1-9269111 Fax. 1-9267154
E-Mail: customer-relations@olympic-airways.gr Web: www.olympic-airways.gr

ICAO-Code / IATA-Code	IATA-Nr.	Länderkennung	ICAO-Callsign
OAL (OA)	050	SX	Olympic

Es war kein geringerer als Aristoteles Onasis der Anfang des Jahres 1957 die Olympic Airways gründete. Der bekannte Reeder übernahm die damalige TAE, die seit 1951 bestand und dem griechischen Staat gehörte. Bis zur ersten Ölkrise machte Onasis die Olympic zu einer modernen Gesellschaft, geriet doch durch die Ölsituation in finanzielle Bedrängnis und stellte 1974 den Flugbetrieb für mehrere Monate ein. Um eine völlige Pleite abzuwenden, sprang der griechische Staat wiederum ein und übernahm Olympic. Nach einer völligen Umstrukturierung und der Einstellung unrentabler Strecken ging es langsam wieder aufwärts. Olympic ist im Linienverkehr, aber auch im Charterbereich tätig. Bereits zu Beginn des Flugbetriebs im April 1957, mit DC-3 und DC-4, flog Olympic internationale Strecken nach London und Paris. Zeitweilig wurden geleaste DeHavilland Comet 4B eingesetzt und 1966 kam die erste Boeing 707 zur Flotte. Mit diesem Typ wurden die Langstrecken nach New York, Johannesburg und Sydney eröffnet. Noch unter der Onasis-Regie kamen auch die ersten Boeing 747. Im Rahmen einer Flottenerneuerungspolitik wurden die Boeing 707 und Boeing 727 der Gesellschaft bis 1992 durch neue Boeing 737-400 und Airbus A300-600 ersetzt, die alle die neue attraktive Bemalung erhielten. Airbus A340 ersetzte die Boeing 747. Boeing 737-800 kamen ab Frühjahr 2000 zum Einsatz. Andere Massnahmen zur Reorganisation zeigten Anfang 2000 Erfolg. An Macedonian Airlines und Olympic Aviation hält Olympic 100% Anteile. Die angestrebte Privatisierung kam nicht voran, da der griechische Staat und die EU-Kommission über Subventionen für OAL stritten. Im Jahre 2002 gab Olympic die Strecken nach Australien auf, stärkte aber einige Strecken in Europa durch mehr Flüge und musterte die Boeing 737-200 aus. Ebenso wurde auch der Umzug zum neuen Flughafen in Athen abgeschlossen.

Routen

Alexandria, Amsterdam, Athen, Barcelona, Beirut, Belgrad, Berlin, Brüssel, Bukarest, Budapest, Dubai, Düsseldorf, Frankfurt, Genf, Heraklion, Istanbul, Jeddah, Johannesburg, Kairo, Kalamata, Karpathos, Kavala, Kerkyria, Kiew, Kopenhagen, Kos, Kuwait, Larnaca, Lissabon, London, Madrid, Mailand, Manchester, Marseilles, Montreal, Moskau, München, New York, Odessa, Paris, Prag, Rhodos, Rom, Skopje, Sofia, Straßburg, Stuttgart, Tel Aviv, Thessaloniki, Tirana, Toronto, Wien

Flotte

4 Airbus A340-300
3 Airbus A300-600
11 Boeing 737-200Adv.
13 Boeing 737-400

Foto: ATR-42 SX-BIL (Jan-Alexander Lück / Athen)

OLYMPIC AVIATION

96 Snygrou Ave. Athen, Griechenland
Tel.: 1-9362681 Fax: 1-9883009
Web: www.olav.gr

ICAO-Code / IATA-Code	IATA-Nr.	Länderkennung	ICAO-Callsign
OLY	898	SX	Olavia

Mit seinen zahlreichen Inseln, dem zergliederten und bergigen Festland ist Griechenland, neben einem dichten Netz von Fährverbindungen, auf einen gut funktionieren Regionalflugverkehr angewiesen. Zur touristischen Erschließung kleinerer Inseln und um den Touristen lange Transferzeiten zu ersparen, wurde 1971 Olympic Aviation gegründet mit dem Ziel, einen regionalen Flugverkehr aufzubauen. Dazu mußten auf vielen Inseln erst einmal Pisten neu angelegt, verlängert oder instandgesetzt werden. Da viele Pisten zunächst keinen festen Belag hatten, kamen so robuste Flugzeuge wie Short Skyvan und Dornier Do 228 zum Einsatz. Geflogen wird vor allen Dingen da, wo die Muttergesellschaft Olympic Airways mit ihren Flugzeugen nicht verkehren kann und im Zubringerdienst zu internationalen Flügen nach Athen. Mit den ATR72, diese wurden 1992/93 erworben, fliegt man aber auch Charter von kleinen europäischen Flughäfen zu den griechischen Inseln. Mit Boeing 717, zwei dieser neuen Jets kamen Anfang 2000 zur Flotte, steigt man nunmehr auch in den europäischen Linienverkehr ein. Die grösste Herausforderung im Jahre 2002 war der Umzug zum neuen Flughafen von Athen, ausserdem erhielt man noch eine dritte Boeing 717. Olympic Aviation betreibt auch einige Hubschrauber und auch eine Flugschule. In der eigenen Werft werden vor allen Dingen Hubschrauber gewartet, hier ist man besonders spezialisiert.

Routen

Olympic Aviation bedient über 45 Ziele in Griechenland und etwa 15 Ziele im europäischen Ausland

Flotte

7 ATR72
4 ATR42
3 Boeing 717
7 Dornier Do228-200

Foto: Boeing 737-700 A40-BS (Sebastian Hilker / Dubai)

OMAN AIR

P.O.B. 58, Seeb International Airport, Muscat 111, Oman
Tel.: 968-519327 Fax: 968-510924
Web: www.oman-air.com

ICAO-Code / IATA-Code	IATA-Nr.	Länderkennung	ICAO-Callsign
OMA (WY)	910	A40	Air Oman

Die Regierung von Oman gehört neben Bahrain, Qatar und den Vereinigten Arabischen Emiraten zu den Eignern von Gulf Air, dem Nationalcarrier dieser Länder. Trotzdem verfügt der Staat Oman mit der 1981 gegründeten Oman Air über eine weitere Gesellschaft. Diese ging aus der Fusion von Gulf Light Air und Oman International Services hervor. Neben der Regierung von Oman halten auch einige private Firmen und Gesellschafter Anteile. Der neue Name der Gesellschaft war zunächst Oman Aviation Service. Den Flugbetrieb nahm Oman Aviation Service ebenfalls im Jahre 1981 auf. Zum Einsatz kamen Fokker F27. DeHavilland DHC-6 Twin Otter und einige Hubschrauber die die Flotte ergänzten. Wurden in den ersten Jahren nur Ziele innerhalb des Landes bedient, so änderte sich dieses mit Lieferung der ersten Boeing 737-300 im Jahre 1991. Eine neue Farbgebung und der heutige Name wurden im Jahre 1993 eingeführt. Die erste internationale Linienverbindung nach Dubai wurde ebenfalls 1993 eröffnet. Weitere internationale Ziele, besonders in den indischen Raum folgten stetig. Einhergehend ist auch die Erneuerung der Flotte durch Airbus 320 und ATR-42. Bis zu vier Airbus A320 und zeitweise auch ein Airbus A310 werden eingesetzt. Eine Neuausrichtung des Streckennetzes und der gesamten Flotte erfolgte aber ab 1999. Boeing B-737-700 und 737-800 der neuesten Generation dienen der Vereinheitlichung der Flotte und sollen auch Kosten reduzieren. Die Gesellschaft beschäftigt rund 2500 Mitarbeiter bei lediglich knapp einer Million Passagiere und hat am internationalen Flughafen von Muscat ihre Basis mit angeschlossenem Werftbetrieb.

Routen

Abu Dhabi, Al Ain, Beirut, Chennai, Colombo, Dar-es Salam, Dacca, Doha, Dubai, Jeddah, Kairo, Karachi, Khasab, Kochi, Kuwait, Mombasa, Mumbai, Muscat, Salalah, Sansibar, Thirvananthapuram

Flotte

4 ATR-42-500
3 Boeing 737-700
1 Boeing 737-800

Foto: Airbus A300B4 TC-ONL (Josef Krauthäuser / Düsseldorf)

ONUR AIR

Senlikkoy Mah, Catal Sokak No. 3, 34810 Istanbul,Türkei
Tel.: 0212-6632300 Fax: 0212-6636054
E-Mail: info@onurair.com.tr Web: www.onurair.com.tr

ICAO-Code / IATA-Code	IATA-Nr.	Länderkennung	ICAO-Callsign
OHY (8Q)	-	TC	Onur Air

Die erst 1992 gegründete Airline ist ein Tochterunternehmen des türkischen Reiseveranstalters " TK Air Travel". Mit werksneuen Airbus A320 konnte am 14.Mai 1993 der Flugbetrieb aufgenommen werden. Neben den Charter- und IT-Reisen wollte man auch Liniendienste aufnehmen. In der Hochsaison wurden, neben den eigenen Flugzeugen, noch weitere Airbus A320 geleast. Ab Anfang 1994 stieg "Ten Tours" ein übernahm Onur Air und stellte damit das Unternehmen auf finanzstärkere Beine. Von Istanbul aus, der Heimatbasis von Onur Air, wurde bis Ende der 90'er Jahre auch ein innertürkisches Liniennetz aufgebaut. Ab Anfang 1997 betrieb man eine neue Flottenpolitik mit der Anschaffung von MD-88. Diese kamen erstmals in der Sommersaison 1997 zum Einsatz und sind vor allem für kleinere Plätze mit weniger Passagieraufkommen gedacht. Die internationale Beliebtheit der türkischen Urlaubsgebiete machte auch die Ausdehnung des Angebotes an Flügen nach Osteuropa notwendig. Grössere Airbus A300 verstärkten die Flotte, so kamen A300-600 im Jahre 2002 hinzu und bei Bedarf werden auch von anderen Gesellschaften Flugzeuge saisonal angemietet.

Routen

Amsterdam, Ankara, Antalya, Barcelona, Berlin, Billund, Birmingham, Bodrum, Bremen, Brüssel, Dalaman, Düsseldorf, Edinburgh, Frankfurt, Genf, Istanbul, Izmir, Hamburg, Hannover, Helsinki, Köln/Bonn, Kopenhagen, Leipzig, Linz, Liverpool, London, Lüttich, Mailand, Manchester, Moskau, München, Münster/Osnabrück, Neapel, Nürnberg, Paris, Prag, Rom, Salzburg, Stuttgart, Teeside, Tel Aviv, Wien, Zürich

Flotte

2 Airbus A321-100
5 Airbus A300B4
2 Airbus A300-600
5 (Boeing) McDonnell Douglas MD-88

Foto: Fokker F27 AP-BCZ (Oliver Köstinger / Sharjah)

PAKISTAN INTERNATIONAL AIRLINES

PIA Buildg, Quaid-e-Azam Intl.Airport, Karachi 75200, Pakistan
Tel.: 21-4572011 Fax: 21-4570419
E-Mail: info@piac.com.pk Web: www.piac.com.pk

ICAO-Code / IATA-Code	IATA-Nr.	Länderkennung	ICAO-Callsign
PIA(PK)	214	AP	Pakistan

Pakistan International Airlines wurde von der Regierung bereits 1951 eingerichtet, der Flugbetrieb international aber erst im März 1955 aufgenommen, nachdem die private Orient Airways übernommen wurde. Bis dahin wurde lediglich Ost-Pakistan (heute Bangladesh) bedient. Mit Lockheed Constellation begann dann ab März 1955 der regelmäßige Verkehr nach Kairo und London. Im Inland kamen CV-240 und DC-3 zum Einsatz. Diese wurden durch Vickers Viscount ersetzt und später durch HS-Trident. 1960 erfolgte die Umstellung der Langstreckenflüge auf Boeing 707, 1961 wurde mit diesem Typ erstmals New York angeflogen. Erstes Großraumflugzeug war 1974 die DC-10-30. Von TAP- Air Portugal wurden auch 1976 zwei Boeing 747 geleast, später dann gekauft. 1971 wurden durch die kriegerischen Ereignisse mit Indien und die Abtretung Ostpakistans viele Flüge und Verbindungen eingestellt. Nach Reorganisation der Gesellschaft nahm dann ab Ende 1972 der Flugbetrieb wieder zu und aufgegebene Strecken, z.B New York, konnten wieder aufgenommen werden. Airbus A310 für Langstrecken und A300B4 für Passagierintensive Kurz- und Mittelstrecken bildeten das Rückgrat der Gesellschaft, die langsam aber stetig wuchs. Regionale Dienste wurden mit Fokker F27 durchgeführt.1999 erhielt PIA sechs Boeing 747-300 von Singapore Airlines. Mit diesen Flugzeugen wurde auch die Farbgebung der Flugzeuge geändert. Die ersten älteren Airbus A300B4 wurden 2002 durch neuere A 310-300 ersetzt. Auch trennte man sich von den letzten Boeing 707, die zuletzt als Frachter Verwendung fanden. Basis mit einem großen Werftkomplex ist Karachi, wichtige Hubs sind noch in Islamabad, Lahore, Peshewar und Quetta.

Routen

Abu Dhabi, Almaty, Amsterdam, Athen, Bahrain, Bangkok, Beijing, Colombo, Dacca, Delhi, Djakarta, Doha, Dubai, Frankfurt, Hongkong, Islamabad, Istanbul, Jeddah, Karachi,Kathmandu, Kopenhagen, Kuala Lumpur, Kuwait, London, Manchester, Manila, Mumbai, Muscat, New York, Oslo, Paris, Riad, Rom, Shannon, Sharjah, Singapur, Tashkent, Tokio, Toronto,Tripolis und über 30 weitere Ziele im Inland

Flotte		Bestellt
6 Airbus A310-300	6 Boeing 747-300	11 Fokker F27
8 Airbus A300B4	7 Boeing 737-300	
4 Boeing 747-200	2 De Havilland DHC-6	

Foto: Boeing 727-200 N365PA (Josef Krauthäuser / Fort Lauderdale)

PAN AM

14 Avenue, Portsmouth, New Hampshire, 03801, USA
Tel.: 603-7662000 Fax: 603-7662094
E-Mail: flypanam@flypanam.com Web: www.flypanam.com

ICAO-Code / IATA-Code	IATA-Nr.	Länderkennung	ICAO-Callsign
PAA(PN)	-	N	Clipper

Am 4. Dezember 1991 stellte Pan American Airways den Flugbetrieb ein und ging in Liquidation. Der traditionsreiche Name wurde ebenfalls verkauft und kam, über einige Zwischenstationen, im Jahre 1998 an die Guildford Transportation Industries. Diese verlegte den Firmensitz von Florida nach Portsmouth und belebte im Juni 1998 den Namen Pan Am neu. Mit einigen Boeing 727 startete man im Dezember 1998 zum Erstflug. Der Pease International Tradeport in Portsmouth ist Ausgangspunkt und Heimatflughafen. Hier ist auch Pan Am Service, eine Tochtergesellschaft für Betankung und Operations, tätig. Als Ziele versucht Pan Am die oftmals bestehenden Nischen zu füllen. So wird Sanford in Florida zu einem Ausgangspunkt für Flüge in die Karibik. Eine weitere Tochtergesellschaft ist Boston-Maine Airways. Diese ergänzen den Clipper Service von Pan Am durch Zubringerflüge. Im Jahre 2002 erwarb Pan Am 24 Boeing 727 aus Beständen der United Airlines. Einige davon wurden umgerüstet und mit Winglets ausgestattet, andere dienen auch als Ersatzteilspender oder werden anderweitig vermietet. Neben den Linienflügen ist Pan Am im Charterbereich tätig, hier arbeitet sie mit Veranstaltern von Golfreisen und anderen Sportreiseveranstaltern zusammen.

Routen

Aquadilla, Baltimor,Bangor, Belleville, Cumberland, Fort Lauderdale, Hagerstown, Manchester, Portsmouth, Sanford, San Juan, Santo Domingo, Worchester

Flotte

30 Boeing 727-200

Foto: Boeing 737-800 TC-AAP (Albert Kuhbandner / München)

PEGASUS AIRLINES

23 Istasyon Caddeshi, TR-34800 Istanbul, Türkei
Tel.: 212-6632934 Fax: 212-5739627
Web: www.pgtair.com

ICAO-Code / IATA-Code	IATA-Nr.	Länderkennung	ICAO-Callsign
PGT (PG)	-	TC	Pegasus

In einer Zeit als der Tourismus in der Türkei durch den Golfkonflikt, vorausgegangen war die Besetzung Kuwaits durch Irak, fast völlig zusammenbrach, wurde Pegasus Airlines gegründet. Im Dezember 1989 von AerLingus gegründet, nahm die neue Ferienfluggesellschaft im April des Jahres 1990 ihren Betrieb auf. Modernste Technik in Form von Boeing 737-400 als Fluggerät sollte die Veranstalter und die potentiellen Kunden überzeugen.Ursprünglich war ein Einstieg mit drei Flugzeugen von Beginn an geplant, aus den bekannten politischen Gründen wurde daraus vorläufig nichts. Trotzdem wurde die erste Saison mit Hilfe der Muttergesellschaft überstanden und 1992 kamen auch wieder die Touristen in die Türkei. Eine weitere 737-400 verstäkte die Flotte und Pegasus mietete zeitweise Airbus A320 und andere Typen zusätzlich an, um die Saisonspitzen abzudecken. Die Gesellschaft entwickelte sich in den Jahren immer mehr und erhielt weitere Flugzeuge.1994 erwarb die Yapi Kreditbank in Istanbul die Anteile von Aer Lingus und Pegasus war nun eine rein türkische Gesellschaft. In den Wintermonaten sah man Pegasusflugzeuge teilweise in der Karibik oder in Kanada. Diese wurden über den Winter dorthin vermietet, weil sie in Europa nicht ausgelastet werden konnten. Inzwischen wird die Flotte auf den neuesten Boeing Jet, die 737-800 umgerüstet. Alle fabrikneuen B-737-800 sind mit Winglets ausgerüstet.

Routen

Charterflüge von mehr als 60 Flughäfen, unter anderem von Deutschland, Finnland, Frankreich, Großbritannien, Irland, Israel, Italien, Niederlande, Norwegen, Österreich, Polen, Schweiz, Spanien und anderen Ländern nach Antalya, Bodrum, Dalaman, Izmir, Istanbul in der Türkei.

Flotte

8 Boeing 737-400
12 Boeing 737-800

Foto: Fokker 100 CS-TPA (Autor / Genf)

PGA-PORTUGALIA AIRLINES

Aeroporto Lisboa, Rua C, Edif. 70, 1749-79 Lissabon, Portugal
Tel.: 21-8425500 Fax: 21-8425623
E-Mail: cc@pga.pt Web: www.pga.pt

ICAO-Code / IATA-Code	IATA-Nr.	Länderkennung	ICAO-Callsign
PGA (NI)	685	CS	Portugalia

Portugalia wurde als Regional-Liniengesellschaft am 25. Juli 1989 gegründet und nahm ein Jahr später, am 7. Juli 1990 den Linienverkehr mit Fokker 100 auf. Die ersten beiden Jahre hatte man noch einen Verlust von 12 Millionen US-Dollar, 1993 einen ersten kleinen Gewinn. Mit Eintreffen der sechsten Fokker 100 veränderte sich im Jahre 1995 auch die Bemalung leicht. Portugalia hat ihre Basis in Lissabon, wo auch der Werftbetrieb angeschlossen ist. Besonders in den Ferienzeiten ist PGA auch im Chartergeschäft tätig und bedient hierbei von europäischen Flughäfen aus besonders Faro.Im Mai 1997 erhielt PGA den ersten Regional-Jet von Embraer, eine RJ-145 und setzte ihn auf einem erweiterten Streckennetz ein. 1999 stieg die SAir Group mit 42 % bei PGA ein, als sie diese Anteile vom bisherigen Alleineigentümer Espirito Santo erwarb. Die Europäische Union leitete jedoch Untersuchungen ein, da die SAir Group auch bei TAP beteiligt war. Die SAir Group zog daraufhin ihre Beteiligung wieder zurück. Mit Air France, Air Luxor und Regional Airlines hat man Kooperationsabkommen und befliegt einige Strecken im Codeshare. Neben den Linienflügen werden auch Charterflüge innerhalb Europas angeboten.

Routen

Barcelona, Basel, Bilbao, Bologna,Brüssel, Faro, La Corunha, Lissabon, Lyon, Madrid, Mailand, Manchester, Marseille, Nizza, Porto, Stuttgart, Toulouse, Turin, Valencia, Valladolid, Vigo

Flotte

8 Embraer RJ-145
6 Fokker 100

Foto: Boeing 747-400 N753PR (Pierre Alain Petit / Manila)

PHILIPPINES

1, Legaspi Street, Makati, Metro Manila 1059, Philippinen
Tel.: 632-8171234 Fax: 632-8136715
E-Mail: rgeecd@pal.com.ph Web: www.philippineair.com

ICAO-Code / IATA-Code	IATA-Nr.	Länderkennung	ICAO-Callsign
PAL(PR)	079	RP	Philippine

Philippine Air Lines wurde bereits am 26. Februar 1941 gegründet, mußte aber Ende 1941, bedingt durch die japanische Invasion, den Flugbetrieb einstellen. Nach der Befreiung der Philippinen nahm PAL mit fünf DC-3 den Service am 14.2.1946 wieder auf. Far East Air Transport, wurde samt Routen nach Hongkong, Shanghai, Bangkok und Kalkutta, sowie fünf DC-4 im Jahre 1947 übernommen. Im selben Jahr eröffnete PAL eine Linienverbindung nach San Francisco. Alle internationalen Flüge, mit Ausnahme von Hongkong-Diensten, wurden 1954 eingestellt. Der Streckenausbau innerhalb der Philipinen konnte dafür aber umso stärker ausgebaut werden. Erst 1962 wurde, in Kooperation mit KLM, wieder die erste Auslandsroute nach San Francisco eröffnet. Ab Mai 1966 trafen die ersten BAC1-11 ein, mit DC-8 erfolgten ab 1969 auch wieder Flüge nach Amsterdam, Frankfurt und Rom. 1974 wurden Air Manila und Filipinas gekauft. Ab diesem Jahr trafen die ersten geleasten DC-10-30 ein und ersetzen die DC-8. Boeing 747 und Airbus A300 B4 können 1979 eingeführt werden. Mit Zulauf der Fokker 50 ab 1988 wurden ältere HS-748 ausgemustert, ebenso ab 1990 auch die BAC 1-11, die durch die Boeing 737-300 ersetzt wurden. Neuester Jet ist neben der Boeing 747-400 der Airbus A340-300. Dieser wurde 1996 in Dienst gestellt. Ein weiterer Umbau der Flotte war bis Ende 1998 vorgesehen um so für die Zukunft gerüstet zu sein.Doch diese Zukunft sah bitter aus, denn am 23.September 1998 stellte Philippines den Flugbetrieb, wegen anhaltender Personalstreiks und der finanziellen Krise in Asien, ein. Nach einigen Wochen wurde der Flugbetrieb mit starken Einschränkungen im Streckennetz, der Flotte und dem Personal, wieder aufgenommen. Umstrukturierungen und Reorganisationsprogramme zeigen Anfang 2000 erste Erfolge und Philippines ist auf dem Weg aus der Krise. Airbus Industrie Financial Service und andere Leasingunternehmen unterstützten mit neuen Flugzeugen das Fortbestehen von Philippines. Mit KLM besteht ein Codeshare Abkommen für Flüge nach Amsterdam.

Routen

Abu Dhabi, Bacolod, Bangkok, Butuan, Cagayan, Cebu, Cotabato, Dammam, Davao, Dipolog, Djakarta, Dubai, Doha, Fukuoka, Guam, Ho Chi Minh City, Hongkong, Honolulu, Jeddah, Kairo, Kuala Lumpur, Legaspi, Los Angeles, Manila, Melbourne, Osaka, Puerto Princesa, Pusan, Riad, Roxas, San Francisco, Seoul, Shanghai, Singapur, Tacloban, Taipeh, Tokio, Vancouver, Xiamen, Zamboango und weitere Ziele im Inland.

Flotte

3 Airbus A320
8 Airbus A330
4 Airbus A340-300

7 Boeing 737-300
3 Boeing 737-400
4 Boeing 747-400

Foto: Boeing 737-300 CX-PUA (Manfred Turek / Buenos Aires-AEP)

PLUNA

Colonia 1013-1021, P.O.Box 1360 Montevideo, Uruguay
Tel.: 2-980606 Fax: 2-921478
E-Mail: info@pluna.com.uy Web: www.pluna.com.uy

ICAO-Code / IATA-Code	IATA-Nr.	Länderkennung	ICAO-Callsign
PUA (PU)	286	CX	Pluna

Primeras Lineas Uruguayas de Navegazion Aera wurde bereits im September 1935 von den Gebrüdern Marquez Vaeza gegründet. Mit zwei DH 90 Dragonfly wurde am 15. November 1936 der Flugbetrieb aufgenommen. Die Gesellschaft expandierte und bestellte noch eine DH 86B, bis dann am 15.3.1943 der Betrieb eingestellt werden mußte. Nach dem Ende des 2. Weltkrieges übernahm die Regierung von Uruguay 83% Anteile der Gesellschaft, 1951 gingen dann auch die restlichen Anteile am Kapital in den Besitz des Staates. Mit DC-3 wurden die Nachbarländer bedient und ein Inlandstreckennetz aufgebaut. Neben den DC-3 wurden DeHavilland "Heron" sowie Vickers Viscount eingesetzt. Ende 1967 übernahm PLUNA das Streckennetz und die Flugzeuge der CAUSA. Den ersten Jet, eine Boeing 737-200, erhielt PLUNA Ende 1969. Die einzige Überseestrecke unterhält PLUNA mit einer wöchentlichen Verbindung nach Madrid. Diese wurde seit 1982 mit der Boeing 707 bedient. Bei den Flügen von Montevideo nach Madrid ging man 1993 eine Kooperation mit Spanair ein, die mit Boeing 767 die Flüge betreibt, da kein eigenes Gerät zur Verfügung steht. Dieses wurde erst Ende 1994 verfügbar, nachdem VARIG 51% der Anteile von PLUNA kaufte und damit die eingeleitete Privatisierung abschloß. Mit DC-10-30, in einem neuen Outfit wurden die Flüge nach Spanien wieder aufgenommen. 1998 wurde die Farbgebung nochmals leicht verändert und an die Varig-Farben angepasst. Einige Anteile übernahmen auch die Mitarbeiter, so dass 49% der Anteile nunmehr bei der brasilianischen Gesellschaft sind. Neuestes Fluggerät ist seit Ende 2002 eine Boeing 767-300 womit die Madrid Flüge wieder in Eigenregie übernommen wurden.

Routen

Asuncion, Buenos Aires, Cordoba, Madrid, Montevideo, Porto Alegre, Punta de Este, Rio de Janeiro, Rosario, Salvador deBahia, Santiago de Chile, Sao Paulo

Flotte

4 Boeing 737-200Adv.
1 Boeing 737-300
1 Boeing 767-200ER
1 Boeing 767-300ER

Foto: Boeing 747-400F N451PA (Stefan Schlick / Luxemburg)

POLAR AIR CARGO

100 Oceangate Long Beach, California 90802, USA
Tel.: 562-5287471 Fax: 562-4369333
E-Mail: chsrter@polaraircargo.com Web: www.polaraircargo.com

ICAO-Code / IATA-Code	IATA-Nr.	Länderkennung	ICAO-Callsign
PAC (PO)	403	N	Polar Tiger

Polar Air Cargo wurde erst im Januar 1993 gegründet und begann mit planmäßigen Fracht-Linienflügen nach Anchorage, Honolulu und New York im Mai 1993. Zum Einsatz kamen zwei Boeing 747-100 Frachter, die noch im selben Jahr um weitere zwei Maschinen ergänzt wurden. Am 7. Juli 1994 erhielt man die FAA-Zulassung für die eigene Werft am JFK-Airport in New York, wo sich auch die Basis befindet. Weitere Boeing 747 wurden auch in diesem Jahr übernommen, bis Ende 1995 der Flottenbestand planmäßig bei 12 Maschinen war. Polar Air Cargo fliegt weltweit Ad-hoc und auch auf Charterbasis. Sie ist die am schnellsten wachsende Frachtgesellschaft neben Fed Ex und UPS. Man arbeitet zusammen mit Frachtagenten weltweit und bietet auch einen zuverlässigen Linienservice an. Der Linienverkehr nach Europa, Indien, Afrika und den Nahen Osten wurde ab Mitte der 90'er Jahre mit neuen Zielen ausgedehnt. Finnair und Air New Zealand sind Kooperationspartner. Polar Air Cargo wurde im Jahre 2001 von Atlas Air, ebenfalls eine Frachtgesellschaft und auch Konkurrent, aufgekauft. Der Betrieb läuft jedoch unverändert und eigenständig weiter, es wurde auch eine revidierte Bemalung in diesem Jahr an den Flugzeugen angebracht.

Routen

Regelmässige Fracht-Linienflüge nach Amsterdam, Anchorage, Atlanta, Auckland, Cali, Chaborovsk, Chicago, Dubai, Gander, Glasgow, Helsinki, Hongkong, Honolulu, London, Los Angeles, Manaus, Manchester, Manila, Melbourne, Miami, Nadi, New York, Santiago, Sao Paulo, Sapporo, Seoul, Singapur, Sydney, Taipei, Tokio. Darüber hinaus auch ad-hoc und Charterflüge für Frachten aller Art.

Flotte

10 Boeing 747-100F
6 Boeing 747-200F
5 Boeing 747-400F

Foto: Boeing 737-800 5W-SAM (Frank Schorr / Sydney)

POLYNESIAN

NPF Buildg. Beach Road, P.O.Box 599 Apia, West-Samoa
Tel.: 685-21261 Fax: 685-20023
E-Mail: enquiries@polynesionairlines.ws Web: www.PolynesianAirlines.com

ICAO-Code / IATA-Code	IATA-Nr.	Länderkennung	ICAO-Callsign
PAO (PH)	162	5W	Polynesian

Nach dem Zusammenbruch einer Vorgängergesellschaft, Samoan Airlines, wurde im Mai 1959 Polynesian Airlines Ltd. gegründet. Der erste Flug führte von Apia nach Pago Pago. Zum Einsatz kam eine Percival Prince. Nach der staatlichen Unabhängigkeit im Jahre 1962 wurden weitere Verbindungen zu den Cook Inseln erschlossen und eine DC-3 beschafft. 1968 erhielt Polynesian eine DC-4, ab Januar 1972 dann moderne Turbopropflugzeuge in Form von zwei HS-748. Die Modernisierung war nach einer Beteiligung des Staates und einer kräftigen Kapitalspritze möglich geworden. Mit der Lieferung einer Boeing 737 im Jahre 1981 begann auch bei Polynesian das Jetzeitalter, gefolgt von neuen Strecken nach Australien. Für Regionalstrecken erwarb man noch diverse GAF-Nomad, BN-Islander und DHC-Twin Otter. Anfang der 90'er Jahre erhielt Polynesian die neueste Boeing 737-300. 1993 folgte dann, geleast von Air New Zealand, eine Boeing 767, die auf Strecken nach USA eingesetzt wurde. Diese erwies sich aber als zu gross und man hatte Überkapazitäten. Mit Air New Zealand arbeitete man eng zusammen und das Langstreckengeschäft wird als Codeshare-Partner mit dieser Gesellschaft betrieben. Darüber hinaus besteht auch eine Marketingallianz mit Air New Zealand. Auch mit Qantas und Air Pacific kooperiert Polynesian. Die Boeing 737-800 ist der neue Star der Gesellschaft. Die mit Winglets ausgestattete Maschine erhielt bei Ablieferung im Herbst 2001 auch gleich eine revidierte Bemalung. Eine weitere 737-800 folgte dann noch im Jahre 2002. Neue Strecken nach Melbourne, Christchurch und in die USA konnten wieder neu aufgenommen werden, da es einige Jahre keine Verbindung gab.

Routen

Apia, Asau, Auckland, Brisbane, Christchurch, Fagolii, Hanan, Honolulu, Los Angeles, Maota Savail Island, Melbourne, Nadi, Nine, Pago Pago, Sydney, Tongatapu, Vila, Wellington

Flotte

2 Boeing 737-800
2 De Havilland DHC-6 Twin Otter
1 Pilatus BN 21 Islander

Foto: Iljuschin IL-86 RA-86094 (Marcus Baltes / Frankfurt)

PULKOVO

18/4 Pilotov Ul.196210 St.Petersburg, Russland
Tel.: 812-1043462 Fax: 812-1043462
Web: www.pulkovo.ru

ICAO-Code / IATA-Code	IATA-Nr.	Länderkennung	ICAO-Callsign
PLK (FV)	195	RA	Pulkovo

Die ehemalige Leningrad Division von Aeroflot, wurde wie andere Divisionen auch nach der Auflösung der Sowjetunion in eigenständige Gesellschaften gegliedert. Ohne eine besondere Organisationsform wurde - noch als Aeroflot - ein unregelmässiger Flugbetrieb durchgeführt. Erst nach Neuformierung von Aeroflot –Russian International Airlines ARIA wurden auch die noch staatlichen Flugbetriebe reorganisiert. Dabei etablierte sich 1992 in St.Petersburg der Pulkovo Aviation Konzern. Benannt wurde er nach dem Flughafen der Heimatbasis am Flughafen Pulkovo in St. Petersburg (ehemals Leningrad). Zunächst übernahm die neue Gesellschaft von der Aeroflot Division alle Flugzeuge und bediente weiterhin für ARIA Linien sowohl im In- als auch im Ausland. Nachdem der Konzern sich 1996 in Pulkovo Aviation Enterprise umbenannte und die Flugzeuge auch ein eigenes Erscheinungsbild erhielten, nahm man auch in Eigenregie eine Bereinigung des bis dahin teilweise unrentablen Streckennetzes vor. Eine strategische Allianz hat Pulkovo weiterhin mit Aeroflot – Russian Airlines und im Auftrag werden auch weiterhin Strecken für diese beflogen, wobei eine Art Codesharing zur Anwendung kommt. Viele neue Linien führen von St. Petersburg ins westliche Europa. Pulkovo Enterprise betreibt dort den gleichnamigen Airport und ist für die Abfertigung verantwortlich. Auch im Charter- und Frachtbereich ist Pulkovo aktiv tätig.

Routen

Adler/Sotchi, Almaty, Amsterdam, Archangelansk, Baku, Barnaul, Berlin, Bishkek, Chelyabinsk, Düsseldorf, Ekatharinenburg, Frankfurt, Gyandzha, Hamburg, Hannover, Helsinki, Irtusk, Kaliningrad, Karaganda, Kiew, Kopenhagen, Krasnodar, Krasnoyarsk, Mineralnye Vody, Moskau, München, Murmansk, Norilsk, Novosibirsk, Omsk, Petropavlowsk, Prag, Rostov, Samara, St.Petersburg, Stockholm, Surgut, Tashkent, Tbilisi, Tel Aviv, Tyumen, Ufa, Wien, Wladiwostock, Wolgograd, Yerevan

Flotte

8 Iljuschin IL-86
10 Tupolev Tu-134
24 Tupolev Tu-154

Foto: Boeing 737-400 VH-TJU (Frank Schorr / Brisbane)

QANTAS AIRWAYS

Qantas Centre, 203 Coward Street, Sydney, NSW 2020, Australien
Tel.: 2-96913636 Fax: 2-9693339
Web: www.qantas.com.au

ICAO-Code / IATA-Code	IATA-Nr.	Länderkennung	ICAO-Callsign
QFA (QF)	081	VH	Quantas

Am 16. November 1920 wurde Queensland and Northern Territory Aerial Service Ltd., abgekürzt QANTAS, von W.Hudson Fysh und Paul J. McGinns gegründet. In Longreach wurden zwei Avro 504 stationiert, wobei zunächst nur Taxi- und Rundflüge möglich waren, die ersten Strecken von Charleville nach Cloncurry wurden 1922 geflogen. Mit Qantas-Maschinen konnte auch der berühmte Flying Doctor Service im Jahre 1928 aufgebaut werden. In Zusammenarbeit mit Imperial Airways bediente Qantas die Route London-Brisbane, Qantas flog auf der letzten Etappe von Singapur nach Brisbane. Ab 1934 bis 1967 hieß man deshalb auch Qantas Empire Airways. QE setzte bis zum Ausbruch des 2. Weltkrieges auf dieser Strecke die berühmten Short "Empire"-Flugboote ein, die Strecke wurde bis Sydney geführt. Während des Krieges führte QE Flüge für die Streitkräfte durch, nach dem Krieg wurden Lockheed Constellation, DC-3 und DC-4 angeschafft. 1947 kaufte die australische Regierung Qantas, 1953 übernahm man British Commenwealth Airlines mit ihren Flugzeugen und Routen nach USA. Mit Lieferung von sieben Boeing 707 ab dem Jahre 1959, stieg auch Qantas ins Jet-Zeitalter ein. Die erste Boeing 747 wurde dann im August 1971 geliefert, als zweite Generation von Grossraumflugzeugen dann die Boeing 767 ab 1985 angeschafft. Mit Einführung dieser Flugzeuge wurde auch wieder ein neues Livery eingeführt. Australian Airlines, ebenfalls staatlich, wurde am 1. November 1993 völlig in Qantas integriert, ab diesem Zeitpunkt wurde bereits die Australian Airlines Flotte in Qantas-Farben umgemalt und erstmals verkehrten Qantas-Flugzeuge wieder inneraustralisch. Qantas ist an Airlink, Eastern Australian Airlines, Southern Australian Airlines und Sunstates Airlines beteiligt. Diese Gesellschaften führen im Auftrag von Qantas einen Feederservice durch. Qantas ist Gründungsmitglied der Oneworld Alliance. Nach dem Ansett Konkurs im Jahre 2001 wurden die Luftfahrtbeteiligungen neu geordnet. Impulse Air konnte übernommen werden. Weitere Strecken innerhalb des Landes wurden neu eröffnet und das Netz wurde immer dichter. Airbus A330-200 brachen, mit Lieferung einer ersten Maschine im Jahre 2002, in die Boeing Dominanz bei Qantas ein.

Routen

Atlanta, Auckland, Bangkok, Buenos Aires, Chicago, Christchurch, Denpasar, Djakarta, Frankfurt, Ho Chi Minh City, Hongkong, Honolulu, Johannesburg, London, Los Angeles, Manila, Memphis, Mumbai, Nadi, Nagoya, New York, Noumea, Osaka, Paris, Port Moresby, Queenstown, Rom, Shanghai, Singapur, Taipeh, Tokio, Wellington und mehr als 25 Ziele im Inland

Flotte		Bestellt
4 Airbus A330-200	7 Boeing 747-200/300	9 Airbus A330
37 Boeing 737-300/400	30 Boeing 747-400	12 Airbus A380
19 Boeing 737-700	36 Boeing 767-200/300ER	

Foto: Airbus A300-600 A7-ABV (Albert Kuhbandner / München)

QATAR AIRWAYS

P.O.Box 22550, Doha, Emirat Qatar
Tel.: 449-6000 Fax: 4621533
E-Mail: info@qatarairways.com Web: www.qatarairways.com

ICAO-Code / IATA-Code	IATA-Nr.	Länderkennung	ICAO-Callsign
QTR (QR)	157	A7	Qatari

Die Regierung von Qatar ist an der multinationalen Gulf Air beteiligt und trotzdem wurde der Wunsch nach einem eigenen Flagcarrier durch Gründung von Qatar Airways erfüllt. Auf persönliche Initiative des Emirs wurde 1993 die Fluggesellschaft gegründet. Zunächst wurde ein Airbus A310 geleast und man eröffnete im Januar 1994 den Linienbetrieb mit Flügen nach London. Die Flottenpolitik der ersten Zeit war offenbar nicht ausgewogen, denn der Airbus ging an den Leasinggeber zurück und Boeing 747SP kamen 1995. Auch mit der Preis-und Routenpolitik war man offenbar in einem schwierigen Umfeld, denn die Auslastung und Erträge der Gesellschaft blieben hinter den Erwartungen zurück. Boeing 727-200 wurden für regionale Strecken gekauft, da man sich hier mehr engagieren wollte. Ein Wechsel im Management der Gesellschaft brachte Anfang 1997 einen völlig neuen Kurs. Qatar Airways wurde praktisch neu am Markt positioniert und als Qualitätscarrier aufgebaut. Modernstes und neues Fluggerät vom Typ Airbus A300-600 für die Langstrecken und Airbus A320 für Kurz- und Mittelstrecken wurden beschafft. Seither expandiert Qatar langsam und vorsichtig in neuen Märkten. Neben London als wichtigstem europäischem Ziel kam 1999 mit München eine weitere Destination in Europa hinzu. Traditionell orientiert sich Qatar Airways allerdings mehr im Nahen Osten und in Asien und baute auch das Streckennetz dort weiter aus. Die Flotte wuchs beständig, so kamen weitere A 300-600 und auch neue A 330 wurden im Jahre 2002 erstmals eingesetzt. Auch für den neuen Airbus A380 gehört Qatar Airways zu den Erstbestellern.

Routen

Abu Dhabi, Amman, Bahrain, Bangkok, Beirut, Colombo, Dacca, Damaskus, Dammam, Doha, Dubai, Djakarta, Jeddah, Kairo, Karachi, Kathmandu, Khartoum, Kuala Lumpur, Kuwait, Lahore, London, Male, Manila, Mumbai, München, Muscat, Paris, Peshewar, Trivandrum

Flotte	Bestellt
7 Airbus A300-600	3 Airbus A320
5 Airbus A320	2 Airbus A330
5 Airbus A330	2 Airbus A380

Foto: Embraer RJ-135 F-GRGP (Josef Krauthäuser / Düsseldorf)

REGIONAL

Aeroport Nantes Atlantique, F-44345 Bouguenais Cedex, Frankreich
Tel.: 2-40135300 Fax: 2-40135313
E-Mail: contact@regional.com Web: www.regional.com

ICAO-Code / IATA-Code	IATA-Nr.	Länderkennung	ICAO-Callsign
RGI (VM)	982	F	Regional

Die Fusion von Air Vendee und Airlec führte 1992 zu einer neuen Gesellschaft, Regional Airlines. Beide Vorgängergesellschaften waren regional tätig und hatten Dornier 228, Fairchild-Swearingen Metro und andere kleinere Flugzeuge im Einsatz. Von Nantes, Rouen und Rennes baute Regional Airlines ihr Streckennetz aus. Clearmont Ferrand ist ein weiterer wichtiger Hub der Gesellschaft, wo sehr gute Umsteigeverbindungen in andere französische Städte bestehen. Auch die Flotte wuchs ständig. Waren es 1993 BAe Jetstream 31, ab 1995 die Saab 2000 oder ab 1997 die Embraer EMB 120 Brasilia, immer hatte Regional eine relativ junge Flotte. 1997 erwarb Regional von Deutsche BA deren Regionalflotte von Saab SF 340 und Saab 2000 Flugzeugen. Auch einige Routen wurden übernommen. Regional war einer der ersten europäischen Kunden für die neue Embraer Regional Jet Serie. Im Mai 1997 wurde die erste auf der Strecke Clearmont Ferrand nach Paris eingesetzt. Auch die kleinere RJ-135 kam Anfang 2000 und sollte die Jetstream ersetzen. Air France hatte schon sehr früh eine Beteiligung an Regional Airlines und erweiterte dies bis zu einem Anteil von heute 70%. Die beiden Regionalgesellschaften Flandre Air und Protheus Air wurden zum 1.April 2001 mit Regional Airlines fusioniert. Auch die Strecken wurden neu geordnet und mit Air France und den Partnern abgestimmt. Man bedient sich einiger zentraler Hubs in Paris, Lyon, Bordeaux und Clearmont-Ferrand über die alle Flüge abgewickelt werden. Im Herbst 2001 wurde auch der Name in Regional Compagnie Aerienne Europeene geändert.

Routen

Aberdeen, Ajaccio,Amsterdam, Angers, Angouleme, Barcelona Basel/Mühlhausen, Bastia, Biarritz, Bologne,Bordeaux, Brest, Brüssel, Clearmont-Ferrand, Dijon, Dublin, Düsseldorf, Genf, Hannover, La Rochelle, Lille, Lissabon, London, Lorient, Lyon, Madrid, Mailand, Montpellier, Nantes, Nizza, Nürnberg, Paris, Pau, Perpignan, Poitiers, Porto, Rennes, Straßbourg, Stuttgart, Toulo, Toulouse, Turin, Venedig, Zürich

Flotte

14 Embraer EMB 120 Brasilia	6 Fokker 100
9 Embraer RJ-135	3 Fokker 70
25 Embraer RJ-145	6 Saab 2000

Foto: Boeing 737-700 PR-SAA (Manfred Turek / Rio de Janeiro)

RIO-SUL

Avenida Rio Branco 85, CEP 20040-004 Rio de Janeiro, Brasilien
Tel.: 21-2168591 Fax: 21-2532044
Web: www.voeriosul.com.br

ICAO-Code / IATA-Code	IATA-Nr.	Länderkennung	ICAO-Callsign
RSL (SL)	293	PT	Riosul

Am 12. November 1976 ordnete die brasilianische Staatsregierung mit dem Decree no. 76590 den regionalen Luftverkehr völlig neu. Fünf Gesellschaften erhielten den Zuschlag und konnten fortan in dem ihnen zugewiesenen Gebiet einen Regionaldienst aufbauen. Varig erwarb Anteile an Top Taxi Aereo und bildete im Dezember 1976 Rio-Sul Servicos Aereos Regionais SA. Diese hatte das südliche Gebiet von Brasilien erhalten und baute jetzt mit Embraer EMB 110 Bandeirante das Streckennetz auf. Die von Top Taxi übernommenen Piper Navajo kamen auch noch zum Einsatz. Die Gesellschaft entwickelte sich erfreulich und konnte 1988 neue EMB 120 Brasilia bestellen, die noch im selben Jahr eintrafen. 1992 änderte die Regierung ihre Politik und erlaubte künftig den Gesellschaften auch eine Expansion über die 1976 festgelegten Regionalgrenzen hinweg. Das gab Gelegenheit zum Erwerb von neuem Fluggerät. Die Strecken wurden länger und bei der Größe des Landes kamen nur Jets in Betracht. Eine erste Boeing 737-500 erhielt Rio-Sul im Oktober 1992, weitere folgten in den nächsten Jahren und damit auch eine Erweiterung des bisherigen Streckennetzes. 1995 wurde Nordeste übernommen und deren Fokker 50 in die eigene Flotte integriert. Mit Einführung des Embraer Regionaljets RJ-145 im Jahre 1998 setzte sich auch bei Rio-Sul der Trend hin zu einer reinen Jetflotte fort. Die Basis ist am Flughafen Sao Paulo Congonhas International. Rio Sul ist heute eine 100%ige Tochtergesellschaft der Varig Holding.

Routen

Araguaina, Belem, Belo Horizonte, Brasilia, Campinas, Campos, Carajas, Cascavel, Caxias du Sul, Chapeco, Criciuma, Curitiba, Florianopolis, Goiania, Iguassu Falls, Ilheus, Imperatiz, Joinville, Lages, Livramento, Londrina, Maraba, Maringa, Navegantes, Passo Fundo, Pelotas, Porto Alegre, Porto Seguro, Recife, Ribeirao Preto, Rio de Janeiro, Rio Grande, Santa Maria, Santo Angelo, Sao Jose do Rio Preto, Sao Jose dos Campos, Sao Paulo, Toledo, Uberaba, Uruguaiana, Vitoria

Flotte		Bestellt
20 Boeing 737-300/500	16 Embraer RJ-145	15 Embraer RJ 145
6 Boeing 737-700	1 Fokker 50	
7 Embraer EMB 120 Brasilia		

Foto: Boeing 747-400 CN-RGA (Marcus Baltes / Frankfurt)

ROYAL AIR MAROC

Aeroport Arifa, Casablanca, Marokko
Tel.: 02-311122 Fax: 02-442409
E-Mail: info@royalairmaroc.com Web: www.royalairmaroc.com

ICAO-Code / IATA-Code	IATA-Nr.	Länderkennung	ICAO-Callsign
RAM (AT)	147	CN	Royal Air Maroc

Der Name Royal Air Maroc wurde am 28. Juni 1957 eingeführt, nachdem Marokko die Unabhängigkeit von Spanien und Frankreich erlangte. Die staatliche Royal Air Maroc ging aus der Societe Air Atlas und Avia Maroc Aerienne hervor, die beide gemeinsam die Compagnie Cherifienue de Transport Aerien (CCTA) bildeten. Zunächst wurden nur Inlandsflüge und einige Strecken nach Frankreich bedient. 1957 kam eine Lockheed Constellation zum Einsatz und bediente die neu eingeführten internationalen Strecken z.B. nach New York. Bereits im Juli 1958 erhielt Royal Air Maroc die erste Caravelle. Für die Langstrecken wurde ab 1975 die Boeing 707 gekauft. Für Regional- und Mittelstrecken war die Boeing 727 ab 1970 im Einsatz. Mit Ablieferung der ersten Boeing 757 im Juli 1986 wurde ein Erneuerungsprogramm der Flotte durchgeführt, die erste ATR42 konnte am 24.3. 1989 übernommen werden. Diese kommt auf den Inlandsrouten zum Einsatz. 1993 erhielt RAM auch wieder ein neues Großraumflugzeug, eine Boeing 747-400. Ebenfalls von Boeing kam die Boeing 737-400 ab 1994 zum Einsatz, diese löste ältere Boeing 727 und 737 ab. Auch die neueste Jet-Generation von Boeing, die B-737-700/800 wurde von Royal Maroc bestellt und 1999 kamen die ersten zur Auslieferung. Air France und Iberia haben eine kleine Beteiligung an Royal Air Maroc. Neuester Typ in der Flotte ist die Boeing 767-300, diese löste den älteren Boeing 747-200 "Jumbo" ab. Mit diesem Typ wurde auch die Langstreckenflotte erweitert. Air Algerie, Air France,Gulf Air, Iberia, Libyan Airlines, TAP Air Portugal, TWA und Tunis Air kooperieren mit Royal Air Maroc.

Routen

Abidjan, Abu Dhabi, Agadier, Algier, Al Hoceima, Amsterdam, Athen, Bahrain, Bamako, Barcelona, Basel, Bordeaux, Brüssel, Casablanca, Conakry, Constantine, Dakar, Dhaklia, Dubai, Errachidia, Essaouria, Fez, Frankfurt, Gaza, Genf, Jeddah, Johannesburg, Kairo, Las Palmas, Laayoune, Libreville, Lissabon, London, Los Angeles, Lyon, Madrid, Mailand, Malaga, Marseille, Marrakesch, Miami, Montreal, Nador, New York, Niamey, Nizza, Nouakchott, Oran, Orlando, Paris, Quarzazate, Oujda, Rabat, Riad, Rom, Tanger, Tetuan, Toulouse, Tunis, Zürich

Flotte		Bestellt
6 Boeing 737-500	6 Boeing 737-800	9 Boeing 737-800
7 Boeing 737-400	1 Boeing 747-400	4 Airbus A321
6 Boeing 737-200Adv.	2 Boeing 757-200	
5 Boeing 737-700	2 Boeing 767-300ER	

Foto: Boeing 767-300ER V8-RBH (Kai Stoffregen / Frankfurt)

ROYAL BRUNEI

P.O.Box 737 Bandar Seri Begawan BS 8671, Sultanat Brunei
Tel.: 2-240500 Fax: 2-244737
E-Mail: feedback@rba.com.bn Web: www.bruneiair.com

ICAO-Code / IATA-Code	IATA-Nr.	Länderkennung	ICAO-Callsign
RBA (BI)	672	V8	Brunei

Royal Brunei Airlines wurde als nationale Fluggesellschaft im Januar 1975 gegründet . Mit zwei Boeing 737 wurde der Flugbetrieb, zunächst nur nach Singapur und Kuala Lumpur, aufgenommen. Am 6. Mai 1986 wurde die kleine, aber feine Flotte um zunächst eine Boeing 757 ergänzt. Mit Auslieferung dieser Maschine erhielt Royal Brunei auch ein neues Farbschema an allen Flugzeugen. Um auch längere Strecken nach Europa nonstop fliegen zu können, erwarb Royal Brunei 1992 Boeing 767-300ER. Damit flog man zunächst nach London. Mitte 1990 eröffnete Royal Brunei mit der Boeing 767 auch eine Verbindung nach Frankfurt. Der 1993 gelieferte Airbus A340 trägt zwar Royal Brunei Farben, dient aber nur dem Sultan von Brunei als Reiseflugzeug. Weitere Boeing 767 kamen noch 1993 und 1994. 1996 erhielt Royal Brunei noch zwei Fokker 100. Diese werden auf regionalen Strecken eingesetzt. Das kleine aber reiche Sultanat, welches Eigentümer der Fluggesellschaft ist, wurde Ende der 90'er Jahre auch durch die Asienkrise stark in der weiteren Expansion gestört, da das Passagieraufkommen in der Region generiert wurde und es zu Einbrüchen bei den Buchungen kam. So wurde die Flotte dezimiert und das Streckennetz verkleinert. Erst Anfang 2000 wurde die Lage wieder besser und schien sich zu stabilisieren. Im Dezember 2002 wurden zwei Airbus A319 bestellt. Diese sollen die Boeing 757 auf regionalen Strecken ablösen.

Routen

Abu Dhabi, Balikpapan, Bandar Seri Begawan, Bangkok, Brisbane, Darwin, Denpasar, Djakarta,Dubai, Frankfurt, Hongkong, Jeddah, Kalkutta, Kota Kinabalu, Kuala Lumpur, Kuching, Kuwait, London, Manila, Perth, Singapur, Shanghai, Surabaya, Taipei

Flotte	Bestellt
2 Boeing 757-200	2 Airbus A319
8 Boeing 767-300ER	

Foto: Airbus A310-300 JY-AGL (Albert Kuhbandner / München)

ROYAL JORDANIAN

P.O.Box 302 Amman 11118, Jordanien
Tel.: 6-5607399 Fax: 6-5672527
E-Mail: rjmail@rja.com.jo Web: www.rja.com.jo

ICAO-Code / IATA-Code	IATA-Nr.	Länderkennung	ICAO-Callsign
RJA (RJ)	512	JY	Jordanaian

König Hussein erklärte am 8. Dezember 1963, kraft Gesetz, die Gründung der jordanischen nationalen Fluggesellschaft mit Namen "ALIA". Mit zwei Handley Page Herald und einer DC-7 wurde der Flugbetrieb von Amman nach Beirut, Kairo und Kuwait aufgenommen. 1964 kam die zweite DC-7 zur Flotte. Mit Einführung von SE 210 Caravelle wurde erstmals 1965 eine europäische Route nach Rom eröffnet. Es folgten Paris und London 1966. Im israelisch-arabischen "6 Tage Krieg" wurden die DC-7 zerstört und später durch Fokker F27 ersetzt. 1969 wurde das Streckennetz um München, Istanbul und Teheran ergänzt, 1970 folgte Frankfurt. 1971 erhielt ALIA die ersten Boeing 707, die Caravelle wurde im Jahre 1973 durch Boeing 727 ersetzt und 1977 schließlich zwei Boeing 747 "Jumbos" gekauft. 1984 erfolgte die Aufnahme der Flüge nach New York und Los Angeles. 1986 wurde das Erscheinungsbild der Gesellschaft, mit Einführung des Airbus A310, geändert. ALIA heißt künftig Royal Jordanian Airline. Im Golfkonflikt 1990-1991 erlitt die Gesellschaft schwere Einbrüche, so daß einige Flugzeuge verleast wurden. 1992 wurden Berlin, Djakarta und Aden neu ins Liniennetz aufgenommen, auch erfolgte die Wiederaufnahme der Flüge nach Athen. Mit Übernahme des dritten Airbus A320 im März 1996 erfolgt auch die Ausmusterung der letzten Boeing 727. Ebenfalls ausgemustert wurde der letzte TriStar im Jahre 1999. Die zunächst als Ersatz vorgesehenen Airbus A340 sind zu groß und für die Bedürfnisse von Royal Jordanian nicht flexibel und so werden diese vermietet. Weitere A310-300 ergänzen die Flotte und 2002 kommen doch wieder A340-200 und lösen einige A310-200 ab.

Routen

Abu Dhabi, Aden, Al Ain, Algier, Amman, Amsterdam, Ankara, Aqaba, Athen, Bahrain, Bangkok, Beirut, Berlin, Brüssel, Casablanca, Chicago, Colombo, Damaskus, Dammam, Delhi, Detroit, Djakarta, Doha, Dubai, Frankfurt, Gaza, Genf, Istanbul, Jeddah, Kairo, Kalkutta, Karachi, Kuala Lumpur, Kuwait, Larnaca, London, Madrid, Montreal, Mumbai, Muscat, New York, Paris, Riad, Rom, Sanaa, Shannon, Tel Aviv, Tripolis, Tunis, Wien und Zürich

Flotte

8 Airbus A310-300
2 Airbus A310-200
5 Airbus A320
2 Boeing 707F

Foto: BAe HS-748 9N-AAV (Romano Germann / Kathmandu)

ROYAL NEPAL AIRLINES

RNAC Buildg. P.O.Box 401 Kantipath, Kathmandu, 711000, Nepal
Tel.: 1-220757 Fax: 1-225348

ICAO-Code / IATA-Code	IATA-Nr.	Länderkennung	ICAO-Callsign
RNA (RA)	285	9N	Royal Nepal

Royal Nepal Airlines Corporation Ltd. wurde von der Regierung am 1. Juli 1958 gegründet. Mit der eigenen Fluggesellschaft wurde die bis zu diesem Zeitpunkt im Auftrag tätige Indian Airlines abgelöst. DC-3, später Fokker F27 Friendship waren die idealen Flugzeuge für das rauhe Klima Nepals, weil, sie anspruchslos waren. Ab 1970 kamen drei HS-748 zum Einsatz, die erste Boeing 727 im Jahre 1972. Bis dahin musste allerdings der Flugplatz von Kathmandu ausgebaut werden. Ein schwieriges Unterfangen und bis heute ist es noch nicht möglich, dort mit Jumbos zu starten und zu landen. Mit der Boeing 727 wurde eine Verbindung nach Delhi eröffnet. Bessere Verbindungen in abgelegene Bergdörfer mit kurzen Schotterpisten brachten ab 1971 die angeschafften DeHavilland DHC-6 Twin Otter. Die Lieferung der ersten Boeing 757 bedeutete gleichzeitig eine Erneuerung der Langstrecken-Flotte. Europa mit Frankfurt und London wurde seit Winter 89/90 erstmals bedient. Da das Passagieraufkommen auf den internationalen Strecken nach Europa und Indien stärker nachgefragt wurde, konnten weitere Boeing 757 beschafft werden. Neu aufgenommen wurde ab 1996 eine Verbindung nach Shanghai, China und Osaka in Japan. Royal Nepal plante den Ankauf weiterer Flugzeuge, die politische Lage in Nepal führten im Jahre 2001 jedoch zur Aufgabe sämtlicher Flüge nach Europa und Singapur. Die Gesellschaft hatte finanzielle Einbußen hinnehmen müssen und trennte sich auch von einigen Flugzeugen. Erst im April 2003 konnte Singapur wieder und Kuala Lumpur neu bedient werden weil beide Länder auf Landegebühren verzichteten.

Routen

Bangalore, Bangkok, Bharatpur, Biratnagar, Delhi, Hongkong, Jomsom, Kalkutta, Kathmandu, Kuala Lumpur, Lukla, Manang, Mumbai, Osaka, Pokhara, Schanghai, Singapur und zu etwa zehn weiteren Zielen in Nepal.

Flotte

2 Boeing 757-200
1 BAe HS- 748
6 De Havilland DHC-6

Foto: Boeing 737-800 EI-CSP (Martin Kühn / Hahn)

RYANAIR

Corporate Building Dublin Airport, Republik Irland
Tel.: 1-8121212 Fax: 1-8121213
Web: www.ryanair.com

ICAO-Code / IATA-Code	IATA-Nr.	Länderkennung	ICAO-Callsign
RYR (FR)	224	EI	Ryanair

Erst 1984 gegründet, zählt die Ryanair doch schon schnell als Konkurrenz für Aer Lingus, was den Regionalverkehr und Flüge nach Großbritannien angeht. Keine Fluggesellschaft bedient mehr Plätze -insgesamt neun Flughäfen in Irland, als Ryanair. Zum Einsatz kommen ATR42 und BAC/Rombac 1-11. Von Aer Lingus wurde auch der Flug Dublin-München übernommen. Diese Strecke bediente Ryanair seit 1988. Eine neue Bemalung der Flugzeuge wurde 1992 eingeführt. Ab März 1994 wurde die komplette Flotte von BAC 1-11 auf Boeing 737-200 umgestellt. Ryan Air UK ist eine 1995 gegründete 100%ige Tochterfirma, die ab London-Stansted operiert. Die als low-cost Airline operierende Gesellschaft setzte die etablierten britischen Carrier unter Druck und gilt als der Pionier der europäischen "Billigflieger". Das Streckennetz wurde ab 1997 auch auf weitere Ziele in Europa ausgedehnt. Man bedient häufig kleinere Flugplätze in der Nähe von Wirtschaftszentren. So hält man die Kosten niedrig und erreicht über den günstigen Flugpreis auch neue Passagierschichten. Einige Flugzeuge der Ryanair sind sogenannte Logojets und machen Werbung für Autos, Bier, Zeitungen oder Telefongesellschaften. Eine Umstellung der Flotte auf neueste Boeing Jets vom Typ 737-800 begann 1999. 2002 startete Ryanair eine Offensive um auch den deutschen Markt zu bedienen. In Hahn etablierte Ryanair einen zweiten Hub, nach Charleroi in Belgien, und stationierte vier Boeing 737-800 hier. Weitere Flughäfen wie Lübeck, Friedrichshafen oder Altenburg und Niederrhein kamen hinzu. 2003 übernahm Ryanair den Konkurrenten Buzz.

Routen

Aarhus, Altenburg, Ancona, Berlin-SXF, Beauvas, Biarritz, Birmingham, Bournemouth, Brescia, Brest, Bristol, Carcassonne, Cardiff, Charleroi, Cork, Dinard, Dublin, Eindhoven, Florenz, Genua, Glasgow, Goningen, Hahn, Kerry, Knock, Kristianstad, Lamezia Terme, Leeds/Bradford, Liverpool, London-Stansted, Londonderry, Lübeck, Malmö, Manchester, Nimes, Oslo, Palermo, Perpignan, Rimmini, St.Etienne, Stockholm, Teesside, Turin, Venedig

Flotte	Bestellt
21 Boeing 737-200	110 Boeing 737-800
36 Boeing 737-800	

Foto: Boeing 757-200 G-JMCE (Stefan Schlick / Puerto Vallarta)

RYAN INTERNATIONAL AIRLINES

6800 West Kellogg, Wichita,KS 67209, USA
Tel.: 316-9420141 Fax: 316-9427949
E-Mail: inquiries@flyryan.com Web: www.flyryan.com

ICAO-Code / IATA-Code	IATA-Nr.	Länderkennung	ICAO-Callsign
RYN (HS)	-	N	Ryan International

Seit 1973 existiert Ryan Aviation, eine Gesellschaft, die als Unterauftragnehmer Charterflüge betreibt. Ryan International war ein Teilbereich dieser Operationen bis zum Verkauf 1985 an die PHH-Gruppe. Im Februar 1989 kaufte Ronald Ryan die Firma zurück und begann mit acht DC-9 und neun Boeing 727 für die US-Post einen Frachtdienst ab Indianapolis. Mit weiteren Boeing 727 ist die Gesellschaft im Auftrag für Emery Worldwide tätig. Eine weitere Auslastung fand Ryan für die Flugzeuge im Pazifik. Ab Saipan flog Ryan mit Boeing 727 fangfrischen Fisch nach Japan und Guam. Auch fliegt man Fracht zwischen den Inseln in Micronesien. Für einen Reiseveranstalter steht in Cleveland und Cincinnati eine Boeing 737-200 für Passagierflüge bereit. Dieser Service wurde 1995 auch auf Atlantic City ausgeweitet und auf Airbus A320 umgestellt. Ryan International erweiterte in diesem Jahr auch die Flotte um weitere Boeing 727, um der Nachfrage gerecht zu werden, man betreibt aber keine Maschinen in eigenen Farben. Alle Flugzeuge haben die Bemalung der jeweiligen Auftraggeber, nur ein kleiner Schriftzug benennt den Operator. Während der Hochsaison werden auch Flugzeuge hinzu gemietet. Einen langfristigen Auftrag erhielt Ryan Air 2003 für den Betrieb von zwei Airbus A320. Diese kommen auf Linien für Air Tran von Atlanta nach Las Vegas und Los Angeles zum Einsatz.

Routen

Passagiercharter u.a. für Apple Vacation, Gold Transportation, Sun Trips, Sports Hawk und Trans Global Tours in die Karibik, aber auch nach Südamerika, Kanada und Europa. Ausgedehntes Frachtnetz in den USA für Emery und United Staates Postal Service mit B-727

Flotte		Bestellt
6 Airbus A320	1 Boeing 737-800	2 (Boeing) Douglas DC-10-3
3 Boeing 737-200	2 Boeing 757-200	
2 Boeing 737-400	39 Boeing 727	

Foto: Boeing 737-300 CS-TGP (Lutz Schönfeld / Palma de Mallorca)

SATA

Avenida Infante D Henrique 55-4, Ponta Delgada, Portugal
Tel.: 296-209727 Fax: 296-209722
Web: www.sata.pt

ICAO-Code / IATA-Code	IATA-Nr.	Länderkennung	ICAO-Callsign
RZO (S4)	331	CS	Air Azores

SATA Air Acores wurde bereits im August 1941 gegründet. Die ersten Atlantikflugboote machten auf den Inseln einen Zwischenstopp und so lag es nahe auch hier tätig zu werden. Ebenso sah die regionale Verwaltung der Azoren-Inseln im Verkehr mit Flugzeugen eine Alternative zum Schiffsverkehr. Da es bislang aber keine Landflugplätze auf den Inseln gab, musste erst mühsam und aufwändig die Infrastruktur geschaffen werden. Am 15. Juni 1947 startete der erste Flug von Sao Miguel nach Santa Maria. Zum Einsatz kam eine Beech 18 für sieben Passagiere. Die weiteren Flugzeuge waren Douglas DC-3, HS-748, Do 228 und BAe-ATP. Die Gesellschaft wechselte 1980 ganz in den Besitz der regionalen Verwaltung, die einige Jahre später die SATA-Gruppe etablierte. Im Jahre 1994 übernahm SATA Oceanair mit zwei BN-2 Islander und benannte diese in SATA International um. 1995 erwarb SATA eine Boeing 737-300 und begann mit Charterflügen ausserhalb des Archipels. Als Azores Express, oder SATA Express wurden Verbindungen nach Toronto, Montreal und Boston geführt. SATA gewann 1998 die Ausschreibung von Linienverbindungen nach Funchal und Porto. Weitere Boeing 737-300 und auch Airbus A310-300 wurden gemietet. Den letzten Airbus A310-300 erhielt SATA International im April 2003. Damit werden die Verbindungen nach Brasilien, die Dominikanische Republik, Kanada und die USA weiter ausgebaut.

Routen

Birmingham, Boston. Dublin, Funchal, Frankfurt, Glasgow, Innsbruck, Lissabon, Luxemburg, Mailand, Manchester, Montreal, Palma de Mallorca, Oslo, Paris, Ponta del Gada, Porto, Port Seyma, Punta Cana, Rom, Toronto, Wien

Flotte

3 Airbus A310-300
3 Boeing 737-300/400

Foto: Boeing 777-200 HZ-AKF (Albert Kuhbandner / Nizza)

SAUDI ARABIAN AIRLINES

P.O.Box 620, CC181 Jeddah 21231, Saudi Arabien
Tel.: 2-6860000 Fax: 2-6864552
Web: www.saudiairlines.com

ICAO-Code / IATA-Code	IATA-Nr.	Länderkennung	ICAO-Callsign
SVA (SV)	065	HZ	Saudia

Saudi Arabian Airlines, National Carrier des Königreiches von Saudi Arabien wurde Ende 1946 als Saudi Arabian Airlines Corporation gegründet. Mit DC-3 begann ab 14. März 1947 der Flugverkehr. Zu Beginn der 50'er Jahre kamen fünf Bristol Freighter 21, DC-4 und Convair 340 zum Einsatz. Das Jet-Zeitalter begann für Saudia im April 1962 mit Einführung der Boeing 720 B. Es wurden Kairo, Karachi und Bombay (heute Mumbai), 1968 auch Ziele in Europa mit London, Rom, Genf und Frankfurt erschlossen. 1975 erhielt Saudia mit der Lockheed L-1011 das erste Großraumflugzeug und im Juni 1977 dann auch Boeing 747. Die stets sehr vorsichtige Expansionspolitik machte Saudia über Jahre hinweg zur größten Fluggesellschaft im arabischen Raum und mit etwa 11 Millionen Fluggästen gehört Saudia auch zu den weltweit größten internationalen Gesellschaften. Allerdings ist das durchschnittliche Alter der Flugzeuge erheblich und so rangen die Flugzeugbauer aus USA und Europa jahrelang um den lukrativen Auftrag zur Flottenerneuerung. Als man schließlich den Auftrag für US-Flugzeuge Anfang 1996 bekanntgab, entschloß sich Saudia auch zu einem neuen Corporate-Design, welches mit Auslieferung der neuen Flugzeuge eingeführt wurde. Unter Saudia-Flagge sind nicht nur die Maschinen des saudischen Königshauses, sondern auch noch weitere Regierungsmaschinen im Einsatz. Diese werden in einer eigenen Division, der Saudia VIP Aircraft geführt. Erste MD-90 und MD-11 Frachter kamen 1997, Boeing 777 wurden ab Anfang 1998 eingeführt und lösten die TriStars ab. Mit Zulauf weiterer B-777 werden auch ältere B-747-100 ersetzt. Die Basis von Saudi Arabian Airlines ist in Jeddah mit Hubs in Riad und Dhahran.

Routen

Abu Dhabi, Addis Abeba, Alexandria, Algier, Amman, Amsterdam, Ankara, Asmara, Athen, Bahrain, Bangkok, Beirut, Brüssel, Casablanca, Chennai, Colombo, Dacca, Damaskus, Delhi, Djakarta, Doha, Dubai, Frankfurt, Genf, Gurayat, Houston, Islamabad, Istanbul, Jeddah, Johannesburg, Kairo, Kano, Karachi, Khartoum, Kopenhagen, Kuala Lumpur, Kuwait, Lahore, London, Mailand, Manila, Mumbai, Muscat, Nairobi, New York, Nizza, Paris, Riad, Rom, Sanaa, Sharjah, Sharurah, Singapur, Taipeh, Teheran, Tokio, Tunis, Washington und zu weiteren 25 Zielen im Inland.

Flotte		Bestellt
11 Airbus A300-600	16 Boeing 747-100/200/300	4 (Boeing) McDonnell Douglas MD-11F
12 Boeing 737-200Adv.	5 Boeing 747-400	29 (Boeing) Mc Donnell Douglas MD-90
1 Boeing 747SP	23 Boeing 777	

Foto: Airbus A321-200 OY-KBK (Marcus Baltes / Frankfurt)

SCANDINAVIAN-SAS

Frösundaviks Alle 1, 19587 Stockholm, Schweden
Tel.: 8-7970000 Fax: 8-7971603
Web: www.scandinavian.net

ICAO-Code / IATA-Code	IATA-Nr.	Länderkennung	ICAO-Callsign
SAS (SK)	117	SE/OY/LN	Scandinavian

SAS-Scandinavian Airlines entstand am 1. August 1946 durch Fusion der DDL (Dänemark), DNL (Norwegen) und ABA (Schweden). Die Erkenntnis, dass diese drei Länder keinen eigenständigen Luftverkehr betreiben könnten, liess nach dem Krieg alte Pläne von 1940 wieder aufleben. Mit einer DC-4 nahm SAS am 16.9.1946 den Liniendienst zwischen Stockholm via Kopenhagen nach New York auf. Ende 1946 wurde Buenos Aires bedient und 1949 bereits Bangkok angeflogen. Mit der leistungsfähigeren DC-6 startete SAS 1953 erstmals nach Johannesburg. Pionierleistungen vollbrachte SAS bei Erkundung der Polrouten nach Los Angeles und Tokio, die in den Jahren 1954 und 1957 jeweils aufgenommen wurden. In Europa kamen neben der DC-3 auch Saab Scandia und Convair 440 zum Einsatz. Erster Jet der SAS war die SE 210 Caravelle, die erste Maschine konnte im April 1959 auf den Strecken Kopenhagen-Beirut eingesetzt werden. Für Interkontinentalstrecken folgte 1960 die DC-8, welche die DC-6 und DC-7 ersetzte. Anfang 1971 folgte mit der Boeing 747 auch das erste Großraumflugzeug. Ergänzt wurde in den späten 70'er Jahren die SAS-Flotte durch DC-10-30 und A300B4. Strukturelle Veränderung der Gesellschaft und Anpassung der Kapazitäten führten Mitte der 80'er Jahre dazu, die Boeing 747 und Airbus A300 zu verkaufen. Bestellt wurden MD-80 und Boeing 767 Flugzeuge. Mit Einführung der ersten Boeing 737-600, wurde Ende 1998 auch eine völlig neue Farbgebung eingeführt. SAS ist an mehreren anderen Fluggesellschaften wie Air Baltic, Air Botnia, Braathens, British Midland, Cimber Air, Air Greenland, SAS Commuter, Skyways, Spanair und Wideroe beteiligt und übernahm 1995 Linjeflyg. 2001 wurden mit dem Airbus A340 und A321 zwei neue Flugzeugtypen eingeführt. SAS ist Mitglied der Star-Alliance und der Cargo Allianz mit JAL Cargo, Lufthansa Cargo und Singapore Cargo.

Routen

Dichtes Liniennetz in Skandinavien und zu über 100 Destinationen in mehr als 35 Ländern im restlichen Europa, Nordamerika, Afrika und Asien.

Flotte		Bestellt
2 Airbus A330-300	19 Boeing 737-800	2 Airbus A330
8 Airbus A340-300	9 Boeing 767-300ER	3 Airbus A321
31 Boeing 737-600	66 McDonnell Douglas MD-81/82/83/87	4 Boeing 737-800
5 Boeing 737-700	8 McDonnell Douglas MD-90	

Foto: (Bombardier) DeHavilland DHC-6-300 (Josef Krauthäuser / Grand Canyon)

SCENIC AIRLINES

2705 Airport Drive, North Las Vegas,Nevada 89032, USA
Tel.: 702-6383300 Fax: 702-6383275
E-Mail: info@scenic.com Web: www.scenic.com

ICAO-Code / IATA-Code	IATA-Nr.	Länderkennung	ICAO-Callsign
YRR (YR)	398	N	Scenic

Die Ursprünge des Namens Scenic gehen bereits auf das Jahr 1927 zurück. Bereits zu diesem Zeitpunkt gab es organisierte Rundflüge über den Grand Canyon. Diese wurden erstmals im August des Jahres 1929 in Las Vegas durch Zeitungsanzeigen erwähnt, die Rundflüge mit Ford 4AT Tri-Motor anboten. Dabei war Scenic Airways eine der ersten Gesellschaften, die diesen Typ in den USA kaufte. Offenbar waren zwei dieser Flugzeuge im Einsatz. Diese erste Scenic Airways gab es nur bis Ende 1930, dann wurden die Rundflüge wegen der kritischen Wirtschaftlage eingestellt. Die heute noch aktive Scenic Airlines wurde im Jahre 1967 gegründet und nahm mit kleineren Cessna Flugzeugen die Rundflüge ab Las Vegas wieder auf. Die Nachfrage nach diesen Flügen machte grössere Flugzeuge notwendig. So kam wieder eine Ford Tri-Motor zum Einsatz, die übrigens noch heute in einem Luftfahrtmuseum nahe des Grand Canyon bewundert werden kann. Optimal und wie für die Sightseeing Flüge geschaffen war die DeHavilland DHC-6 Twin Otter. Diese wurde erstmals 1972 eingesetzt. Sie verfügt über STOL-Eigenschaften, hat jeweils nur zwei Sitzplatzreihen, so dass für jeden der 19 Passagiere der Blick aus dem Fenster möglich ist. Diese Fenster wurden für die Scenic Flotte noch besonders vergrössert. Durch die Auslegung der Twin Otter als Hochdecker, gibt es auch keinen Flügel, der die Sicht nach unten beeinträchtigt. Scenic Airlines entwickelte sich zum Pionier dieser Art Fliegerei und wurde bald zum Synonym für Grand Canyon Flüge. Einige Millionen Touristen haben auf diese Weise den Grand Canyon kennengelernt.1997 baute Scenic im nördlichen Bereich des McCarren Airports einen eigenen Terminal mit Werft und Bürogebäuden. Ein Jahr später fusionierten Eagle Canyon Airlines und Scenic Airlines, wobei aber der bekanntere Markenname beibehalten wurde. Seit 2001 hat Scenic Airlines auch die Lizenz für einige Linienflüge.

Routen

Linienflüge nach Ely, Grand Canyon, Las Vegas und Merced. Sightseeing Flüge zum Grand Canyon, dem Bryce Canyon, Monument Valley, Yosemite Park

Flotte

1 Beech 1900
20 (Bombardier) DeHavilland DHC-6
3 Cessna 402
5 Fokker F-27

Foto: Boeing 737-300 B-2995 (Jan-Alexander Lück /Beijing)

SHANDONG AIRLINES

Er Huan East Road 5746 Lixa District Jinan, Shandong, VR China
Tel. 531-5698666 Fax 531-5698668
Web: www.shandongair.com

ICAO-Code / IATA-Code	IATA-Nr.	Länderkennung	ICAO-Callsign
CDG (SC)	324	B	Shandong

Shandong Airlines ist eine Abteilung der im März 1994 von der Provinzregierung gegründeten Shandong Aviation Group Enterprises. Die Aktien werden an der Börse von Shenzen und Hongkong gehandelt. Die unserer AG vergleichbare Gruppe hat neben der Fluggesellschaft noch eine Touristikgruppe, Werft- und Maintenance, Flughafenbetreiber Gesellschaft, Fracht- und Transport Gesellschaft und noch zahlreiche andere Firmen unter ihrem Dach versammelt. Auch eine Business Jet Operation, Rainbow Jet genannt, bietet ihre Dienste an. Die Fluggesellschaft begann im Herbst 1994 mit dem Flugbetrieb und konzentrierte sich zunächst auf die Provinz Shandong. Diese ist mit 87 Millionen Menschen von der Bevölkerung her so gross wie die Bundesrepublik Deutschland. Zum Einsatz kamen Yunshui Y-7, doch bereits 1995 konnte die erste Boeing 737-300 in Empfang genommen werden. Man stellte die gesamte Flotte sehr schnell auf westliche Typen um. So kamen für Regionaldienste Saab 340 statt der Y-7 zum Einsatz. Auch die Boeing 737-300 wurde stetig ergänzt. Im Jahre 2000 konnte mit der Canadair RJ der erste Regionaljet in Dienst gestellt werden. Mit einigen anderen chinesischen Provinzgesellschaften gründete Shandong Airlines im Jahre 1997 die New Star Aviation Alliance. Man vereinbarte verschiedene Formen der Zusammenarbeit und Codesharabkommen.

Routen

Beijing, Changchun, Changsha, Chengdu, Chongqing, Dalian, Fuzhou, Guangzhou, Guilin, Haikou, Hangzhou, Hefei, Jinan, Juzhou, Kunming, Linyi, Nanchang, Nanjing, Nantong, Ningbo, Qingdao, Quinhuangdao, Shanghai, Shenyang, Shenzen, Tianjin, Tunxi, Urumqui, Wenzhou, Wuhan, Xian, Xiamen, Xuzhou, Yantai, Zhengzhou

Flotte

9 Boeing 737-300
12 (Bombardier) Canadair RJ
6 Saab 340

Foto: Boeing 757-200 B-2809 (Olaf Bichel / Shanghai)

SHANGHAI AIRLINES

Faa Nr.212, Jiangning Road, 200040 Schanghai, Volksrepublik China
Tel.: 21-62558888 Fax: 21-62558885
Web: www.shanghai-air.com

ICAO-Code / IATA-Code	IATA-Nr.	Länderkennung	ICAO-Callsign
CSH (FM)	774	B	Shanghaiair

Bereits 1985 wurde von der Regionalverwaltung des Bezirks Schanghai eine Fluggesellschaft gegründet. Zu diesem Zeitpunkt war es allerdings noch nicht möglich, mit eigenen Flugzeugen in den Farben der Gesellschaft zu fliegen. Sie war allerdings die erste, von der CAAC unabhängige Fluggesellschaft in China. Fünf Boeing 707 wurden in CAAC-Farben auf einem Inlandsnetz betrieben. 1988 konnte dann an einer dieser 707 das eigene Wappen angebracht werden. Mit Erhalt der ersten Boeing 757 im August 1989 wurde dann die heute noch aktuelle Bemalung eingeführt. Neben der Boeing 757 kam auch die Boeing 767 ab 1994 auf der Strecke nach Beijing und anderen Hauptorten zum Einsatz. Shanghai Airlines führte bis 1997 Linien- und Charterflüge nur innerhalb Chinas durch. 1997 erhielt sie dann auch die Lizenz für Flüge ins Ausland und nahm Verbindungen nach Bangkok, Hongkong, Macau und Singapur auf. Auch die Flotte wurde erweitert und mit Boeing 737-700 kam 1998 auch die neueste Generation von Boeing zur Auslieferung. Heute verfügt Shanghai Airlines über eine reine Boeing-Flotte für die Mittel- und Langstrecken. Diese wird stets ergänzt und neben der B-737-700 kam auch ab 2001 die B-737-800 neuer Generation zum Einsatz. Ab 2000 baute man ein Netz im Bereich der Kurzstrecken auf. Hier kommen Canadair RJ zum Einsatz. Auch ist dieses Flugzeug für Strecken gedacht für die eine Boeing 737 zu gross ist. Basis und Heimatflughafen ist Schanghai, die finanziellen Anteile befinden sich zu über 25% in privaten Händen.

Routen

Beijing, Chengdu, Chongquing, Dalian, Fuzhou, Guangzhou, Guilin,Guiyang, Haiku, Hangzhou, Harbin, Hefei, Jinan, Jinghong, Jingjian, Jinzhou, Kaoshiung, Kunming, Lijang, Macau, Nanchang, Nanjing, Ningbo, Phnom Penh, Qingdao, Sanya, Shanghai, Shantou, Shenyang, Shenzen, Singapur, Taiyuan, Tianjin, Wehai, Wenzhou, Wuhan, Xiamen, Xian, Xining, Yantai, Yinchuan

Flotte

3 (Bombardier) Canadair RJ 200
7 Boeing 757-200
4 Boeing 767-300
8 Boeing 737-700
5 Boeing 737-800

Foto: Airbus A320-200 SU-RAA (Daniel Hustedt / Hamburg)

SHOROUK AIR

2, El Shaheed Ismail Fahmy, P.O.Box 2684, Heliopolis-Kairo, Ägypten
Tel.: 2- 4172313 Fax: 2- 4172311

ICAO-Code / IATA-Code	IATA-Nr.	Länderkennung	ICAO-Callsign
SHK(7Q)	237	SU	Shorouk

Shorouk Air ist eine 1992 gegründete Joint Venture-Gesellschaft von Egypt Air und Kuwait Airways. Die Anteile liegen bei 51% : 49%, entsprechend wurde der Sitz und die Basis und Wartungsbetrieb in Kairo eingerichtet. Charterflüge von Westeuropa nach Ägypten konnten noch im selben Jahr aufgenommen werden, ebenso Linienflüge im Nahen Osten. Wegen schlechter Geschäfte infolge des Golfkrieges wurden die bestellten Boeing 757-200F, die für Frachtflüge, besonders für Kuwait Airways vorgesehen waren, nicht mehr übernommen. Auch die Krise im Ägypten-Tourismus, da nach Anschlägen und Attentaten an den historischen Stätten die Besucher ausblieben, brachten nicht nur für Shorouk Einbussen. Dafür fliegt Shorouk im Subcharter für Air Sinai und Egyptair, besonders in der Hadj-Zeit auch viele Flüge nach Jeddah. Zwei weitere Airbus A320 kamen 2001 und ergänzten die Flotte. Ein Flugzeug war längere Zeit an eine andere Gesellschaft vermietet, trotzdem konnte das Charternetz ausgeweitet werden sowie auch neue Ziele in Ägypten hinzu kamen.

Routen

Linienflüge von Kairo nach Beirut, Charterflüge von diversen Flughäfen in Europa nach Hurghada, Kairo, Luxor, Sharm al Sheik.

Flotte

4 Airbus A320-200

Foto: Iljuschin IL-86 RA-86105 (Jannis Malzahn / Hannover)

SIBERIA AIRLINES

Tolmachevo Airport, Ob-4, Novosibirsk 633115, Russland
Tel.: 3832-599011 Fax: 3832-599064
E-Mail: reklama@s7.ru Web: www.s7.ru

ICAO-Code / IATA-Code	IATA-Nr.	Länderkennung	ICAO-Callsign
SBI (S7)	421	RA	Siberia Airlines

Aus der Tolmachevo State Enterprise die 1992 in Ob, einer Stadt in der Nähe von Novosibirsk, gegründet wurde entwickelte sich die Aviakompania Sibir. Auch hier war die Aeroflot Division Novosibirsk die Vorgängergesellschaft. Von dieser übernahm man die Routen und Flugzeuge. Moskau-Vnukovo und Novosibirsk-Tolmachevo waren die beiden wichtigsten Hubs für die neue Airline, die auch den Namen Sibir oder später Siberia Airlines annahm. Die Entwicklung der Gesellschaft verlief überwiegend positiv. Mit mehreren Gesellschaften in Sibirien, wie Chita Avia, Baikal oder Novokuznetsk wurden Allianzen gegründet, die vorsahen unter dem Namen von Siberia Airlines den Flugbetrieb mehrerer kleinerer Gesellschaften zusammen zu fassen und dadurch wirtschaftlicher zu operieren. Als eine der moderneren und straff organisierten Airlines in der ehemaligen Sowjetunion war Siberia profitabel und neue Flugzeuge konnten beschafft werden. Tupolev Tu-204 wurden ab Dezember 1999 eingesetzt. Auch die Tu-154 und IL-86 wurden modernisiert, weil sie auch auf Strecken nach Westeuropa zum Einsatz kommen. Ende des Jahres 2000 übernahm Siberia die Aktien der nahezu bankrotten Vnukovo Airlines und deren Streckennetz sowie auch einige Flugzeuge. Im Mai 2001 stimmten auch die Aktionäre der Fusion zu. Neben dem Heimatflughafen sind auch Irkutsk und Moskau-Vnukovo wichtige Drehkreuze im Streckennetz der Gesellschaft. Neben den Linienflügen betreibt Siberia ein dichtes Charternetz nach Westeuropa.

Routen

Adler/Sotschi, Baku,Barnaul, Beijing, Bishek, Blagoveschensk, Bratsk, Chita, Dubai, Dushanbe, Düsseldorf, Frankfurt, Hannover, Irkutsk, Kemerow, Krasnodar, Mineralnye Vody, Moskau, Norilsk, Novokuznetsk, Novosibirsk, Omsk, Orenburg, Petropavlowsk-Kamchats, Samara, Seoul, Simferopol, Sharjah, St.Petersburg, Tashkent, Tel Aviv, Tianjin, Tomsk, Ufa, Ulan Ude, Urumqui, Wladiwostok, Yakutsk,Yerevan

Flotte

1 Antonov An-12
5 Antonov An-26
12 Iljuschin IL-86
27 Tupolev Tu-154
2 Tupolev Tu-204

Foto: Airbus A321-200 B-2371 (Thomas Kim / Beijing)

SICHUAN AIRLINES

9 Nan Sanduan Yihuan Road, Chengdu, Sichuan 610041,
Volksrepublik China; Tel.: 28-5551161 Fax: 28-5582641

ICAO-Code / IATA-Code	IATA-Nr.	Länderkennung	ICAO-Callsign
CSC (3U)	-	B	Chuanghang

1986 sah man bei der Regionalregierung der Provinz Sichuan Bedarf für eine eigenständige Fluggesellschaft. Nach bürokratischem Geplänkel mit der allmächtigen CAAC konnte im Juli 1988 der Linienverkehr mit Y-7 aufgenommen werden. Von Chengdu nach Wanxian am Yangtse Fluß führte die erste und zunächst einzige Verbindung. Weitere Y-7 wurden 1990 beschafft und man hatte auch eigene Möglichkeiten der farbigen Gestaltung der Flugzeuge. Ende 1991 konnten Tu-154 M zur Aufnahme einer Beijing-Verbindung angeschafft werden. Westliches Fluggerät kam in Form von drei Airbus A320 und wurden von ILFC geleast. Ab 1995 kamen diese zum Einsatz und führte zu einer weiteren Expansion. Trotzdem ist man nur regional und innerhalb von China aktiv, internationale Verbindungen sind vorläufig nicht geplant. Ende 1997 gründet Man die Xingxing Allianz , einer Vereinigung von Sichuan Airlines, Hainan Airlines, Shandong Airlines, Shenzen Airlines, Wuhan Air und Zhongyuan Airlines.Mit Zuführung neuer Airbus A320 und A321 in den Jahren 1998/99 wird auch die Flotte weiter auf einem neuen und modernen Standard gebracht. So ist Sichuan Erstkunde der brasilianischen Embraer EMB 145, eine erste von fünf bestellten Maschinen, erreicht die Flotte Ende 2002. Gleichzeitig werden die letzten Tupolev 154 ausgemustert.

Routen

Beijing, Chengdu, Chongqing, Daxian, Guangzhou, Guilin, Haikou, Harbin, Jian, Kunming, Luzhou, Nanchong, Nanjing, Schanghai, Shantou, Shenzen, Wanxian, Wenzhou, Wuhan, Xichang, Yibin, Zhengzhou

Flotte		Bestellt
7 Airbus A320	4 Yunshij Y-7	2 Airbus A319
2 Airbus A321-200		
5 Embraer EMB 145		

Foto: Airbus A319 9V-SBB (Jan-Alexander Lück / Hamburg-Finkenwerder)

SILKAIR

P.O. Box 104, Changi Airport, Singapore 918144, Republik Singapur
Tel.: 65403160 Fax:. 65420023
Web: www.silkair.net

ICAO-Code / IATA-Code	IATA-Nr.	Länderkennung	ICAO-Callsign
SLK (MI)	629	9V	Silkair

Als Tochtergesellschaft von Singapore Airlines wurde Tradewinds 1975 gegründet. Bis 1988 wurden vom Seletar Airport einige Flüge in der Region durchgeführt. Als Chartergesellschaft mietete man das Fluggerät von Singapore Airlines. Mit Einsatz der MD-87 und Flügen im Liniendienst zu fünf Destinationen in Malaysia und Brunei wurde Tradewinds inzwischen zur zweiten Linienfluggesellschaft Singapurs. 1991 wurde die Gesellschaft in Silkair umbenannt. Neue Verbindungen nach Cebu, Medan, Phnom Penh und Ho Chi Minh City wurden aufgenommen. Neben Linienflügen werden auch weiter Charterdienste angeboten. 1990 wurde die Flotte auf Boeing 737 umgestellt, kurzfristig kommt - von der Muttergesellschaft - auch ein Airbus A310 zum Einsatz. Zwei Fokker 70 verstärkten für Kurzstrecken die Silkair Flotte. 1998 erfolgte eine Umflottung, von Boeing 737 und Umstellung auf Airbus A320 und A319. Der erste A320 wurde im Herbst 1998 und der erste A319 ein Jahr später geliefert. Seither verfügt Silk Air über eine homogene Airbus-Flotte. Silk Air wird immer mehr zum klassischen Urlaubsflieger, da die Ziele überwiegend zu touristisch interessanten und nachgefragten Destinationen führen. In Verbindung mit den Flügen bietet Silk Air auch komplette Packages, wie Hotels, Sightseeing, Unterhaltung, als Veranstalter an.

Routen

Balikpapan, Cebu, Chengdu, Chiang Mai, Cittagong, Davao, Hyderabad, Kochi, Krabi, Kunming, Langkawi, Lombok, Macau, Manado, Medan, Padang, Palambang, Phnom Penh, Phuket, Siem Rap, Singapur, Solo City, Trivandrum, Xiamen, Yangon.

Flotte	Bestellt
4 Airbus A319-100	5 Airbus A320
5 Airbus A320-200	2 Airbus A319

Foto: Airbus A340-300 9V-SJO (Thomas Kim / Singapur)

SINGAPORE AIRLINES

P.O.Box 501, 25 Airline Road Singapore 819829, Republik Singapur
Tel.: 5423333 Fax: 5455034
E-Mail: mail@singaporeair.com Web: www.singaporeair.com

ICAO-Code / IATA-Code	IATA-Nr.	Länderkennung	ICAO-Callsign
SIA (SQ)	618	9V	Singapore

Singapore Airlines ging am 1.10.1972 aus der ehemaligen MSA hervor, als die bis dahin von Singapur und Malaysia gemeinsam betriebene Fluggesellschaft aufgelöst wurde. Von MSA wurden Boeing 707 und 737 übernommen. Bereits 1973 rüstete SIA aber auf Boeing 747-200 um. Seither gehört Singapore Airlines zu den Gesellschaften, die eine besonders lebhafte Expansionsphase durchliefen. Mit Zulauf weiterer Boeing 747 konnten Strecken nach Australien, Neuseeland, USA und Europa ausgebaut werden. 1979 wurde über Honolulu nach San Francisco bereits täglich geflogen. Für regionale Strecken in Asien wurden ab 1984 Airbus A310 eingesetzt, 1992 führte eine weitere Strecke von Singapur über Frankfurt nach New York. 1995 wurde am neuen Flughafen Changi ein eigenes Frachtterminal eröffnet. Singapore Airlines befördert jährlich fünfmal mehr Passagiere als das kleine Singapur Einwohner hat. Bekannt für den guten Service und eine Flotte, die immer dem neuesten Stand entspricht, hat die Gesellschaft einen sehr guten Ruf. Neue Airbus A340 ergänzten die Langstrecken-Flotte , dieser kam ab Frühjahr 1996 zum Einsatz. Ein Jahr später erhielt SIA auch Boeing 777. Singapore Airlines schliesst sich im April 2000 der Star Alliance an. Silkair und Singapore Airlines Cargo sind100%ige Tochtergesellschaften, an Virgin Atlantic ist Singapore Airlines seit 1999 mit 49% beteiligt. Auch an Air New Zealand hat Singapore Airlines Anteile. Singapore Airlines gehört zu den Launchcustomers des neuen Airbus A380. Basis ist der Flughafen Changi, wo sich über 3000, von insgesamt 15000, Angestellte um die Technik in der SIA-Werft kümmern.

Routen

Adelaide, Amsterdam, Athen, Auckland, Bandar Seri Begawan, Bangalore, Bangkok, Beijing, Brisbane, Brüssel, Chennai, Chicago, Christchurch, Colombo, Dalian, Dacca, Dallas /Fort Worth, Delhi, Denpasar, Djakarta, Dubai, Durban, Frankfurt, Fukuoka, Guangzhou, Hakodata, Hanoi, Harbin, Hiroshima, Ho Chi Minh City, Hongkong, Istanbul, Johannesburg, Jeddah, Jinan, Kalkutta, Kapstadt, Kathmandu, Kopenhagen, Kuala Lumpur, Lahore, Las Vegas, Los Angeles, London, Macau, Madrid, Manchester, Manila, Mauritius, Melbourne, Moskau, Mumbai, Nagoya, New York, Osaka, Paris, Perth, Rom, San Francisco, Seoul, Shanghai, Singapur, Sydney, Taipeh, Tokio, Vancouver, Wellington und Zürich.

Flotte		Bestellt
9 Airbus A310-300	42 Boeing 777-200	4 Airbus A340-500
9 Airbus A340-300	8 Boeing 777-300	10 Airbus A380
41 Boeing 747-400		22 Boeing 777-200

Foto: Boeing 737-800 TC-SKC (Klaus Brandmaier / Düsseldorf)

SKY AIRLINES

Caglayan Mah 2053, Sok No: 42 Barynaklar, 7104 Antalya Türkei
Tel.: 242-3237576 Fax: 242-3237567
E-Mail: yt@skyairlines.net Web: www.skyairlines.net

ICAO-Code / IATA-Code	IATA-Nr.	Länderkennung	ICAO-Callsign
SHY (-)	-	TC	Antalya Bird

Die türkische Kayi Group ist international im Touristikgeschäft tätig. Mit der GTI-German Travel International hat man einen Reiseveranstalter in einem der nachfragestärksten Märkte Europas positioniert. Die Riva Hotels sind überwiegend an der türkischen Riviera Küste und im guten Mittelklasse Bereich angesiedelt. Die Autovermietung Eagle Rent-a-car gehört zu den grössten privaten Vermietern in der Türkei. Alle diese Aktivitäten wurden ab 12. April 2001 durch den Start von Sky Airlines unterstützt. Die Kayi Group hatte die Pläne für eine eigene Fluggesellschaft bereits ab 2000 vorbereitet. An diesem Tag startete eine erste Boeing 737-400 von Antalya nach Düsseldorf. Für viele Europäer zählt die Türkei auch weiterhin zu den beliebtesten Reisezielen. Die in Antalya beheimatete Gruppe, hat mit dem zweitgrössten türkischem Flughafen eine ideale Ausgangssituation. Von hier aus starten die Boeing Flugzeuge zu etwa 30 Zielen. Im ersten Jahr beförderte Sky Airlines bereits 250000 Passagiere und das in der schwierigen Zeit nach dem 11. September. Auch die Irak-Krise hielt offenbar die Touristen nicht von einem Urlaub in der Türkei ab. Sky Airlines investierte kontinuierlich in die Flotte und erhielt im Jahre 2002 auch die neueste Boeing 737-800. Die Maschinen sind in einer sparsamen Einklassenbestuhlung ausgelegt. Alle Flugzeuge fallen dem interessierten Betrachter bereits durch die verschiedenfarbigen Leitwerke auf. Hatte man zunächst den deutschen Markt bedient so wird seit 2002 auch Polen und Skandinavien für Sky Airlines erschlossen.

Routen

Amsterdam, Antalya, Berlin, Bremen, Brüssel, Dortmund, Dresden, Düsseldorf, Erfurt, Frankfurt, Hamburg, Hannover, Helsinki, Kattowice, Köln/Bonn, Kopenhagen, Leipzig, London, Maastricht, München, Nürnberg, Oslo, Paris, Podzan, Rom, Stuttgart, Tel Aviv, Warschau

Flotte

3 Boeing 737-400
1 Boeing 737-800

Foto: Airbus A320-200 C-GTDK (Stefan Schlick / Montego Bay)

SKYSERVICE AIRLINES

31 Fasken Drive, Etobicoke, Ontario M9W 1K6, Kanada
Tel.: 416-6795700 Fax: 416-6795710
E-Mail: communications@skyservice.com Web: www.skyservice.com

ICAO-Code / IATA-Code	IATA-Nr.	Länderkennung	ICAO-Callsign
SSV (SS)	884	C	Skytour

1994 wurde die Gesellschaft als Taxi- und Geschäftsreiseflug gegründet. Mit einigen Businessjets wurden Bedarfsflüge in Kanada und den USA angeboten. Charterflüge für kleinere Gruppen wurden ebenfalls angeboten, wobei man hier auf eine Jetstream 31 zurückgreifen konnte. Ab 1995 wurden erstmals auch Charterflüge in der Saison angeboten. Für diese Flüge wurden die Flugzeuge entsprechend gemietet. Airbus A320 war das bevorzugte Fluggerät, welches von Monarch oder ILFC gemietet wurde. Einstweilen operierte man nur im Winter und flog auch nur Ziele in der Karibik und dem Sonnengürtel der USA an. Mit Ablieferung eines eigenen Airbus A330 sollte sich das jedoch ändern. Die Ablieferung des A330 erfolgte im Mai 1997 und es war gleichzeitig der erste A330 überhaupt, der in Nordamerika im Einsatz war. Airbus A320 ergänzten 1998 nochmals die Flotte, die ihre Hubs in Montreal und Toronto hat. Bei Bedarf werden saisonal auch weitere A 320 von MyTravel oder anderen europäischen Gesellschaften geleast. Auch nach Europa wurden 1997 die ersten Charterketten aufgelegt. Die Entwicklung der Gesellschaft ging in grossen Sprüngen voran, die Flotte wurde bis 2003 mehr als verdreifacht. Skyservice arbeitet mit den führenden Reiseveranstaltern in Kanada zusammen und hat noch keine Einzelplatzbuchungen vorgesehen. Die Flugzeuge stehen auch für andere Charter wie Flüge zu Sportveranstaltungen, Kongressen, Incentive- oder Werbekampagnen zur Verfügung.

Routen

Charterflüge innerhalb Kanadas, nach Europa, in die Karibik, Mexiko, USA. Ad-hoc Charter und Ambulanzflüge zu Zielen in aller Welt.

Flotte

4 Airbus A319-200
14 Airbus A320-200
4 Airbus A330
2 Boeing 727-200

Foto: Embraer RJ 145 SE-DZA (Autor / Zürich)

SKYWAYS

Box 1537, 58115 Linköping, Schweden
Tel.: 13-375500 Fax: 13-375501
Web:www.skyways.se

ICAO-Code / IATA-Code	IATA-Nr.	Länderkennung	ICAO-Callsign
SKX (JZ)	752	SE	Skyexpress

In Visby war Avia bereits 1939 gegründet worden. Mit Beechcraft- und Cessnaflugzeugen flog man in den 80'er Jahren nach Bedarf und bot auch Flüge zum Festland an. Besonders beliebt ist die Insel Gotland bei vielen Schweden im Sommer. Das war für Avia jeweils die Hochsaison und man erwarb mit Shorts 330 und 360 auch grösseres Fluggerät.1991 übernahm Avia Salair und integrierte deren Flotte mit Saab SF340. Man nannte sich Avia & Salair AB. Unter der Salair Lizenz wurden die Aktivitäten stark ausgeweitet und man verlegte den Sitz der Gesellschaft nach Norrköping. Weitere Saab 340 verstärkten die Flotte, die 1993 eine neue Basis in Linköping bezog. Die Gesellschaft nannte sich 1993 Skyways AB, nachdem sie eine eigene Lizenz unter diesem Namen erhielt. 1995 kam die erste Fokker 50 und die letzte Shorts 360 wurde ausgemustert. Highland Air, eine kleinere Gesellschaft wird 1997 gekauft. SAS beteiligte sich 1998 mit 25% an Skyways Holding. Künftig werden alle Flüge im Codeshare durchgeführt. Einige Strecken werden auch direkt für SAS geflogen, besonders dort wo sich SAS Fluggerät nicht kostengünstig einsetzen lässt.1999 wird als neuestes Flugzeug die Embraer RJ-145 eingeführt. Flying Enterprise, ebenfalls eine schwedische Regionalgesellschaft, wird Anfang 2000 gekauft. Damit übernimmt Skyways vor allen Dingen deren Flugbetrieb am stadtnahen Bromma Airport. Die Skyways Holding Group wird im Oktober 2000 neu organisiert, die Namen des Flugbetriebs in Skyways Express und Skyways Regional geändert. Beide Gesellschaften fliegen ein eigenständiges Streckennetz. Skyways ist darüber hinaus auch eine erfolgreiche Leasinggesellschaft.

Routen

Arvidsjaur, Borlange, Dublin, Galliväre, Genf, Götheborg, Halmstad, Hemavan, Hultsfred, Kiruna, Kopenhagen, Kramfors, Linköping, Lulea, Lycksele, Malmö, Manchester, Mora, Norrköping, Orebo, Oskarshamm, Skovde, Söderhamm, Stockholm, Storuman, Sundsvall, Sveg, Trollhättan, Vaasa,Vilhelmia, Visby, Zürich

Flotte

5 Embraer RJ-145
15 Fokker 50
12 Saab 340

Foto: (Bombardier) Canadair RJ 200 N423SW (Josef Krauthäuser / Phoenix)

SKYWEST AIRLINES

444 South River Road, St.George Utah 84790, USA
Tel.: 435- 6343000 Fax: 435-6343305
E-Mail: info@skywest.com Web: www.skywest.com

ICAO-Code / IATA-Code	IATA-Nr.	Länderkennung	ICAO-Callsign
SKW (OO)	302	N	Skywest

Skywest wurde am 27. März 1972 in Salt Lake City, Utah gegründet. Knapp drei Monate später konnten mit Fairchild-Swearingen Metro einige Verbindungen aufgenommen werden. Nach kurzer Zeit wurden bereits Ziele in Arizona, Colorado, Idaho, Kalifornien, Utah und Wyoming bedient. 1984 kaufte Skywest mit Sun Aire einen Konkurrenten aus Kalifornien auf. Neues Fluggerät und auch neue Aufgaben wurden im Jahre 1986 übernommen. Die großen US-Fluggesellschaften bauten ab Mitte der 80'er Jahre ihre regionalen Dienste auf und bedienten sich dabei der kleinen, etablierten Gesellschaften. So wurde Skywest ein Partner für Delta Airlines. Als neuer Flugzeugtyp kam mit der Embraer EMB 120 Brasilia ein modernes Turbopropflugzeug für 30 Passagiere zum Einsatz. Vom Delta Hub in Salt Lake City wurde ein umfangreiches Liniennetz aufgebaut. Die Flotte baute man mit weiteren Brasilias aus, welche auch zum Standardtyp der Gesellschaft wurden und die Metros bis 1989 ganz verdrängten. Den ersten Jet vom Typ Canadair RJ 100 nahm Skywest Anfang 1994 in Betrieb. Langfristig wird die gesamte Flotte auf diesen Jet umgestellt. Auch mit United Airlines wurde 1997 ein Abkommen geschlossen, welches einen regio-nalen Einsatz als United Express vorsah. In Los Angeles, San Francisco, Portland und Seattle/Tacoma wurde jeweils ein Hub aufgebaut und seitdem wurde auch hier der Betrieb erfolgreich ausgeweitet. Geflogen wird in Delta Connection oder United Express Farben, wobei der Hinweis auf Skywest jeweils am Flugzeug ersichtlich ist. Nahezu neun Millionen Passagiere werden jährlich befördert und dabei etwa 1000 täglichen Flügen zu etwa 100 Zielen.

Routen

Albuquerque, Arcata, Bakersfield, Bellingham, Billings, Boise, Bozeman, Butte, Calgary, Carlsbad, Casper, Cedar City, Chico, Cody, Colorado Springs,Crescent City, Elko, Eugene, Fresno, Grand Junction, Helena, Idaho Falls, Imperial, Inyokem, Jackson, Las Vegas, Los Angeles, Medford, Merced, Missoula, Modesto, Monterey, Omaha, Ontario, Oxnard, Palm Springs, Pasco, Phoenix, Pocatello, Portland, Rapid City, Redding, Redmond, Reno, Sacramento, Salt Lake City, San Diego, San Francisco, San Jose, San Luis Obispo, Santa Ana, Santa Maria, Santa Rosa, Seattle, Spokane, St.George, Sun Valley, Twin Falls, Vancouver, Vernal, West Yellowstone, Yakima, Yuma

Flotte	Bestellt
19 (Bombardier) Canadair RJ-100	35 (Bombardier) Canadair RJ 200
40 (Bombardier) Canadair RJ-200	
42 Embraer EMB 120 Brasilia	

Foto: Boeing 737-300 OM-AAD (Richard Schmaus / München)

SLOVAK AIRLINES

Trnavska cesta 56 82101 Bratislava, Slowakai
Tel.: 2-44450096 Fax: 2-44450097
E-Mail: slovakairlines@sll.sk Web: www.slovak-airlines.sk

ICAO-Code / IATA-Code	IATA-Nr.	Länderkennung	ICAO-Callsign
SLL (6Q)	921	OM	Slov Line

Unter Mitwirkung des Ministeriums für Verkehr und Telekommunikation, wurde am 24. Juni 1995 Slovenske Aeroline / Slovak Airlines im Handelsregister eingetragen. Neben dem Ministerium war die Devin Gruppe massgeblicher Anteilseigner der neuen Aktiengesellschaft. Es gab zunächst viele Diskussionen darüber, welche Flugzeuge zum Einsatz kommen sollten, Saab 340 oder Saab 2000 waren präferiert, alle Pläne scheiterten jedoch an den Leasingkosten. Bei den zu erwartenden Umsätzen wären diese nicht annähernd kostendeckend gewesen. Hinzu kam auch eine politisch- und wirtschaftlich ungünstige Lage in der Slowakei hinzu. Mit Tupolev Tu-154 wurde 1998 dann der Flugbetrieb aufgenommen. Die erste Tu-154 kam im Januar 1998 und wurde von der Regierung gemietet. Zwei weitere Tu-154 ergänzten dann die Flotte im Juli und September des Jahres 1998. Auch diese beiden stammten aus der ehemaligen Regierungsstaffel. Die operativen Ergebnisse des ersten Jahres waren negativ und Slovak Airlines beendete den Flugbetrieb. Nach einer Reorganisation gelang aber der zweite Start nachhaltiger. Die einzige Linienverbindung nach Moskau wurde aufgenommen und man spezialisierte sich weiter auf Charter- und Urlaubsflüge. Neben den drei Tupolev Tu-154 setzt Slovak Air seit 2002 auch eine Boeing 737-300 ein. Bratislava ist der Heimatflughafen, ein weiterer Flughafen in Kosice im Osten des Landes wird ebenfalls für Charterflüge genutzt.

Routen

Antalya, Bratislava, Burgas, Chania, Gerona, Dalaman, Ibiza, Hurghada, Korfu, Kos, Kosice, Kovalla, Larnaca, Moskau, Monastir, Sharm el Sheik, Thessaloniki, Tivat, Zakynthos

Flotte

1 Boeing 737-300
3 Tupolev Tu-154M

Foto: BAe RJ 85 OO-DJT (Manfred Turek / München)

SN-BRUSSELS AIRLINES

Da Vincilaan 9, 1930 Zaventem, Belgien
Tel.: 070351111 (Callcenter)
Web: www.flysn.com

ICAO-Code / IATA-Code	IATA-Nr.	Länderkennung	ICAO-Callsign
DAT (SN)	82	OO	Deltair

Nach dem endgültigen Zusammenbruch von Sabena World Airlines im Januar 2002 war Belgien ohne nationale Fluggesellschaft. Die eigenständige DAT-Delta Air Transport, an der auch Sabena Anteile hatte, wurde beauftragt eine Auffanggesellschaft zu gründen, SN-Brussels. Auch Virgin Express sollte an der neuen Gesellschaft beteiligt werden, die Verhandlungen brachten jedoch keine Ergebnisse. Mit der DAT eigenen Flotte von BAe 146 wurde der Flugbetrieb fortgeführt. Das ging ohne grosse Übergangsprobleme, hatte DAT doch schon für Sabena einen Teil des Europaverkehrs abgewickelt. Delta Air Transport nahm 1966 den Flugbetrieb in Antwerpen auf. Convair 580, Fokker F27, Embraer EMB120, Fokker 28 und BAe 146 waren die Flugzeuge mit denen DAT für Sabena zu kleineren Orten in den nördlichen Ländern Europas und regionale Ziele flog. DAT produzierte wesentlich billiger als Sabena und mehr Flugzeuge kamen zum Einsatz. Nach der Übernahme des Sabena Firmenmantels wurde der Name in SN Brussels Airlines geändert, einige bekannte Elemente der Vorgängergesellschaft finden sich auch in SN Brussels wieder. Drei Airbus A340-300 kamen im Frühjahr 2002 und wurden auf Strecken nach Afrika eingesetzt. Auch die ersten Airbus A319 erreichten Anfang 2003 die Flotte. Inzwischen werden bereits wieder über 50 Ziele in Europa und Afrika bedient. Mit American Airlines hat man für die Nordatlantikrouten ein Codesharabkommen.

Routen

Abidjan, Amsterdam, Athen, Banjul, Barcelona, Berlin, Bilbao, Birmingham, Bologna, Bordeaux, Bristol, Budapest, Bukarest, Conakry, Dakar, Douala, Dublin, Düsseldorf, Edinburgh, Florenz, Frankfurt, Freetown, Genf, Glasgow, Göteburg, Hamburg, Hannover, Helsinki, Kinshasa, Kopenhagen, Lissabon, London, Luanda, Lyon, Madrid, München, Neapel, Newcastle, Nizza, Oslo, Rom, Stuttgart, Venedig, Wien, Zürich

Flotte

2 Airbus A319-100
3 Airbus A330-300
32 BAe 146-100/200-RJ-85/100

Foto: Boeing 767-300ER OO-SLR (Manfred Turek / Brüssel)

SOBELAIR

Buildg. 45 Airport, 1930 Zaventem, Belgien
Tel.: 2-7541211 Fax: 2-7541288
Web: www.sobelair.be

ICAO-Code / IATA-Code	IATA-Nr.	Länderkennung	ICAO-Callsign
SLR (S3)	-	OO	Sobelair

Societe Belge de Transports par Air SA wurde am 30. Juli 1946 etabliert. Diese Gesellschaft sollte Charterflüge vorzugsweise in die afrikanische Kolonie Belgisch-Kongo durchführen. Diese Flüge erfolgten mit DC-4. 1948 übernahm Sabena die Mehrheit der Anteile an Sobelair. Von 1957 bis 1962 wurden mit Cessna 310 im Auftrag von Sabena ein inländisches Streckennetz aufgebaut. Neben einer DC-6 erhielt Sobelair auch ex Sabena SE 210 Caravelle als erstes Jetgerät. Seit den frühen 60'er Jahren wurden überwiegend nur noch Charterflüge in die bevorzugten Ferienregionen des Mittelmeeres durchgeführt. Nachdem 1988 die letzte Boeing 707 verkauft wurde, waren bei Sobelair vorerst nur noch Boeing 737 im Einsatz. In Anlehnung an die neue Bemalung von Sabena führte im Frühjahr 1993 auch Sobelair eine solche ein. 1994 erhielt Sobelair die erste Boeing 767-300, eine weitere im Frühjahr 1996. Damit wurden dann auch wieder Langstreckenflüge durchgeführt. Saisonbedingt least Sobelair auch Flugzeuge von Sabena und anderen Gesellschaften hinzu. Nach Übernahme durch die SAair Group bildete Sobelair die Leisure Alliance, zusammen mit Air Europe, Balair, LTU und Volare. Der Konkurs von Sabena und Swissair brachte auch die wirtschaftlich positiv operierende Sobelair in Schwierigkeiten. Neue Gesellschafter übernahmen jedoch im Jahre 2001 die Anteile und führten diese unverändert und nunmehr unabhängig weiter. Vorsichtige Expansionen in Flotte und Strecken waren im Jahre 2002 die erste Boeing 737-800 und auch als neues Flugziel Johannesburg.

Routen

Ziele im Mittelmeergebiet, den Kanarischen Inseln, Nord-und Südafrika, Karibik und sonstige Subcharter oder Charterflüge.

Flotte

2 Boeing 737-300
4 Boeing 737-400
1 Boeing 737-800
2 Boeing 767-300ER

Foto: Boeing 737-800 ZS-SJJ (Ken Petersen / New York)

SOUTH AFRICAN AIRWAYS

SAA Towers, P.O.Box 7778, Johannesburg 2000, Republik Südafrika
Tel.: 11-9781127 Fax: 11-9781126
Web: www.saa.co.za

ICAO-Code / IATA-Code	IATA-Nr.	Länderkennung	ICAO-Callsign
SAA (SA)	083	ZS	Springbok

South African Airways wurde mit Übergang der Union Airways an die Regierung im Jahre 1934 gegründet. Mit Junkers F-13, W-34, Ju-52 und Ju-86 wurden bis Ausbruch des 2.Weltkrieges zahlreiche Strecken, u.a. bis Nairobi beflogen. Im November 1945 erfolgte die Aufnahme des "Springbock"-Dienstes nach London. Zum Einsatz kamen DC-4, DC-7 und Lockheed Constellation. Mit diesem Typ eröffnete SAA 1957 einen Kurs nach Perth in Australien, mit Einführung der Boeing 707 im Jahre 1960 wurde diese Linie bis Sydney verlängert. Eine weitere Langstrecke nach Rio de Janeiro wurde im Jahre 1969 eröffnet. Aus politischen Gründen, viele afrikanische Staaten entzogen die Überflugrechte, musste SAA seine Linien auf wenige europäische Ziele beschränken. Um Direktflüge durchführen zu können, wurden Boeing 747SP und später Boeing 747-300 mit extremer Reichweite geordert. Zum Ausbau des regionalen und inländischen Dienstes, wurden Airbus A300 und Boeing 737 bestellt, die die Vickers Viscount und ältere Typen ablösten. Der erste Airbus A320 wurde 1991 an SAA geliefert, ebenso in diesem Jahr für die Langstrecken Boeing 747-400. Nach den Wahlen von 1994 ergab sich eine völlig veränderte Situation auch für SAA. Alle Sanktionen wurden aufgehoben und man konnte praktisch wieder in jedes Land fliegen, was bedeutete, dass auch neue Routen erschlossen wurden. Auch die Flugzeuge wurden mit einer neuen Bemalung versehen. SAA ist an den Regionalgesellschaft SA Airlink und SA Express beteiligt. Wichtigste Basen sind in Johannesburg, Durban und Kapstadt. Eine Teilprivatisierung wurde 1999 durchgeführt, als die SAir Group sich mit 20% am Kapital der SAA beteiligte. Bekanntlich ging diese Anfang 2002 in Konkurs, die Regierung zahlte den Kaufpreis an die Schweiz zurück. Seither wird SAA weiter modernisiert. Neue Flugzeuge wie Boeing 737-800, Airbus A340 und auch gemietete A 330 ergänzen die Flotte. Bis zum Jahre 2005 soll die gesamte Flotte völlig ausgetauscht sein.

Routen

Abidjan, Accra, Atlanta, Bangkok, Blantyre, Bulawayo, Dar es Salaam, Durban, East London, Fort Lauderdale, Frankfurt, Gabarone, Harare, Hongkong, Johannesburg, Kairo, Kapstadt, Kinshasa, Lagos, Lilongwe, London, Luanda, Lusaka, Maputo, Mauritius, Maseru, Mumbai, Nairobi, Nelspruit, New York, Paris, Perth, Port Elizabeth, Sao Paulo, Sal, Windhoek, Zürich

Flotte		Bestellt
2 Airbus A330-200	2 Boeing 747SP	10 Airbus A319
3 Airbus A340-600	4 Boeing 747-300	15 Airbus A320
21 Boeing 737-800	8 Boeing 747-400	12 Airbus A340
4 Boeing 747-200	2 Boeing 767-200ER	

Foto: (Boeing) McDonnel Douglas MD-82 N418GE (Tony Stork / Baltimore)

SOUTHEAST AIRLINES

12600 S. Belcher Road, Suite 100, Largo, FL 33774, USA
Tel.: 727-5321632 Fax: 727-5301615
Web: www.flyseal.com

ICAO-Code / IATA-Code	IATA-Nr.	Länderkennung	ICAO-Callsign
SNK (-)	-	N	Sunking

Das berühmte Symbol des „Sunking" im Leitwerk, stammt noch von einer anderen Fluggesellschaft, die auch in Florida beheimatet war. National Airlines fusionierte 1980 mit Pan American, der Name National und auch das Markenzeichen gingen in andere Hände über. 1992 gründete Tom Kolfenbach Sun Jet International Airlines. Heimatbasis war der St.Petersburg Clearwater Airport. Der Flugbetrieb mit McDonnell Douglas MD-80 begann 1993 und die Linienflüge führten zu Zielen entlang der Golfküste sowie in den Südosten der USA. Das Jahr 1997 brachte die bisherige Expansion zu einem vorläufigen Ende, als die Gesellschaft sich unter Gläubigerschutz nach Chapter 11 stellte. Der Flugbetrieb beschränkte sich auf wenige Ziele und wurde vorübergehend eingestellt. Mit frischem Kapital und neuen Investoren wurde im Jahre 1999 der Flugbetrieb wieder aufgenommen. Als neuer Name der Gesellschaft hatte man sich für Southeast Airlines entschieden. Das Sunking Emblem hatte die Gesellschaft gekauft, konzentrierte sich aber nur auf Charterflüge. Einige grosse Veranstalter wie Apple Vacation konnten als Kunden gewonnen werden. Southeast Airlines entwickelte sich wieder zum zuverläsigen Partner und nahm im Jahre 2002 auch wieder Linienflüge auf. Dabei beschränkt man sich aber bewusst auf kleinere Flughäfen und sucht sich gezielt Nischen aus die von anderen Gesellschaften nicht besetzt sind. Die Flotte entwickelt sich wieder und besteht aus Douglas DC-9 und MD-82.

Routen

Linienflüge nach Allentown, Fort Lauderdale, Gulfport/Biloxi, Newburgh, Newark, Sanford, St. Petersburg/Clearwater, darüberhinaus Charterflüge innerhalb der USA und Karibik

Flotte

8 (Boeing) Douglas DC-9-30
4 (Boeing) McDonnell Douglas MD-82

Foto: Boeing 737-300 N363SW (Tony Stork / Baltimore)

SOUTHWEST AIRLINES

P.O.Box 36611 Love Field, Dallas,Texas 75235 USA
Tel.: 214-7924000 Fax: 214-792411
Web: www.southwest.com

ICAO-Code / IATA-Code	IATA-Nr.	Länderkennung	ICAO-Callsign
SWA (WN)	526	N	Southwest

Unter dem Namen Air Southwest trat am 15. März 1967 die Gesellschaft erstmals in Erscheinung. Es dauerte aber noch einige Zeit bis der Flugbetrieb aufgenommen werden konnte. Die etablierten Gesellschaften wollten mit allen Mitteln den unbequemen Neuling am Fliegen hindern, hatte dieser doch vor, eine "Einklassengesellschaft" zu besonders günstigen Preisen zu verwirklichen. Im März 1971 wurde der Name in Southwest Airlines geändert und ab Juni 1971 konnte Southwest erstmals von Dallas nach Houston und San Antonio fliegen. Nach der US-Deregulation ging es aber kometenhaft aufwärts mit Southwest. Die kostenbewußt operierende Gesellschaft gilt als einer der Gewinner dieser Deregulation. Mit einer homogenen Flotte von Boeing 737 wurden Jahr für Jahr mehr Passagiere zu immer mehr Zielen in den USA geflogen. Basis ist der Flughafen Love Field in Dallas, Texas. 1995 wurde Morris Air komplett integriert, nachdem diese bereits 1993 gekauft wurde. Die bislang nicht bediente Region im Südosten der USA und Florida wurde 1996 neu ins Streckennetz genommen. Mit Auslieferung der neuen Boeing 737-700 ab Herbst 1997 war der weitere Ausbau und die Flottenmodernisierung in vollem Gange. So wurde mit Einführung der 737-700 auch die Ostküste verstärkt bedient und ein Hub auf Long Island aufgebaut. Ende des Jahres 2000 stellte Southwest Airlines ein neues Corporate Identity vor, die Flugzeuge änderten auch sichtbar die Farbgebung. Während die meisten US-Gesellschaften nach den 11. September-Ereignissen tief in die roten Zahlen sanken, konnte sich Southwest Airlines schnell erholen. Sie brachte auch relativ schnell die vorübergehend abgestellten Flugzeuge wieder in den Liniendienst.

Routen

Albuquerque, Amarillo, Austin, Baltimore, Birmingham, Boise, Burbank,hicago, Cleveland, Columbus,Corpus Christi, Dallas, Detroit, El Paso, Fort Lauderdale, Harlingen, Hartford, Houston,Indianapolis, Jackson, Jacksonville, Kansas City, Las Vegas, Little Rock, Long Island Mcarthur, Los Angeles, Louisville, Lubbock, Manchester, Midland/Odessa, Nashville, New Orleans, Oakland, Oklahoma City, Omaha, Ontario, Orlando, Phoenix, Portland, Providence, Raleigh/Durham, Reno, Sacramento, Salt Lake City, San Antonio, San Diego, San Francisco, San Jose, Santa Ana, Seattle, Spokane, St. Louis, Tampa, Tucson, Tulsa, West Palm Beach

Flotte

27 Boeing 737-200Adv.
194 Boeing 737-300
25 Boeing 737-500
150 Boeing 737-700

Foto: Airbus A320-200 EC-ICL (Stefan Schlick /Arrecife)

SPANAIR

Airport P.O.Box 50086, Palma de Mallorca 07000, Spanien
Tel.: 971-745020 Fax: 971-492553
E-Mail: spanair@spanair.es Web: www.spanair.com

ICAO-Code / IATA-Code	IATA-Nr.	Länderkennung	ICAO-Callsign
JKK (JK)	680	EC	Spanair

1987 gründeten die Reiseveranstalter Vingresor AB und Scandinavia & Viajes Marsoms SA eine eigene Charterfluggesellschaft mit Namen Spanair. Basis der Gesellschaft ist die Ferieninsel Mallorca. Mit fabrikneuen MD-83 wurden vor allem skandinavische Urlauber an die spanischen Sonnenstrände geflogen, Spanair fliegt aber auch ab deutschen Flughäfen ebenso wie Zürich und Salzburg und weitete die Abflüge auch auf andere europäische Destinationen aus. Mit Erhalt der Boeing 767-300ER im Jahre 1992 wurden auch Ziele in USA, Mexiko, Südamerika und der Karibik bedient. Neben ihrem traditionellen Bereich, dem Charterflug, betreibt Spanair seit 1994 ab Madrid, Barcelona und anderen wichtigen Orten auch Linienverkehr mit steigender Tendenz. Spanair wollte verstärkt Konkurrenz für Iberia im In- und Ausland werden. Um die notwendigen Kapazitäten für diese zusätzlichen Flüge zu haben musste die Flotte erweitert werden. Dazu wurden Flugzeuge vom Typ Airbus A320 und A321 bestellt, die ab Ende 2000 ausgeliefert wurden. SAS beteiligte sich finanziell an der Gesellschaft und ermöglichte dadurch auch die Aufnahme in das Star Alliance Bündnis. Offiziell wurde Spanair am 1. April 2003 Mitglied. Spanair generiert etwa 3/4 seiner Flüge als Linienflüge, 1/4 sind Charterflüge innerhalb Europas. Aebal ist die Tochtergesellschaft von Spanair und fliegt fünf Boeing 717 zu Zielen mit geringerem Passagieraufkommen.

Routen

Alicante, Arrecife,Asturias, Barcelona, Bilbao, Frankfurt, Fuertaventura, Hamburg, Helsinki, Ibiza, Kopenhagen, Las Palmas, London, Madrid, Malabo, Malaga, Menorca, Palma de Mallorca, München, Oslo, Santiago de Compastela, Sevilla, Stockholm, Teneriffa, Valencia, Vigo und Wien werden linienmässig bedient.

Flotte		Bestellt
10 Airbus A320-200	36 (Boeing) McDonnell Douglas	2 Airbus A320
5 Airbus A321-200	MD-82/83/87	1 Airbus A321

Foto: (Boeing) McDonnell Douglas MD-83 N819NK (Josef Krauthäuser / Fort Lauderdale)

SPIRIT AIRLINES

2800 Executive Way, Miramar, Florida 33025, USA
Tel.: 954-4477965 Fax: 954-4477979
Web: www.spiritair.com

ICAO-Code / IATA-Code	IATA-Nr.	Länderkennung	ICAO-Callsign
NKS (NK)	487	N	Spirit Wings

1980 wurde der Reiseveranstalter Charter One gegründet. Von Chicago, Boston, Detroit und Providence veranstaltete man Tages-und Wochenendtrips ins Spielerparadies Atlantic City. 1984 kamen als weitere Spezialität Kurztrips zu den Bahamas hinzu. Der Erfolg gab dem Veranstalter recht, denn auch die 1987 erstmals durchgeführten Karibiktouren etablierten sich und so kam als nächstes Ziel Las Vegas ins Programm. Als Veranstalter wurden Flugzeuge verschiedener Gesellschaften gemietet. 1990 kaufte Charter One zwei Convair 580 und beantragte eine Lizenz für Linenflüge, die sie am 8. September 1990 auch erhielt. Wieder wurden Flüge nach Atlantic City durchgeführt. 1992 leaste man vier DC-9-32 und änderte den Namen in Spirit Airlines. Florida war das erklärte Ziel der Gesellschaft und so bot man Miami, Fort Lauderdale, Fort Myers und Tampa ab Boston, Chicago und Detroit an. Die Flotte wuchs mit der Zahl der neuen Verbindungen und so kamen weitere DC-9-41. Die Basis war in Detroit und innerhalb weniger Monate zog man an diesem Airport in grössere Hallen um. 1996 folgten Cleveland und Newark. Der wichtige Markt im Ballungsraum New York wurde erstmals 1998 bedient, dazu wurden neue Destinationen wie Myrtle Beach, Melbourne und Orlando angeflogen. Erstmals wurden auch MD-80 eingesetzt, da der Markt für ältere DC-9 leergefegt war. Saisonal mietete man auch weitere Flugzeuge hinzu. 1999 nahm Spirit Airlines von Detroit aus auch Flüge nach Los Angeles auf. Ein neues Hauptquartier konnte noch Ende des Jahrtausends in Miramar, Florida bezogen werden. Die Expansion ging auch in den Jahren 2001-2003 weiter. Man investierte in weitere Flugzeuge und neue Strecken nach Denver oder San Juan. Auch erhöhte man die Frequenzen auf bestehenden Routen. Im Jahre 2002 änderte sich das Corporate Identity mit komplett neuer Farbgestaltung der Flugzeuge.

Routen

Atlantic City, Chicago-ORD, Cleveland, Denver, Detroit, Fort Lauderdale, Fort Myers, Las Vegas, Los Angeles, Myrtle Beach, New York-LGA, Orlando, San Juan, Tampa, West Palm Beach

Flotte

24 (Boeing) McDonnell Douglas MD-80 Series

6 (Boeing) McDonnell Douglas DC-9 30/40

Foto: Airbus A340-300 4R-ADA (Albert Kuhbandner / London-LHR)

SRILANKAN

22-01 East Tower WTC, Echelon Square, Colombo 1, Sri Lanka
Tel.: 94-735555 Fax: 94-735122
E-Mail: ulweb@srilankan.lk Web: www.srilankan.lk

ICAO-Code / IATA-Code	IATA-Nr.	Länderkennung	ICAO-Callsign
ALK (UL)	603	4R	Airlanka

Air Lanka ist eine Gründung aus dem Jahre 1979, um die seit 1978 ruhenden Geschäfte der Air Ceylon fortführen zu können. Mit zwei geleasten Boeing 707 der SIA wurde der Flugbetrieb aufgenommen. Ab 2. November 1980 flog der erste eigene "TriStar" von Colombo nach Paris. Es folgten bald Zürich, Frankfurt und London. Zeitweise wurde mit geleasten Boeing 747 nach London-Gatwick geflogen, jedoch war das Passagieraufkommen - bedingt durch die politische Lage im Land - etwas rückläufig. Die Boeing 737 ergänzte die TriStar für regionale Flüge nach Indien und die Malediven. Eine geplante Erneuerung der Langstreckenflotte musste 1993 auf längere Sicht verschoben werden, da für die geplanten Airbus A340 eine Finanzierung nicht möglich war. Diese gelang aber später durch ein internationales Bankenkonsortium und im Herbst 1994 kamen die ersten beiden Airbus A340 auf den europäischen Strecken zum Einsatz. Ein weiterer A340 folgte 1995 bzw. 1999 und ersetzte ältere TriStars. 1999 beteiligte sich Emirates an Air Lanka und schuf neue Strukturen. Air Lanka änderte den Namen in SriLankan, gleichzeitig wurde auch ein völlig neu geschaffenes Corporate Identity eingeführt. Mit Zulauf der neuen Airbus A330 konnten im Jahre 2000 neue Ziele wie Berlin, Stockholm oder Sydney neu bedient werden, andere Strecken werden im Codeshar mit Emirates angeflogen. Einen herben Rückschlag gab es am 24. Juli 2001 durch einen Anschlag am Flughafen Colombo. Über 50% der Flotte wurden dabei beschädigt oder total zerstört, so dass Srilankan einige Routen aufgeben musste. Emirates half mit einigen Flugzeugen aus, durch vorgezogene Lieferungen von bestellten Flugzeugen konnnnte die Flotte wieder auf den aktuellen Stand gebracht werden.

Routen

Abu Dhabi, Bahrain, Bangalore, Bangkok, Bodhgaya, Chennai, Colombo, Damman, Delhi, Djakarta, Doha, Dubai, Frankfurt, Hongkong, Karachi, Kochi, Kuwait, Kuala Lumpur, London, Male, Mumbai, Muscat, Paris, Riyadh, Rom, Singapur, Stockholm, Sydney, Tokio, Trivandrum und Zürich.

Flotte

2 Airbus A320-200
4 Airbus A330-300
4 Airbus A340-300

Foto: Airbus A320-200 F-GRSD (Jan-Alexander Lück / Paris-CDG)

STAR AIRLINES

Immeubles Horizon, 10 Allee Bienvenue, 93885 Noisy-le-Grand, Frankreich
Tel.: 1-48159000 Fax: 1-48159010
Web: www.star-airlines.fr

ICAO-Code / IATA-Code	IATA-Nr.	Länderkennung	ICAO-Callsign
SEU (2R)	-	F	Starway

Am 5.August 1995 wurde Star Europe, Societe de Transport Aerien, gegründet. Der französische Reiseveranstalter Look Voyages wollte mit einem eigenem Flugbetrieb von anderen Chartergesellschaften unabhängiger werden. Mit einer gemieteten Boeing 737-300 nahm Star Europe am 22.Dezember 1995 den Flugbetrieb auf. Look Voyages ist eine französisch-kanadische Unternehmensgruppe zu der auch Air Transat in Kanada gehört. Mit einer direkten Beteiligung von 23% übte diese seit 1996 auch auf Star Europe ihren Einfluss aus. In der Saison 1996 flog Star Europe mit zwei Boeing 737, bevor die Umstellung auf Airbus A320 erfolgte. Mit der Umstellung auf den neuen Flugzeugtyp änderte sich auch der Name. Aus Star Europe wurde Star Airlines. Die Entwicklung verlief für die Gesellschaft zufriedenstellend und die Flotte wurde auf sechs Flugzeuge vom Typ Airbus A320 erweitert. Zur Sommersaison 2002 traf mit einem Airbus A330-200 auch der erste Grossraumjet ein. Dieser war für Langstrecken nach Asien und die Karibik vorgesehen. Seit 2003 fliegt Star Airlines mit einer leicht veränderten Bemalung, die die Nähe zu Air Transat deutlich macht.

Routen

Charterflüge innerhalb Europas, bevorzugt in die Feriengebiete rund um die Mittelmeerländer, nach Nordafrika, Naher Osten, Asien und in die Karibik

Flotte

6 Airbus A320-200
1 Airbus A330-200

Foto: Boeing 737-800 OY-SEB (Jan-Alexander Lück / Malaga)

STERLING EUROPEAN AIRLINES

Kopenhagen Airport, 2791 Dragoer, Dänemark
Tel.: 32-890000 Fax: 32-451412
E-Mail: sterling@sterling.dk Web: www-sterlingticket.com

ICAO-Code / IATA-Code	IATA-Nr.	Länderkennung	ICAO-Callsign
SNB (NB)	-	OY	Sterling

Der Name Sterling hatte in der Luftfahrt einen guten Klang, war es doch ein evangelischer Pastor, der für seinen Reiseveranstalter Tjaereborg 1962 in Dänemark eine Chartergesellschaft mit diesem Namen gründete. Das Unternehmen verschaffte vielen Bevölkerungsschichten, besonders aber Familien, die Möglichkeit einer günstigen Reise in die Mittelmeergebiete. Nach 30 Jahren kam jedoch im September 1993 das Aus für diese traditionsreiche Fluggesellschaft. In diesem Monat waren alle Rettungsbemühungen gescheitert und ein Konkurs unumgänglich. Den Firmenmantel, inclusive Namen und Konkursware übernahm eine Auffanggesellschaft. Diese startete 1994 als Sterling European Airlines mit einigen Boeing 727, allerdings nur als Frachtoperator für TNT. 1996 erhielt die Gesellschaft aber eine Passagierausführung der B-727 und flog auch wieder Urlauber. 1998 wurde, nach Beteiligung neuer Gesellschafter, diese Sparte massiv ausgebaut. Boeing 737-300/500 und auch schon die neue Generation von Boeing 737-800 wurden geleast und flogen unter dem Marketingnamen Sterling European Urlauber in Richtung Süden. Die Flugzeuge sind jeweils in einer attraktiven, bunten Bemalung und vermitteln schon am Flughafen Urlaubsstimmung. Seit 1999 ist Sterling European im Besitz der Fred Olsen Gruppe aus Norwegen. Diese reorganisierte die Gesellschaft im Jahre 2002 und stellte sie als Low cost Airline völlig neu auf. Auch das Erscheinungsbild wurde leicht geändert. Die Ziele im Mittelmeergebiet blieben fast unverändert, jedoch kamen einige Verbindungen innerhalb Skandinaviens neu hinzu.

Routen

Alicante, Barcelona, Bergen, Billund, Chania, Funchal, Göteborg, Kopenhagen, Las Palmas, Madeira, Mailand, Malaga, Malmö, Nizza, Oslo, Palma de Mallorca, Rom, Stavanger, Stockholm, Teneriffa

Flotte

8 Boeing 737-800

Foto: Boeing 737-200 ST-AFK (Oliver Köstinger / Dubai)

SUDAN AIRWAYS

P.O.Box 253, Amarat Khartoum, Sudan
Tel.: 11-471943 Fax: 11-472377
E-Mail: info@sudanair.com Web: www.sudanair.com

ICAO-Code / IATA-Code	IATA-Nr.	Länderkennung	ICAO-Callsign
SUD (SD)	200	ST	Sudanair

Sudan Airways wurde 1947 von der sudanesischen Regierung gegründet. Mit Unterstützung der British Independent Airways konnte ein Streckennetz aufgebaut werden. Erste Verbindung ins Ausland war die Strecke nach Kairo, die mit DC-3 bedient wurde. 1959 wurde eine Linienverbindung über Kairo-Athen-Rom nach London aufgenommen. Zum Einsatz kam Vickers Viscount, ab 1962 die Comet 4C. Die zweite Jet-Generation wurde in Form der Boeing 707 eingeführt. Mit dieser wurde auch regelmässig Frankfurt angeflogen. Für Inlandsdienste wurden vorwiegend F27 genutzt, die aber ab Frühjahr 1990 von der modernen Fokker 50 abgelöst wurden. Sudan Airways war auch für landwirtschaftliche- und sonstige Kontrollflüge zuständig. Hierfür, und auch als Trainingsflugzeug, standen einige kleinere Maschinen zur Verfügung die auch auf regionalen Strecken eingesetzt wurden. Der anhaltende Bürgerkrieg hatte auch immer wieder Auswirkungen auf den Flugverkehr. Trotzdem wurden noch neue Airbus Flugzeuge der Typen A320, A310 und A300-600 ab 1993 geordert. Diese kamen auf den stark eingeschränkten internationalen Flügen zum Einsatz. Der regelmäßige Flugverkehr nahm seit Ende der 90'er Jahre weiter ab und die geltenden Flugpläne waren offenbar nicht verbindlich. Die Flotte besteht aus älteren Flugzeugen, die aber im Besitz von Sudan Airways sind, da wegen der finanziellen- und politischen Lage nur Airbus bereit ist Flugzeuge zu vermieten. Trotzdem baute Sudan Airways ein neues Verwaltungsgebäude und investierte auch 2002 weiter in die Infrastruktur.

Routen

Abu Dhabi, Amman, Asmara, Bangui, Damaskus, Dharan, Doha, Dongala, Dubai, El Fasher, El Obeid, Jeddah, Juba, Kairo, Kano, London, Merowe, Nyala, Paris, Port Sudan, Riad, Sanaa, Sharjah, Tripolis, Wadi Halfar

Flotte

1 Airbus A300-600	1 Fokker F27
3 Boeing 707-300F	1 Yak 42
2 Boeing 737-200	2 IL-18

Foto: Boeing 737-800 N800SY (Ken Petersen / New York - JFK)

SUN COUNTRY AIRLINES

1300 Mendota Heights Rd., Mendota Heights, MN 55120, USA
Tel.: 651-6813900 Fax: 651-6813970
Web: www.suncountry.com

ICAO-Code / IATA-Code	IATA-Nr.	Länderkennung	ICAO-Callsign
SCX (SY)	337	N	Sun Country

Am 1. Juli 1982 wurde Sun Country in Minneapolis gegründet. Zu den Gesellschaftern gehörten auch ehemalige Mitarbeiter der am 12. Mai 1982 in Konkurs gegangenen Braniff International Airlines. Nach der Zulassung als Charterfluguntemehmen im Januar 1983, begann man am 20. Januar dieses Jahres mit einer Boeing 727 im Auftrag von MLT Tours den Flugbetrieb. Diese Organisation hielt 51% des Kapitals und veräusserte ihre Anteile 1988 als es zu einer grundlegenden Änderung der Gesellschaft kam. Bereits 1984 wurde die Lizenz auch auf Linienflüge erweitert und man eröffnete eine Linienverbindung zwischen Minneapolis und Las Vegas. Weitere Boeing 727 konnten im Laufe der Jahre erworben werden, da sich die Gesellschaft gut entwickelte. Man flog nach Florida, nach Mexiko und in die Karibik. 1986 erhielt Sun Country mit einer DC-10 auch das erste Grossraumflugzeug. 1994 stieg man verstärkt in internationale Charterverkehre ein und gab Liniendienste auf. Ab diesem Zeitpunkt erhielten die Flugzeuge auch ein verändertes Erscheinungsbild. Neben diesen Aktivitäten verleaste man aber auch die Flugzeuge ad-hoc und so sieht man Sun Country-Flugzeuge an vielen Orten weltweit. Ein offensichtlicher Strategiewandel führte 1999 wieder zu einer Hinorientierung ins Liniengeschäft. Als low cost, no frills Airline versteht sich Sun Country für einige Linien, die seit Juni 1999 ab Minneapolis angeboten werden. Im Dezember 2001 stellte Sun Country vorübergehend den Flugbetrieb ein um nach einiger Zeit, neu organisiert und mit frischem Kapital durch neue Inhaber ausgestattet, wieder zu starten. Mit Einführung der Boeing 737-800 änderte sich auch das Erscheinungsbild. Service und Streckennetz werden nach dem Neubeginn als ein Mix aus Linie und Charter fortgesetzt.

Routen

Abilene, Albuquerque, Anchorage, Cancun, Cedar Rapids, Cozumel, Dallas/Fort Worth, Denver, El Paso, Fort Myers, Gulfport/Biloxi, Harlingen, Houston, Las Vegas, Laughlin, Los Angeles, Manzanillo, Mazatlan, Miami, Minneapolis/St.Paul, New York, Orlando, Palm Springs, Phoenix, Portland, Puerto Valarta, San Diego, San Francisco, San Juan, Seattle, St.Petersburg, St. Tomas

Flotte

6 Boeing 737-800
2 Boeing 737-700

Foto: Boeing 737-800 TC-SUG (Lutz Schönfeld / Berlin-SXF)

SUN EXPRESS

P.O.B. 28 07300 Antalya, Türkei
Tel.: 0-2423102626 Fax: 0-2423102650
E-Mail: travelcenter@sunexpress.com.tr Web: www.sunexpress.com

ICAO-Code / IATA-Code	IATA-Nr.	Länderkennung	ICAO-Callsign
SXS (XQ)	564	TC	Sun Express

Am 11.9.1989 gründeten Lufthansa (40% der Anteile), Turkish Airlines (40%) und türkische Investoren (20%) die Fluggesellschaft Sun Express mit Sitz in Antalya. Mit einer geleasten Boeing 737-300 konnte am 4. April 1990 der Flugbetrieb aufgenommen werden. Der Erstflug führte von Nürnberg nach Antalya. Zwei weitere Boeing 737-300 stiessen 1991 zur Flotte, von Lufthansa oder Turkish wurde außerdem zusätzliches Fluggerät bei Bedarf gemietet. Durch den Golf-Konflikt kam der Türkeitourismus 1991 praktisch zum Erliegen und die geplanten Umsatzziele konnten erst 1993 realisiert werden. 1995 gingen die Lufthansa Anteile an Condor über die auch die Buchungen in Deutschland steuert. Sun Express ist ein typischer Nischen-Carrier, der auch von kleineren Flughäfen in Europa den Charterverkehr mit der Türkei abwickelt. Im Jahre 2002 wurden auch erstmals Linienflüge von Frankfurt und München nach Antalya aufgenommen. In diesem Jahr erhielt Sun Express mit einer ersten Boeing 737-800 auch das erste Flugzeug im Rahmen einer Flottenerneuerung. Mit 75 % Anteil ist Deutschland der grösste Quellmarkt für Sun Express. So werden allein hier in der Hochsaison mehr als 15 Flughäfen bedient.

Routen

Charter- und Linienverkehr von Flughäfen in Deutschland, England, Luxemburg, Niederlande, Österreich, Polen, Schweiz und weiteren europäischen Ländern nach Antalya, Bodrum, Dalaman, Izmir

Flotte

8 Boeing 737-800

Foto: (Boeing) McDonnell Douglas DC-9-51 N54642 (Sammlung Christofer Witt)

SURINAM AIRWAYS

P.O.Box 2029, Coppenamestraat 136, Paramaribo, Republik Surinam
Tel.: 465700 Fax: 491213
Web: www.slm.firm.sr

ICAO-Code / IATA-Code	IATA-Nr.	Länderkennung	ICAO-Callsign
SLM (PY)	192	PZ	Surinam

Surinaamse Luchtvaart Maatschappij NV wurde im Januar 1955 aus dem Grund gegründet, das wenig erschlossene Hinterland von Surinams Hauptstadt Paramaribo verkehrstechnisch zu erschliessen. Der Flugbetrieb wurde mit DC-3 aufgenommen und war äusserst dürftig. Mit dem Poolpartner KLM wurden dann 1964 auch erstmals Strecken ins benachbarte Ausland, nach Georgetown, Port of Spain und Curacao bedient. Nach der Unabhänigkeit von den Niederlanden im Jahre 1975 erfolgte die Aufnahme von regelmässigen Verbindungen nach Amsterdam. Hier kamen geleaste DC-8 zum Einsatz, 1980 folgte auch der Sprung nach Miami in die USA. Anfang 1993 wurde die Strecke nach Amsterdam an KLM abgegeben, da kein eigenes Langstrecken-Fluggerät mehr vorhanden war. Man konzentrierte sich seitdem auf Flüge in der Region, dazu wurden 1993 eine DHC-8 und 1996 eine MD-87 angeschafft, die Anfang 2000 gegen eine DC-9-50 getauscht wurde. Auch wurd eine geleaste DHC-8 wieder an den Leasinggeber retourniert. KLM ist noch wichtigster Partner, hier hat man ein Codeshare Abkommen für die touristisch wichtige Strecke nach Amsterdam. Auch mit Air France hat Surinam Airways ein solches Abkommen.

Routen

Aruba, Barbados, Belem, Cayenne, Curacao, Georgetown, Miami, Paramaribo, Port of Spain

Flotte

2 De Havilland DHC-6 Twin Otter
1 (Boeing) McDonnell Douglas DC-9-50

Foto: Airbus A319-100 HB-IPT (Autor / Zürich)

SWISS INTERNATIONAL AIRLINES

Postfach, 4002 Basel, Schweiz
Tel.: 61-58200 Fax: 61-5823333
E-Mail: communications@swiss.com Web: www.swiss.com

ICAO-Code / IATA-Code	IATA-Nr.	Länderkennung	ICAO-Callsign
CRX (LX)	724	HB	Swiss

Als im Oktober 2001 der Mythos Swissair jäh zerstört wurde, galt es, das verlorengegangene Vertrauen der Passagiere, der Geldgeber, der Öffentlichkeit und auch der Behörden wieder zu gewinnen. Die Lösung war die Schaffung einer neuen Fluggesellschaft unter Führung der erfolgreichen Swissair Tochtergesellschaft Crossair. Diese war seit 1979 aktiv und hatte im Laufe ihrer Geschichte schon für viele positive Glanzlichter am schweizer Luftfahrthimmel gesorgt. Der Weg für eine neue National-Gesellschaft wurde durch den formellen Konkurs der Swissair (SAir –Group) und die Übernahme durch Crossair möglich. Crossair verzichtete auf Weiterführung des eigenen Namens und wurde in Swiss International Airlines umbenannt. Die neue Gesellschaft nahm am 1. April 2002 den Flugbetrieb auf. Zum Einsatz kamen weiterhin alle Crossair Flugzeuge und aus der ehemaligen Swissair Flotte wurden viele Flugzeuge übernommen. Da es sich bei Swiss um eine neue Gesellschaft handelt, die darüber hinaus auch in wirtschaftlich schwierigen Zeiten startete, war an einen Gewinn in der ersten Zeit nicht zu denken. Das auch diese neue Gesellschaft Zeit braucht um sich zu entwickeln wird an der Crossair Geschichte deutlich. Der Erfolg stellte sich nach einigen Jahren der kontinuierlichen Entwicklung ein. Offenbar ist aber die Erwartungshaltung in Bezug auf Swiss anders. Die Entwicklung wurde in der Schweiz im Boulevardstil beobachtet und für die Medien, ob kompetent oder nicht, ist Swiss immer für Schlagzeilen gut. Die Herausarbeitung von Strukturen während des Flugbetriebes zeigten, das es für Swiss sinnvoll ist eine Aufteilung vorzunehmen. Ab Herbst 2003 wurde deshalb Swiss Express gebildet, die die regionalen Dienste übernimmt. Für Charter-und Touristikflüge wurde bereits Swiss Sun etabliert. Neue Airbus A340 sind als Ablösung für die MD-11 bestellt und werden ab Ende 2003 die Langstreckenflüge übernehmen.

Routen

Swiss bedient ein umfangreiches Streckennetz in Europa und weltweit. Es umfasst bereits wieder 100 Destinationen in Nord-und Südamerika, Asien und Afrika.

Flotte

7 Airbus A319-100
12 Airbus A320-200
6 Airbus A321-100
13 Airbus A330-200
12 (Boeing) McDonnell Douglas MD-11
3 (Boeing) McDonnell Douglas MD-83
19 BAe/Avro RJ 85/100
20 Embraer RJ 145
20 Saab 2000

Bestellt

13 Airbus A340
55 Embraer RJ 175/195

Foto: Airbus A320-200 YK-AKA (Stefan Schlick / Frankfurt)

SYRIANAIR

P.O.Box 417, Damaskus, Syrien
Tel.: 2220700 Fax: 2214923
Web: www.syrian-airlines.com/saa

ICAO-Code / IATA-Code	IATA-Nr.	Länderkennung	ICAO-Callsign
SYR (RB)	070	YK	Syrianair

Die Gesellschaft wurde nachdem die Vorgängergesellschaft „Syrian Airways" (gegründet 1946) mit „Misrir" die "United Arab Airlines" bildeten im Oktober 1961 etabliert. Diese Vereinigung hielt aber nur ein Jahr. Syrian Arab Airlines, so der korrekte Name der Gesellschaft, zog Routen und Fluggerät wieder zurück und wurde wieder eigenständig. Mit DC-6 wurden Strecken nach Paris und London eröffnet. Je nach politischer Ausrichtung der jeweiligen Regierung kamen sowohl westliche Typen, als auch Flugzeuge sowjetischer Bauart, zum Einsatz. Ab 1965 die SE 210 Caravelle, ab 1976 die Boeing 747SP, daneben auch Tu-154 und Tu-134. Die Caravelle wurden Anfang 1996 ausgemustert. Eine Neuausrichtung der relativ alten Flotte erfolgte erst mit Ablieferung des ersten Airbus A320 im Herbst 1998. Bis Mitte 2000 lösten diese auch die Boeing 727, zumindest auf den europäischen Strecken ab. Mit Einführung des Airbus A 320 änderte Syrianair auch das Erscheinungsbild und führte eine neue Bemalung ein. Während der jährlichen Pilgerzeit werden von jedem syrischen Flughafen direkte Flüge nach Jeddah/Mekka angeboten. Syrianair ist auch zuständing für das gesamte Handling an diesen Flughäfen.

Routen

Abu Dhabi, Aleppo, Algier, Amsterdam, Athen, Bahrain, Beirut, Berlin, Brüssel, Bucarest, Budapest, Damaskus, Deirezzor, Delhi, Dharan, Doha, Dubai, Frankfurt, Istanbul, Jeddah, Kairo, Kameshli, Karachi, Khartoum, Kuwait, Larnaca, Latakia, London, Madrid, Marseille, Moskau, Mumbai, München, Muskat, Paris, Riad, Rom, Sanaa, Sharjah, Stockholm, Teheran, Tunis

Flotte

6 Airbus A320
1 Antonow An-24
5 Antonow An-26
2 Boeing 747SP
2 Boeing 727-200Adv.
4 Iljuschin IL-76M
6 Tupolev Tu-134B
3 Tupolev Tu-154M
6 Yakolew Yak-40

Foto: Boeing 737-200 D2-TBC (Bastian Hilker / Harare)

TAAG ANGOLA AIRLINES

Rua da Missao 123, C P 3010, Luanda, Angola
Tel.: 2-336510 Fax: 2-392229
Web: www.taag-airlines.com

ICAO-Code / IATA-Code	IATA-Nr.	Länderkennung	ICAO-Callsign
DTA (DT)	118	D2	DTA

Im Jahre 1938 wurde Direccao de Exploracao dos Transportes Aeros (DTA) im Auftrag der portugiesischen Regierung eingerichtet. Der Flugbetrieb konnte allerdings erst im Jahre 1940 aufgenommen werden, da jegliche Infrastruktur fehlte. Zum Einsatz kamen Dragon Rapide von DeHavilland. Der Name wurde in diesem Jahr in DTA-Linas Aereas de Angola geändert und bis 1973 weiter geführt. Aus politischen Gründen ruhte zwischen 1973 und der Unabhängigkeit von Portugal im November 1975 der Flugbetrieb, mit einigen wenigen Ausnahmen. Durch die Umbenennung in TAAG - Linhas Aereas de Angola, wurde diese zum Flagcarrier der neuen Volkrepublik. Mit einer gemischten Flotte aus Ost und West wurden im Jahr etwa eine Million Passagiere befördert. Angola Aircharter und Aviaco Nigeria sind Tochterfirmen für Fracht- bzw. Regionalflüge. 1997 erhielt TAAG eine Boeing 747-300 für die Langstrecken nach Südamerika und Europa. Damit konnte die IL-62 ersetzt werden. Erst Ende der 90'er Jahre kam es zu einer Zusammenarbeit mit Air Namibia und SAA-South African Airways. Nach dem Friedensvertrag der bisherigen Bürgerkriegsparteien aus dem Jahre 2002, nahm auch der Flugverkehr in Angola wieder zivile Formen an. Angola Air Charter ist eine 100% Tochtergesellschaft von TAAG und erhielt deren letzte Boeing 707 als Frachter. Auch die IL-76 landeten bei der Tochtergesellschaft.

Routen

Benguela, Cabinda, Catumbela,Dundo, Harare, Huambo, Johannesburg, Kinshasa, Kuito, Lissabon, Luanda, Lubango, Lusaka, Malange, Menongue, Paris, Pointe Noire, Rio de Janeiro, Sal, Sao Tome, Soyo, Windhoek

Flotte

5 Boeing 737-200Adv.
2 Boeing 747-300

Foto: Airbus A320-200 N458TA (Josef Krauthäuser / Miami)

TACA INTERNATIONAL AIRLINES

Edifico Altos 2 Piso, San Salvador, El Salvador
Tel.: 2678888 Fax: 2233757
Web: www.taca.com

ICAO-Code / IATA-Code	IATA-Nr.	Länderkennung	ICAO-Callsign
TAI (TA)	202	YS	Taca

TACA, International Airlines wurde bereits 1939 in El Salvador gegründet, damals als Teilbereich von TACA-Airways SA, einer multinationalen Vereinigung. 1942 wurde erstmals mit DC-3 nach Bilbao in der Panama-Kanalzone geflogen, ein Jahr später nach Havanna. Das Unternehmen setzte auch DC-4, Vickers Viscount und DC-6 ein, bis 1966 mit der BAC 1-11 der erste Jet in Dienst gestellt wurde. 20 Jahre später erhielt TACA mit der Boeing 767 das erste Großraumflugzeug. Zur TACA Gruppe gehören Aviateca, Islena Airlines, LACSA, NICA und TACA Peru, jeweils mit unterschiedlichen finanziellen Beteiligungen. Ab 1998 begann eine Marketingallianz der Gruppe zu der auch eine neue, einheitliche Bemalung der Flugzeuge gehörte. Lediglich am Schriftzug ist die jeweilige Gesellschaft zu erkennen. Die Zusammenarbeit innerhalb der Gruppe brachte Synergieeffekte und ein großes Potential an Einsparmöglichkeiten. Das nutzte man erstmals als die Gruppe bei Airbus neue Flugzeuge bestellte. Die Flottenumstellung begann mit Lieferung des ersten Airbus A320 im Jahre 1997. Auch das kleinere Modell A 319 wurde bestellt und erreichte im Sommer 1999 die Flotte. Innerhalb der TACA-Gruppe werden bei Bedarf die Flugzeuge verleast. Basis von TACA International ist der Flughafen El Salvador International in der Hauptstadt San Salvador.

Routen

Belize, Buenos Aires, Caracas, Cuzco, Dallas/Fort Worth, Flores, Guatemala City, Guayaquil, Houston, Iquitos, La Ceiba, La Paz, Lima, Los Angeles, Managua, Mexico City, Miami, Montego Bay, New Orleans, New York, Panama City, San Francisco, San Jose, San Pedro Sula, San Salvador,Sao Paulo, Tegucigalpa, Washington

Flotte		Bestellt
4 Airbus A319	8 Boeing 737-200	12 Airbus A319
24 Airbus A320		5 Airbus A320
1 Boeing 737-300		

Foto: Tupolev Tu-154 EY-85651 (Albert Kuhbandner / München)

TAJIKISTAN AIRLINES

31/2 Titov, Dushanbe Airport 734006, Tadschikistan
Tel.: 3772-212195 Fax: 3772-510091

ICAO-Code / IATA-Code	IATA-Nr.	Länderkennung	ICAO-Callsign
TZK (7J)	502	EY	Tajikistan

Die auch als Tajik Air oder Tjikair bekannte, ehemalige Aeroflot Regionalverwaltung wurde 1990 vom Staat übernommen und neu organisiert. Linien-, Cargo- und auch Charterflüge sind im Aufgabenbereich vorgesehen, hinzu kommen auch Sonderflüge für Regierungsmitglieder. Spezialflüge, auch für Passagiere, sind mit Mil Mi-8 Hubschraubern im unwegsamen Gebirgsland oft eine Notwendigkeit und die einzige schnelle Verbindung in eine größere Stadt. Man war mit Tajikistan International Airlines liiert. Seitdem diese aber keine eigenen Flugzeuge mehr hatte, nutzte man für deren Flüge Gerät von Tajik Air. Alle bestehenden Gesellschaften wurden 1998 zur nationalen Tajikistan Airlines zusammengeführt. Wegen der wirtschaftlichen Schwierigkeiten im Lande und wegen fehlender Devisen wurde ein Teil der umfangreichen Flotte verkauft oder vermietet und neue Verbindungen wurden nur selten eröffnet, als erstes Ziel in Westeuropa kam München im Jahre 1999 hinzu welches wöchentlich bedient wird. Dabei wird ein Zwischenstopp in Istanbul eingelegt wo die Crew gewechselt wird. Diese schläft allerdings nicht im Hotel, sondern im Flugzeug. Charterflüge werden zu verschiedenen Anlässen durchgeführt, womit Devisen in die Kasse kommen. Hier profitierte die Gesellschaft, und auch das Land, vom letzten Afghanistan-Konflikt. Als Nachbarland war Tadschikistan für Militärs, Presse und sonstige Besucher eine Station auf dem Weg in den Norden von Afghanistan.

Routen

Almaty, Bishek, Delhi, Dubai, Dushanbe, Istanbul, Jekatharinenburg, Karachi, Mashad, Moskau, München, Novosibirsk, Sharjah, Teheran

Flotte

3 Antonov An-24/26
4 Tupolev Tu-134A
3 Tupolev Tu-154M
4 Yakolev Yak-40

Foto: Airbus A319-100 PT-MZA – Fokker 100 PT-MRG (Manfred Turek / Sao Paulo)

TAM

Rua Monsenhor Antonio Pepe 94, CEP 04357080 Sao Paulo, Brasilien
Tel.: 11-55828685 Fax: 11-55828155
Web: www.tam.com.br

ICAO-Code / IATA-Code	IATA-Nr.	Länderkennung	ICAO-Callsign
TAM (KK)	877	PT	TAM

1976 als Transportes Aereos Regionais von VASP und Taxi Aero Marila gegründet, eröffnete die Gesellschaft mit Fokker F27 die ersten Strecken ab Sao Paulo (Congonhas) noch im selben Jahr. Für weniger stark frequentierte Strecken kamen Flugzeuge aus heimischer Produktion, Embraer 110 Bandeirante, zum Einsatz. Im Oktober 1990 wurden die ersten Jet-Flugzeuge vom Typ Fokker 100 in Dienst gestellt. Mit einer künftigen gemischten Flotte aus Fokker 100 und F27 expandierte man weiter. 1995/96 erhielt man etwa 15 neue Flugzeuge und eröffnete 10 neue Strecken. Nach dem Konkurs von Fokker musste man langfristig eine andere Flottenstruktur berücksichtigen, da die bestellten Flugzeuge möglicherweise nicht mehr geliefert wurden. So entschied man sich für Airbus-Flugzeuge und bestellte A319, A320 und auch A330. War man bis 1999 praktisch nur im Inland aktiv, so änderte sich das mit Ablieferung des ersten A330, der am 28.Juni 1999 zeitgleich mit zwei A320 geliefert wurde. Eine erste Linie nach Miami wurde Ende 1999 eröffnet, nach Europa flog TAM nur ein Jahr, dann stellte man die Flüge wieder ein. TAM entwickelte sich zusammen mit den Regionalgesellschaften TAM-Meridonal und TAM-Express zur größten Fluggesellschaft in Brasilien. Wegen der anhaltend schlechten wirtschaftlichen Lage in Brasilien, planten Varig und TAM im Jahre 2002 eine Zusammenlegung von verschiedenen Diensten, bis hin zur Fusion beider Gesellschaften. Die Basis von TAM ist der Flughafen Congonhas in Sao Paulo.

Routen

Aracaju, Aracatuba, Bauru, Belem, Belo Horizonte, Brasilia, Buenos Aires, Cabo Frio, Campinas, Campo Grande, Corumba, Cuiaba, Florianopolis, Fortalezza, Iguassu Falls, Imperatiz, Londrina, Macapa, Maceio, Manaus, Maraba, Marilia, Miami, Natal, Port Alegre, Porto Seguro, Port Velho, Prudente, Punta del Este, Recife, Rio de Janeiro, Salvador, Sao Luiz, Sao Paulo, Teresina, Uberlandia, Una, Vitoria

Flotte		Bestellt
13 Airbus A319	3 Fokker F27	15 Airbus A319
31 Airbus A320	48 Fokker 100	1 Airbus A330
9 Airbus A330		

Foto: Boeing 727-100 HC-BLE (Sammlung Hans-Willi Mertens)

TAME - LINEA AEREA DEL ECUADOR

Avenida Amazonas 1354y Colon, Quito, Ecuador
Tel.: 2-509375 Fax: 2-509594
E-Mail: tame1@tame.com.ec Web: www.tame.com.ec

ICAO-Code / IATA-Code	IATA-Nr.	Länderkennung	ICAO-Callsign
TAE (EQ)	269	HC	Tame

Im Jahre 1962 installierte die Luftwaffe des Landes einen Transportservice, um die mangelhafte Infrastruktur innerhalb des Landes zu verbessern. Mit zwei DC-3 startete die Transportes Aereos Militares genannte Linie ihre ersten Verbindungen von Quito und Guayaquil in die entlegeneren Gebiete des Landes, die von kommerziell geführten Fluggesellschaften nicht bedient wurden. Dazu gehörten auch die Galapagos Inseln im Pazifik, die ein- oder zweimal im Monat angeflogen wurden. Bis zum Einsatz von DC-6 auf dieser Strecke kamen auch hier, mit Zusatztanks versehene, DC-3 zum Einsatz. Modernere Turbopropflugzeuge HS 748 von Hawker Siddeley lösten 1970 einige DC-3 ab, trotzdem blieben bis Anfang der 90'er Jahre auch diese noch im Einsatz. 1970 zog sich auch das Militär zurück und TAME wurde eine Aktiengesellschaft. 1972 übernahm TAME von der Compania Ecuatoriana de Aviacion deren regionales Streckennetz. Weitere Flugzeuge wie die Lockheed L-188 und Douglas DC-7 kamen ebenfalls zum Einsatz. 1980 erhielt TAME mit einer Boeing 727-200 den ersten Jet, gefolgt von einer B-737-200 im Jahre 1981. Weitere B-727-100 erwarb man als Gebrauchtflugzeug 1984 und 1985. In den 90'er Jahren war TAME auch für Lufthansa und Air France als Zubringer ab Caracas tätig und Flüge nach Havanna und Miami wurden aufgenommen. Kurzfristig kam 1999 auch eine Boeing 757 zum Einsatz und der Name wurde "entmilitarisiert". Vom Kongress in Quito wurde im Jahre 2002 die Genehmigung zur Teilprivatisierung der Gesellschaft genehmigt. 51 % der Anteile sollen allerdings beim Staat / Militär verbleiben.

Routen

Bogota, Cuenca,Guayaquil, Havanna, Lago Agrio, Lima, Machala, Macara, Manta, Quito, Santiago, Tulcan

Flotte

2 Boeing 727-100
5 Boeing 727-200
2 BAe HS-748
2 Fokker F28

Foto: Airbus A320 C-FMES (Thomas Kim / Toronto)

TANGO

P.O.Box 64239, Thorncliffe Outlet, 5512 4th Street NW, Calgary, Alberta T2K 6J0
Kanada; Tel.: 1-8003151390 Fax: 1-8665840380
Web: www.flytango.com

ICAO-Code / IATA-Code	IATA-Nr.	Länderkennung	ICAO-Callsign
AC Tango	-	C	Air Canada-Tango

Tango by Air Canada bedeutet low cost / no frills auf den angebotenen Flügen und ist der Versuch von Air Canada, mit neuen Marketingmaßnahmen, die Passagiere nach dem 11. September wieder in die Flugzeuge zu bringen. Die gesamte Luftfahrtindustrie war nach diesem Datum von Veränderungen nicht verschont, nur hatten die bisher etablierten Gesellschaften mehr zu kämpfen als die oft flexibleren low - cost Gesellschaften. Besonders in West Kanada hat Air Canada gegenüber Westjet einen schweren Stand. Tango startete am 1. November 2001 zwischen den wichtigsten Zentren des Landes. Man bietet, gegen Bezahlung, in den Flugzeugen Getränke und Imbiss an, elektronische Tickets und Internetbuchungen sind selbstverständlich. Zum Einsatz kamen sechs Airbus A320 die, in einer eigenen Bemalung, von der Muttergesellschaft übernommen wurden. Schon wenige Tage nach dem Start musste Tango einen Großteil der Passagiere übernehmen die am 8. November vom Konkurs der Canada 3000 überrascht wurden. Tango akzeptierte die Tickets und fand so in der Öffentlichkeit breite Anerkennung. Im Februar 2002 wurden insgesamt 14 neue Routen, auch zu kleineren Orten wie Thunder Bay oder Deer Lake, bekannt gemacht. Weitere Airbus A 320 und auch Boeing 737-200 wurden bereit gestellt. Zum Winterflugplan waren erstmals mit Las Vegas, Fort Lauderdale und Orlando auch die klassischen Winterziele in den USA im Flugplan. Die Konkurrenz zog auf vielen Flughäfen nach und so entstand in Abbotsford, einem kleinen Airport östlich von Vancouver, plötzlich ein solches Angebot an Flügen nach Toronto das oftmals die Passagiere für die Flüge fehlten. Entsprechend musste auch Tango das Angebot auf die Ziele reduzieren die auch kostendeckend waren.

Routen

Calgary, Edmonton, Fredericton, Halifax, Montreal, Quebec City, Regina, Saskatoon, St. John, St. Johns, Toronto, Vancouver, Winnipeg

Flotte

11 Airbus A320-200
2 Boeing 737-200

Foto: Airbus A319-100 CS-TTC (Albert Kuhbandner / München)

TAP AIR PORTUGAL

Edifico 25, Aeroporto Lisboa 1704 Lisboa, Portugal
Tel.: 21-8415000 Fax: 21-8415881
Web: www.tap-airportugal.pt

ICAO-Code / IATA-Code	IATA-Nr.	Länderkennung	ICAO-Callsign
TAP (TP)	047	CS	Air Portugal

Transportes Aeros Portugueses-TAP wurde am 14. März 1945 durch die portugiesische Regierung gegründet. Der Flugbetrieb begann am 19. September 1946 mit einigen umgerüsteten C-47 (DC-3) von Lissabon nach Madrid. Ab 31. Dezember 1946 wurden auch Luanda und Laurenco Marques in Mozambik bedient, 1947 folgten London und Paris. Alle diese Flüge wurden mit DC-4 durchgeführt. Zum 1. Juni 1953 wurde TAP in eine Aktiengesellschaft mit teilweise privaten Aktionären umgewandelt. Lockheed L-1049 Constellation kamen auf den Langstrecken zum Einsatz. Mit Indienststellung der Caravelle 1962, und 1966 der Boeing 707 sowie der Boeing 727 ein Jahr später, verfügte TAP über eine reine Jet-Flotte. 1972 erhielt die TAP, mit der Boeing 747, den ersten Großraum-Jet. Die Wirren der Revolution ließen im Jahre 1975 den Flugbetrieb teilweise zum Erliegen kommen, erst 1977 konnte, nach einer Reorganisation, der Flugbetrieb im vollen Umfang betrieben werden. 1979 erhielten die Flugzeuge die heutige Bemalung und das Logo der TAP erfuhr auch eine Änderung. Im Jahre 1983 wurden mit der Lockheed L-1011 TriStar für Langstrecken und der Boeing 737 für Kurz- und Mittelstrecken zwei neue Flugzeuge in die TAP-Flotte integriert. 1992 kamen die ersten Airbus A320-200 und ab 1994 wurden die TriStar ausgemustert, nachdem die ersten Airbus A340 geliefert wurden. Der letzte TriStar verliess TAP im Jahre 1997. An Air Macau, Air Sao Tome und Yes Linhas Aereas hält man Anteile. Im April 1999 beteiligte sich die SAir Group mit 20% an TAP, womit diese zur Qualiflyer Gruppe gehört. Den Crash der SAir Group überstand TAP unbeschadet und konnte sich nach erfolgreicher Sanierung weiter positiv entwickeln. Mit Zulauf der A321 wurden auch 2001 die letzten Boeing 737 ausgemustert. Seither verfügt TAP über eine reine Airbus-Flotte.

Routen

Amsterdam, Barcelona, Bissau, Bologna, Brüssel, Caracas, Dakar, Faro, Fortaleza, Frankfurt, Funchal, Genf, Horta, Johannesburg, Kopenhagen, Lissabon, London, Luanda, Luxemburg, Mailand, Madrid, Maputo, München, New York, Nizza, Paris, Ponta Delgada, Porto, Porto Santo, Punta Cana, Recife, Rio de Janeiro, Rom, Sal, Salvador, Sao Paulo, Sao Thome, Stockholm, Terceira, Varadero, Zürich

Flotte		Bestellt
16 Airbus A319-100	5 Airbus A310-300	3 Airbus A319
9 Airbus A320-200	4 Airbus A340-300	2 Airbus A320
3 Airbus A321-200		

Foto: Boeing 737-700 YR-BGG (Albert Kuhbandner / München)

TAROM

OTP A/P SOS Bucuresti Ploesti KM 16,5, 11181 Bukarest, Rumänien
Tel.: 1-2014700 Fax: 1-2014761
E-Mail: info@tarom.ro Web: www.tarom.ro

ICAO-Code / IATA-Code	IATA-Nr.	Länderkennung	ICAO-Callsign
ROT (RO)	281	YR	Tarom

Transporturi Aeriene Romana Sovietica (TARS) wurde 1946 als rumänisch-sowjetische Gesellschaft errichtet. Mit Übernahme der Anteile durch den rumänischen Staat im Jahre 1954 wurde eine Umbenennung in Tarom (Transporturile Aeriene Romane) vorgenommen. Tarom flog mit IL-14 zu Zielen in Ost- und Westeuropa. 1968 erhielt Tarom die erste BAC 1-11 (diese wurde später in Lizenz in Rumänien gebaut), 1973 und 1974 wurden IL-62 und Boeing 707 in Dienst gestellt, mit letzterer auch ein Flug nach New York aufgenommen. Tarom flog sowohl im Linien- als auch im Charterverkehr. Ende 1993 lieferte Boeing die ersten 737-300 aus. Die gesamte Flotte sollte Mitte der 90'er Jahre auf "westlichen" Standard gebracht werden, jedoch verhinderte die schwierige wirtschaftliche Situation des Landes dieses Vorhaben um einige Jahre. So wurden ältere Flugzeuge einfach eingemottet, da diese nicht verkäuflich waren. Airbus A310 übernahmen ab 1992 die Langstreckenflüge. Die geplante Privatisierung der Gesellschaft kam nur zögernd voran und sollte erst nach weiterer Modernisierung forciert werden. ATR-42 ersetzen ab 1997 die älteren An-24 und ab 1998 wurden auch die verbesserten ATR-42-500 eingesetzt. Mit den neuen Flugzeugen wurden auch neue Routen erschlossen und das Streckennetz ausgedehnt. Die letzte BAC-1-11 und auch die letzten russischen Flugzeuge verließen 2001 endgültig die Flotte. Im Gegenzug wurden die ersten Boeing 737-700 eingesetzt.

Routen

Amman, Amsterdam, Arad, Athen, Beijing, Beirut, Berlin, Brüssel, Budapest, Bukarest, Chisniau, Contanza, Damaskus, Dubai, Düsseldorf, Frankfurt, Istanbul, Kairo, Kopenhagen,Larnaca, London, Madrid, Moskau, München, New York, Paris, Prag, Rom, Satu Mare, Sibiu, Sofia, Stuttgart, Tel Aviv, Thessaloniki, Timisoara, Tripolis, Warschau, Wien

Flotte		Bestellt
2 Airbus A310-300	3 Boeing 737-700	1 Boeing 737-700
7 ATR-42-500		4 Boeing 737-800
7 Boeing 737-300		

Foto: Boeing 747-400 HS-TGJ (Henry Holden / Los Angeles)

THAI AIRWAYS INTERNATIONAL

89 Vibhavachi Rangit Road, Bangkok 10900, Thailand
Tel.: 02-5130121 Fax. 02-5130203
E-Mail: public.info@thaiair.com Web: www.thaiair.com

ICAO-Code / IATA-Code	IATA-Nr.	Länderkennung	ICAO-Callsign
THA (TG)	217	HS	Thainter

Thai Airways konnte im Mai 2000 auf 40 Jahre Flugbetrieb zurückblicken. Gegründet wurde das Unternehmen als sogenanntes Joint Venture zwischen SAS und der regional tätigen Thai Airways Company-TAC. Mit drei Flugzeugen vom Typ DC-6B wurde der Flugbetrieb in die benachbarten Länder, nach Hongkong und Tokio, aufgenommen. Bereits 1963 wurde der Flugbetrieb auf Jets vom Typ SE 210 Caravelle, umgestellt, 1969 folgte die Umrüstung auf DC-9-41. Mit dem Einsatz von vierstrahligen DC-8-63 erweiterte Thai das Liniennetz nach Australien, ab Juni 1972 nach Kopenhagen, Frankfurt wurde erstmals 1973 bedient. Im Mai 1975 erhielt, mit Ablieferung einer DC-10-30, Thai auch ein neues Erscheinungsbild. Ab April 1977 war Thai im Besitz der thailändischen Regierung. Der Ausbau der Flotte erfolgte kontinuierlich. So gelangten Airbus A300 und Boeing 747 Flugzeuge zur Thai-Flotte. Neue Ziele in den USA kamen hinzu. 1988 erfolgte ein Zusammenschluss von Thai-International und TAC, als Vorbereitung zu einer Privatisierung der Gesellschaft, die aber nur langsam vorankam. Ältere DC-10 wurden 1991/92 durch neue MD-11 ersetzt. 1995 erhielt Thai, im Rahmen einer Flottenerneuerung, die ersten Airbus A330. Auch die Boeing 777 verstärkte ab Frühjahr 1996 die Thai Flotte, die damit stets die modernsten und neuesten Flugzeuge hat. Basis und Werftbetrieb sind am Don Muang Airport in Bangkok. 1997 gehörte Thai International zu den Gründungsmitgliedern der Star Alliance. Die Vorbereitungen für einen Umzug zum neuen Flughafen Bangkok-Suvarnabhumi haben bereits begonnen. Dort soll in den nächsten Jahren ein eigener Komplex aus Werft- und Verwaltungsgebäuden für Thai Airways entstehen.

Routen

Abu Dhabi, Athen, Auckland, Bahrain, Bandar Seri Begawan, Bangkok, Beijing, Brisbane, Chengdu, Cittagong, Colombo, Dacca, Da Nang, Delhi, Denpassar, Djakarta, Dubai, Frankfurt, Fukuoka, Genf, Guangzhou, Hanoi, Ho Chi Minh City, Hongkong, Kalkutta, Karachi, Kathmandu, Kopenhagen, Kuwait, London, Los Angeles, Madrid, Manila, Melbourne, Mumbai, München, Muscat, Nagoya, Osaka, Paris, Penang, Perth, Pusan, Rom, Seoul, Shanghai, Singapur, Stockholm, Sydney, Taipeh, Tokio, Vientiane, Xiamen, Yangon, Zürich und etwa 15 Ziele im Inland

Flotte		Bestellt
21 Airbus A300-600	10 Boeing 737-400	14 Boeing 777-200/300
12 Airbus A330-300	2 Boeing 747-300	4 (Boeing) McDonnell Douglas MD-11
2 ATR72	16 Boeing 747-400	

Foto: Boeing 757-200 G-FCLE (Albert Kuhbandner / Salzburg)

THOMAS COOK AIRLINES

Commonwealth House, Chicago Ave. Manchester Airport, M90 3FL
Großbritannien; Tel.: 161-4895757 Fax: 161-4895758
E-Mail: talktous@thomascook.com Web: www.thomascook.com

ICAO-Code / IATA-Code	IATA-Nr.	Länderkennung	ICAO-Callsign
TCX (MT)	-	G	Globe

1995 gründete der britische Reiseveranstalter Flying Colours Leisure Group (Sunset Holidays, Priority Holidays, Club 18-30) die eigene In-house Fluggesellschaft Flying Colours. Zum Einsatz kamen Boeing 757 auf den klassischen Routen in die Mittelmeerregion. 1998 wurde die Flying Colours Leisure Group von einem anderen Reiseveranstalter, Sunworld gekauft. Dessen eigene Airline, Airworld wurde mit Fying Colours fusioniert. Sunworld befindet sich im Besitz der Thomas Cook Holding, einem der ganz großen Reiseveranstalter in Großbritannien mit Beteiligungen weltweit. Diese Holding wiederum fusionierte 1998 ebenfalls mit der Carlson Leisure Group. Als deren Inhouse Airline ist Caledonian Airways seit 1987 aktiv. Hier kamen zuletzt Airbus A320, McDonnell DC-10 und Lockheed L-1011 TriStar zum Einsatz. Die neue Gruppe, die den Namen Thomas Cook beibehielt, hatte durch die Fusion nunmehr zwei erfolgreiche Fluggesellschaften unter einem Dach. Eine Fusion beider Gesellschaften wurde deshalb zum Ende der Sommersaison 1999 beschlossen. Da man sich weder für den einen, noch den anderen Namen entscheiden konnte wurde JMC, nach dem Gründersohn James Mason Cook, als neuer Name des Konzerns und der Fluggesellschaft festgelegt. Im März 2000 sah man die ersten Flugzeuge in der neuen Bemalung. Nach Übernahme der Thomas Cook Holding durch die deutsche C & N Touristik AG im Jahre 2001 wurde an einem globalen Auftritt gearbeitet. Im Herbst 2002 entschied man sich für den Namen "Thomas Cook" als Konzernname und gleichzeitig für den gemeinsamen Auftritt der Konzernfluggesellschaften. Dazu gehören JMC in Großbritannien, Condor in Deutschland und Thomas Cook Airline in Belgien. Mit Wirkung vom 1. Mai 2003 ist der Name JMC in Thomas Cook geändert.

Routen

Alicante, Almeria, Antalya, Arrecife, Athen, Bergamo, Bodrum, Burgas, Calgary, Cancun, Catania, Chania, Dalaman, Edmonton, Faro, Fuerteventura, Funchal, Genf, Gerona, Halifax, Heraklion, Ibiza, Innsbruck, Izmir, Jerez de la Frontera, Kavala,Korfu, Kos, Larnaca, Lyon, Malta, Monastir, Montreal, Neapel, Nassau, Ottawa, Puerto Plata, Rhodos, Salzburg, Samos, Santorin, Skiathos, Toronto, Toulouse, Vancouver

Flotte

8 Airbus A320-200
2 Airbus A330-200
17 Boeing 757-200

Foto: Tupolev Tu-204 SU-EAJ (Sammlung Autor)

TNT AIRWAYS

Rue de l'Aeroport, 4460 Grace-Hollogone, Lüttich,Belgien
Tel.: 4-2393000 Fax: 4-2393999.
Web: www.tnt-airways.be

CAO-Code / IATA-Code	IATA-Nr.	Länderkennung	ICAO-Callsign
TAY (3V)	-	OO	Quality

TNT ist eine der größten Frachtorganisationen in der Welt und hat ihren Ursprung in Australien. 1987 wird das europäische Luftfrachtsystem aufgebaut und eine spezielle Ausführung der BAe 146, die "Quiet Trader", bestellt. Dieses besonders leise Flugzeug unterliegt keinen Nachtflugbeschränkungen und kann deshalb auf den "Overnight"-Flügen eingesetzt werden. TNT operierte keine eigenen Flugzeuge, sondern verchartert diese an Partner wie: Air Foyle, Mistral Air, Sterling, Channel Express, Pan Air Lineas Aereas und Pazific East Asian Cargo. Sternförmig, aus etwa 30 europäischen Städten, wurden die Frachten im Zentral-Hub Lüttich eingeflogen. Dort werden die Frachtgüter verteilt, umgeladen und entsprechend sortiert verlassen die Flugzeuge wieder den Hub. Alles dies wird während der Nachtzeit abgewickelt. 1993 entstand in Manila ein weiterer Hub, der für die Asien-Pazifikregion den Frachtverkehr aufnimmt. TNT wechselte 1998 den Besitzer und firmiert als TPG Holding. Die neuen Gesellschafter änderten nicht nur das Erscheinungsbuld der Flugzeuge, sondern auch den Namen in TNT Airways und reorganisierten den Flugbetrieb völlig. Sämtliche Aktivitäten werden in Lüttich, dem zentralen europäischen Umschlagplatz, zusammengefasst. Airbus A300 erweitern ab 2000 die Kapazität und 2002 kommt auch erstmals mit der Tu-204 russisches Fluggerät, als Subcharter, zum Einsatz. Neben den eigenen Flugzeugen fliegen Partner-Gesellschaften wie Panair in den Farben von TNT Airways.

Routen

TNT Airways fliegt vom zentralen Hub in Lüttich zu mehr als 50 Zielen innerhalb Europas.

Flotte

19 BAe 146-200/300 QT
1 Boeing 747F
2 Boeing 737-300F
6 Airbus A300F

Foto: Boeing 767-200 EI-CZO (Gerhard Schütz / Salzburg)

TRANSAERO AIRLINES

Smolenska perenlok 3-4,2-ND, 121089 Moskau, Russland
Tel.: 095-2411064 Fax: 095- 2416209
E-Mail: info@transaero.ru Web: www.transaero.ru

ICAO-Code / IATA-Code	IATA-Nr.	Länderkennung	ICAO-Callsign
TSO (UN)	670	RA	Transaero

Als eine der ersten privaten Aktiengesellschaften Rußlands wurde Ende 1991 Transaero gegründet. Aktionäre sind Aeroflot und die Flugzeugbaufirmen Iljuschin und Yakolev. Der Flugbetrieb wurde Anfang 1992 mit Tu-154 aufgenommen. In einer spektakulären Aktion wurden tausende Emigranten von Rußland nach Israel geflogen. Diese Aktion verschafften der jungen Gesellschaft eine medienwirksame Bekanntheit. Ende 1992 wurden zwei Boeing 737-200 geleast und zwei IL-86 beschafft, für Frachtflüge auch eine IL-76. Im April 1994 erhielt Transaero die erste Boeing 757 und wurde Mitglied der IATA. Weitere Boeing 757 kamen noch im Laufe des Jahres 1995, so daß auch weitere Routen eröffnet werden konnten. 1996 wurde in Konkurrenz zur Aeroflot der erste Flug in die USA gestartet. Mit DC-10 flog man die Strecke Moskau-Los Angeles, eine weitere nach Orlando folgte im Herbst 96. Weitere Verbindungen ins Ausland folgten zügig und man erwarb 1997 einen Anteil von 30% an Riga Air. Die anhaltenden wirtschaftlichen Probleme Russlands führten Ende der 90'er Jahre auch zu Problemen bei Transaero. Die Passagierzahlen gingen drastisch zurück und es kam zum Abbau vieler Strecken, so auch in die USA. Die Boeing 757 und auch die DC-10 wurden an die Leasinggeber retourniert, um die Kosten zu reduzieren. Ende November 2000 mietet Transaero auch einen Airbus A310, Anfang 2003 eine Boeing 767. So versucht Transaero durch günstige Leasingraten für die Flugzeuge im internationalen Geschäft zu bleiben. Die Tochtergesellschaft Transaero Express fliegt mit Yak-40 regionale Dienste und VIP-Charter im Auftrag von Transaero.

Routen

Almaty,Astana, Baku, Frankfurt, Irkutsk, Jekaterinburg, Karaganda, Kiew, London, Nizhnvartovsk, Odessa, St. Petersburg, Straßburg, Tashkent, Tel Aviv

Flotte

3 Boeing 737-200
2 Boeing 737-700
1 Boeing 767-200
1 Iljuschin IL-86

Foto: Airbus A321-100 B-22601 (Sammlung Josef Krauthäuser)

TRANS ASIA AIRWAYS

139 Cheng Chou Road, Taipei, Republik China
Tel.: 2-25575767 Fax.: 2-25570631
E-Mail: mail@tna.com.tw Web: www.tna.com.tw

ICAO-Code / IATA-Code	IATA-Nr.	Länderkennung	ICAO-Callsign
TNA (GE)	170	B	Transasia

Als Foshing Airlines 1951 gegründet, erlebte diese Gesellschaft mehr Tiefen als Höhen und gab 1965 die Lizenz zurück. 1990 erfolgte dann die Reaktivierung durch die Gold Sun Gruppe und seither ging es steil bergauf. Eine Umbenennung in TRANS ASIA AIRWAYS erfolgte 1992, um die geplanten Ambitionen auf ein internationales Streckennetz besser zu reflektieren. Erstes Jet-Gerät war ein A320, der im August 1992 geliefert wurde. Die Aufnahme von internationalen Routen nach Kambodscha und den Philippinen erfolgte ebenfalls im Jahre 1992. Die schnell expancierende Gesellschaft erhielt 1995 weitere Airbus Flugzeuge vom Typ A320 und auch die ersten A321. Die Flotte wuchs bis 2000 auf den heutigen Stand an. Einige Airbus 321 erhielten eine besondere Bemalung, wobei das Flugzeug die Werbefläche darstellt. Hubs der Gesellschaft befinden sich in Taipei-Sung Shan und Kaoshiung. Neben den regelmässigen Linienflügen ist Trans Asia Airways auch im Chartergeschäft mit Urlauberflügen nach Thailand und den Philippinen aktiv. Auf dem chinesischen Festland bestehen Partnerschaften mit Shanghai Airlines und Xiamen Airlines.

Routen

Chiayi, Hualien, Kaoshiung, Kinmen, Kota Kinabalu, Macau, Makung, Pingtung, Phom Penh, Phuket, Tainan, Taipei, Taitung

Flotte

12 ATR72-200/500
3 Airbus A320-200
6 Airbus A321-100

Foto: Boeing 757-200 PH-TKD (Stefan Schlick/ Arrecife)

TRANSAVIA AIRLINES

Postbus 7777, 1118 ZM Schiphol, Niederlande
Tel.: 020-6046427 Fax: 020-6484633
E-Mail: contact@transavia.nl Web: www.transavia.nl

ICAO-Code / IATA-Code	IATA-Nr.	Länderkennung	ICAO-Callsign
TRA (HV)	979	PH	Transavia

Transavia Airlines, früher Transavia Holland, ist ein Unternehmen der Nedlloyd-Gruppe und seit November 1966 im Flugverkehr aktiv. Zunächst mit drei DC-6 wurden Dienste in den Mittelmeerraum angeboten. Bereits 1969 kam mit der SE 210 Caravelle das erste Jetgerät, dieser Flugzeugtyp wurde dann ab 1974 durch die Boeing 737 abgelöst. Transavia führte von Amsterdam nach London im Jahre 1986 eine Linienverbindung ein, war aber ansonsten nur im Charterbereich und im Flugzeugleasing tätig. Seit 1991 ist Transavia eine Tochtergesellschaft von KLM, die mit 80% am Kapital beteiligt ist, der Rest liegt bei einer Bank. Sie hat die Heimatbasis in Amsterdam-Schiphol, wo auch ein Wartungszentrum ist. Ab hier werden auch Linienflüge nach London und Spanien durchgeführt, da man sich nicht mehr allein dem Charterverkehr widmet. Im Sommer 1995 wurde auch die heute aktuelle Bemalung eingeführt. Die ersten Boeing 737-800 wurden 1998 erworben, womit die Flotte nicht nur erweitert wurde, sondern ältere B-737 wurden ebenso ausgetauscht. Die Flotte ist mit Boeing 737-700/800 eine der modernsten und jüngsten in Europa. Die meisten Ziele von Transavia sind direkt buchbar, da der Einzelplatzverkauf über das Internet für die Gesellschaften immer wichtiger wird, da es kostengünstig ist. 2002 etablierte Transavia Airlines auch eine eigene low-cost Abteilung mit dem Namen „Basis“.

Routen

Alicante, Amsterdam, Antalya, Arrecife, Barcelona, Casablanca, Catania, Chambery, Djerba, Faro, Fuerteventura, Funchal, Heraklion, Innsbruck, Izmir, Kathmandu, Kavalla, Las Palmas, Lissabon, Mailand, Malaga, Malta, Neapel, Nizza, Palma de Mallorca, Pisa, Porto, Rhodos, Rotterdam, Salzburg, Sevilla, Sharjah, Teneriffa, Valencia, Zakynthos

Flotte

3 Boeing 737-300
8 Boeing 737-700
16 Boeing 737-800
4 Boeing 757-200

Foto: (Bombardier) DeHavilland DHC-6 8Q-TMG (Ralf Lücke / Male)

TRANS MALDIVIAN AIRWAYS

P.O.B 2079, Male 20-06, Malediven
Tel.: 325708 Fax: 323161
E-Mail: mail@tma.com.mv Web: www.tma.com.mv

ICAO-Code / IATA-Code	IATA-Nr.	Länderkennung	ICAO-Callsign
HUM	-	8Q	Hum

Die Malediven haben nur 298 qkm Landfläche, die sich auf etwa 2000 Inseln verteilt. Reisen zwischen den weit auseinander liegenden Inseln sind mit dem Schiff sehr zeitaufwändig und so nehmen immer mehr Touristen das Flugzeug als schnelle Verbindung vom Flughafen Hulule zu ihrer jeweiligen Ferieninsel. Da diese Inseln aber so winzig sind und über keine Start- und Landebahn verfügen, sind die Flugzeuge mit Schwimmern ausgerüstet. Trans Maldivian Airways wurde 1989 als Hummingbird Helicopters gegründet. Mit zwei geleasten Sikorsky S61N Hubschraubern organisierte man erste Flüge zu den neu erschlossenen Touristeninseln. Versorgungsgüter aller Art und auch die Touristen selbst wurden so relativ schnell transferiert. Der Betrieb der Hubschrauber, fern ab aller Serviceeinrichtungen, erwies sich als kostenintensiv und so wurden diese immer nur kurzfristig für einige Monate angemietet. Russische Hubschrauber vom Typ Mil Mi 8 wurden ebenfalls gemietet und waren viele Jahre im Einsatz. Sie waren robuster und gut geeignet, aber nicht so komfortabel. 1998 änderte die Gesellschaft unter einem neuen Management den Namen in Hummingbird Island Airways. Erstmals kamen auch Flugzeuge zum Einsatz. Die Cessna Caravan und DHC-6 waren mit Schwimmern ausgerüstet. Nach einem tragischen Hubschrauberunfall wurde diese Art des Transportes von den Behörden untersagt. Weitere Flugzeuge ergänzten die Flotte und man konzentrierte sich ganz auf die DHC-6, da diese sich am besten eignete. Den aktuellen Namen nahm die Gesellschaft im Jahre 2001 an.

Routen

Taxidienste zwischen den Ferieninseln und dem Flughafen Male-Hulule

Flotte

12 (Bombardier) DeHavilland DHC-6

Foto: Boeing 757-200ER N521NA (Tony Stork / Baltimore)

TRANS MERIDIAN AIRLINES

680 Thornton Way, Lithia Springs, Georgia 30122, USA
Tel.: 770-7326900 Fax: 770-7326956
E-Mail: info@transmeridian-airlines.co Web: www.transmeridian-airlines.com

ICAO-Code / IATA-Code	IATA-Nr.	Länderkennung	ICAO-Callsign
TRZ (T9)	-	N	Transmeridian

Die 1995 in Atlanta gegründetet Chartergesellschaft erhielt die entsprechenden Lizenzen der FAA und DoT im Oktober des Jahres und ging mit Boeing 727-200 an den Start. Die führenden Reiseveranstalter konnten gewonnen werden. Transmeridian konzentrierte sich auf die Ballungsräume im Nordosten der Vereinigten Staaten und den Mittleren Westen mit Chicago als wichtigstem Abflughafen. Transmeridian fliegt das ganze Jahr über zu den klassischen Zielen der amerikanischen Touristen wozu die Karibik und auch Las Vegas zählen. 1996 wurde die Flotte um einen Airbus A320 erweitert und eine weitere Boeing 727-200 konnte ebenfalls erworben werden. Neben den eigenen Flugzeugen kamen auch regelmässig Airbus A320 der irischen Translift, die sich ab 1998 Transaer nannte, saisonal zum Einsatz. Diese hatte einige Anteile an Transmeridian. Bis zum Einsatz ihres eigenen Airbus A319 hatte Transmeridian einen Vertrag mit Daimler Crysler für die regelmässigen Flüge zwischen Stuttgart und Detroit. Dazu wurden weitere Airbus A320 gemietet, so dass die Flotte auf insgesamt vier Einheiten kam. Als Transaero im Herbst 2000 Konkurs anmelden musste, war auch Transmeridian betroffen, da sie plötzlich ohne Flugzeuge war und nur noch eine Boeing 727 hatte. Man stellte sich deshalb unter Gläubigerschutz nach Chapter 11 und konnte diesen nach langer Zeit Mitte 2002 verlassen. Neue Investoren sorgten für neue Flugzeuge und eine neue Bemalung wurde ebenfalls eingeführt. Neben der Boeing 727 werden auch moderne Boeing 757 eingesetzt. Ab Juni 2003 fliegt Transmeridian auch Liniendienste von Syracruse und Sanford nach San Juan auf der Insel Puerto Rico.

Routen

Charterflüge innerhalb der USA, zu Zielen in Mexiko und der Karibik

Flotte	Bestellt
5 Boeing 727-200	1 Boeing 757-200
4 Boeing 757-200	

Foto: ATR-42 D4-CBE (Hans Kaßeckert / Sao Vicente)

TRANSPORTES AEREOS DE CABO VERDE

Caixa Postal 1, Praia, Kapverdische Republik
Tel.: 608200 Fax: 615905
E-Mail: informacion@tacv.com Web: www.tacv.com

ICAO-Code / IATA-Code	IATA-Nr.	Länderkennung	ICAO-Callsign
TCV (VR)	696	D4	Transverde

Transportes Aereos de Cabo Verde (TACV) wurde bereits am 27. Dezember 1958 gegründet. 1971 wurden die ersten von drei Britten-Normann "Islander" in Dienst gestellt. Nach der Unabhängigkeit von Portugal wurde TACV 1975 "Flagcarrier" der jungen Republik. Mit dem Erwerb einer BAe HS-748 im Jahre 1973 wurde auch ein wöchentlicher Flug nach Dakar im Senegal aufgenommen, der einzigen Auslandsverbindung der TACV über lange Jahre hinweg. Mit TAP-Air Portugal gab es einen Direktflug auch nach Lissabon mit einer TCV Flugnummer, allerdings mit einem Airbus der TAP. Als vorläufige Ergänzung der HS-748 wurden Ende 1994 zwei ATR-42 geliefert. Die Route nach Lissabon, eine neue nach Frankfurt und Amsterdam konnte ab Frühjahr 1996 mit der eigenen Boeing 757-200 aufgenommen werden. Mit Ablieferung einer dritten ATR-42 wurden 1997 auch die beiden HS-748 endgültig ausgemustert. Die Kapverdischen Inseln entwickelten sich langsam zu einem Urlaubsziel und so kamen ab 1998 auch mehr europäische Flughäfen in den Flugplan der Gesellschaft, dagegen wurden Verbindungen zum afrikanischen Kontinent aufgegeben. Mit einer Boeing 737-300 erhielt TCV Ende 2002 einen zweiten Jet. Als Ergänzung für den zunehmenden Inselverkehr konnte die Flotte auch um eine weitere ATR 42 ergänzt werden.

Routen

Amsterdam, Boa Vista, Bologna, Dakar, Las Palmas, Lissabon, Madrid, Maio, Mosteiros, München, Paris, Praia, Rom, Sal, Santo Artao, Sao Filipe, Sao Nicolau, Sao Vicente

Flotte

4 ATR42
1 Boeing 737-300
1 Boeing 757-200
1 (Bombardier)De Havilland DHC-6 Twin Otter

Foto: Embraer RJ-145 N804HK (Sammlung Autor)

TRANS STATES AIRLINES

11495 Natural bridge, Suite 340, Bridgeton Miss. 63044 USA
Tel.: 314-2224300 Fax: 314-2224313
E-Mail: info@transstates.net Web: www.transstates.net

ICAO-Code / IATA-Code	IATA-Nr.	Länderkennung	ICAO-Callsign
LOF (9Q)	414	N	Waterski

Im Mai 1982 wurde in St. Louis Resort Air gegründet. Diese nahm den Flugbetrieb im April 1983 mit Fairchild-Swearingen Metro auf und bediente regionale Ziele in den beiden Staaten Illinois und Missouri. Mit TWA vereinbarte man 1985 den Aufbau eines TWA Express Feederservice. 1986 gab es bei Resort Air einen Inhaberwechsel, die Gesellschaft blieb aber weiterhin in privaten Händen. Den heutigen Namen Trans States Airlines nahm die Gesellschaft 1989 an. Air Midwest flog ebenfalls mit Metro einen Feederservice für TWA und nachdem diese Gesellschaft in finanzielle Bedrängnis kam, erwarb sie Trans States 1991. Das geeignete Flugzeug für den Bedarf von Trans States Airlines war die BAe Jetstream. Ab 1990 kam diese in größeren Stückzahlen zum Einsatz. Doch auch ATR-42 sowie die größere ATR-72 und Jetstream 41 wurden gekauft oder geleast. Ab 1993 erweiterten Vereinbahrungen mit US Air, Northwest und Alaska Airlines das Aufgabenspektrum und man flog auch für diese Gesellschaften. Im Sommer 1998 erhielt Trans States mit der Embraer RJ-145 den ersten Regional Jet. Nach der Übernahme von TWA durch American Airlines wurden 2002 mit dieser umfangreiche Verträge abgeschlossen und man operiert seither auch unter dem Banner von American Connection. Die Flüge werden überwiegend in den Farben der Codeshargesellschaften durchgeführt, einige Flugzeuge haben aber weiterhin die eigenen Farben.

Routen

Albany, Baltimore, Birmingham, Bloomington/Normal, Boston, Burlington, Champaign, Chattanoga, Chicago, Cleveland, Columbia Decatur, Detroit, Evansville, Fayettville, Fort Wayne, Grand Rapids, Hartford, Joplin, Lexington, Madison,Memphis, Moline, New York, Norfolk, Peoria, Philadelphia, Pittsburg, Raleigh/Durham, Rochester, Sioux City, South Bend, Springfield, St.Louis, Toledo, Washington

Flotte		Bestellt
5 ATR-42-300	19 Embraer RJ-145	5 Embraer RJ-145
3 ATR-72-200		
25 BAe Jetstream 41		

Foto: Boeing 737-400 OK-TVS (Lutz Schönfeld / Berlin-SXF)

TRAVEL SERVICE AIRLINES

P.O.Box 119, 16008 Praha 6, Tschechische Republik
Tel.: 2-6888661 Fax: 2-6888660
E-Mail: trav_air@travelservis.cz

ICAO-Code / IATA-Code	IATA-Nr.	Länderkennung	ICAO-Callsign
TVS (QS)	-	OK	Skytravel

Travel Service Airlines hat ihre Ursprünge bei der staatlichen Regierungsflugstaffel, SLU Statni letecky utvar MA. Diese wurde nach Auflösung der ehemaligen Tschechoslowakei und Abspaltung der Slowakei, 1997 kommerzialisiert und steht Reiseveranstaltern für den Flugbetrieb zur Verfügung. Das ehemals auch monopolistische staatliche Reiseverkehrsunternehmen Cedok hat 35 % der Anteile an Travel Service Airlines, weitere Anteile hat Canaria Travel. Aus dem Bestand von SLU wurde zunächst eine Tupolev Tu-154 in den attraktiven Farben von Travel Service zu Zielen in die Mittelmeerregion eingesetzt. Die Ansprüche der Kunden an Komfort, Sicherheit und Wirtschaftlichkeit des Fluggerätes im Konkurrenzkampf mit anderen Fluggesellschaften, führten aber bereits 1998 zur Beschaffung von einer Boeing 737-400 und einer weiteren im Folgejahr. Die Gesellschaft expandierte auch in den folgenden Jahren, sowohl was das Streckennetz anbelangte, als auch die Entwicklung der Flotte. Mit Lieferung der ersten Boeing 737-800 wurde die Tu-154 ausgemustert, bis zur Sommersaison 2002 kamen nochmals zwei weitere Boeing 737-800. Eine Tochtergesellschaft, Travel Service Spain, wurde Anfang 2003 gegründet und wird mit Boeing 737-800 ebenfalls im Charterverkehr fliegen.

Routen

Charterflüge zu Zielen auf den Kanarischen Inseln, den Mittelmeerraum und Nordafrika. Darüber hinaus auch ad-hoc Charter zu Zielen in Europa und bis nach Bangkok.

Flotte

2 Boeing 737-400
4 Boeing 737-800

Foto: Airbus A319 TS-IMO (Daniel Hustedt / Hamburg)

TUNIS AIR

Boulevard 7 Novembre, 1012 Tunis, Tunesien
Tel.: 71-700100 Fax: 71-700897
Web: www.tunisair.com.tn

ICAO-Code / IATA-Code	IATA-Nr.	Länderkennung	ICAO-Callsign
TAR (TU)	199	TS	Tunair

1948 wurde Tunis Air als Tochtergesellschaft von Air France gegründet. Ab 1949 erfolgte mit DC-3 der Flugbetrieb zunächst von Tunis nach Korsika und Algier. 1954 erhielt Tunis Air die erste DC-4 für Flüge nach Paris. Bereits im Jahre 1961 erfolgte mit Erwerb der SE 210 Caravelle der Einstieg ins Jetzeitalter. Da für die Caravelle ein Nachfolgemodell aus Frankreich nicht verfügbar war, entschied man sich zum Kauf der Boeing 727, von denen die erste 1972 zur Flotte kam. Nach Ausmusterung der Caravelle Ende 1977 stellte man erstmals auch die kleinere Boeing 737 in Dienst. Europäische Flugzeuge kamen dann 1982 wieder mit dem Airbus A300 und 1990 mit A320. Das heutige, moderne Erscheinungsbild der Tunis Air wurde mit Einführung des ersten Airbus A320 angenommen, denen weitere in den Jahren 1994-1995 folgten. Die tunesische Regierung hält heute noch 45,2% der Anteile und Air France 5,2%, der Rest ist in privaten Händen. An der Regionalgesellschaft Tuninter ist man beteiligt und arbeitet eng mit Air Algerie, Royal Air Maroc und Air France zusammen. In der Flottenstruktur gab es ab 1999 Änderungen, da mit Boeing 737-600 ältere B-727 abgelöst werden konnten. Die Flottenerneuerung setzte sich auch in den folgenden Jahren fort. Tunis Air fliegt auch viele Charterketten für europäische Veranstalter. Der Airbus A300-600 als Grossraumflugzeug wird auf den verkehrsreichsten Strecken, sowohl im Linien-als auch Charterverkehr genutzt.

Routen

Algier, Amman, Amsterdam, Athen, Barcelona, Beirut, Berlin, Bordeaux, Brüssel, Budapest, Casablanca, Damaskus, Dakar, Djerba, Düsseldorf, Frankfurt, Gafsa, Genf, Graz, Hamburg, Istanbul, Jeddah, Kopenhagen, Kairo, Lille, Lissabon, London, Luxemburg, Lyon, Madrid, Malta, Marseille, Mailand, Monastir, München, Nizza, Nouakschott, Palermo, Paris, Prag, Rom, Salzburg, Sfax, Stockholm, Straßburg, Tabarka, Toulouse, Tozeur, Tripolis, Tunis, Warschau, Wien, Zürich

Flotte

3 Airbus A300-600	4 Boeing 737-200Adv.
3 Airbus A319	4 Boeing 737-500
12 Airbus A320	7 Boeing 737-600

Foto: Airbus A340-300 TC-JFF (Albert Kuhbandner/München)

TURKISH AIRLINES

Genel Müdürlük Binas, Atatürk Hava Limani, 34830 Yesilköy Istanbul, Türkei
Tel.: 212-6636300 Fax: 212-6634744
E-Mail: customer@thy.com Web: www.turkishairlines.com

ICAO-Code / IATA-Code	IATA-Nr.	Länderkennung	ICAO-Callsign
THY (TK)	235	TC	Turkair

THY ging aus der 1933 gegründeten Turkiye Devlet Hava Yollari (DHY) hervor, als der Staat diese 1956 übernahm. Flugzeuge vom Typ DC-3 und andere Muster wurden übernommen. Am 21. Januar 1958 erhielt THY die erste Vickers Viscount. 1960 startete man zu ersten Zielen in Westeuropa, unter anderem nach Frankfurt. Im August 1967 wurde die DC-9 und am 1. Dezember 1972 das erste Großraumflugzeug vom Typ DC-10 in Dienst gestellt. Für regionale Dienste waren sowohl die F27, als auch die F28 eingesetzt. Boeing 727-200 wurden 1974 übernommen, 1984 auch der erste Airbus A310. THY konzentrierte sich über lange Zeit hin mehr um den Ausbau der inländischen Routen, als um internationale Strecken. Erst in den späten siebziger Jahren wurde auch dieses mit Verbindungen in die wichtigsten europäischen Zentren erweitert. New York konnte 1990 erstmals als Überseeziel bedient werden. Zum Einsatz kam der Airbus A310. In diesem Jahr änderte THY auch das äußere Erscheinungsbild seiner Flugzeuge. Die Kapazität wurde nochmals erweitert, die ersten Airbus A340 kamen 1993 und weitere Boeing 737. Für Kurz- und Mittelstreckenziele kam auch ab 1994 verstärkt die Avro RJ 100 zum Einsatz, diese löste die älteren DC-9 und F28 ab. Man hält Anteile an Sun Express und Kibris Cyprus Turkish Airlines und führt auch verstärkt Charter- und Frachtflüge durch. Mit Boeing 737-800 übernahm Turkish Airlines 1998 den neuesten Jet und rüstete diese nachträglich mit Winglets aus. 2003 verliessen die letzten Airbus A310 die Flotte.

Routen

THY fliegt zu mehr als 35 innertürkischen Zielen, nach Abu Dhabi, Algier, Almaty, Amman, Amsterdam, Asgabat, Athen, Bahrain, Baku, Bangkok, Barcelona, Basel, Beijing, Beirut, Berlin, Bishkek, Brüssel, Bukarest, Dubai, Düsseldorf, Frankfurt, Genf, Hamburg, Hannover, Hongkonk, Jeddah, Johannesburg, Kairo, Kapstadt, Köln, Kopenhagen, Kuala Lumpur, Kuwait, London, Lyon, Madrid, Mailand, Manchester, München, New York, Nizza, Nürnberg, Osaka, Paris, Riad, Rom, Seoul, Shanghai, Singapur, Stockholm, Stuttgart, Tashkent, Teheran, Tel Aviv, Tokio, Tunis, Wien, Zagreb und Zürich.

Flotte		Bestellt
7 Airbus A340-300	14 Boeing 737-400	5 Boeing 737-800
1[illegible] Avro RJ 70/100	2 Boeing 737-500	
[illegible] Boeing 727-200F	28 Boeing 737-800	

Foto: Fokker 70 OE-LFH (Josef Krauthäuser / Frankfurt)

TYROLEAN AIRWAYS

Postfach 81 Flughafen, 6026 Innsbruck, Österreich
Tel.: 512-22220 Fax: 512-22229005
E-Mail: communication@tyrolean.at Web: www.tyrolean.at

ICAO-Code / IATA-Code	IATA-Nr.	Länderkennung	ICAO-Callsign
TYR (VO)	734	OE	Tyrolean

1958 als Aircraft Innsbruck gegründet und bis 1980 im Bedarfsflugverkehr tätig, erwarb Aircraft Innsbruck die Linienrechte von Innsbruck nach Wien. Vor Aufnahme des Flugbetriebs mit De Havilland DHC-7 im April 1980 änderte die Firma den Namen und nannte sich nun Tyrolean Airways. Noch im Jahre 1980 wurden auch weitere Verbindungen nach Zürich und Frankfurt eingerichtet. Austrian Airservice, Tochtergesellschaft von Austrian Airlines, wurde Anfang 1994 mit Tyrolean Airways verschmolzen, nachdem Austrian Airlines zuvor 43% des Kapitals der Tyrolean Airways (Tiroler Luftfahrt AG) übernommen hatte. Seither expandierte Tyrolean Airways kräftig. Neue Flugzeuge wie die Fokker 70 ab Mai 1995 und auch Canadair Regional Jet, die ab Mai 1996 geliefert wurden, verstärken die Flotte von DeHavilland DHC-8. Austrian Airlines übernahm 1998 auch den noch verbliebenen Anteil, so dass seitdem Tyrolean eine 100% Tochtergesellschaft von Austrian Airlines ist. Neben den Linienflügen werden auch regelmässige Charterflüge angeboten. Mit den anderen Partnern der Austrian Airlines Group trat auch Tyrolean im Frühjahr 2000 der Star Alliance bei. Im Oktober 2002 fusionierte Rheintalflug, an der die AUA Group ebenfalls die Mehrheit hält, mit Tyrolean Airways.

Routen

Altenrhein, Amsterdam, Banja Luka, Berlin,Bologna, Bozen, Bremen, Brüssel, Budapest, Chisniau, Dresden, Dublin, Dubrovnik, Düsseldorf, Elba, Florenz, Frankfurt, Friedrichshafen,Göteborg, Graz, Hamburg, Hannover, Helsinki, Innsbruck, Kattowitz, Klagenfurt, Köln/Bonn, Kosice, Krakau, Leipzig, Linz, Ljubljana, Luxemburg, Lyon, Madrid, Mailand, Minsk, Mostar, München, Nürnberg, Olbia, Oslo, Paris, Prag, Pristina, Rom, Salzburg, Straßburg, Stuttgart, Timisora, Tirana, Venedig, Warschau, Wroclaw, Zagreb, Zürich

Flotte

15 (Bombardier) Canadair RJ-200
12 (Bombardier) De Havilland DHC-8-300
8 (Bombardier) De Havilland DHC-8-400
3 Embraer EMB145
6 Fokker 70

Foto: : Boeing 737-500 UR-GAKO (Marcus Baltes / Frankfurt)

UKRAINE INTL. AIRLINES

Prospekt Pere Mogy 14, 01135 Kiew, Ukraine
Tel.: 44-4615170 Fax: 44-2167994
Web: www.ukraine-international.com

ICAO-Code / IATA-Code	IATA-Nr.	Länderkennung	ICAO-Callsign
AUI (PS)	566	UR	Ukraineinternational

Im Oktober 1992 wurde,als Tochtergesellschaft von Air Ukraine für internationale Dienste, Ukraine Airlines gegründet. Der noch junge Staat der Ukraine hält 90% der Anteile am Stammkapital. Der Flugverkehr wurde mit geleasten Boeing 737-400 aufgenommen und führt nur nach Westeuropa. Anders als bei Air Ukraine will man mit modernem Gerät besonders westliche Geschäftsleute als Fluggäste gewinnen. 1994 wurden die teuren Boeing 737-400 an die Leasinggesellschaft retourniert und durch ältere Boeing 737-200 ersetzt, 1995 kam noch eine Boeing 737-300 hinzu. Die Erwartungen über den Flugbetrieb blieben aus und so entwickelte sich die Gesellschaft, die sich 1995 in Ukraine International Airlines umbenannte, nur langsam. Beteiligungen von Austrian Airlines, Guiness Peat Aviation und Swissair verringerten den Anteil des Staates an der Gesellschaft. Ohne staatlichen Einfluss gewann die Gesellschaft an Attraktivität anderer Investoren. Zwei weitere Boeing 737-300 wurden gemietet. Basis ist der Flughafen von Kiew, wo man mit Air Ukraine auch zusammen eine Wartungshalle unterhält. In den Jahren 2000 und 2001 wurde wieder in die Flotte investiert. Boeing 737-500 wurden beschafft und ergänzten die vorhandenen Maschinen. Auch das Streckennetz wurde verdichtet.

Routen

Amsterdam, Barcelona, Berlin, Brüssel, Donetsk, Frankfurt, Helsinki, Kiew, London, Lvov, Odessa, Paris, Rom, Simferopol, Wien, Zürich.

Flotte

2 Boeing 737-200Adv.
3 Boeing 737-300
3 Boeing 737-500

Foto: Boeing 747-400 N180UA (Josef Krauthäuser / Los Angeles)

UNITED AIRLINES

P.O.Box 66100 Chicago, IL 60666, USA
Tel.: 847-7004000 Fax: 847-7007345
Web: www.ual.com

ICAO-Code / IATA-Code	IATA-Nr.	Länderkennung	ICAO-Callsign
UAL (UA)	016	N	United

United Airlines wurde am 1. Juli 1931 als neue Holdinggesellschaft der ehemaligen Boeing Air Transport, Varney Air Lines, National Air Transport und einiger kleinerer Gesellschaften, gegründet. United flog mit der Boeing 247 und auch der DC-3. Nach dem 2. Weltkrieg kamen DC-4 und DC-6 zum Einsatz, hauptsächlich auf der Rennstrecke der Gesellschaft von New York nach Chicago. 1947 wurde erstmals Hawaii bedient. 1959 konnte der erste Jet, eine DC-8 in Dienst gestellt werden. Als einzige US-Gesellschaft bestellte United auch 20 Caravelle für die Kurz- und Mittelstrecke. 1961 wurde mit Capital Airlines eine der grossen US-Fluggesellschaften übernommen.Von Pan Am wurden 1986 Streckenrechte im Pazifik und Lockheed TriStar erworben, gleichzeitig bei Boeing Flugzeuge gekauft, um die Flotte zu erneuern. Boeing 737-300 und 767 sind das Rückgrat der Gesellschaft, auch Airbus A320 und Boeing 757 kamen für die Kurz- und Mittelstrecken zum Einsatz. Erst seit 1990 flog United Airlines auch nach Europa und war ab Herbst 1993 Partner der Lufthansa. Beide gehörten zu den Gründungsmitgliedern der Star Alliance. Als erste Gesellschaft überhaupt, stellt UAL im Juni 1995 die neue Boeing 777 in Dienst auf Strecken nach Europa, auch wurde an der US-Westküste der Shuttle by United Flugdienst, quasi eine Airline in der Airline, zu günstigen Tarifen aufgenommen. United Airlines war von den Ereignissen des 11. Septemeber besonders betroffen, da zwei Flugzeuge verloren gingen. Die folgenden Einschränkungen führten zu so gewaltigen Verlusten, das UA im November 2002 sich unter Gläubigerschutz stellen musste. Seither versucht man eine Reorganisation. Hunderte Flugzeuge werden aus dem Betrieb genommen, entsprechend auch Personal ausgestellt.

Routen

Wichtigste Hubs von United sind Los Angeles, San Francisco, Chicago, Denver und Washington-Dulles mit Flügen zu über 200 Zielen in USA und weltweit.

Flotte

55 Airbus A319-100
96 Airbus A320-200
156 Boeing 737-300/500
30 Boeing 747-400
96 Boeing 757-200
55 Boeing 767-200/300
61 Boeing 777-200

Foto: Fairchild/Dornier 328 N454FJ (Albert Kuhbandner / Oberpfaffenhofen)

UNITED EXPRESS

c/o United Airlines Customer Relations, WHQPW, P.O. B 100, Chicago, Illinois 60666, USA; Tel.: 847-7004000 Fax: 847-7007345
Web: www.ual.com

ICAO-Code / IATA-Code	IATA-Nr.	Länderkennung	ICAO-Callsign
UAL (UA)	-	N	United Express

United Airlines beauftragte kleinere Gesellschaften als Vertragspartner für das United Express Feeder System. Sinn und Zweck bei Gründung des Systems waren Zubringerflüge von kleineren Flughäfen zu den grossen Hubs der Gesellschaft. Dieses System kam in den USA nach der Deregulierung Anfang der 80'er Jahre immer mehr auf. Die etablierten Gesellschaften versuchten auf diese Art auch den Passagier an die eigene Gesellschaft zu binden und ein durchgehendes Reiseangebot innerhalb der USA zu bieten. United Airlines hat heute Verträge mit vier Gesellschaften und ist an den meisten auch finanziell beteiligt. Air Wisconsin bedient die beiden Hubs Chicago O Hare und Denver. Sie setzt dabei BAe 146 und Canadair RJ ein. Inzwischen setzt sich auch für diesen Feeder Service immer mehr der Trend zum Jet durch und die Turbopropflugzeuge der zweiten Generation wurden abgegeben. Atlantic Coast Airlines bedient den Hub am Flughafen Washington-Dulles mit BAe Jetstream 41 und Canadair RJ. Mountain Air Express kommt ebenfalls ab dem Hub in Denver zum Einsatz. Sie operiert mit Fairchild/Dornier 328 Turboprops. Sky West Airlines kommt ursprünglich aus Salt Lake City und bedient aber für United deren Hubs in Los Angeles, San Francisco und Seattle. United erwartet von seinen Feeder Lines mehr Flexibilität als sie selbst zu erbringen vermag. EMB 120 Brasilia und ebenfalls Canadair CR kommen zum Einsatz United Express fliegt inzwischen alle Flugzeuge im farblichen Einheitslook, wobei nur noch ein kleiner Sticker am Flugzeug auf den eigentlichen Betreiber hinweist.

Routen

Es werden etwa 200 verschiedene Zielorte von den Hubs aus bedient, wobei es durchaus Überschneidungen der Ziele bei den einzelnen Gesellschaften geben kann

Flotte		Bestellt
18 BAe 146-200/300	48 Embraer EMB 120	55 Canadair RJ
31 BAe Jetstream 41	23 Fairchild/Dornier 328	
145 (Bombardier) Canadair RJ 200		

Foto: Airbus A300-600F N139UP (Martin Kühn / Hahn)

UPS AIRLINES

1400 North Hurstbourne Parkway, Louisville Kentucky 40223, USA
Tel.: 502-3296500 Fax: 502-3296550
Web: www.ups.com

ICAO-Code / IATA-Code	IATA-Nr.	Länderkennung	ICAO-Callsign
UPS (5X)	406	N	UPS

Die Firma UPS-United Parcel Service wurde bereits im Jahre 1907 gegründet. Heute ist sie weltweit die grösste Firma ihrer Branche. Im Jahre 1953 wurde erstmals der two-day "UPS-Air Service" initiiert. Im Jahre 1987 etablierte UPS dann den eigenen Flugbetrieb, bis zu diesem Zeitpunkt wurden verschiedene Frachtcarrier mit der Durchführung beauftragt, wobei aber auch heute noch zahlreiche Fremdfirmen für UPS im Einsatz sind. Regelmässige Flüge finden auch zum europäischen Hub nach Köln statt, von dem die Sendungen innerhalb Europas weiterbefördert werden. Weitere Hub's sind in Hong Kong, Singapur, Miami und Montreal, der Hauptumschlagplatz ist in Louisville. UPS gab bei Boeing den Anstoß zum Bau einer Frachtausführung der B-757-200 und erhielt diese als erster Kunde. Die Boeing 727-100 wurden mit neuen leistungsstärkeren, aber leiseren Rolls Royce Tay-Triebwerken umgerüstet. Die so modifizierten Maschinen kamen erstmals 1993 zum Einsatz jedoch vorwiegend in Europa wegen der strengen Umweltvorschriften. Wie bei der Frachtausführung der Boeing 757, war UPS auch bei der grösseren Boeing 767-300F Launch-carrier. Die ersten von insgesamt 30 bestellten Flugzeugen erhielt UPS im Oktober 1995. Am Wochenende flog UPS mit einigen Boeing 727 auch Passagiercharter, dazu wurden die Flugzeuge mit entsprechenden, palettisierten Umrüstsätzen ausgestattet. Diese Dienste kamen aber 2001 zum Erliegen. 1999 kaufte UPS die Südamerikastrecken von Challenge Air Cargo, um auch hier weiter expandieren zu können. Ab Mitte des Jahres 2000 kamen auch die ersten Airbus A300-600F Frachter zum Einsatz die auch am Europahub in Köln/Bonn zum Einsatz kommen. Dabei handelt es sich übrigens um den grössten Auftrag für diesen Frachter, der auch die Produktionslinie bei Airbus einige Jahre auslastet. UPS führt täglich über 1500 Flüge weltweit durch. Im Jahre 2002 wurden die ersten MD-11F eingeführt, die langfristig die DC-8 ersetzen werden.

Routen

Linienmäßige Flüge zu etwa 400 Inlands-und 220 Internationalen Flughäfen.

Flotte

39 Airbus A300-600F
16 Boeing 747-100/200F
58 Boeing 727-100/200F
75 Boeing 757-200F
30 Boeing 767-300F
49 (Boeing) McDonnell Douglas DC-8-70
5 (Boeing) McDonnell Douglas MD-11

Bestellt

60 Airbus A300-600F
15 (Boeing) McDonnell Douglas MD-11 (Umrüstprogramm)

Foto: Tupolev Tu-154M RA-85807 (Florian Morasch / Salzburg)

URAL AIRLINES

Ul. Sputnikov 6, 620910 Jekatharinenburg, Russland
Tel.: 3432-268625 Fax: 3432-266221
Web: www.uralairlines.com

ICAO-Code / IATA-Code	IATA-Nr.	Länderkennung	ICAO-Callsign
SVR (U6)	262	RA	Sverdlovsk Air

Aus der ehemaligen Aeroflot bildete sich im Bereich Jekatharinenburg die Sverdlovsk Aviation Enterprise als selbständige Gesellschaft. Sie übernahm von der Aeroflot Sverdlovsk Division einige Flugzeuge und baute einen eigenen Flugbetrieb auf. Im Laufe der Jahre konnten auch die Angestellten Anteile der Gesellschaft erwerben oder bekamen ihre Gehälter teilweise in Anteilsübereignungen. Der Flugbetrieb von Sverdlovsk Aviation Enterprise wurde 1996 in Ural Airlines umbenannt, da man sich auch international positionierte. Ein auffälliger Anstrich der Flugzeuge sorgte ebenso für eine unverkennbare Corporate identity. Neben Linienflügen innerhalb Russlands wird das meiste Geschäft über Charterflüge ins westeuropäische Ausland und den Nahen Osten getätigt. Ebenso ist Ural Airlines im Frachtbereich tätig, wo überwiegend die An-24 und IL-86 eingesetzt werden. Mit CSA-Czech Airlines wurde ein Codeshar für die Linienflüge nach Prag vereinbart.

Routen

Jekatharinenburg, Moskau, Prag, St.Petersburg

Flotte

3 Antonov 24
3 Iljuschin IL-86
15 Tupolev Tu-154

Foto: Airbus A319-100 N764US (Josef Krauthäuser / Phoenix)

US AIRWAYS

2345 Crystal Drive,Arlington Virginia 22227, USA
Tel.: 703-418-7000 Fax: 703-418-5437
Web: www.usairways.com

ICAO-Code / IATA-Code	IATA-Nr.	Länderkennung	ICAO-Callsign
USA (US)	037	N	US Air

Am 5. März 1937 als All-American Airways gegründet, betrieb man zunächst Postdienste. 1949 konnte mit DC-3 die erste Passagier-Linienverbindung von Pittsburgh über Washington nach Atlantic City aufgenommen werden. Martin 2-0-2 und Convair 340/440 lösten die DC-3 ab, der Name wurde 1953 in Allegheny Airlines geändert und neue Strecken, vor allem im Osten der USA, aufgenommen. 1968 konnte Lake Central Airways übernommen werden, 1972 folgte Mohawk Airlines mit seinem grossen Streckennetz und den BAC 1-11 Flugzeugen. Nach der Deregulation wurde noch Pacific Southwest Airlines und die wesentlich größere Piedmont Airlines übernommen. 1979 wurde mit einem neuen Namen, US Air, auch die neue Größe dokumentiert. Pittsburgh und Philadelphia sind der zentrale Hub der Gesellschaft. London wurde erstmals 1988 bedient3, diesem Ziel folgten 1990 auch Frankfurt, Paris und Zürich. Nach der Integration von Piedmont legte sich die Gesellschaft auch ein neues Erscheinungsbild zu. Fokker 100 wurden erstmals 1989 in Dienst gestellt und ebneten diesem Flugzeug den Durchbruch auf dem US-Markt. Von Trump übernahm US Air den Shuttle Service von New York nach Washington und Boston, eine Beteiligung an einigen US Air Express-Partnern war man ebenfalls eingegangen. Mit Rom und München wurden 1995 und 1996 neue Ziele in Europa aufgenommen. Ab Anfang 1997 änderte die Gesellschaft den Namen in US Airways und auch die Farbgebung veränderte sich wieder. Eine Flottenerneuerung in großem Stil wurde ab 1998 durchgeführt. Airbus A319 und A320 wurden eingeführt und im Frühjahr 2000 hatte auch der Airbus A330 bei US Airways sein Debüt. Am 12. März 2002 stellte sich US Airways unter Gläubigerschutz nach Chapter 11 und nutzte die Zeit bis Ende März 2003 für radikalste Reformen und Umbauten des Konzerns. Flugzeuge wurden massenhaft ausgemustert und auch die Belegschaft musste zahlreiche Einschränkungen, bis hin zu Entlassungen, hinnehmen. Frisches Kapital kam aus Pensionsfonds, Banken und Einsparungen. Zahlreiche Fluggesellschaften fliegen unter dem Label von US Air Express im regionalen Bereich.

Routen

Zentrale Hubs von US Airways sind Pittsburgh, Philadelphia und Charlotte. Es werden mehr als 130 Ziele in den USA, Europa und der Karibik bedient.

Flotte		Bestellt
46 Airbus A319-100	10 Airbus A330-300	34 Boeing 757-200
24 Airbus A320-200	82 Boeing 737-300	11 Boeing 767-200ER
28 Airbus A321-200	46 Boeing 737-400	

Foto: Embraer RJ 145 N262SK (Thomas Kim)

US AIRWAYS EXPRESS

2345 Crystal Drive, Arlington, Virginia 22227, USA
Tel.: 703-8727000 Fax: 703-8727064
Web: www.usairways.com

ICAO-Code / IATA-Code	IATA-Nr.	Länderkennung	ICAO-Callsign
USA (US)	-	N	US Air Express

Auch US Airways hat unter dem Express Banner zahlreiche Fluggesellschaften unter Vertrag. Mit unterschiedlichstem Fluggerät werden alle Flüge unter US Flugnummern durchgeführt. Air Midwest (AMW / ZV) fliegt seit geraumer Zeit für US Airways Express. Sie setzt Beech 1900 ab ihrer Ausgangsbasis Kansas City ein. Den Namen Allegheny Airlines (ALO / AL) begründet eine der Gründergesellschaften von US Air. Als eigene Tochtergesellschaft wurde der Name beibehalten und man fliegt auch weiter von den zentralen Hubs in Pittsburgh und Philadelphia. DeHavilland DHC-8 bilden die Flotte von Allegheny. CC Air (CDL / ED) hat ihre Basis in Charlotte. Von hier aus setzt sie einige BAe Jetstream 32 ein. Chautauqua Airlines (CHQ / RP) bedient Indianapolis und Pittsburgh und verfügt über eine Flotte von BAe Jetstream 31, Embraer RJ 145 und Saab 340. Colgan Air (CJC / 9L) fliegt seit 1999 für US Airways Express ab New York, Boston und Washington. Sie verfügt über Beech 1900 und Saab 340. Die zur Mesa Group gehörenden Florida Gulf Airlines und Liberty Express bedienen mit Beech 1900 Jacksonville und Philadelphia. Mesa Airlines (ASH / YV) ist eine der grossen Commutergesellschaften und bedient über 40 Ziele an der Ostküste für US Airways Express. Dabei kommen Embraer RJ 145, DeHavilland DHC-8 und Canadair RJ zum Einsatz. Midway Airlines (MDW / JI) hat ihre Selbständigkeit nach dem Konkurs im Jahre 2002 aufgegeben und fliegt nunmehr mit ihren Canadair RJ als Express Partner. Auch der Name Piedmont Airlines (HNA / US) stammt noch aus der Zeit vor der Fusion mit Allegheny zu US Air. Auch Piedmont ist eine 100%ige Tochtergesellschaft und fliegt mit 60 DeHavilland DHC-8 ab Fort Lauderdale und Washington. Bei PSA Airlines (JIA / TF) handelt es sich um eine weitere Tochtergesellschaft. Farchild / Dornier 328 werden ab Indianapolis, Dayton und Pittsburgh eingesetzt. Auch Shuttle America (TCF / S5) fing Ende der 90'er Jahre als eigenständige Gesellschaft an, begab sich jedoch aus finanziellen Gründen unter den Express Banner. Mit Saab 340 und DHC-8 operiert auch sie im Nordosten der USA. Letzte Gesellschaft der Express Partner ist Trans States Airlines (LOF / 9N) BAe Jetstream 41 und Embraer RJ 145 kommen zum Einsatz.

Routen

US Airways Express führt täglich mehr als 2000 Flüge zu etwa 160 Zielen durch.

Flotte		Bestellt
12 BAe Jetstream 31	69 Embraer RJ 145	120 Embraer RJ 145
15 BAe Jetstream 41	30 Fairchild / Dornier 328	85 Canadair RJ 200
52 Beech 1900	38 Saab 340	
9 (Bombardier) Canadair RJ 200		
116 (Bombardier) De Havilland DHC-8		

Foto: Airbus A320 N265AV (Stefan Schlick / Montego Bay)

USA3000

7 Campus Boulevard, Newton Square, Pennsylvania PA 19073, USA
Tel.: 610-3251280 Fax: 610-3251285
Web: www.usa3000airlines.com

ICAO-Code / IATA-Code	IATA-Nr.	Länderkennung	ICAO-Callsign
GWY(U5)	-	N	Getaway

Der Apple Vacations Reisekonzern ist einer der grössten Veranstalter von Pauschalreisen in den USA und verfügte bislang noch nicht über einen inhouse carrier, wie das bei vielen britischen oder anderen Veranstaltern der Fall ist. Stattdessen wurden in den Hauptreisezeiten Flugzeuge aus Europa angemietet um dann in die bevorzugten Winterdestinationen der Karibik zu fliegen. Mit der Gründung von Brendan Air Anfang des Jahres 2000 wollte Apple Vacations nunmehr eine eigene Fluggesellschaft etablieren. Geplant waren Charterflüge von der Ostküste der USA zu Zielen in der Karibik. Den Flugbetrieb nahm man im Oktober 2001 auf, allerdings unter Verwendung des Marketingnamens USA3000. Zum Einsatz kamen gemietete Airbus A320. Heimatflughafen ist Philadelphia wo man auch im Bereich der Flugzeugwartung mit US Airways kooperiert. Weitere Flugzeuge folgten im November des Jahres und Anfang 2002. Das Wachstum der Gesellschaft soll kontinuierlich gefördert werden, weshalb auch Linienverbindungen nach Las Vegas und anderen Zielen beantragt wurden.

Routen

Charterflüge in die Karibik und zu verschiedenen Zielen in Mexiko und den USA

Flotte

7 Airbus A320-200

Foto: Airbus A310-300 UK31001 (Andreas Dabrowski / Hamburg)

UZBEKISTAN AIRWAYS

Movarounnakhr Kucasi 41, 700100 Tashkent, Uzbekistan
Tel.: 71-337036 Fax. 71-331885
E-Mail: info@uzbekistan-airways.com Web: www.uzbekistan-airwys.com

ICAO-Code / IATA-Code	IATA-Nr.	Länderkennung	ICAO-Callsign
UZB (HY)	250	UK	Uzbek

1992 übernahm die Regierung der neu gebildeten Republik von Uzbekistan auch die Lufthoheit über ihrem Staatsgebiet. Gleichzeitig gingen auch die Flugzeuge des vormaligen Direktorats Taskent der Aeroflot in den Besitz von Uzbekistan über. Als eigene Fluggesellschaft wurde daraufhin Uzbekistan Airways gegründet und zur National Airline erklärt. Die Strecken wurden teilweise von Aeroflot übernommen und weitergeführt. Besonderes Augenmerk legte man aber auf neue Routen von West-Europa über Taskent nach Fernost. Hier trat man mit besonders günstigen Tarifen in Konkurrenz zu etablierten Gesellschaften. Um auch dem gehobenen Bedarf von Reisenden aus dem westlichen Ausland nachzukommen, leaste Uzbekistan zwei Airbus A310-300 für die mit Lufthansa eine technische Unterstützung vereinbart wurde. Die erste Maschine traf im Juli 1993 und eine weitere kurz später in Taskent ein. 1995 kamen Kuala Lumpur und New Delhi als Ziele hinzu. Auch in den Nahen Osten nach Jeddah und Tel Aviv führen seit 1996 Verbindungen. Neben Linienflügen führen viele Charterflüge zu Zielen im arabischen Raum. Eine Modernisierung mit weiteren Flugzeugen aus westlicher Produktion wurde auch Ende der 90'er Jahre fortgesetzt. Boeing 757 und 767 ergänzen die Flotte. UZB übernimmt auch staatliche Aufgaben wie Patroullienflüge und Einsätze für die Landwirtschaft, dazu setzt sie u.a. Hubschrauber vom Typ Mil-Mi 8 ein.

Routen

Almaty, Amritsar, Asgabath Athen, Bahrain, Baku, Bangkok, Beijing, Birmingham, Bishkek, Bukhara, Chelyabinsk, Delhi, Dacca, Frankfurt, Istanbul, Jeddah, Jekatharinenburg, Kazan, Kiew, Krasnodar, Krasnoyarsk, Kuala Lumpur, London, Mineralnye Vody, Moskau, New York, Novosibirsk, Nukus, Omsk, Osaka, Paris, Rom, Rostov, Samara, Samarkand, Seoul, Sharjah, Simferopol, St.Petersburg, Tashkent, Tel Aviv, Termez, Tyumen, Ufa, Urgench

Flotte

3 Airbus A310-300
10 Antonow An-24
3 Avro RJ 85
3 Boeing 757-200
4 Boeing 767-300ER
8 Iljuschin IL-62
15 Iljuschin IL-76
10 Iljuschin IL-86
2 Iljuschin IL-114
17 Tupolev TU-154
12 Yakolev Yak 40

Foto: Boeing 777-200ER PP-VRB (Richard Schmaus / London-LHR)

VARIG BRASIL

Avenida Almirante Silvio de Noronha 365, CEP 20021-10 Rio de Janeiro, Brasilien; Tel.: 21-8145644 Fax: 21-8145718
Web: www.varig.com.br

ICAO-Code / IATA-Code	IATA-Nr.	Länderkennung	ICAO-Callsign
VRG (RG)	042	PP	Varig

Gegründet 1927 von dem deutschen Einwanderer Otto Ernst Meyer, entwickelte sich Varig zunächst im Süden Brasiliens. Erstes Flugzeug war ein Dornier "Wal"-Flugboot. Nach dem Zweiten Weltkrieg kam Varig in Besitz von 35 C-47 (DC-3) und weitete das Streckennetz stark aus. 1952 wurde Aero Geral übernommen und die Routen nach Montevideo und Buenos Aires. Am 2. August 1955 wurde mit Lockheed Super Constellation der planmäßige New York-Dienst aufgenommen. Ab 2.10.1959 wurde auf Caravelle umgestellt und Ende 1960 kam auf dieser Strecke die Boeing 707 zum Einsatz. 1961 wurde eine weitere Gesellschaft, mit dem Namen REAL übernommen. Die wesentlich kleinere Varig kam so unter ihrem berühmten Präsidenten Ruben Berta, zu vielen neuen Flugzeugtypen wie CV 990, Lockheed L-188, C-46 und zu einem grossen Streckennetz. Dieses wurde auf Anordnung der Regierung, durch verordnete Übernahme der Panair do Brasil, im Jahre 1965 auch international ausgeweitet. Ab Mai 1971 wurde die DC-10-30 eingesetzt, eine weitere Gesellschaft, Cruzeiro do Sol, gekauft und schließich folgten 1981 Airbus A300 und Boeing 747-200. Cruzeiro wurde 1993 als selbständige Gesellschaft aufgelöst und in Varig integriert. Rio Sul und Nordeste Linhas Aereas sind heute die Gesellschaften, an denen Varig die Mehrheit des Kapitals hält. Boeing 767 und McDonnell Douglas MD-11 sind die neuesten Typen in der Varig-Flotte, die 1998 auch farblich verändert wurde. Südamerikas größter und modernster Werftbetrieb ist in Rio de Janeiro zu Hause und im Besitz von Varig; hier ist auch die Basis. Seit 1999 ist Varig Mitglied der Star-Alliance. 2002 feierte Varig das 75-jährige Jubiläum in einer wirtschaftlich schwierigen Zeit. Fusionspläne mit TAM reduzierten sich auf eine engere Zusammenarbeit. Strecken und Flotte werden weiter optimiert um Kosten einsparen zu können.

Routen

Altamira, Aracaju, Asuncion, Belem, Belo Horizonte, Boa Vsta, Bogota, Brasilia, Buenos Aires, Campinas, Campo Grande, Cancun, Caracas, Cordoba, Cuiaba, Curitiba, Florianopolis, Fortaleza, Frankfurt, Goiania, Iguassu Falls, Joao Pessoa, Joinville, Kopenhagen, La Paz, Lima, Lissabon, London, Londrina, Los Angeles, Macapa, Maceio, Madrid, Mailand, Manaus, Miami, Montevideo, Nagoya, Natal, New York, Paris, Porto Allegre, Porto Seguro, Porto Velho, Recife, Rio Branco, Rio de Janeiro, Salvador, Santiago, Sao Luiz, Sao Paulo, Tabatinga, Tefe, Teresina, Tokio, Uberlandia, Vitoria

Flotte

5 Boeing 737-200Adv.
29 Boeing 737-300
2 Boeing 737-800
8 Boeing 727-100F
2 Boeing 777-200
12 Boeing 767-200/300ER
2 McDonnell Douglas DC-10-30F
14 McDonnell Douglas MD-11

Foto: Boeing 737-300 PP-SFN (Manfred Turek / Sao Paulo)

VASP

Praca Cte. Lineu Gomes sn, Ed. Sede VASP Congonhas Airport, Sao Paulo
CEP 04695, Brasilien; Tel.: 11-55323000 Fax. 11-55420880
E-Mail: ascom@vasp.com.br Web: www.vasp.com.br

ICAO-Code / IATA-Code	IATA-Nr.	Länderkennung	ICAO-Callsign
VSP (VP)	343	PP	Vasp

Viacao Aerea Sao Paulo SA oder kurz VASP, wurde im November 1933 von der Regionalregierung Sao Paulos und der Municipalbank gegründet. Am 16. April 1934 konnte der Flugbetrieb aufgenommen werden. 1935 kaufte man Junkers Ju-52/3. Mit Übernahme der brasilianisch-deutschen Aerolloyd Iguassu wurde das Streckennetz um zahlreiche Ziele erweitert. Ab 1950 hatte VASP sechs Saab Scania im Einsatz, später waren alle jemals gebauten Maschinen dieses Musters bei VASP und blieben dort bis zur Ausmusterung. Insgesamt waren 18 Stück gebaut worden. Ab Oktober 1958 kam dann die Vickers Viscount. Zwei weitere Fluggesellschaften, LAN und NAB konnten 1962 übernommen werden. Der erste Jet, eine BAC-1-11, traf im Dezember 1967 ein und löste die Viscount ab. Weiterer Ersatz für ältere DC-4 wurde ab Ende 1968 mit der NAMC YS-11A gekauft. VASP entwickelte sich im Laufe der Jahre zur zweitgrößten brasilianischen Gesellschaft und modernisierte ständig die Flotte, passte diese auch der jeweiligen Marktsituation an. Die ersten vier Boeing 737 konnten ab Juli 1969 eingesetzt werden. Ende der 70'er Jahre kam das in Brasilien gebaute Regionalflugzeug Embraer 110 Bandeirante kurz zum Einsatz, bevor dann die gesamte Flotte auf reinen Jetbetrieb umgestellt wurde. Boeing 727 und Airbus waren ebenfalls Bestandteil der VASP-Flotte, die 1992 eine erste MD-11 erhielt. An den südamerikanischen Traditionsgesellschaften Ecuatoriana und Lloyd Aereo Boliviano beteiligte sich VASP Ende der 90'er Jahre, bevor sie dann selbst Anfang 2000 in eine finanzielle Krise geriet. Eine Reorganisation und die Abgabe einiger Flugzeuge an die Leasinggeber waren die Konsequenz um den Flugbetrieb weiter aufrecht zu erhalten. Seither ist die stark verkleinerte VASP überwiegend regional tätig. Sämtliche Auslandsverbindungen wurden an TAM oder Varig transferiert. Vaspex ist eine Tochtergesellschaft zum Betrieb der Boeing 727 Frachter.

Routen

Aracaju, Belem, Brasilia, Campinas, Campo-Grande, Culaba, Curitiba, Florianopolis, Fortalezza, Goiania, Iguassu, Ilheus, Joao Pessoa, Londrina, Macapa, Maceio, Manaus, Natal, Porto Allegre, Porto Seguro, Porto Velho, Recife, Ribeirao Preto, Rio de Janeiro, Salvador, Sao Jose do Porto Preto, Sao Luiz, Sao Paulo, Teresina, Uberlandia

Flotte

3 Airbus A300B2
3 Boeing 727-200F
25 Boeing 737-200
5 Boeing 737-300
1 (Boeing) McDonnell Douglas DC-10-30

Bestellt

1 (Boeing) McDonnell Douglas MD-11

Foto: Tupolev Tu-154 LZ-MIS (Frank Fielitz / Frankfurt)

VIA - AIR VIA BULGARIAN AIRWAYS

54 GM Dimitrov Blvd. Sofia, BG-1125 Bulgarien
Tel.: 2-9712869 Fax: 2-9733454
E-Mail: info@air-via.com Web: www.via-air.com

ICAO-Code / IATA-Code	IATA-Nr.	Länderkennung	ICAO-Callsign
VIM (VL)	-	LZ	Via Air

Nach Überwindung des Warschauer Paktes und demokratischeren Verhältnissen in Bulgarien, war es Ende der 80'er Jahre auch möglich private Firmen zu gründen. Eine Gruppe von Investoren gründete im Jahre 1990 VIA-Air Via, oder VIA est Vita, als bulgarische private Chartergesellschaft. Die ehemals von DDR- und Bürgern anderen Staaten des Warschauer Paktes bevorzugten Strände am Schwarzen Meer erlebten eine touristische Wiederentdeckung. Bulgarien galt als relativ günstiges Urlaubsland, besonders für Familen mit Kindern. So stieg die Nachfrage nach Flugkapazitäten, die von der staatlichen Fluggesellschaft nicht befriedigt werden konnte. Mit einer Tupolev Tu-154 startete man im Frühjahr 1990 zu ersten Flügen. Vier weitere Tu-154 wurden noch im Jahre 1990 erworben, da entsprechende Verträge für Charterketten vorlagen. Ziel der Flüge war überwiegend der Flughafen Varna, es gab aber auch Verbindungen nach Sofia. Schwerpunkt waren Abflüge ab Belgien, Deutschland und Frankreich. VIA konzentrierte sich aber auch auf Charterflüge von Sofia nach Beirut, Kairo oder Dubai. Während der Hochsaison kam es oftmals auch zur Anmietung von weiteren Flugzeugen. Mittelfristig denkt man an eine Flottenerneuerung, hier steht man in Verbindung mit Airbus und Boeing über geeignete Nachfolgemodelle für die jetzigen Tu-154.

Routen

Charterflüge für führende europäische Reiseveranstalter nach Sofia und Varna

Flotte

5 Tupolev Tu-154M

Foto: Airbus A320 S7-ASG (Tomas Kim / Bangkok)

VIETNAM AIRLINES

Gialem Airport, Hanoi, Sozialistische Republik Vietnam
Tel.: 4-8732732 Fax: 4-8272291
Web: www.vietnamairlines.com

ICAO-Code / IATA-Code	IATA-Nr.	Länderkennung	ICAO-Callsign
HVN (VN)	738	VN	Vietnam Airlines

Nach Beendigung des Vietnam-Krieges und der Zusammenführung von Nord- und Südvietnam entstand 1976 auch eine neue Fluggesellschaft, Hang Khong Vietnam. Diese übernahm Flugzeuge und Personal der ehemaligen CAAV und auch zum Teil der Air Vietnam. Die Flotte wurde jedoch sehr bald auf sowjetischen Standard gebracht, da für westliche Maschinen keine Ersatzteile beschafft werden konnten. Erst nach politischer Annäherung gegenüber dem Westen und auch der USA war 1990 eine Bestellung für einen westlichen Flugzeugtyp möglich. Als Ersatz für die IL-18 wurden zwei ATR72 bestellt. Eine langsame Expansion des Streckennetzes war für die 90'er Jahre geplant. 1990 wurden aus Beständen der Interflug einige Tu-134 angekauft, ebenso wurde der Name in Vietnam Airlines geändert und ein neues Farbschema eingeführt. Mit der politischen Öffnung des Landes wurde es möglich, daß sich Air France an Vietnam Airlines beteiligen konnte. So stellte diese ab Ende 1993 Airbus A320 für internationale Flüge zur Verfügung und übernahm Ausbildung und Serviceschulung des Personals. Weitere westliche Flugzeugtypen wie Boeing 767 und Fokker 70 wurden geleast und schafften auch Nachfrage nach Flügen in dieses aufstrebende Land. So wurden die Routen weiter mit Flügen nach Australien, Europa und Nachbarstaaten ausgebaut, wo auch sehr viele Vietnamesen ihren Wohnsitz haben. Diese Routen fliegt Vietnam Airlines vorallem bei wichtigen Festen mit vielen Sonderflügen nach Hanoi oder Ho Chi Minh City, den beiden wichtigsten Flughäfen des Landes. Im April erhielt Vietnam Airlines die erste Boeing 777-200ER. Diese wird nonstop nach Paris engesetzt.

Routen

Bangkok, Ban Me Throut, Berlin, Da Nang, Dalat, Dien Bien Phu, Dubai, Fukuoka, Guangzhou, Haiphong, Hanoi, Ho Chi Minh City, Hongkong, Hue, Kaoshiung, Kuala Lumpur, Manila, Melbourne, Moskau, Na Trang, Osaka, Paris, Phnom Pen, Phuquoq, Pleiku, Quinhon, Rachgia, Seoul, Siem Reap, Singapur, Son La, Sydney, Taipeh, Vientiane, Vinh City

Flotte		Bestellt
13 Airbus A320-200	3 Boeing 767-300ER	5 Airbus A321
2 Airbus A321-100	2 Boeing 777-200	3 ATR 72
9 ATR72	2 Fokker 70	2 Boeing 777

Foto: Airbus A340-300 G-VSUN (Klaus Brandmaier / London-LHR)

VIRGIN ATLANTIC

The Office, Crawley Business Quarter, W-Sussex RH10 1DQ, Großbritanien
Tel.: 1293-562345 Fax. 1293-561721
Web: www.virgin-atlantic.com

ICAO-Code / IATA-Code	IATA-Nr.	Länderkennung	ICAO-Callsign
VIR(VS)	932	G	Virgin

Als Britsh Atlantic Airways im Jahre 1982 gegründet wurde, änderte nach dem Einstieg der Virgin Group Ltd. die Gesellschaft den Namen in Virgin Atlantic Airways. Der Zusammenbruch der "Billigfluglinie" Laker-Airways animierte den aus der Popmusikbranche stammenden Richard Branson, eine Gesellschaft nach gleichem Muster zu etablieren, da offenbar ein Bedarf für einen "Billigflieger" ab London bestand. Im März 1984 erhielt Virgin Atlantic die Genehmigung für die Strecke London-New York. Der Erstflug war am 22. Juni 1984. Noch im November 1984 wurde auch ein täglicher Anschlußflug, mit BAC 1-11, nach Maastricht in den Niederlanden aufgenommen. Dieser Flug wurde später auf Vickers Viscount um- und 1990 eingestellt. Aus dem "Nur"-Billigflieger wurde allerdings im Laufe der Zeit und durch einfallsreiche Werbekampagnen auch eine Gesellschaft für gehobene Ansprüche. 1986 kam eine zweite Boeing 747, vier weitere folgten im Jahre 1989. Weitere Strecken wie Miami, ein zweiter New York-Dienst nach JFK und nach Tokio via Moskau wurden eingeführt. Mit dem Ende 1993 eingeführten Airbus A340 hatte Virgin auch die Strecke nach Hongkong und Australien realisiert. 1996 wurde die belgische EBA aufgekauft und als Virgin Express auf Europastrecken eingesetzt. In diesem Jahr konnte auch endlich die Route nach Johannesburg eröffnet werden.1998 erhielt Virgin den Zuschlag für Transporte von militärischem Personal zwischen London und Washington. Mit Virgin Sun gründete Virgin 1999 eine neue Charterairline mit Basis in Manchester. Diese wurde allerdings im Oktober 2001 aufgegeben. Die Gründung einer low-cost Gesellschaft in Australien war dagegen erfolgreicher. Mit Singapore Airlines gewann Virgin 1999 einen starken Partner, der im Dezember 49% der Anteile erwarb.Im Jahre 1999 wurde auch die erste "SilverDream Machine" vorgestellt. So bezeichnet Virgin nämlich die neue Bemalung ihrer Flugzeuge. In den ersten Jahren des neuen Jahrtausends konnte die Flottenerneuerung fortgesetzt werden. 2002 kamen Airbus A340-600 und lösten Boeing 747-200 ab. Im ewigen Streit mit British Airways konnte Virgin mehr Slots in Heathrow bekommen und somit das Angebot ab hier stark erweitern.

Routen

Antigua, Athen, Barbados, Boston, Brüssel, Delhi, Hongkong, Johannesburg, Lagos, Las Vegas, Los Angeles, Manchester, Miami, New York-JFK, New York-EWR, Orlando, Port Harcourt, San Francisco, Shanghai, St.Lucia, Tokio, Washington

Flotte	Bestellt
18 Airbus A340-300/600	4 Airbus A380
13 Boeing 747-400	

Foto: Boeing 737-800 VH-VOF (Frank Schorr / Sydney)

VIRGIN BLUE

P.O.Box 1034, Spring Hill,QLD 4004, Australien
Tel.: 7-32953000 Fax: 7-38394024
E-Mail: compliments@virginblue.com.au Web: www.virginblue.com.au

ICAO-Code / IATA-Code	IATA-Nr.	Länderkennung	ICAO-Callsign
VOZ (DJ)	-	VH	Virgin Blue

Das erfolgreiche Rezept seiner anderen Fluggesellschaften, Virgin Atlantic und Virgin Express, setzte die Virgin Group auch in Australien weiter fort. 1999 wurde in Brisbane Virgin Blue gegründet. Mit einer Boeing 737-400 nahm sie am 31. August 2000 den Flugverkehr zwischen Brisbane und Sydney auf. Begünstigt durch den Konkurs von Ansett Australia konnte Virgin Blue sich sehr schnell zu einem ernsthaften Konkurrenten vom quasi Monopolisten Qantas machen. Qantas und Ansett beherrschten den australischen Markt und machten kleinere Gesellschaften zu ihren jeweiligen Subunternehmern. Als Ansett den Weg zum Konkursrichter ging, waren auch andere Airlines betroffen und konnten Qantas keine Konkurrenz sein. Einzig Impulse Airlines hatte im Jahre 2000 mit Boeing 717 einen Low cost Betrieb aufgezogen, wurde aber ein Jahr später von Qantas übernommen. Virgin versteht sich selbst als Stachel gegen die mächtigen, monopolartigen Gesellschaften und bekämpft z.B. seit Jahren die geplante Allianz zwischen British Airways und American Airlines. Virgin Blue wurde sofort von den Passagieren angenommen und konnte innerhalb kurzer Zeit die Flotte beträchtlich aufstocken und immer neue Routen erschliessen. Inzwischen werden die wichtigsten Wirtschaftzentren und auch die touristischen Gebiete erschlossen. Nach nur drei Jahren ist die Gesellschaft nicht nur enorm gewachsen und erfreut sich grosser Popularität, sondern auch noch wirtschaftlich erfolgreich. Es werden Pläne diskutiert, auch das benachbarte Neuseeland in das Streckennetz einzubeziehen.

Routen

Adelaide, Alice Springs, Brisbane, Broome, Cairns, Canberra, Coffs Harbour, Darwin, Goldcoast, Hobart, Launcheston, Mackay, Melbourne, Perth, Rockhampton, Sunshinecoast, Sydney, Townsville

Flotte	Bestellt
28 Boeing 737-400/700/800	10 Boeing 737-800

Foto: Boeing 737-400 OO-VJO (Jan-Alexander Lück / Malaga)

VIRGIN EXPRESS

Buildg.116 Airport, B-1820 Melsbroek, Belgien
Tel.: 2-7520511 Fax: 2-7520506
E-Mail: communication@virgin-express.com Web: www.virgin-express.com

ICAO-Code / IATA-Code	IATA-Nr.	Länderkennung	ICAO-Callsign
VEX (TV)	665	OO	Virgin Express

Im November 1991 gründete die City Hotel Gruppe EuroBelgian Airlines. Nach der Pleite von Air Europe erwartete man hier offenbar eine Möglichkeit die entstandene Angebotslücke teilweise zu füllen. Am 1. April 1992 begann der Flugbetrieb mit geleasten Boeing 737-300. EuroBelgian verstand sich als europäische Chartergesellschaft und hatte auch Airbus A300 im Einsatz. Richard Branson, Gründer und Chef der britischen Fluggesellschaft Virgin Atlantic übernahm im April 1996 die komplette Gesellschaft um seine eigenen europäischen Expansionspläne zu realisieren. Der Aufbau einer low –cost Gesellschaft hatte zum damaligen Zeitpunkt aus Sicht etablierter Fluggesellschaften und deren Kunden noch etwas anrüchiges, vermutete man doch allgemein hinter low-cost Billigflug auf Kosten von Sicherheit mit Uraltfluggerät. Branson änderte den Namen in Virgin Express und konzentrierte sich nur auf die Boeing 737-300 als Flugzeugtyp. Das existierende Streckennetz konnte, mit einigen Abweichungen, ebenfalls übernommen werden und neben dem Charter wurde das Liniengeschäft ausgebaut. Mit Sabena wurde eine enge Partnerschaft vereinbart zum gegenseitigen Vorteil ohne direkter Konkurrent zu sein. Die Londonstrecke übernahm Virgin Express und bediente diese mehrmals täglich im Codeshare mit Sabena. Ende 1996 übernahm Virgin Express eine fabrikneue Boeing 737-300 in den neuen, knallroten, Farben. Das wichtigste Hub ist Brüssel-National, ab hier werden auch die meisten Charterflüge angeboten, denn das ist auch immer noch ein Hauptbestandteil der Flugangebote. 1997 wurde Virgin Express an der Börse notiert und 49% der Anteile sind seither breit gestreut, den Rest hält Branson. Neue Strecken werden mit dem für Virgin üblichen Medienspektakel eröffnet. Allerdings schlug 2002 die Etablierung im deutschen Markt fehl, Virgin zog sich wegen der Konkurrenz am Flughafen Köln/Bonn noch vor Betriebsaufnahme zurück und expandierte aber zu anderen Zielen.

Routen

Amsterdam, Athen, Barcelona, Bordeaux, Brüssel, Faro, Genf, Göteborg, Kopenhagen, Lissabon, Madrid, Mailand, Malaga, Nizza, Palma de Mallorca, Rom, Stockholm

Flotte

6 Boeing 737-300
8 Boeing 737-400

Foto: Fokker 50 OO-VLK (Daniel Klein / Düsseldorf)

VLM

Luchthaven, Gebow Bus 50 AntwerpAirport, B-2100 Deurne, Belgien
Tel.:3-2309000 Fax: 3-2813200
E-Mail: info@vlm-airlines.com Web: www.vlm-air.com

ICAO-Code / IATA-Code	IATA-Nr.	Länderkennung	ICAO-Callsign
VLM (VG)	978	OO	Rubens

Vlaamse Luchttransport Maatschappij NV wurde im Februar 1992 in Antwerpen, der flämischen Hauptstadt und Handelsmetropole, gegründet. Ein gutes Jahr später, am 15. Mai 1993 konnte der Flugbetrieb von Antwerpen zum London-City Airport eröffnet werden. VLM ist ein typischer Nischencarrier, der einen regelmässigen Linienverkehr von kleineren Flughäfen aus anbietet. So ist auch Rotterdam und Mönchengladbach, der sich jetzt etwas grösszügig Düsseldorf-Express-Airport nennt, im Flugplan zu finden. Die Flüge nach London-City wurden versuchsweise nach Liverpool weitergeführt, jedoch wieder eingestellt. Die Flotte konnte um weitere Fokker 50, dem Standardtyp der Gesellschaft, ausgebaut werden und man expandierte vorsichtig in neue Märkte und flog auch Subcharter für andere Airlines. Die ursprünglich in den Farben der ehemaligen Busy Bee gehaltenen Fokker 50 erhielten 1998 eine neue Bemalung, die inzwischen an allen VLM-Flugzeugen den flämischen Löwen zeigt. Neue Linien nach Guernsey und Jersey werden saisonal angeboten, Manchester oder Mailand wurden aufgenommen und man ist inzwischen größter Carrier in Antwerpen mit über 150 wöchentlichen Abflügen. KLM, Luxair, Virgin Express und European Air Express sind Kooperationspartner. VLM konzentriert sich heute auf nur wenige Strecken mit häufigen Frequenzen. So ist VLM am London-City Airport die führende Gesellschaft. Dazu stockte man die Flotte mit weiteren Fokker 50 auf. Trotz der allgemeinen Krise in der Luftfahrt ist VLM seit einigen Jahren verlustfrei und fliegt Jahr für Jahr Gewinn ein.

Routen

Antwerpen, Brüssel, Guernsey, Jersey, London-City, Luxemburg, Mailand, Manchester, Rotterdam

Flotte

11 Fokker 50

Foto: Airbus A320-200 I-VLEA (Jörg Thiel / Berlin-TXL)

VOLARE AIRLINES

Corso Garibaldi 186, 36016 Vicenza Italien
Tel.: 0445-800100 Fax: 0445-800101
Web: www.volare-airlines.it

ICAO-Code / IATA-Code	IATA-Nr.	Länderkennung	ICAO-Callsign
VLE (8D)	-	I	Revola

1997 wurde Volare Airlines von einigen Geschäftsleuten aus der Reisebranche gegründet. Mit geleasten Airbus A320 startete man zum Anfang der Sommersaison im April 1998 von norditalienischen Flughäfen wie Bergamo, Mailand oder Verona. Weitere zwei Airbus A320 folgten noch im Laufe des Jahres 1998 und man startete auch zu Linienflügen ab Mailand nach Olbia. Im September 1998 beteiligte sich die SAir Group mit 34% an der neuen Gesellschaft. 1999 wurden weitere Linienverbindungen, so auch nach Rom aufgenommen und die Flotte um einen weiteren Airbus vergrössert. Mit den anderen Gesellschaften der SAir Group in Italien, so der Air Europe arbeitet man zusammen und Swissair war für die technische Betreuung der Flugzeuge verantwortlich. Der kontinuierliche Wachstumskurs wurde auch im neuen Jahrtausend fortgesetzt und man bediente mehr Ziele, da besonders der Chartermarkt in Italien boomt. Ein weiterer Airbus A320, der Anfang 2000 eintraf, wurde aber auch zur Frequenzverstärkung für die inländischen Linienflüge verwendet. Nach dem Konkurs der SAir-Group ging Volare wieder ganz in italienischen Besitz über. Ab 2001 wurde deshalb sehr stark in die Flotte investiert. Airbus A330-200 wurden für Fernstrecken beschafft und Air Europe schloss sich der Volare Gruppe an. Einige der Air Europe Flugzeuge und Linien wurden bis Ende 2002 in Volare integriert. Auch die spanische LTU-Tochtergesellschaft LTE wurde 2001 von der Volare Gruppe übernommen. Mit Volareweb startete die Gruppe Anfang 2003 auch eine Low cost Airline zu Flügen innerhalb Europas. Alle anderen Aktivitäten der Gruppe werden weiter ausgebaut.

Routen

Alghero, Antalya, Athen, Barcelona, Bari, Beauvais, Bergamo, Berlin, Bilbao, Brüssel, Cagliari, Cancun, Catania, Cayo Largo, Colombo, Hahn, Havanna, Istanbul, Las Palmas, Madrid, Mailand, Male, Mauritius, Olbia, Palma de Mallorca, Prag, Punta Cana, Rimini, Rom, Tirana, Valencia, Zürich

Flotte		Bestellt
17 Airbus A320-200	2 Boeing 767-200	2 Airbus A330-200
2 Airbus A321-100		2 Airbus A320
6 Airbus A330-200		

Foto: Fokker F27 D-AISY (Lutz Schönfeld / Berlin-SFX)

WDL AVIATION

Postfach 980267, 51130 Köln-Flughafen, Deutschland
Tel.: 02203-9670 Fax: 02203-967105
E-Mail: info@wdl-aviation.de Web: www.wdl-aviation.de

ICAO-Code / IATA-Code	IATA-Nr.	Länderkennung	ICAO-Callsign
WDL	-	D	WDL

Die Firma Westdeutsche Luftwerbung WDL wurde bereits 1955 gegründet. Ziel der Gesellschaft war die Werbung mit Luftfahrzeugen, sei es als Bannerschlepp oder aber mit Luftschiffen, die als Werbefläche dienten. Der Sitz des Unternehmens war am Flughafen Essen-Mülheim. Charter-und Rundflüge wurden ebenfalls unternommen und waren am Wochenende sehr populär. Auch Bedarfsluftverkehr wurde angeboten und zum Einsatz kamen hier 4-6 sitzige Flugzeuge.Ab 1974 wurde dann mit einer ersten Fokker F27 auch der Schritt zu grösseren Flugzeugen getan. Diese kam sowohl für Fracht- als auch Passagierflüge zum Einsatz. Die WDL-Flugdienst GmbH wurde für den Betrieb der grösseren Flugzeuge gegründet und übernahm auch alle weiteren F 27, die im Laufe der Jahre erworben wurden. Als im Auftrag der Lufthansa die DLT ein regionales Kurzstreckennetz aufbaute, bediente sich diese auch der Hilfe von WDL. Diese stellte neben den Flugzeugen auch die Besatzung und flog lange Jahre im Streckennetz dieser Vorgängergesellschaft der heutigen Lufthansa Cityline. Mit dem Anwachsen der Flotte auf weitere Fokker F27 kamen auch neue Aufgaben für die Gesellschaft. Für die neu entstandenen Paketdienste wie TNT, UPS usw. wurden oftmals nationale Gesellschaften eingesetzt, die von den zentralen Hubs aus die Weiterverteilung in die Regionen übernahmen. Ein zentraler Hub für solche Frachtdienste ist der Flughafen Köln/Bonn. 1991 verlegte die neu formierte WDL Aviation GmbH ihre Basis und den Sitz an diesen Airport und übernahm die Verteilung innerhalb Deutschlands und Europas für Frachtsendungen. Ab 1998 erhielt WDL auch eine erste BAe 146, die für Passagiercharter zum Einsatz gelangt. Eine zweite BAe 146 folgte 1999. Über ein Nachfolgemodell der in die Jahre kommenden F27 wird eine Entscheidung erst noch getroffen. WDL Flugzeuge werden auch langfristig an andere Gesellschaften vermietet und in deren eigener Bemalung eingesetzt.

Routen

Regelmässige Frachtflüge im Auftrag von UPS u.a. innerhalb Deutschlands und Europas. Passagierflüge als Charter oder ad-hoc auch für Eurowings und andere Gesellschaften

Flotte		Bestellt
1 BAe 146-100	14 Fokker F27	
2 BAe 146-200		
1 BAe 146-300		

Foto: Boeing 737-200 C-GEWJ (Daniel Klein / Victoria)

WESTJET AIRLINES

5955 11th Street NE, Calgary, Alberta , T2E 8N4, Kanada
Tel.: 403-4442600 Fax: 403-4442301
Web: www.westjet.com

ICAO-Code / IATA-Code	IATA-Nr.	Länderkennung	ICAO-Callsign
WJW (M3)	-	C	Westjet

Die Idee einer low-cost Airline für den Westen Kanadas wurde bereits 1994 von einigen Geschäftsleuten in Calgary erörtert und in Form eines Masterplans interessierten Investoren vorgelegt. Nach dem erfolgreichen Muster der US-Gesellschaften Morris Air und Southwest Airlines konnte im Juni 1995 West Jet gegründet werden. Als Berater fungierte David Neelmann, einst bei Southwest und Morris Air an führender Stelle und auch Gründer von Jet Blue Airlines. Mit zwei Boeing 737-200 startete West Jet am 29. Februar 1996 von Calgary zunächst nach Edmonton, Kelowna, Vancouver und Winnipeg. 1996 kamen zwei weitere Boeing 737-200 zur Flotte, die auch in den Jahren 1997 bis 1999 stets vergrössert werden konnte. 1999 ergaben sich tiefgreifende Veränderungen in Kanadas Luftfahrt, nachdem Canadian von Air Canada übernommen wurde. Auch West Jet nutzte die veränderten Rahmenbedingungen und weitete das Streckennetz auch in den Osten des Landes aus. Die Ziele waren Thunderbay und Moncton. In diesem Jahr 1999 wurden auch die ersten Aktien ausgegeben, die einen weiteren Kapitalschub brachten. Der Bau einer Hauptverwaltung und eines Hangars in Calgary, aber auch die Beschaffung weiterer Flugzeuge wurden damit finanziert. Hamilton wird ab Anfang 2000 zu einem Hub für den Osten Kanadas ausgebaut, weitere Flüge nach Halifax, Montreal und Ottawa folgten. Bis zum Jahre 2003 konnte West Jet die Anzahl der Flugzeuge und auch der Routen nahezu verdoppeln. Bis zur Lieferung eigener Flugzeuge werden auch zahlreiche Jets saisonweise angemietet. Der Erfolg von West Jet rief zahlreiche Nachahmer auf die Bildfläche, darunter auch Air Canada mit den Marken Tango und Zip.

Routen

Abbotsford, Calgary, Comox, Edmonton, Fort McMurry, Gander, Grande Prairie, Halifax, Hamilton, Kelowna, London, Moncton, Montreal, Ottawa, Prince George, Regina, Saskatoon, Sault St. Marie, St. Johns, Sudbury, Thunder Bay, Toronto, Vancouver, Victoria, Windsor, Winnipeg

Flotte	Bestellt
19 Boeing 737-200 24 Boeing 737-700	8 Boeing 737-600/700

Foto: (Bombardier) DeHavilland DHC-8-300 LN-WFS (Marcus Baltes / Frankfurt)

WIDEROE

P.O.Box 247, Langstranda 6, 8001 Bodoe, Norwegen
Tel.: 75-513500 Fax: 75-513581
E-Mail: postmaster@wideroe.no Web: www.wideroe.no

ICAO-Code / IATA-Code	IATA-Nr.	Länderkennung	ICAO-Callsign
WIF (WF)	701	LN	Wideroe

Viggo Wideroe gründete am 14. Februar 1934 seine Wideroe`s Flyveselskap A/S. Als erstes erhielt er die Genehmigung von Oslo aus eine Verbindung nach Hangesund zu eröffnen. Im Auftrag der DNL, der Vorgängergesellschaft von SAS, eröffnete er 1936 einen Postdienst nach Kirkenes im Norden Norwegens. Nach dem 2. Weltkrieg startete Wideroe wieder mit Charter- und Versorgungsflügen. Die in Narvik ansässige Polarfly wurde 1950 übernommen. Besondere Verdienste leistete Wideroe bei der Erschliessung Nordnorwegens. Ab 1968 trafen die ersten DHC-6 Twin Otter ein. Mit Unterstützung der Regierung wurde ein Streckennetz ab Bodoe und Trondheim aufgebaut, dem folgte im Laufe der Jahre etwa 30-40 kleinere Flugplätze, die alle mit einheitlichen Anflughilfen und einer Bahn von 800-1000m Länge standardisiert wurden. So wurde die notwendige Infrastruktur in diesem schwer zugänglichen, von Fjorden durchzogenen Gebiet, hergestellt. Städte wie Kirkenes und Hammerfest waren bis Aufnahme des Flugverkehrs nur per Schiff erreichbar. An Wideroe waren die Fluggesellschaften Fred Olsen, SAS und Braathens S.A.F.E. beteiligt. 1995 wurde fast die komplette Flotte auf die moderne DHC-8 umgestellt und man eröffnete erstmals Verbindungen ins Ausland nach Sumburgh auf den Shetland Inseln und nach Kopenhagen, ausserdem engagiert sich WIF auch im Chartergeschäft. Ende der 90'er Jahre übernahm SAS die Mehrheit der Anteile an Wideroe und bezog sie in ihre eigenen Dienste stärker ein. Neuestes Flugzeug ist die verlängerte Dash-8Q-400, die erste Maschine traf im November 2002 ein und wurde von Stavanger nach Aberdeen eingesetzt.

Routen

Aberdeen, Alta, Batsfjord, Billund, Bergen, Bervelag, Bodoe, Bromnoysund, Forde, Göteborg, Hamburg, Hammerfest, Harstad, Hasvik, Honningsvag, Kirkenes, Kopenhagen, Leknes, Melamn, Mo i Rana, Mosjoen, Namsos, Oslo, Roervik, Sandane, Sandefjord, Sorkjosen, Sogndal, Stavanger, Stockholm, Stokmarknes, Svolvaer, Tromsoe, Trondheim, Vadso, Vardoe, Volda

Flotte

18 (Bombardier) De Havilland DHC-8-100

9 (Bombardier) De Havilland DHC-8-300

3 (Bombardier) De Havilland DHC-8Q-400

Foto: (Boeing) McDonnell Douglas MD-11 N271WA (Marcus Baltes / Frankfurt)

WORLD AIRWAYS

101 World Drive, HLH Building, Peachtree City, Georgia 30269, USA
Tel.: 770-6328000 Fax: 770-6328075
E-Mail: service@worldair.com Web: www.worldair.com

ICAO-Code / IATA-Code	IATA-Nr.	Länderkennung	ICAO-Callsign
WOA (WO)	468	N	World

World Airways wurde 1948 gegründet und begann mit einem Boeing 314 Flugboot Charterflüge ab der US-Ostküste. Ein Jahr später verlegte man die Flüge mit zwei Curtiss C-46 vom Wasser aufs Land. 1950 übernahm Edward Daly 81% der Gesellschaft und führte diese in den nächsten Jahren zu einer der grossen und bekannten Chartergesellschaften. Ab 1960 übernahm World Airways immer mehr Flüge für das MAC und DC-4, DC-6 und Lockheed 1049 Constellation wurden gekauft oder geleast. Die erste Boeing 707 erhielt World Airways bereits im Jahre 1963. Mit dieser wurden regelmässige Flüge von und nach Europa eingeführt, auch Dienste in die Karibik und Südamerika. Ab Mai 1973 wurden mit Boeing 747 Linienflüge von Oakland nach London aufgenommen. Das Liniengeschäft wurde mit Einführung der DC-10 weiter ausgebaut, hier waren die Hawaii-Los Angeles-Baltimore-London-Frankfurt Flüge über viele Jahre hinweg die preiswertesten Flüge zu diesen Zielen. Nach einer Umstrukturierung im Jahre 1988 zog sich World Airways aus dem Liniengeschäft abrupt zurück. Künftig flog World Airways nur noch Charterflüge. Malaysian Helicopter übernahm 1994 etwa 25% des Kapitals und investierte in die Gesellschaft. Man flog ab 1993 auch wieder Passagiere linienmässig nach Israel und auch wieder vermehrt Charterflüge nach eigenen Flugplänen, so z. B. nach Großbritannien und anderen Zielen in Europa. Doch auch diese Flüge wurden mit der Absicht künftig nur noch ad-hoc Charter und Frachtflüge zu unternehmen nach der Sommersaison 1996 eingestellt. Auch spezialisierte man sich mehr auf das wet-lease Geschäft so dass viele World Flugzeuge in Farben anderer Airlines fliegen. Neue Inhaber brachten 2001 den Umzug nach Georgia mit sich und zahlreiche neue Aufträge der US-Streitkräfte für die Kriege in Afghanistan und dem Irak.

Routen

Charter- und Frachtflüge weltweit.

Flotte

7 (Boeing) McDonnell Douglas DC-10-30
8 (Boeing) McDonnell Douglas MD-11

Foto: Boeing 757-200 B-2829 (Jan-Alexander Lück / Beijing)

XIAMEN AIRLINES

Gaoqi Airport 361009 Xiamen, Fujian, Volksrepublik China
Tel.: 592-6022961 Fax: 592-6028263
Web: www.xiaminair.com.cn

ICAO-Code / IATA-Code	IATA-Nr.	Länderkennung	ICAO-Callsign
CXA (MF)	731	B	Xiamen Airlines

Xiamen Airlines wurde 1991 als Gemeinschaftsunternehmen der Provinz Fujian und der Stadt Xiamen gegründet. Von China Southern Airlines gab es technische Unterstützung, wobei sich diese 1992 auch direkt beteiligte und der Provinzregierung und Xiamen Anteile abkaufte. Praktisch ist sie eine Tochtergesellschaft mit eigenem Flugzeugpark und Funktionsbereich. China Southern hat 60% der Kapitalanteile von Xiamen in Besitz. Mit einer geleasten Boeing 737-200 wurde der Flugbetrieb 1992 aufgenommen. Es bestehen Verbindungen im Süden und Osten der Volksrepublik. Ende 1992 kam eine Route nach Hongkong hinzu, die damals als erste Auslandsverbindung aufgenommen wurde. Im Laufe der Zeit kamen mehr Boeing 737-500 und auch Boeing 757 zur Flotte, die die Gesellschaft in die Lage versetzte, weitere Strecken zu eröffnen. 1998 erhielt Xiamen Airlines vier Boeing 737-700, die ältere B-737-200 ersetzen. Die Flotte entwickelt sich langsam aber stetig, neue Strecken werden mit Bedacht ausgewählt. Die Basis ist in Xiamen, wo auch eine Wartung erfolgt. Man arbeitet intensiv mit den Gesellschaften der China Southern Gruppe zusammen. An Fujian Airlines ist Xiamen Airlines selbst Anteilseigner, diese mietet bei Bedarf auch Flugzeuge von Xiamen.

Routen

Anqing, Bangkok, Beijing, Changchun, Changsha, Chengdu, Chongqing, Dalian, Fuzhou, Guangzhou, Guilin, Guiyang, Haikou, Hangzhou, Harbin, Hefei, Jinan, Jinjiang, Kunming, Lanzhou, Macau, Nanchang, Nanjing, Nanning, Nantong, Ningbo, Qingdao, Shanghai, Shantou, Shenyang, Shenzen, Shijiazhuang, Tianjin, Wenzhou, Wuhan, Wuyshan, Xian, Xiamen, Zhengzhou, Zhousan, Zhuhai

Flotte		Bestellt
2 Boeing 737-200Adv.	8 Boeing 757-200	1 Boeing 737-700
5 Boeing 737-500		
9 Boeing 737-700		

Foto: Boeing 747SP 7O-YMN (Klaus Brandmaier / Salzburg)

YEMENIA

P.O.Box 1183, Sanaa, Republik Jemen
Tel.: 1-232380 Fax: 1-252963
Web: www.yemenia.com.ye

ICAO-Code / IATA-Code	IATA-Nr.	Länderkennung	ICAO-Callsign
IYE (IY)	635	7O	Yemeni

Die "neue" Yemenia ist der Zusammenschluss der ehemaligen Alyemen und Yemenia, also der beiden nationalen Fluggesellschaften des Nord- bzw. Südjemen. An dem neuen Unternehmen ist SAUDIA-Saudi Arabian Airlines mit 40% des Kapitals beteiligt. Die beiden Vorgängergesellschaften wurden rechtlich aufgelöst, Flugzeuge und Routen, Airporthandling etc. aber gemeinsam in die neue Gesellschaft eingebracht. Die Ursprünge der Gesellschaft gehen noch auf das Jahr 1961 zurück, als sie unter dem Namen Yemen Airlines gegründet wurde. Alyemen etablierte sich erst nach Spaltung des Landes in einen Nord- und Südteil im Jahre 1971. Einige der Flugzeuge wurden als Transporter auch für die Luftwaffe des Landes verwendet. Von Airbus wurden 1997 zwei A310-300 geleast. Diese kamen auf den längeren Strecken zum Einsatz. Mit Daallo Airlines vereinbarte man 1998 eine Allianz und richtete einige Flüge im Nahen Osten als Codeshare ein. Zwei weitere Airbus A310 waren im Jahre 2000 Ersatz für Boeing 727, hinzu kam auch noch eine Boeing 747SP, die allerdings überwiegend von den zahlreichen Regierungsmitgliedern genutzt wird, da sie in einer VIP Ausführung aus dem Fundus eines Emir der VAE stammt. Die Flottenerneuerung sieht den Austausch der B737-200 durch die B 737-800 neuester Generation vor. Eine erste von insgesamt drei erhielt Yemenia Mitte des Jahres 2002.

Routen

Abu Dhabi, Addis Abeba, Aden, Albuq, Al Gaydah, Amman, Asmara, Ataq, Bahrain, Damaskus, Djibouti, Doha, Dubai, Frankfurt, Hodeidah, Jeddah, Kairo, Karachi, Khartoum, Larnaca, London, Moroni, Mumbai, Nairobi, Paris, Riad, Rom, Sanaa, Seiyun, Sharjah, Taiz

Flotte

4 Airbus A310-300	1 Boeing 747SP	2 Iljuschin IL-76
2 Boeing 737-800	2 De Havilland DHC-6 Twin Otter	
3 Boeing 737-200Adv.	4 De Havilland DHC-7	
2 Boeing 727-200Adv.	2 Lockheed L-382 Hercules	

Foto: Boeing 737-300 B-2936 (Sammlung Autor/ Beijing)

ZHONGYUAN AIRLINES

No.106 Jinshua Rd.Zhengzhou, Henan 450003, Volksrepublik China; Tel.: 371-6222542 Fax: 371-62222542

ICAO-Code / IATA-Code	IATA-Nr.	Länderkennung	ICAO-Callsign
CYN (Z2)	-	B	Zhongyuan

Im Jahre 1991 wurde Zhongyuan Airlines in der Provinz Henan gegründet. Mit zwei Yunshui Y7 begann noch im gleichen Jahr der Flugbetrieb. Die Y7 ist der chinesische Lizenzbau der bewährten Antonov 24, allerdings gibt es einige Verbesserungen gegenüber dem russischen Modell. Die beiden Y7 wurden zunächst zu etwa 15 Zielen eingesetzt. Da ein Propellerflugzeug doch eine unverhältnismäßig lange Flugzeit für einige Strecken benötigte, kam im April 1994 eine erste Boeing 737-300.Einige Flugplätze erlaubten auch aus Sicherheitsgründen keinen Einsatz von Propellerflugzeugen und die Fluggesellschaften wurden zu modernem Jetgerät gezwungen. Noch im Jahre 1994 erhielt Zhongyuan weitere B-737-300. Man blieb auch bei diesem Typ, als man weiter expandierte und 1999 noch weitere Flugzeuge bestellte. Mit Hainan Airlines, Shandong Airlines, Shenzen Airlines, Sichuan Airlines und Wuhan Air Lines bildete man eine Allianz um auch gegenüber den mächtgen Gesellschaften Chinas bestehen zu können. Inzwischen hat China Southern Airlines die Mehrheit der Anteile übernommen. Ob Zhongyuan Airlines fusioniert wird oder weiterhin selbständig sein wird ist noch nicht entschieden.

Routen

Beijing, Changsha, Chengdu, Chongging, Guilin, Guiyang, Haikou, Harbin, Huangyan, Jingdezhen, Kunming, Nanjing, Ningbo, Schanghai, Shenyang, Shenzen, Wenzhou, Wuhan, Xiamen, Yantai

Flotte

2 Yunshui Y7
2 Boeing 737-300

Foto: Boeing 737-200 C-GCPO (Henry Tenby / Vancouver)

ZIP

Hangar 191, 8050. 22nd Street NE, Calgary, Alberta T2E 7H6 Kanada
Tel.: 866-4636947
E-Mail: info@4321zip.com Web: www.4321zip.com

ICAO-Code / IATA-Code	IATA-Nr.	Länderkennung	ICAO-Callsign
- (3J)	-	C	Zip

ZIP ist die Antwort von Air Canada auf die zahlreichen Low Cost Fluggesellschaften in Kanada, die dem Marktführer die Passagiere mit günstigen Preisen weglocken. Besonders im Westen des Landes ist Westjet Airlines so erfolgreich, das die Herausforderung mit der Gründung einer eigenen Low Cost Gesellschaft angenommen wurde. Am 8. September 2002 ging ZIP an den Start mit der ersten Route von Vancouver nach Calgary. Zum Einsatz kamen Boeing 737-200. Alle Strecken werden mehrmals täglich bedient. Die Bemalung der Flugzeuge ist recht auffällig und in verschiedenen Farben gehalten. Orange, Blau Grün und Lila sind die Farben die etwas an die Zeiten von Braniff's erinnern. Schnell kamen weitere Strecken hinzu und auch die Flotte wurde von zunächst sechs Flugzeugen auf 8 und dann 11 erhöht. ZIP fliegt inzwischen nicht nur im Westen des Landes, sondern auch nach Montreal oder London im Osten. Das Streckennetz soll kontinuierlich erweitert werden.

Routen

Abbotsford, Calgary, Edmonton, London, Montreal, Ottawa, Saskatoon, Vancouver, Victoria, Winnipeg

Flotte

11 Boeing 737-200

Flughafencodes

IATA	Ort / Flughafen	Land
AAA	Anaa, Tuamotu	Franz.-Polynesien
AAC	Al Arish	Ägypten
AAE	Annaba	Algerien
AAK	Aranka	Kiribati
AAL	Aalborg	Dänemark
AAN	Al Ain	VAE
AAQ	Anapa	Russland
AAR	Aarhus	Dänemark
AAT	Altay	China
AAY	Al Gaydah	Jemen
ABA	Abakan	Russland
ABD	Abadan	Iran
ABE	Allentown, PA	USA
ABF	Abaiang	Kiribati
ABI	Abilene, Tx	USA
ABJ	Abidjane	Elfenbeinküste
ABL	Ambler, AK	USA
ABM	Bamaga, QL	Australien
ABQ	Albuquerque, NM	USA
ABR	Aberdeen, SD	USA
ABS	Abu Simbel	Ägypten
ABT	Al-Baha	Saudi-Arabien
ABV	Abuja	Nigeria
ABX	Albury, NSW	Australien
ABY	Albany, GA	USA
ABZ	Aberdeen	Großbritannien
ACA	Acapulco	Mexiko
ACC	Accra	Ghana
ACE	Arrecife, Lanzarote	Spanien
ACH	Altenrhein	Schweiz
ACI	Alderney	Großbritannien
ACK	Nantucket, MA	USA
ACT	Waco, Tx	USA
ACV	Arcata / Eureka, CA	USA
ACY	Atlantic City, NJ	USA
ADA	Adana	Türkei
ADB	Izmir	Türkei
ADD	Addis Abeba	Äthiopien
ADE	Aden	Jemen
ADF	Adiyaman	Türkei
ADK	Adak, AK	USA
ADL	Adelaide, SA	Australien
ADQ	Kodiak, AK	USA
ADU	Ardabil	Iran
ADZ	San Andres	Kolumbien
AEA	Abemama Atoll	Kiribati
AEP	Buenos Aires AP J.N.	Argentinien
AER	Adler / Sotschi	Russland
AES	Alesund	Norwegen
AET	Allakaket, AK	USA
AEX	Alexandria, LA	USA
AEY	Akureyri	Island
AFA	San Rafael	Argentinien
AFI	Amalfi	Kolumbien
AFL	Alta Floresta	Brasilen
AFR	Afore	Papua Neu Guinea
AFW	Forth Worth-Alliance	USA
AFT	Afutara	Salomon Inseln
AGA	Agadir	Marokko
AGB	Augsburg	Deutschland
AGF	Agen	Frankreich
AGH	Helsingborg	Schweden
AGJ	Aguni	Japan
AGK	Kagua	Papua Neu Guinea
AGL	Wanigela	Papua Neu Guinea
AGM	Tasiilaq	Grönland
AGP	Malaga	Spanien
AGR	Agra	Indien
AGS	Augusta, GA	USA
AGT	Ciudad del Este	Paraguay
AGU	Aguascalientes	Mexiko
AGV	Acarigua	Venezuela
AHO	Alghero	Italien
AHS	Ahuas	Honduras
AHU	Al Hoceima	Marokko
AIA	Alliance, NE	USA
AIC	Airok	Marshall Inseln
AIE	Aiome	Papua Neu Guinea
AIM	Ailuk	Marshall Inseln
AIR	Aripuana	Brasilien
AIS	Arorae	Kiribati
AIT	Aitutaki	Cook Inseln
AIU	Atiu	Cook Inseln
AIW	Ai-Ais	Namibia
AJA	Ajaccio	Frankreich
AJF	Jouf	Saudi-Arabien
AJL	Aizawi	Indien
AJN	Anjouan	Komoren
AJR	Arvidsjaur	Schweden
AJU	Aracaju	Brasilien
AJY	Agades	Niger
AKA	Ankang	China
AKB	Atka, AK	USA
AKC	Akron / Canton, OH	USA
AKD	Akola	Indien
AKF	Kufrah	Libyen
AKG	Anguganak	Papua Neu Guinea
AKI	Akiak, AK	USA
AKJ	Asahikawa	Japan
AKK	Akhiok, AK	USA
AKL	Auckland	Neuseeland
AKN	King Salmon, AK	USA
AKS	Auki	Salomon Inseln
AKU	Aksu	China
AKX	Aktyubinsk	Kasachstan
ALA	Almaty	Kasachstan
ALB	Albany, NY	USA
ALC	Alicante	Spanien
ALD	Alerta	Peru
ALF	Alta	Norwegen
ALG	Algier	Algerien
ALH	Albany, WA	Australien
ALI	Alice, TX	USA
ALJ	Alexander Bay	Südafrika
ALM	Alamogordo, NM	USA
ALP	Aleppo	Syrien
ALR	Alexandra	Neuseeland
ALW	Walla Walla, WA	Australien
ALY	Alexandria	Ägypten
AMA	Amarillo, Tx	USA
AMB	Ambilobe	Madagaskar
AMD	Ahmedabad	Indien
AMG	Amboin	Papua Neu Guinea
AMM	Amman, Queen Alia	Jordanien
AMQ	Ambon	Indonesien
AMS	Amsterdam	Niederlande
AMZ	Ardmore	Neuseeland
ANC	Anchorage, AK	USA
ANF	Antofagasta	Chile
ANI	Aniak, AK	USA
ANK	Ankara	Türkei
ANL	Andulo	Angola
ANM	Antalaha	Madagaskar
ANR	Antwerpen	Belgien
ANS	Andahuaylas	Peru
ANU	Antigua	
ANX	Andennes	Norwegen
AOC	Altenburg-Nobitz	Deutschland
AOI	Ancona	Italien
AOJ	Aomori	Japan
AOK	Karpathos	Griechenland
APF	Naples; FL	USA
APL	Nampula	Mosambique
APO	Apartada	Kolumbien
APS	Anapolis	Brasilien
APW	Apia	Samoa
AQI	Qaisumah	Saudi Arabien
AQJ	Aquaba	Jordanien
AQP	Arequipa	Peru
ARH	Archangelansk	Russland
ARI	Arica	Chile
ARK	Arusha	Tansania
ARM	Armindale, NSW	Australien
ARN	Stockholm-Arlanda	Schweden
ARQ	Arauquita	Kolumbien
ART	Watertown, NY	USA
ARU	Aracatuba	Brasilien
ARW	Arad	Rumänien
ASA	Assab	Eritrea
ASB	Ashkahbad	Turkmenistan
ASC	Ascension	Bolivien
ASD	Andros	Bahamas
ASE	Aspen, CO	USA
ASF	Astrachan	Russland
ASM	Asmara	Eritrea
ASO	Asosa	Äthiopien
ASP	Alice Springs, NT	Australien
ASR	Kayserie	Türkei
ASU	Asuncion	Paraguay
ASV	Amboseli	Kenia
ASW	Assuan	Ägypten
ATA	Anta	Peru
ATB	Atbara	Seychellen
ATH	Athen	Griechenland
ATK	Atqasuk, AK	USA
ATL	Atlanta-Hartsfield, GA	USA
ATM	Altamira	Brasilien
ATP	Aitape	Papua Neu Guinea
ATQ	Amritsar	Indien
ATR	Atar	Mauretanien
ATV	Atiu	Tchad
ATW	Appleton, MI	USA
AUA	Aruba	
AUG	Augusta, ME	USA
AUH	Abu Dhabi	VAE
AUR	Aurillac	Frankreich
AUS	Austin, TX	USA
AUT	Atauro	Indonesien
AUW	Wausau, WI	USA
AUY	Aneityum	Vanuatu
AVI	Ciego de Avilla	Kuba
AVP	Wilkes-Barre,PA	USA
AVU	Avu Avu	Salomon Inseln
AWD	Aniwa	Vanuatu
AWK	Wake Island	Midway Inseln
AWZ	Ahwaz	Iran
AXA	Anguilla	
AXD	Alexandroupolis	Griechenland
AXM	Armenia	Kolumbien
AXT	Akita	Japan
AYC	Ayacucho	Kolumbien

IATA	Ort / Flughafen	Land
AYK	Arkalyk	Kasachstan
AYP	Ayacucho	Peru
AYQ	Ayers Rock, NT	Australien
AYR	AYR	Australien
AYT	Antalya	Türkei
AZD	Yazd	Iran
AZO	Kalamazoo, MI	USA
AZR	Adrar	Algerien
BAG	Baguio	Philippinen
BAH	Bahrain	
BAK	Baku	Aserbeidschan
BAL	Batman	Türkei
BAQ	Barranquilla	Kolumbien
BAY	Baia Mare	Rümanien
BBA	Balmaceda	Chile
BBG	Butaritari	Kiribati
BBK	Kasane	Botswana
BBM	Battambang	Kambodscha
BBO	Berbera	Somalia
BBQ	Barbuda	Leeward Island
BBU	Bukarest	Rumänien
BCA	Baracoa	Kuba
BCD	Bacolod	Philippinen
BCN	Barcelona	Spanien
BDA	Bermuda	
BDB	Bundaberg, QL	Australien
BDJ	Banjarmassin	Indonesien
BDL	Windsor-Locks	USA
BDO	Bandung	Indonesien
BDP	Bhadrapur	Nepal
BDR	Bridgeport, CT	USA
BDS	Brindisi	Italien
BDU	Bardufoss	Norwegen
BEB	Benbecula	Großbritannien
BEF	Bluefields	Nicaragua
BEG	Belgrad	Serbien
BEI	Beica	Äthiopien
BEL	Belem	Brasilien
BEO	Newcastle-Belmont	Australien
BES	Brest	Frankreich
BET	Bethel, AK	USA
BEW	Beira	Mosambique
BEI	Beirut	Libanon
BFD	Bradford, PA	USA
BFI	Seattle-Boeing Field	USA
BFL	Bakersfield, CA	USA
BFN	Bloemfontein	Südafrika
BFS	Belfast	Großbritannien
BGA	Bucamaranga	Kolumbien
BGF	Bangui	Zentralafrik. Replk.
BGI	Barbados	
BGO	Bergen	Norwegen
BGR	Bangor, ME	USA
BGY	Mailand - Bergamo	Italien
BHB	Bal Harbor, ME	USA
BHE	Blenheim	Neuseeland
BHH	Bisha	Saudi Arabien
BHI	Bahia Blanca	Argentinien
BHK	Bukhara	Usbekistan
BHM	Birmingham, AL	USA
BHO	Bhopal	Indien
BHQ	Broken Hill, NSW	Australien
BHR	Bharatpur	Nepal
BHS	Bathurst, NSW	Australien
BHX	Birmingham	Großbritannien
BHZ	Belo Horizonte	Brasilien
BIA	Bastia	Frankreich
BIL	Billings, MT	USA
BIM	Bimini	Bahamas
BIO	Bilbao	Spanien
BIQ	Biarritz	Frankreich
BIS	Bismarck, ND	USA
BJA	Bejaja	Algerien
BJL	Banjul	Gambia
BJM	Bujumbura	Burundi
BJS	Beijing	China
BJX	Leon	Mexiko
BKA	Moskau-Bykovo	Russland
BKI	Kota Kinabalu	Malaysia
BKK	Bangkok	Thailand
BKM	Bakalalan	Malaysia
BKO	Bamako	Mali
BKS	Bengkulu	Indonesien
BKY	Bukavu	Kongo
BLA	Barcelona	Venezuela
BLE	Borlange	Schweden
BLI	Bellingham, WA	USA
BLK	Blackpool	Großbritannien
BLL	Billund	Dänemark
BLP	Bellavista	Peru
BLQ	Bologna	Italien
BLR	Bangalore	Indien
BLT	Blackwater, QL	Australien
BLV	Belleville, IL	USA
BLZ	Blantyre	Malawi
BMA	Stockholm-Bromma	Schweden
BME	Broome, WA	Australien
BMG	Bloomington, In	USA
BMI	Bloomington-Normal, IL	USA
BMO	Bhamo	Myanmar
BNA	Nashville, TN	USA
BND	Bandar Abbas	Iran
BNE	Brisbane, QL	Australien
BOB	Bora Bora	Tahiti
BOD	Bordeaux	Frankreich
BOG	Bogota	Kolumbien
BOH	Bornemouth	Großbritannien
BOI	Boise, ID	USA
BOJ	Burgas	Bulgarien
BOM	Mumnai	Indien
BON	Bonaire	Niederl. Antillen
BOO	Bodo	Norwegen
BOS	Boston, MA	USA
BPF	Batuna	Salomon Inseln
BPN	Balikpapan	Indonesien
BPS	Porto Seguro	Brasilien
BPT	Beaumont, TX	USA
BQN	Aguadilla	Puerto Rico
BQT	Brest	Weißrussland
BRC	San Carlos de Baril.	Argentinien
BRE	Bremen	Deutschland
BRI	Bari	Italien
BRK	Bourke.NSW	Australien
BRL	Burlington, IA	USA
BRN	Bern	Schweiz
BRO	Brownsville, TX	USA
BRQ	Brno	Tschech. Rep.
BRR	Barra	Großbritannien
BRS	Bristol	Großbritannien
BRU	Brüssel	Belgien
BRW	Barrow, AK	USA
BSB	Brasilia	Brasilien
BSK	Biskra	Algerien
BSL	Basel-Mühlhausen	Schweiz
BTH	Batu Besar	Indonesien
BTM	Butte, MT	USA
BTR	Baton Rouge, LA	USA
BTS	Bratislava	Slowakei
BTV	Burlington,VT	USA
BUA	Buka	Papua Neu Guinea
BUD	Budapest	Ungarn
BUE	Buenos Aires Intl.	Argentinien
BUF	Buffalo, NY	USA
BUG	Benguela	Angola
BUH	Bukarest	Rumänien
BUQ	Bulawayo	Zimbabwe
BUR	Burbank, CA	USA
BUS	Batumi	Georgien
BUZ	Bushehr	Iran
BVA	Beauvais	Frankreich
BVB	Boa Vista	Brasilien
BVC	Boa Vista	Kapverdische Rep.
BVG	Berlevag	Norwegen
BVI	Birdsville, QL	Australien
BVR	Brava	Kapverdische Rep.
BWE	Braunschweig	Deutschland
BWI	Baltimore, MD	USA
BWN	BandarSeri Begawan	Brunei
BXN	Bodrum	Türkei
BXU	Butuan	Philippinen
BYU	Bayreuth	Deutschland
BZE	Belize City	Belize
BZN	Bozeman, MT	USA
BZV	Brazzaville	Kongo
CAB	Cabinda	Angola
CAE	Columbia, SC	USA
CAG	Cagliari	Italien
CAI	Kairo	Ägypten
CAK	Akron / Canton, OH	USA
CAN	Guangzhou	China
CAP	Cap Haitien	Haiti
CAY	Cayenne	Franz.-Guayana
CBB	Cochabamba	Bolivien
CBG	Cambridge	Großbritannien
CBL	Ciudad Bolivar	Venezuela
CBO	Cotabato	Philippinen
CBR	Canberra	Australien
CCC	Cayo Coco	Kuba
CCF	Carcassonne	Frankreich
CCK	Cocos Island	Australien
CCP	Concepcion	Chile
CCS	Caracas	Venezuela
CCU	Kalkutta	Indien
CDB	Cold Bay, AK	USA
CDG	Paris-Ch. De Gaulle	Frankreich
CDV	Cordova, AK	USA
CEB	Cebu	Philippinen
CEI	Chiang Rai	Thailand
CEN	Ciudad Obregon	Mexiko
CEZ	Cortez,CO	USA
CFE	Clermont-Ferrand	Frankreich
CFN	Donegal	Irland
CFS	Coffs Harbour, NSW	Australien
CFU	Korfu	Griechenland
CGH	Sao Paulo-Congonhas	Brasilien
CGK	Jakarta-Soekarno	Indonesien
CGN	Köln / Bonn	Deutschland
CGO	Zengzhou	China
CGP	Cittagong	Bangladesh
CGR	Campo Grande	Braslien
CGY	Cagayan de Oro	Philippinen
CHA	Chattanooga, TN	USA
CHC	Christchurch	Neuseeland
CHQ	Chania	Griechenland
CHS	Charleston, SC	USA
CIA	Rom-Ciampino	Italien
CID	Cedar Rapids, IA	USA
CIX	Chiclayo	Peru
CJA	Cajamarca	Peru
CJS	Ciudad Juarez	Mexiko

IATA	Ort / Flughafen	Land
CJU	Cheju	Süd-Korea
CKG	Chongqing	China
CKY	Conakry	Guinea
CLD	Carlsbad, CA	USA
CLE	Cleveland Intl., OH	USA
CLO	Cali	Kolumbien
CLQ	Colima	Mexiko
CLT	Charlotte, NC	USA
CLY	Calvi	Frankreich
CMB	Colombo	Sri Lanka
CME	Ciudad del Carmen	Mexiko
CMF	Chambery	Frankreich
CMH	Columbus, OH	USA
CMN	Casablanc -Moh. V	Marokko
CMW	Camaguey	Kuba
CNF	Belo Horizonte Intl.	Brasilien
CNJ	Cloncurry, QL	Australien
CNM	Carlsbad, NM	USA
CNS	Cairns, QL	Australien
CNX	Chiang Mai	Thailand
COK	Cochin	Indien
COO	Cotonou	Benin
COR	Cordoba	Argentinien
COS	Colorado Springs, CO	USA
CPD	Coober Pedy, SA	Australien
CPE	Campeche	Mexiko
CPH	Kopenhagen	Dänemark
CPQ	Campinas	Brasilien
CPR	Casper, WY	USA
CPT	Kapstadt	Südafrika
CRD	Comodore Rivadavia	Argentinien
CRL	Charleroi	Belgien
CRP	Corpus Christi, TX	USA
CSU	Santa Cruz Do Sul	Brasilien
CSX	Changsha	China
CTA	Catania	Italien
CTG	Cartagena	Kolumbien
CTM	Chetumal	Mexiko
CTU	Chengdu	China
CUC	Cucuta	Kolumbien
CUE	Cuenca	Ecuador
CUL	Culiacan	Mexiko
CUN	Cancun	Mexiko
CUR	Curacao	Niederl. Antillen
CUU	Chihuahua	Mexiko
CUZ	Cuzco	Peru
CVG	Cincinnati Intl., OH	USA
CVJ	Cuernavaca	Mexiko
CVM	Ciudad Victoria	Mexiko
CWB	Curitiba	Brasilien
CWL	Cardiff	Großbritannien
CXB	Cox's Basar	Bangladesh
CXI	Christmas Island	Kiribati
CYB	Cayman Brac	Cayman Island
CYI	Chiayi	Taiwan
CYS	Cheyenne, WY	USA
CYU	Cuyo	Philippinen
CZL	Constantine	Algerien
CZM	Cozumel	Mexiko
CZS	Cruzeiro do Sul	Brasilen
CZX	Changzhou	China
DAB	Daytona Beach, FL	USA
DAC	Dacca	Bangladesh
DAD	Da Nang	Vietnam
DAL	Dallas-Love Field, TX	USA
DAM	Damaskus	Syrien
DAR	Dar Es Salaam	Tansania
DAY	Dayton, OH	USA
DBV	Dubrovnik	Kroatien
DCA	Washington-National	USA
DDC	Dodge City, KS	USA
DEC	Decatur, Il	USA
DEL	Delhi	Indien
DEN	Denver, CO	USA
DFW	Dallas / Forth Worth	USA
DGO	Durango	Mexiko
DHA	Dhahran	Saudi Arabien
DHN	Dothan, AL	USA
DIJ	Dijon	Frankreich
DIL	Dilli	Ost-Timor
DIN	Dien Bien Phu	Vietnam
DIR	Dire Dawa	Äthiopien
DIY	Diyarbakir	Türkei
DJE	Djerba	Tunesien
DJJ	Jaayapura	Indonesien
DKR	Dakar	Senegal
DLA	Douala	Kamerun
DLC	Dalian	China
DLH	Duluth, MN	USA
DLI	Dalath	Vietnam
DLM	Dalaman	Türkei
DME	Moskau-Domodedovo	Russland
DMU	Dimapur	Indien
DNR	Dinard	Frankreich
DNZ	Denizli	Türkei
DOH	Doha	Qatar
DOK	Donetsk	Ukraine
DOM	Dominica-Melville	Dominica
DPS	Denpasar	Indonesien
DRS	Dresden	Deutschland
DRT	Del Rio, TX	USA
DRW	Darwin, NT	Australien
DSM	Des Moines, IA	USA
DTM	Dortmund	Deutschland
DTW	Detroit Intl., MI	USA
DUB	Dublin	Irland
DUD	Dunedin	Neuseeland
DUR	Durban	Südafrika
DUS	Düsseldorf	Deutschland
DUT	Dutch Harbor, AK	USA
DVO	Davao	Philippinen
DXB	Dubai	VAE
DYR	Anadyr	Russland
DYU	Duushanbe	Tadschikistan
EAS	San Sebastian	Spanien
EBB	Entebbe / Kampala	Uganda
EBD	El Obeid	Sudan
EBJ	Esbjerg	Dänemark
EBU	St.Etienne	Frankreich
ECN	Ercan	Zypern
EDI	Edinburgh	Großbritannien
EFL	Kefallinia	Griechenland
EGE	Vail, CO	USA
EGS	Egilsstadir	Island
EIN	Eindhoven	Niederlande
EJA	Barrancabermeja	Kolumbien
EKO	Elko, NV	USA
ELP	El Paso, TX	USA
ELS	East London	Südafrika
ELU	El Qued	Algerien
EMA	East Midlands	Großbritannien
Emn	Nema	Mauretanien
EMS	Embessa	Papua Neu Guinea
ENA	Kenai, AK	USA
ENT	Enewetak Island	Marshall Inseln
NEU	Enugu	Nigeria
EOH	Medellin E.O.Herrerra	Kolumbien
ERC	Erzincan	Türkei
ERF	Erfurt	Deutschland
ERS	Windhoek-Eros	Namibia
ERZ	Erzurum	Türkei
ESB	Ankara-Esenboga	Türkei
ESM	Esmeraldas	Ecuador
ESR	El Salvador	Chile
ETH	Eilat	Israel
EUG	Eugene, OR	USA
EUX	St.Eustatius	Niederl. Antillen
EVN	Eriwan	Armenien
EVV	Evansville, IN	USA
EWN	New Bern, NC	USA
EWR	Neu York-Newark, NJ	USA
EXT	Exeter	Großbritannien
EYW	Key West. FL	USA
EZE	Buenos Aires-M.Pista.	Argentinien
EZS	Elazig	Türkei
FAE	Faröer Inseln	Dänemark
FAI	Fairbanks, AK	USA
FAN	Farsund	Norwegen
FAO	Faro	Portugal
FAT	Fresno, CA	USA
FAV	Fakarava	Franz.-Polynesien
FAY	Fayettville, NC	USA
FBM	Lubumbashi	Kongo
FBU	Oslo-Fornebu	Norwegen
FCO	Rom-Leon. da Vinci	Italien
FDF	Fort de France	Martinique
FDH	Friedrichshafen	Deutschland
FEN	Fernando De Noronha	Brasilien
FEZ	Fes	Marokko
FIH	Kinshasa	Kongo
FJR	Al-Fujairah	VAE
FKI	Kisangani	Kongo
FKS	Fukushima	Japan
FLG	Flaggstaff, AZ	USA
FLL	Fort Lauderdale, FL	USA
FLN	Florianopolis	Brasilien
FLR	Florenz	Italien
FLS	Flinders Island, TS	Australien
FLW	Flores, Azoren	Portugal
FMO	Münster / Osnabrück	Deutschland
FMY	Fort Myers, FL	USA
FNA	Freetown	Sierra Leone
FNB	Neubrandenburg	Deutschland
FNC	Funchal, Madeira	Portugal
FNI	Nimes	Frankreich
FNJ	Pjöngjang	Nord-Korea
FNT	Flint, MI	USA
FOC	Fuzhou	China
FOD	Fort Dodge, IA	USA
FOR	Fortalezza	Brasilien
FPO	Freeport	Bahamas
FRA	Frankfurt	Deutschland
FRJ	Frejus	Frankreich
FRL	Forli	Italien
FRM	Fairmont, MN	USA
FRO	Floro	Norwegen
FRS	Flores	Guatemala
FRU	Bishkek	Kirgistan
FSM	Fort Smith, AR	USA
FSP	St.Pierre	St.Pierre u.Miquelon
FUE	Fuerteventura	Spanien
FUJ	Fukue	Japan
FUK	Fukuoka	Japan
FUN	Funafuti	Tuvalu
FWA	Fort Wayne, IN	USA
FYV	Fayettville, AR	USA
GAJ	Yamagata	Japan
GAN	Gan	Malediven
GAO	Guantanamo	Kuba
GAU	Gauahati	Indien

IATA	Ort / Flughafen	Land
GAX	Gamba	Gabun
GBE	Gaborone	Botswana
GBJ	Marie Galante	Guadeloupe
GCI	Guernsey	Großbritannien
GCM	Grand Cayman	Cayman Island
GCN	Grand Canyon, AZ	USA
GDL	Guadalajara	Mexiko
GDN	Gdansk	Polen
GDT	Grand Turk	Turks & Caicos
GDX	Magadan	Russland
GEA	Noumea-Magenta	Neu-Kaledonien
GEG	Spokane, WA	USA
GEO	Georgetown	Guyana
GER	Nueva Gerona	Kuba
GES	General Santos	Philippinen
GFF	Griffith, NSW	Australien
GFK	Grand Forks, ND	USA
GFN	Grafton, NSW	Australien
GGG	Longview, TX	USA
GHB	Governors Harbour	Bahamas
GIB	Gibraltar	
GIG	Rio de Janeiro Intl.	Brasilien
GIS	Gisborne	Neuseeland
GIZ	Gizan	Saudi Arabien
GJT	Grand Junction, CO	USA
GKA	Goroka	Papua Neu Guinea
GKL	Great Keppel Isl., QL	Australien
GLA	Glasgow	Großbritannien
GLT	Gladstone, QL	Australien
GMB	Gambela	Äthiopien
GME	Gomel	Weißrussland
GNB	Grenoble	Frankreich
GND	Grenada	
GNR	General Roca	Argentinien
GNV	Gainesville, FL	USA
GOA	Genua	Italien
GOE	Gonalia	Papua Neu Guinea
GOH	Nuuk	Grönland
GOI	Goa	Indien
GOJ	Nizhniy Novgorod	Russland
GOM	Goma	Kongo
GOR	Gore	Äthiopien
GOT	Göteborg-Landvetter	Schweden
GOU	Garoua	Kamerun
GPT	Gulfport / Biloxi, MS	USA
GPZ	Grand Rapids, MN	USA
GRP	Gurupi	Brasilien
GRQ	Groningen	Niederlande
GRR	Grand Rapids, MI	USA
GRU	Sao Paulo-Guarulhos	Brasilien
GRW	Graciosa, Azoren	Portugal
GRX	Granada	Spanien
GRZ	Graz	Österreich
GSE	Göteborg-Saeve	Schweden
GSO	Greensboro-High Point	USA
GSP	Greenville / Spartanb.	USA
GTA	Gatokae	Salomon Inseln
GTF	Great Falls, MT	USA
GUA	Guatemala City	Guatemala
GUB	Guerrero Negro	Mexiko
GUM	Guam	
GUP	Gallup, NM	USA
GUR	Alotau	Papua Neu Guinea
GUW	Atyrau	Kasachstan
GVA	Genf	Schweiz
GWL	Gwalior	Indien
GWT	Westerland	Deutschland
GWY	Galway	Irland
GYE	Guayaquil	Ecuador
GYM	Guaymas	Mexiko

IATA	Ort / Flughafen	Land
GYN	Goiania	Brasilien
GYY	Gary, IN	USA
GZT	Gaziantep	Türkei
HAA	Hasvik	Norwegen
HAH	Moroni Intl.	Komoren
HAJ	Hannover	Deutschland
HAK	Haikou	China
HAM	Hamburg	Deutschland
HAN	Hanoi	Vietnam
HAR	Harrisburg, PA	USA
HAU	Haugesund	Norwegen
HAV	Havanna	Kuba
HBA	Hobart, TS	Australien
HDD	Hyderabad	Pakistan
HDY	Hat Yai	Thailand
HEL	Helsinki	Finnland
HER	Heraklion	Griechenland
HFD	Hartford, CT	USA
HFE	Hefei	China
HFN	Hornafjordur	Island
HFT	Hammerfest	Norwegen
HGH	Hangzhou	China
HGN	Mae Hong Son	Thailand
HGU	Mont Hagen	Papua Neu Guinea
HHA	Huanghua	China
HHN	Hahn	Deutschland
HHQ	Hua Hin	Thailand
HII	Lake Havasu City, AZ	USA
HIJ	Hiroshima	Japan
HIN	Jinju	Süd-Korea
HIR	Honiara	Salomon Inseln
HIS	Hayman Island, QL	Australien
HKD	Hakodate	Japan
HKG	Hongkong	China
HKT	Phuket	Thailand
HLN	Helena, MT	USA
HLZ	Hamilton	Neuseeland
HMO	Hermosillo	Mexiko
HNA	Morioka	Japan
HND	Tokio-Haneda	Japan
HNL	Honolulu, HI	USA
HNM	Hana, HI	USA
HOB	Hobbs, NM	USA
HOD	Hodeidah	Jemen
HOG	Holguin	Kuba
HOM	Homer, AK	USA
HOQ	Hof	Deutschland
HOR	Horta, Azoren	Portugal
HOU	Houston-Hobby, TX	USA
HPV	Kaui, HI	USA
HRB	Harbin	China
HRE	Harare	Zimbabwe
HRG	Hurghada	Ägypten
HRK	Charkow	Ukraine
HRL	Harlingen, TX	USA
HSV	Huntsville, AL	USA
HTI	Hamilton Island, QL	Australien
HUF	Terre Haute, IN	USA
HUI	Hue	Vietnam
HUN	Hualien	Taiwan
HUU	Huanuco	Peru
HUV	Hudiksvall	Schweden
HUX	Huatulco	Mexiko
HVG	Honnigsvag	Norwegen
HVN	New Haven, CT	USA
HYD	Hyderabad	Indien
HYN	Huanyang	China
HZG	Hanzhong	China
HZK	Husavik	Island
IAD	Washington-Dulles	USA

IATA	Ort / Flughafen	Land
IAH	Houston - G.Bush, TX	USA
IBZ	Ibiza	Spanien
ICT	Wichita, KS	USA
IDA	Idaho Falls, ID	USA
IEV	Kiew-Zhulyani	Ukraine
IFN	Isfahan	Iran
IGM	Kingman, AZ	USA
IGR	Iguazu	Argentinien
IGU	Iguassu Falls	Brasilien
IIA	Inishmaan	Irland
IKT	Irkutsk	Russland
ILG	Wilmington, NC	USA
ILO	Iloilo	Philippinen
ILQ	Ilo	Peru
IMF	Imphal	Indien
INC	Yinchuan	China
IND	Indianapolis, IN	USA
ING	Lago Argentino	Argentinien
INN	Innsbruck	Österreich
INQ	Inisheer	Irland
INT	Winston / Salem, NC	USA
INU	Nauru	
INV	Inverness	Großbritannien
IOA	Ioannina	Griechenland
IOM	Isle of Man	Großbritannien
IOR	Inishmore	Irland
IPA	Ipota	Vanuatu
IPC	Osterinseln	Chile
IPH	Ipoh	Malaysia
IQT	Iquitos	Peru
IRA	Kira Kira	Salomon Inseln
ISA	Mount Isa, QL	Australien
ISB	Islamabad	Pakistan
ISC	Isle of Scilly	Großbritannien
ISG	Ishigaki	Japan
ISP	Long Island-Mc Arthur	USA
IST	Istanbul	Türkei
ITM	Osaka-Itami	Japan
ITO	Hilo, HI	USA
IVC	Invercargill	Neuseeland
IVL	Ivalo	Finnland
IWJ	Iwami	Japan
IXA	Agartala	Indien
IXE	Mangalore	Indien
IXJ	Jammu	Indien
IXM	Mandurai	Indien
IXU	Aurangabad	Indien
IZM	Izmir	Türkei
IZO	Izumo	Japan
JAI	Jaipur	Indien
JAN	Jackson, MS	USA
JAT	Jabot	Marshall Inseln
JAV	Ilulissat	Grönland
JAX	Jacksonville, FL	USA
JDH	Jodhpur	Indien
JDO	Juazeiro Do Norte	Brasilien
JED	Jeddah	Saudi Arabien
JER	Jersey	Großbritannien
JFK	New York J.F.K. Intl.	USA
JHE	Helsingborg	Schweden
JHG	Jinghong	China
JIB	Djibouti	
JIL	Jilin	Cjina
JIU	Jiujiang	China
JJI	Juanjui	Peru
JKG	Jonköping	Schweden
JKH	Chios	Griechenland
JKR	Janakpur	Nepal
JMK	Mykonos	Griechenland
JMS	Jamestown, ND	USA

IATA	Ort / Flughafen	Land
JNB	Johannesburg	Südafrika
JNS	Narsaq	Grönland
JNU	Juneau, AK	USA
JNX	Naxos	Griechenland
JNZ	Jinzhou	China
JOE	Joensuu	Finnland
JOG	Jogjakarta	Indonesien
JON	Johnston Island	USA
JRH	Jorhat	Indien
JRO	Killimanjaro	Tansania
JSH	Sitia	Griechenland
JSI	Skiathos	Griechenland
JSR	Jessore	Bangladesh
JSY	Syros	Griechenland
JTR	Thira	Griechenland
JUL	Juliaca	Peru
JUM	Jumla	Nepal
JUZ	Juzhou	China
KAB	Kariba	Zaire
KAC	Kahmeshli	Syrien
KAD	Kaduna	Nigeria
KAG	Kangnung	Süd-Korea
KAJ	Kajaani	Finnland
KAN	Kano	Noigeria
KAO	Kuusamo	Finnland
KAW	Kawthaung	Myanmar
KBL	Kabul	Afghanistan
KBP	Kiew-Borispol	Ukraine
KBR	Kota Bharu	Malaysia
KCH	Kuching	Malaysia
KCZ	Kochi	Japan
KDI	Kendari	Indionesien
KDN	N'dende	Gabun
KDV	Kandavu	Fidschi Insel
KEF	Keflavik	Island
KEH	Kenmore, WA	USA
KEJ	Kemerovo	Russland
KEL	Kiel	Deutschland
KER	Kerman	Iran
KFA	Kiffa	Mauretanien
KGA	Kananga	Kongo
KGD	Kaliningrad	Russland
KGF	Karaganda	Kasachstan
KGG	Kedougou	Senegal
KGI	Kalgoorlie, WA	Australien
KGL	Kigali	Ruanda
KGO	Kirovograd	Ukraine
KGS	Kos	Griechenland
KHH	Kaohsiung	Taiwan
KHI	Karachi	Pakistan
KHM	Khamti	Myanmar
KHN	Nanchang	Chiina
KHS	Khasab	Oman
KHV	Khabarovsk	Russland
KID	Kristianstad	Schweden
KIJ	Niigata	Japan
KIM	Kimberley	Südafrika
KIN	Kingston	Jamaika
KIO	Kili Island	Marshall Inseln
KIR	Kerry County	Irland
KIS	Kisumu	Kenia
KIT	Kithira	Griechenland
KIV	Kishenev	Moldawien
KIX	Osaka-Kansai	Japan
KJA	Krasnojarsk	Russland
KJP	Kerama	Japan
KKC	Khon Kaen	Thailand
KKJ	Kita Kyushu	Japan
KKN	Kirkenes	Norwegen
KKZ	Koh Kong	Kambodscha

IATA	Ort / Flughafen	Land
KLO	Kalibo	Philippinen
KLU	Klagenfurt	Österreich
KLX	Kalamata	Griechenland
KMG	Kunming	China
KMI	Miyazaki	Japan
KMJ	Kumamoto	Japan
KMP	Keetmanshoop	Namibia
KMQ	Komatsu	Japan
KMV	Kalemyo	Myanmar
KND	Kindu	Kongo
KNH	Kinmen	Taiwan
KNQ	Kone	Neu Kaledonien
KNX	Kununurra, WA	Australien
KOA	Kona, HI	USA
KOC	Koumac	Neu Kaledonien
KOE	Kupang	Indonesien
KOI	Kirkwall	Großbritannien
KOJ	Kagoshima	Japan
KOK	Kokkola / Pietarsaari	Finnland
KOS	Sihanoukville	Kambodscha
KOW	Ganzhou	China
KPO	Pohang	Süd-Korea
KRK	Krakau	Polen
KRN	Kiruna	Schweden
KRR	Krasnodar	Russland
KRS	Kristansand	Norwegen
KRT	Khartoum	Sudan
KRW	Krasnovodsk	Turkmenistan
KRY	Karamay	China
KSA	Kosrae	Karolinen Inseln
KSC	Kosice	Slowakai
KSD	Karlstad	Schweden
KSH	Kormanshah	Iran
KSJ	Kasos	Griechenland
KSN	Kostanay	Kasachstan
KSO	Kastoria	Griechenland
KSU	Kristiansund	Norwegen
KSY	Kars	Türkei
KTM	Kathmandu	Nepal
KTN	Ketchikan, AK	USA
KTW	Kattowicz	Polen
KUA	Kuantan	Malaysia
KUC	Kuria	Kiribati
KUD	Kudat	Malaysia
KUF	Samara	Russland
KUH	Kushiro	Japan
KUL	Kuala Lumpur	Malaysia
KUM	Yakushima	Japan
KUN	Kaunas	Litauen
KUO	Kuopio	Finnland
KUU	Kulu	Indien
KUV	Kunsan	Süd-Korea
KVA	Kavala	Griechenland
KVX	Kirow	Russland
KWA	Kwajalein	Marshall Inseln
KWE	Guiyang	China
KWI	Kuwait	
KWJ	Kwangju	Süd-Korea
KWL	Guilin	China
KYA	Konya	Türkei
KYS	Kayes	Mali
KZI	Kozani	Griechenland
KZN	Kazan	Russland
KZO	Kzyl Orda	Kasachstan
KZS	Kastelorizo	Griechenland
LAD	Luanda	Angola
LAE	Lae	Papua Neu Guinea
LAF	Lafayette, IN	USA
LAI	Lannion	Frankreich
LAJ	Lages	Brasilien

IATA	Ort / Flughafen	Land
LAN	Lansing, MI	USA
LAO	Laoag	Philippinen
LAP	La Paz	Mexiko
LAR	Laramie, WY	USA
LAS	Las Vegas, NV	USA
LAU	Lamu	Kenia
LAW	Lawton, OK	USA
LAX	Los Angeles Intl., CA	USA
LBA	Leeds Bradford	Großbritannien
LBB	Lubbock, TX	USA
LBC	Lübeck	Deutschland
LBQ	Lambarene	Gabun
LBU	Labuan	Malaysia
LBV	Libreville	Gabun
LBX	Lubang	Philippinen
LCA	Larnaca	Zypern
LCE	La Ceiba	Honduras
LCG	La Coruna	Spanien
LCH	Lake Charles, LA	USA
LCY	London City-Airport	Großbritannien
LDB	Londrina	Brasilien
LDE	Lourdes / Tarbes	Frankreich
LDK	Lidköping	Schweden
LDY	Londonderry	Großbritannien
LEA	Learmonth, WA	Australien
LED	St.Petersburg	Russland
LEI	Almeria	Spanien
LEJ	Leipzig	Deutschland
LEX	Lexington, KY	USA
LFT	Lafayette, LA	USA
LFW	Lome	Togo
LGA	New York La-Guardia	USA
LGB	Long Beach, CA	USA
LGK	Langkawi	Malaysia
LGP	Legaspi	Philippinen
LGQ	Lago Agrio	Ecuador
LGS	Malargue	Argentinien
LGW	London - Gatwick	Großbritannien
LHE	Lahore	Pakistan
LHR	London - Heathrow	Großbritannien
LHW	Lanzhou	China
LIG	Limoges	Frankreich
LIH	Lihue-Kaui Island, HI	USA
LIL	Lille	Frankreich
LIM	Lima	Peru
LIN	Mailand - Linate	Italien
LIR	Liberia	Costa Rica
LIS	Lissabon	Portugal
LIT	Little Rock, AR	USA
LJG	Lijiang City	China
LJU	Ljubljana	Slowenien
LKL	Lakselv	Norwegen
LKN	Leknes	Norwegen
LKO	Lucknow	Indien
LLA	Lulea	Schweden
LLI	Lalibela	Äthiopien
LLW	Lilongwe	Malawi
LML	Lae Insel	Marshall Inseln
LMN	Limbang	Malaysia
LMP	Lampedusa	Italien
LNE	Lonorore	Vanuatu
LNO	Leonora, WA	Australien
LNY	Lanai City, HI	USA
LNZ	Linz	Österreich
LOI	Lontras	Brasilien
LOS	Lagos	Nigeria
LPB	La Paz	Bolivia
LPI	Linköping	Schweden
LPL	Liverpool	Großbritannien
LPQ	Luan Prabang	Laos

IATA	Ort / Flughafen	Land	IATA	Ort / Flughafen	Land	IATA	Ort / Flughafen	Land
LPT	Lampang	Thailand	**MEM**	Memphis, TN	USA	**MSY**	New Orleans Intl. LA	USA
LRD	Laredo,TX	USA	**MES**	Medan	Indonesien	**MTS**	Manzini	Swasiland
LRE	Longreach, QL	Australien	**MEX**	Mexiko City Intl.	Mexiko	**MTY**	Monterrey	Mexiko
LRH	La Rochelle	Frankreich	**MFM**	Macau	China	**MUB**	Maun	Botswana
LRM	La Romana	Dom. Rep.	**MFN**	Milford Sound	Neuseeland	**MUC**	München	Deutschland
LRS	Leros	Griechenland	**MFT**	Machu Picchu	Peru	**MUW**	Maskara	Algerien
LSC	La Serena	Chile	**MAG**	Managua	Nicaragua	**MVB**	Franceville	Gabun
LSH	Lashio	Myanmar	**MGF**	Maringa	Brasilien	**MVD**	Montevideo	Uruguay
LSI	Shetland-Sumburgh	Großbritannien	**MGH**	Margate	Südafrika	**MVY**	Marthas Vineyard, MA	USA
LSP	Las Piedras	Venezuela	**MGL**	Mönchengladbach	Deutschland	**MWH**	Moses Lake, WA	USA
LSS	Terre Haute	Guadeloupe	**MGM**	Montgomery, AL	USA	**MWV**	Mundulkin	Kambodscha
LST	Launceston	Australien	**MGQ**	Mogadishu	Somalia	**MWZ**	Mwanza	Tansania
LTK	Latakia	Syrian	**MHD**	Mashad	Iran	**MXL**	Mexicali	Mexiko
LTN	London Luton	Großbritannien	**MHG**	Mannheim	Deutschland	**MXP**	Mailand Malpensa	Italien
LTO	Loreto	Mexiko	**MHH**	Marsh Harbour	Bahamas	**MXX**	Mora	Schweden
LUA	Lukla	Nepal	**MHQ**	Marieham	Finnland	**MYD**	Malindi	Kenia
LUD	Lüderitz	Namibia	**MHT**	Manchester, NH	USA	**MYJ**	Matsuyama	Japan
LUG	Lugano	Schweiz	**MIA**	Miami, FL	USA	**MYR**	Myrtle Beach, SC	USA
LUN	Lusaka	Sambia	**MID**	Merida	Mexiko	**MZG**	Makung	Taiwan
LUO	Luena	Angola	**MIK**	Mikkeli	Finnland	**MZI**	Mopti	Mali
LUQ	San Luis	Argentinien	**MIR**	Monastir	Tunesien	**MZL**	Manizales	Kolumbien
LUX	Luxemburg		**MJC**	Man	Elfenbeinküste	**MZT**	Mazatlan	Mexiko
LVB	Livramento	Brasilien	**MJF**	Mosjoen	Norwegen	**NAG**	Nagpur	Indien
LVI	Livingston	Sambia	**MJN**	Majunga	Madagaskar	**NAN**	Nadi	Fiji
LWB	Lewisburg, WV	USA	**MJT**	Mytilene	Griechenland	**NAP**	Neapel	Italien
LWK	Shetland-Lerwick	Großbritannien	**MJV**	Murcia	Spanien	**NAS**	Nassau	Bahamas
LWO	Lvov	Ukraine	**MKB**	Mekambo	Gabun	**NAT**	Natal	Brasilien
LWS	Lewiston, ID	USA	**MKC**	Kansas City, MO	USA	**NBO**	Nairobi	Kenia
LXA	Lhasa	China	**MKE**	Milwaukee, WI	USA	**NCA**	North Caicos	Turks & Caicos
LXG	Luang Namtha	Laos	**MKK**	Kaunakakai, HI	USA	**NCE**	Nizza	Frankreich
LXR	Luxor	Ägypten	**MKL**	Jackson, TN	USA	**NCL**	Newcastle	Großbritannien
LXS	Lemnos	Griechenland	**MKY**	Mackay, QL	Australien	**NCR**	San Carlos	Nicaragua
LYA	Luoyang	China	**MLA**	Malta		**NCU**	Nukus	Usbekistan
LYB	Little Cayman	Cayman Island	**MLE**	Male	Malediven	**NCY**	Annecy	Frankreich
LYG	Lianyungang	China	**MLI**	Moline, IL	USA	**NDB**	Nouadhibou	Mauretanien
LYH	Lynchburg, VA	USA	**MLN**	Melilla	Spanien	**NDJ**	Ndjamena	Tschad
LYR	Longyearbyen	Norwegen	**MLO**	Milos	Griechenland	**NEG**	Negril	Jamaika
LYS	Lyon	Frankreich	**MLW**	Monrovia	Liberia	**NEV**	Nevis	St.Kitts & Nevis
LZC	Lazaro Cardenas	Mexiko	**MLX**	Malatya	Türkei	**NFO**	Niuafo'ou	Tonga
LZH	Lizhou	China	**MMA**	Malmö	Schweden	**NGB**	Ningbo	China
LZO	Luzhou	China	**MME**	Teesside	Großbritannien	**NGE**	Ngaoundere	Kamerun
MAA	Chennai / Madras	Indien	**MMJ**	Matsumoto	Japan	**NGO**	Nagoya	Japan
MAB	Maraba	Brasilien	**MMK**	Murmansk	Russland	**NGS**	Nagasaki	Japan
MAD	Madrid	Spanien	**MMO**	Maio	Kapverden	**NHA**	Nha-Trang	Vietnam
MAF	Midland Odessa, TX	USA	**MMY**	Miyako Shima	Japan	**NIG**	Nikunau	Kiribati
MAG	Madang	Papua Neu Guinea	**MNI**	Montserrat		**NIM**	Niamey	Niger
MAH	Menorca	Spanien	**MNL**	Manila	Philippinen	**NIX**	Nioro	Mali
MAJ	Majuro	Marshall Inseln	**MNU**	Moulmyne	Myanmar	**NKC**	Nouakchott	Mauretanien
MAM	Matamoros	Mexiko	**MOB**	Mobile, AL	USA	**NKG**	Nanjing	China
MAN	Manchester	Großbritannien	**MON**	Mount Cook	Neuseeland	**NLD**	Nuevo Laredo	Mexiko
MAO	Manaus	Brasilien	**MPK**	Mokpo	Süd-Korea	**NLK**	Norfolk Island	Australien
MAR	Maracaibo	Venezuela	**MPL**	Montpellier	Frankreich	**NLP**	Nelspruit	Südafrika
MAZ	Mayaguez	Porto Rico	**MPM**	Maputo	Mosambik	**NLV**	Nikolaev	Ukraine
MBA	Mombasa	Kenia	**MPM**	Mount Pleasant	Falkland, GB	**NNG**	Nanning	China
MBJ	Montego Bay	Jamaika	**MPW**	Mariupol	Ukraine	**NNY**	Nanyang	China
MCI	Kansas City Intl., MO	USA	**MQL**	Mildura, VI	Australien	**NOU**	Noumea	Neu Kaledonien
MCN	Macon, GA	USA	**MQS**	Mustique	Grenadinen	**NOV**	Huambo	Angola
MCO	Orlando, FL	USA	**MQT**	Marquette, MI	USA	**NOZ**	Novokuznetsk	Russland
MCT	Muskat	Oman	**MRD**	Merida	Venezuela	**NPE**	Napier-Hastings	Neuseeland
MCY	Sunshine Coast, QL	Australien	**MRS**	Marseille	Frankreich	**NQN**	Neuquen	Argentinien
MDE	Medellin J.M.Cordova	Kolumbien	**MRU**	Mauritius		**NRK**	Norrköping	Schweden
MDL	Mandalay	Myanmar	**MRV**	Mineralnye Vody	Russland	**NRL**	North Ronaldsway	Großbritannien
MDQ	Mar del Plata	Argentinien	**MRY**	Monterey, CA	USA	**NRN**	Niederrhein	Deutschland
MDS	Middle Caicos	Turks & Caicos	**MSH**	Masirah	Oman	**NRT**	Tokio - Narita	Japan
MDT	Harrisburg Intl., PA	USA	**MSJ**	Misawa	Japan	**NSB**	Bimini North	Bahamas
MDW	Chicago Midway, IL	USA	**MSO**	Missoula, MT	USA	**NSI**	Yaounde	Kamerun
MDZ	Mendoza	Argentinien	**MSP**	Minneapolis / St.Paul	USA	**NSK**	Norilsk	Russland
MED	Medina	Saudi Arabien	**MSQ**	Minsk Intl.	Weißrussland	**NSN**	Nelson	Neuseeland
MEG	Malange	Angola	**MST**	Maastricht	Niederlande	**NTE**	Nantes	Frankreich
MEL	Melbourne, VI	Australien	**MSU**	Maseru	Lesotho	**NTL**	Newcastle, NSW	Australien

IATA	Ort / Flughafen	Land
NTO	Santo Antao	Kapverden
NTY	Sun City	Südafrika
NUE	Nürnberg	Deutschland
NVK	Narvik	Norwegen
NWI	Norwich	Großbritannien
NYM	Nyngan	Russland
OAK	Oakland, CA	USA
OAX	Oaxaca	Mexiko
OCJ	Ocho Rios	Jamaika
ODE	Odense	Dänemark
ODS	Odessa	Ukraine
OGG	Kahului, HI	USA
OHD	Ohrid	Mazedonien
OIM	Oshima	Japan
OIT	Oita	Japan
OKA	Okinawa	Japan
OKC	Oklahoma City,OK	USA
OKD	Sapporo	Japan
OKI	Oki	Japan
OKJ	Okajama	Japan
OKN	Okondja	Gabun
OLB	Olbia	Italien
OMA	Omaha, NE	USA
OMB	Omboue	Gabun
OME	Nome, AK	USA
OMS	Omsk	Russland
ONT	Ontario, CA	USA
ONX	Colon	Panama
OOL	Goldcoast, QL	Australien
OOM	Cooma, NSW	Australien
OPO	Porto	Portugal
OPS	Sinop	Brasilien
ORB	Orebro	Schweden
ORD	Chicago O'Hare Intl.	USA
ORF	Norfolk, VA	USA
ORK	Cork	Irland
ORL	Orlando, FL	USA
ORN	Oran	Algerien
ORW	Ormara	Pakistan
ORY	Paris -Orly	Frankreich
OSD	Ostersund	Schweden
OSH	Oshkosh, WI	USA
OSL	Oslo	Norwegen
OSR	Ostrava	Tschech. Rep.
OSS	Osh	Kirgistan
OST	Ostende	Belgien
OSW	Orsk	Russland
OSY	Namsos	Norwegen
OTP	Bukarest - Otopeni	Rumänien
OUD	Oujda	Marokko
OUL	Oulu	Finnland
OUZ	Zouerate	Mauretanien
OVB	Novosibirsk	Russland
OVD	Asturias	Spanien
OXB	Bissau	Guinea - Bissau
OZZ	Ouarzazate	Marokko
PAC	Panama City	Panama
PAD	Paderborn	Deutschland
PAP	Port au Prince	Haiti
PAS	Paros	Griechenland
PAT	Patna	Indien
PBC	Puebla	Mexiko
PBD	Porbandar	Indien
PBE	Puerto Berrio	Kolumbien
PBH	Paro	Bhutan
PBI	West Palm Beach, FL	USA
PBM	Paramaribo	Surinam
PBX	Porto Alegre do Norte	Brasilien
PCL	Pucallpa	Peru
PCM	Playa del Carmen	Mexiko
PDG	Padang	Indonesien
PDL	Ponta Delgada, Azor.	Portugal
PDP	Punta del Este	Uruguay
PDX	Portland, OR	USA
PEE	Perm	Russland
PEG	Perugia	Italien
PEI	Pereira	Kolumbien
PEK	Beijing Capital	China
PEM	Puerto Maldano	Peru
PEN	Penang	Malaysia
PER	Perth, WA	Australien
PET	Pelotas	Brasilien
PEW	Peshawar	Pakistan
PFO	Paphos	Zypern
PGF	Perpignan	Frankreich
PHC	Port Harcourt	Nigeria
PHE	Port Hedland, WA	Australien
PHF	Newport News, VA	USA
PHL	Philadelphia, PA	USA
PHR	Pacific Harbour	Fiji
PHX	Phoenix, AZ	USA
PIA	Peoria, IL	USA
PIE	St.Petersburg, FL	USA
PIF	Pingtung	Taiwan
PIH	Pocatello, ID	USA
PIK	Glasgow - Prestwick	Großbritannien
PIT	Pittsburgh, PA	USA
PJM	Puerto Jiminez	Costa Rica
PKC	Petropavlovsk	Russland
PKR	Pokhara	Nepal
PKZ	Pakse	Laos
PLM	Palambang	Indonesien
PLP	La Palma	Panama
PLQ	Palanga	Litauen
PLS	Providenciales	Turks & Caicos
PLW	Palu	Indonesien
PLX	Semipalatinsk	Kasachstan
PLZ	Port Elizabeth	Südafrika
PMA	Pemba	Tansania
PMC	Puerto Montt	Chile
PMF	Parma	Italien
PMI	Palma de Mallorca	Spanien
PMO	Palermo	Italien
PMV	Porlamar	Venezuela
PNA	Pamplona	Spanien
PNH	Phnom Penh	Kambodscha
PNL	Pantelleria	Italien
PNQ	Poona	Indien
PNR	Point Noire	Kongo
PNS	Pensacola, FL	USA
POA	Porto Alegre	Brasilien
POG	Port Gentil	Gabun
POI	Potosi	Bolivien
POL	Pemba	Mosambique
POM	Port Moresby	Papua Neu Guinea
POP	Puerto Plata	Dom. Rep.
POR	Pori	Finnland
POS	Port of Spain	Trinidad & Tobago
POZ	Poznan	Polen
PPG	Pago Pago	Samoa
PPK	Petropavlovsk	Kasachstan
PPN	Popayan	Kolumbien
PPS	Puerto Princesa	Philippinen
PPT	Papeete	Tahiti
PRC	Prescott, AZ	USA
PRG	Prag	Tschech. Rep.
PRH	Phrea	Thailand
PRI	Praslin Island	Seychellen
PRN	Pristina	Kosovo
PSA	Pisa	Italien
PSE	Ponce	Puerto Rico
PSP	Palm Springs, CA	USA
PSR	Pescara	Italien
PSS	Posadas	Argentinien
PTH	Port Heiden, AK	USA
PTP	Pointe-a-Pitre	Guadeloupe
PTY	Panama City Intl.	Panama
PUD	Puerto Deseado	Argentinien
PUJ	Punta Cana	Dom. Rep.
PUQ	Punta Arenas	Chile
PUS	Pusan	Süd-Korea
PUU	Puerto Asis	Kolumbien
PUY	Pula	Kroatien
PVA	Providencia	Kolumbien
PVC	Provincetown, MA	USA
PVD	Providence, RI	USA
PVK	Preveza / Lefkas	Griechenland
PVR	Puerto Vallarta	Mexiko
PXO	Porto Santo, Madeira	Portugal
PXU	Pleiku	Vietnam
PYH	Puerto Ayacucho	Venezuela
PZB	Pietermaritzburg	Südafrika
PZO	Puerto Ordaz	Venezuela
PZU	Port Sudan	Sudan
RAB	Rabaul	Papua Neu Guinea
RAH	Rafha	Saudi Arabien
RAI	Praia	Kapverden
RAK	Marrakesch	Marokko
RAP	Rapid City, SD	USA
RBA	Rabat	Marokko
RBM	Straubing	Deutschland
RBR	Rio Branco	Brasilien
RDU	Raleigh / Durham, NC	USA
REC	Recife	Brasilien
REG	Reggio Calabria	Italien
REK	Reykjavik	Island
REN	Orenburg	Russland
REP	Siem Rap	Kambodscha
RES	Resistencia	Argentinien
REU	Reus	Spanien
RFS	Rosita	Nicaragua
RGL	Rio Gallegos	Argentinien
RGN	Yangoon	Myanmar
RHE	Reims	Frankreich
RHO	Rhodos	Griechenland
RIC	Richmond, VA	USA
RIG	Rio Grande	Brasilien
RIX	Riga	Lettland
RJK	Rijeka	Kroatien
RKT	Ras Al khaimah	VAE
RLG	Rostock - Laage	Deutschland
RMF	Marsa Alam	Ägypten
RNB	Ronneby	Schweden
RNJ	Yoronjima	Japan
RNN	Bornholm	Dänemark
RNO	Reno, NV	USA
RNS	Rennes	Frankreich
ROA	Roanoke, VA	USA
ROC	Rochester, NY	USA
ROK	Rockhampton, QL	Australien
ROS	Rosario	Argentinien
ROT	Rotorua	Neuseeland
ROV	Rostov	Russland
ROW	Roswell, NM	USA
RRG	Rodrgues Island	Mauritius
RSA	Santa Rosa	Argentinien
RST	Rochester, MN	USA
RSU	Josu	Süd-Korea
RSW	Fort Myers, FL	USA
RTM	Rotterdam	Niederlande

IATA	Ort / Flughafen	Land
RTW	Saratov	Russland
RUH	Riyadh	Saudi Arabien
RUN	St.Denis de la Reunion	F-Reunion
RVA	Farafangana	Madagaskar
RVN	Rovaniemi	Finnland
RXS	Roxas	Philippinen
SAB	Saba	Niederl. Antillen
SAC	Sacramento, CA	USA
SAF	Santa Fe, NM	USA
SAH	Sanaa	Jemen
Sal	San Salvador	El Salvador
SAN	San Diego, CA	USA
SAP	San Pedro Sula	Honduras
SAQ	San Andros	Bahamas
SAT	San Antonio, TX	USA
SAV	Savannah, GA	USA
SBA	Santa Barbara, CA	USA
SBH	St. Barthelemy	
SBP	San Luis Obispo, CA	USA
SBW	Sibu	Malaysia
SBZ	Sibiu	Rumänien
SCL	Santiago	Chile
SCN	Saarbrücken	Deutschland
SCQ	Sant. de Campostella	Spanien
SCU	Santiago	Kuba
SCY	San Christobal	Ecuador
SCZ	Santa Cruz Island	Salomon Inseln
SDD	Lubango	Angola
SDF	Louisville, KY	USA
SDJ	Sendai	Japan
SDK	Sandakan	Malaysia
SDL	Sundsvall	Scweden
SDQ	Santo Domingo	Dom. Rep.
SDR	Santander	Spanien
SDU	Rio de Jan. Sant.Dumt.	Brasilien
SEA	Seattle-Tacoma, WA	USA
SEL	Seoul	Süd-Korea
SEZ	Mahe	Seychellen
SFA	Sfax	Tunesien
SFB	Sanford, FL	USA
SFD	San Fernando	Venezuela
SFG	San Martin	Franz.-Antillen
SFL	Sao Filipe	Kapverden
SFN	Santa Fe	Argentinien
SFO	San Francisco, CA	USA
SFS	Subic Bay	Philippinen
SGC	Surgut	Russland
SGD	Sonderburg	Dänemark
SGE	Siegerland	Deutschland
SGN	Ho Chi Minh City	Vietnam
SHA	Shanghai	China
SHE	Shenyang	China
SHJ	Sharjah	VAE
SHO	Sokcho	Süd-Korea
SHV	Shreveport, LA	USA
SIA	Xian	China
SID	Sal	Kapverden
SIN	Singapur	
SIP	Simferopol	Russland
SIT	Sitka, AK	USA
SJB	San Joaquin	Bolivien
SJC	San Jose, CA	USA
SJJ	Sarajevo	Bosnien
SJK	Sao Jose dos Campos	Brasilien
SJL	Sao Gabriel	Brasilien
SJO	San Jose	Costa Rica
SJU	San Juan Intl.	Puerto Rico
SKB	St. Kitts	St.Kitts & Nevis
SKD	Samarkand	Russland
SKG	Thessaloniki	Griechenland
SKN	Stokmarknes	Norwegen
SKP	Skopje	Mazedonien
SKZ	Sukkur	Pakistan
SLC	Salt Lake City, UT	USA
SLL	Salalah	Oman
SLM	Salamanca	Spanien
SLP	San Luis Potosi	Mexiko
SLU	St. Lucia	
SLW	Saltillo	Mexiko
SMA	Santa Maria, Azoren	Portugal
SMI	Samos	Griechenland
SMO	Santa Monica, CA	USA
SNA	Santa Ana, CA	USA
SNN	Shannon	Irland
SOF	Sofia	Bulgarien
SON	Espiritu Santo	Vanuatu
SOU	Southampton	Großbritannien
SPB	St.Thomas	US-Virgin Island
SPC	Santa Cruz	Spanien
SPD	Saidpur	Bangladesh
SPI	Springfield, IL	USA
SPK	Sapporo	Japan
SPN	Saipan	US-Marianen
SPS	Wichita Falls, TX	USA
SPU	Split	Kroatien
SQO	Storuman	Schweden
SRA	Santa Rosa	Brasilien
SRE	Sucre	Brasilien
SRP	Stord	Norwegen
SRQ	Sarasota / Bradenton	USA
SRZ	Santa Cruz	Bolivien
SSA	Salvador	Brasilien
SSB	St.Croix	US-Virgin Island
SSH	Sharm El Sheik	Ägypten
SSX	Samsun	Türkei
STD	Santo Domingo	Venezuela
STL	St. Louis, MO	USA
STN	London Stansted	Großbritannien
STR	Stuttgart	Deutschland
STW	Stavropol	Russland
SUB	Surabaya	Indonesien
SUF	Lamezia Terme	Italien
SUH	Suhr	Oman
SUV	Suva	Fiji
SUX	Sioux City, IA	USA
SVD	St. Vincent	
SVG	Stavanger	Norwegen
SVJ	Svolvaer	Norwegen
SVO	Moskau Sheremetyevo	Russland
SVQ	Sevilla	Spanien
SVX	Jekatharinenburg	Russland
SVZ	San Antonio	Venezuela
SWA	Shantou	China
SWP	Swakopmund	Namibia
SXB	Straßburg	Frankreich
SXF	Berlin Schönefeld	Deutschland
SXL	Sligo	Irland
SXM	Sint Maarten	Niederl.-Antillen
SXR	Srinagar	Indien
SYD	Sydney, NSW	Australien
SYR	Syracruse, NY	USA
SYZ	Shiraz	Iran
SZG	Salzburg	Österreich
SZX	Shenzen	China
SZZ	Szczecin	Polen
TAC	Tacloban	Philippinen
TAE	Taegu	Süd-Korea
TAI	Taiz	Jemen
TAK	Takamatsu	Japan
TAM	Tampico	Mexiko
TAO	Qingdao	China
TAS	Taschkent	Usbekistan
TBO	Tabora	Tansania
TBS	Tiflis	Georgien
TBU	Tongatapu	Tonga
TBZ	Täbris	Iran
TCP	Taba	Ägypten
TCL	Tuscaloosa, AL	USA
TER	Terceira, Azoren	Portugal
TET	Tete	Mosambik
TEU	The Anau	Neuseeland
TEZ	Tezpur	Indien
TFF	Tefe	Brasilien
TFN	Teneriffa, Nord	Spanien
TFS	Teneriffa, Süd	Spanien
TGU	Tegucigalpa	Honduras
THF	Berlin Tempelhof	Deutschland
THR	Tehran	Iran
TIA	Tirana	Albanien
TIE	Tippi	Äthiopien
TIF	Taif	Saudi Arabien
TIJ	Tijuana	Mexiko
TIV	Tivat	Serbien
TJK	Tokat	Türkei
TJM	Tyumen	Russland
TKK	Truk	Karolinen Inseln
TKS	Tokushima	Japan
TKU	Turku	Finnland
TLH	Tallahassee, FL	USA
TLL	Tallinn	Estland
TLN	Toulon	Frankreich
TLS	Toulouse	Frankreich
TLV	Tel Aviv	Israel
TME	Tame	Kolumbien
TMP	Tampere	Finnland
TMR	Tamanrasset	Algerien
TMS	Sao Thome	
TMU	Tambor	Costa Rica
TMW	Tamworth, NSW	Australien
TNA	Jinan	China
TNG	Tanger	Marokko
TNN	Tainan	Taiwan
TNR	Antananarivo	Madagaskar
TOE	Tozeur	Tunesien
TOL	Toledo, OH	USA
TOM	Timbuktu	Mali
TOS	Tromsoe	Norwegen
TPA	Tampa, FL	USA
TPE	Taipei	Taiwan
TRC	Torreon	Mexiko
TRD	Trondheim	Norwegen
TRF	Sandeford (Torp)	Norwegen
TRI	Tri-Cieties, TN	USA
TRN	Turin	Italien
TRS	Triest	Italien
TRU	Trujillo	Peru
TRV	Trivandrum	Indien
TRW	Tarawa	Kiribati
TSA	Taipei Sung Shan	Taiwan
TSJ	Tsushima	Japan
TSN	Tianjin	China
TSR	Timisoara	Rumänien
TST	Trang	Thailand
TSV	Townsville, QL	Australien
TTT	Taitung	Taiwan
TTU	Tetouan	Marokko
TUC	Tucuman	Argentinien
TUF	Tours	Frankreich
TUL	Tulsa, OK	USA
TUN	Tunis	Tunesien

IATA	Ort / Flughafen	Land
TUS	Tucson, AZ	USA
TXG	Taichung	Taiwan
TXK	Texarkana, AR	USA
TXL	Berlin Tegel	Deutschland
TYL	Talara	Peru
TYN	Taiyuan	China
TYS	Knoxville, TN	USA
TZN	South Andros	Bahamas
TZX	Trabzon	Türkei
UAK	Narsarsuaq	Grönland
UBJ	Ube	Japan
UCA	Utica, NY	USA
UDI	Uberlandia	Brasilien
UDR	Udaipur	Indien
UET	Quetta	Pakistan
UFA	Ufa	Russland
UIO	Quito	Ecuador
UIP	Quimper	Frankreich
ULB	Ulei	Vanuatu
ULN	Ulan Bator	Mongolei
UMD	Uummannag	Grönland
UME	Umea	Schweden
UMR	Woomera, SA	Australien
URA	Uralsk	Kasachstan
URC	Urumqi	China
URO	Rouen	Frankreich
URT	Surat Thani	Thailand
URY	Gurayat	Saudi Arabien
USH	Ushuaia	Argentinien
USM	Koh Samui	Thailand
USN	Ulsan	Süd-Korea
UTP	Utapao	Thailand
UUD	Ulan Ude	Russland
UYN	Yulin	China
VAA	Vaasa	Finnland
VAN	Van	Türkei
VAR	Varna	Bulgarien
VAS	Sivas	Türkei
VBY	Visby	Schweden
VCE	Venedig	Italien
VCT	Victoria, TX	USA
VDB	Fagernes	Norwegen
VER	Vera Cruz	Mexiko
VEY	Vestmannaeyjar	Island
VFA	Victoria Falls	Zimbabwe
VGO	Vigo	Spanien
VIE	Wien	Österreich
VIX	Vitoria	Brasilien
VKO	Moskau Vnukovo	Russland
VKT	Vorkuta	Russland
VLC	Valencia	Spanien
VLI	Port Vila	Vanuatu
VLN	Valencia	Venezuela
VON	Wilnius	Littauen
VNS	Varanasi	Indien
VNY	Van Nuys, CA	USA
VOG	Wolgograd	Russland
VOZ	Voronzesh	Russland
VPZ	Valparaiso, IN	USA
VRA	Varadero	Kuba
VRN	Verona	Italien
VSA	Villahermosa	Mexiko
VST	Vasteras	Schweden
VTE	Vientiane	Laos
VVC	Villavicencio	Kolumbien
VVI	Santa Cruz Viru Viru	Bolivien
VVO	Wladiwostock	Russland
VXE	Sao Vicente	Kapverden
VXO	Vaxjo	Schweden
WAT	Waterford	Irland
WAW	Warschau	Polen
WDH	Windhoek	Namibia
WEF	Weifang	China
WGA	Wagga Wagga, NSW	Australien
WIL	Nairobi Wilson	Kenia
WKA	Wanaka	Neuseeland
WLG	Wellington	Neuseeland
WNZ	Wenzhou	China
WRO	Wroclaw	Polen
WUH	Wuhan	China
WUZ	Wuzhou	China
WVB	Walvis Bay	Namibia
WXN	Wanxian	China
WYN	Wyndham, WA	Australien
XCH	Christmas Island	Australien
XFN	Xiangfan	China
XMN	Xiamen	China
XNN	Xining	China
XRY	Jerez de la Frontera	Spanien
XSP	Singapur Seletar	
YAB	Arctic Bay	Kanada
YAM	Sault St.Marie, OT	Kanada
YAO	Yaounde	Kamerun
YAP	Yap	Karolinen Inseln
YBA	Banff, AL	Kanada
YBC	Baie Comeau, QU	Kanada
YBE	Uranium City	Kanada
YBL	Campbell River	Kanada
YBX	Blanc Sablon	Kanada
YDA	Dawson City	Kanada
YDF	Deer Lake	Kanada
YDQ	Dawson Creek	Kanada
YEG	Edmonton	Kanada
YEV	Inuivik	Kanada
YFB	Iqualit	Kanada
YFC	Fredericton	Kanada
YFS	Fort Simpson	Kanada
YGP	Gaspe, QU	Kanada
YHG	Charlottetown, NF	Kanada
YHM	Hamilton	Kanada
YHY	Hay River	Kanada
YHZ	Halifax	Kanada
YJT	Stephanville, NF	Kanada
YKA	Kamloops	Kanada
YKL	Schefferville	Kanada
YKM	Yakima, WA	USA
YKS	Yakutsk	Russland
YLW	Kelowna	Kanada
YMM	Fort McMurray, AB	Kanada
YMX	Montreal - Mirabel	Kanada
YNJ	Yanji	China
YNT	Yantai	China
YOL	Yola	Nigeria
YOW	Ottawa	Kanada
YPA	Prince Albert	Kanada
YPR	Prince Rupert	Kanada
YQB	Quebec	Kanada
YQI	Yarmouth, NS	Kanada
YQG	Windsor	Kanada
YQK	Kenora	Kanada
YQL	Lethbridge, AL	Kanada
YQL	Monton, NB	Kanada
YQQ	Comox, BC	Kanada
YQR	Regina	Kanada
YQT	Thunder Bay	Kanada
YQU	Grande Prairie, AB	Kanada
YQX	Gander	Kanada
YSB	Sudbury	Kanada
YSJ	St. John	Kanada
YSM	Fort Smith, NT	Kanada
YTS	Timmins	Kanada
YTZ	Toronto City Centre	Kanada
YUL	Montreal - Dorval	Kanada
YUM	Yuma, AZ	USA
YUT	Repulse Bay, NT	Kanada
YVA	Moroni	Komoren
YVO	Val d'Or	Kanada
YVR	Vancouver	Kanada
YWG	Winnipeg	Kanada
YWK	Wabush, NF	Kanada
YXE	Saskatoon	Kanada
YXT	Terrace, BC	Kanada
YXU	London, OT	Kanada
YXX	Abbotsford, BC	Kanada
YXY	Whitehorse	Kanada
YYB	North Bay	Kanada
YYC	Calgary	Kanada
YYJ	Victoria	Kanada
YYQ	Churchill	Kanada
YYR	Goose Bay	Kanada
YYT	St.Johns	Kanada
YYZ	Toronto Lester Pearson	Kanada
YZF	Yellowknife	Kanada
YZR	Sarnia	Kanada
YZV	Sept-Iles	Kanada
ZAD	Zadar	Kroatien
ZAG	Zagreb	Kroatien
ZAM	Zamboango	Philippinen
ZAZ	Saragossa	Spanien
ZBF	Bathurst	Kanada
ZCC	Baden-Baden	Deutschland
ZCO	Temuco	Chile
ZHA	Zhanjiang	China
ZLO	Manzanillo	Mexiko
ZNE	Newman, WA	Australien
ZNZ	Sansibar	Tansania
ZQN	Queenstown	Neuseeland
ZRH	Zürich	Schweiz
ZTH	Zakhinthos	Griechenland
ZUH	Zhuhai	China
ZZU	Mzuzu	Malawi

IATA / ICAO-Codes

Dreilettercode von Fluggesellschaften (IATA-Kennung in Klammer)

AAH	Aloha Airlines (AQ)
AAL	American Airlines (AA)
AAR	Asiana (OZ)
AAW	Afriqiyah Airways (8U)
AAY	Allegiant Air (G4)
ABD	Air Atlanta Iceland (CC)
ABG	Abakan-Avia
ABH	Aebal (DF)
ABO	APSA Colombia
ABR	Air Contractors (AG
ABX	ABX Air (GB)
ACA	Air Canada (AC)
ACD	Academy Airlines
ACI	Air Caledonie Intl. (SB)
ACO	Air Colombia
ACQ	Aerocontinente (N6)
ADB	Antonov Airlines
ADH	Air One (AP)
ADK	ADC Airlines
ADO	Air Hokkaido Intl. (HD)
ADR	Adria Airways (JP)
AEA	Air Europa (UX)
AEE	Aegean Aviation
AEF	Aero Lloyd (YP)
AEH	Aviaexpress (RX)
AER	Alaska Central Express (KO)
AES	ACES Colombia (VX)
AEU	Astraeus
AEW	Aerosvitt Airlines (VV)
AFE	Airfast Indonesia
AFG	Ariana Afghan Airlines (FG)
AFK	Afrik Airlines
AFL	Aeroflot Russian Airlines (SU)
AFM	Affretair (ZL)
AFO	Aero Empresa Mexicana
AFP	TAM
AFR	Air France (AF)
AGL	Air Angouleme
AGN	Air Gabon (GN)
AGO	Angola Air Charter (C3)
AGU	Air Guadeloupe (OG)
AGV	Air Glaciers (GB)
AGX	Aviogenex (JJ)
AHA	Air Alpha (GD)
AHC	Azal Cargo Air
AHG	Aerochaga Airlines
AHK	Air Hongkong (LD)
AHR	Air Adriatic
AHY	Azerbaijan Airlines (J2)
AIC	Air India (AI)
AIE	Air Inuit (3H)
AIG	Air Inter Gabon
AIK	African Airlines International
AIN	African International Airways
AIP	Alpine Air (5A)
AIS	Aeris (SH)
AIX	Aircruising Australia
AIZ	Arkia (IZ)
AJI	Ameristar Jet Charter
AJM	Air Jamaica (JM)
AJT	Amerijet (JH)
AJX	Air Japan (NQ)
AKK	Aklak Air (6L)
AKL	Air Kilroy
AKN	Alkan Air
AKR	Arctic Air (8A)
AKT	Karat (2U)
ALG	Air Logistics
ALK	rilankan (UL)
ALO	Allegheny Airlines (US)
ALX	HBA Hewa Bora
AMC	Air Malta (KM)
AMF	Ameriflight
AMI	Air Maldives (L6)
AMK	Amerer Air
AML	Air Malawi (QM)
AMM	Air 2000 (DP)
AMO	Air Montreal (F8)
AMT	American Trans Air (TZ)
AMU	Air Macau (NX)
AMC	Aeromexico (AM)
AMV	AMC Aviation
AMW	Air Midwest (ZV)
AMX	Aeromexico (AM)
ANA	ANA-All Nippon Airways (NH)
ANG	Air Niugini (PX)
ANI	Air Atlantic Cargo
ANK	Air Nippon (EL)
ANO	Air North Regional (TL)
ANS	Air Nostrum (YW)
ANT	Air North (4N)
ANZ	Air New Zealand (NZ)
AOD	Aero Vodochody
AOK	Aeroatlantico
AOO	AS Aviakompania
APB	Air Atlantique (KI)
APC	Airpac Airlines (LQ)
APO	Aeropro
APP	Aeroperlas (WL)
APR	Air Provence International
APT	LAP Colombia
ARB	Avia Air (8R)
ARE	Aires Colombia (4C)
ARG	Aerolineas Argentinas (AR)
ARK	Ararat Avia (4A)
ARN	Air Nova (QK)
ARP	L'Aeroposte
ASA	Alaska Airlines (AS)
ASE	ASA-Delta Connection (EV)
ASF	Air Schefferville
ASH	Mesa Airlines (YU)
ASJ	Air Satellite
ASM	Air Saint Martin (S6
ASU	Aerosur
ASW	Air Southwest
ATC	Air Tanzania (TC)
ATK	Aerotaca Colombia
ATN	Air Transport International (8C)
ATT	Aer Turas Teorante
AUA	Austrian Airlines (OS)
AUB	Augsburg Airways (IQ)
AUI	Ukraine International Airlines (PS)
AUL	AVL (5N)
AUR	Aurigny Air Services (GR)
AVA	Avianca Columbia (AV)
AVE	Avensa (VE)
AVN	Air Vanuatu (NF)
AVZ	Aeroservice Kazakstan
AWC	Titan Airways
AWE	America West Airlines (HP)
AWI	Air Wisconsin-United Express
AWS	Arab Wings
AWT	Air West
AXF	Asian Express Airlines (HJ)
AXL	KLM Exel (4X)
AXM	Air Asia (AK)
AXX	Avioimpex (M4)
AYZ	Atlant Soyuz Airlines (3G)
AZA	Alitalia (AZ)
AZI	Azzurraair (ZS)
AZL	Air Zanzibar
AZM	Aerocozumel (AZ)
AZW	Air Zimbabwe (UM)
BAG	Deutsche BA (DI)
BAL	Britannia Airways (BY)
BAW	British Airways (BA)
BBC	Biman Bangladesh (BG)
BBR	Santa Barbara Airlines (BJ)
BCS	European Air Transport (QY)
BCY	City Jet (WX)
BER	Air Berlin (AB)
BES	Aero Services Executive (W4)
BFC	Basler Airlines
BFF	Air Nunavut
BFL	Buffalo Airways (J4)
BGA	Airbus Transport International
BGM	Tatarstan Air Enterprise
BHO	Bhoja Airlines (B4)
BHS	Bahamasair (UP)
BIE	Air Mediterranee
BIM	Binter Mediterraneo (AX)
BKL	Baikal Airlines (X3)
BKP	Bangkok Airways (PG)
BKU	Bykovo Avia
BLC	TAM-Express (JJ)
BLI	Belair
BLL	Baltic Airlines
BLR	Atlantic Coast Airlines (DH)
BLS	Bearskin Airlines (JV)
BLV	Bellview Airlines (B3)
BLX	Britannia Airways (6B)
BMA	British Midland (BD)
BOA	Boniair
BOI	Aboitiz Air
BON	Air Bosna (JA)
BOT	Air Botswana (BP)
BOU	Bouraq Indonesia (BO)
BPA	Blue Panorama (9S)
BRA	Braathens (BU)
BRD	Brock Air Service
BRG	Bering Air (8E)
BRO	Base Airlines (5E)
BRT	British Regional Airlines (TH)
BRU	Belavia (B2)
BRY	Brymon European Airw. (BC)
BRZ	Samara Airlines (E5)
BSK	Miami Air (GL)
BSY	Big Sky Airlines (GQ)
BTA	Continental Express (CO)
BTC	BAL-Bashkirski (V9)
BTH	Air Saint Barthelmy (OJ)
BTI	Air Baltic (BT)
BUK	Buckley Air
BVT	Berjaya Air (J8)
BVU	Bellview Airlines
BWA	BWIA International (BW)
BZH	Brit Air (DB)
CAG	CNAC-Zhejiang Airlines (F6)
CAL	China Airlines (CI)
CAM	Camai Air (R9)
CAV	Calm Air (MO)

CAW	Comair (MN)
CAY	Cayman Airways (KX)
CBB	Air Caribbean (C2)
CBE	Aerocaribe (QA)
CBF	China Northern Airlines (CJ)
CBJ	Caribjet
CCA	Air China (CA)
CCI	Capital Cargo International (PT)
CCM	Compagnie Corse Mediterranee (XK)
CCP	Champion Air (MG
CDG	Shandong Airlines (SC)
CDL	CC Air (ED)
CDP	Aero Condor (P2)
CDS	Central District Airlines
CES	China Eastern Airlines (MU)
CET	Centralafrican Airlines (GC)
CFG	Condor (DE)
CFJ	Fujian Airlines (IV)
CFZ	Zhongfei Airlines
CGH	Air Guizhou
CGT	CNG Transavia
CHB	Chelyabinsk Air Enterprise (H6)
CHH	Hainan Airlines (H4)
CHJ	Chaika Aircompany
CHP	Aviacsa (6A)
CHQ	Chautauqua Airlines (US)
CIB	Condor-Berlin
CIC	ICC Air Cargo Canada
CIM	Cimber Air (QI)
CIR	Artic Circle Air Service
CKS	Kalitta American Intl. Airw. (CB)
CLC	Classic Air
CLG	Chalair (M6)
CLH	Lufthansa Cityline (CL)
CLT	Air Caribbean (XC)
CLX	Cargolux (CV)
CMI	Continental Micronesia (GS)
CMP	Copa Panama (CM)
CNA	Centennial Airlines (BE)
CNJ	Nanjing Airlines (3W)
CNK	Sunwest International
CNM	Canarias Regional (FW)
CNW	China Northwest Airl. (WH)
COA	Continental Airlines (CO)
COM	Comair (OH)
CPA	Cathay Pacific (CX)
CPI	Cebu Pacific Air (5J)
CRC	Conair Aviation
CRF	Crimea Air (OR)
CRG	City Link Airlines
CRL	Corse Air (SS)
CRN	Aero Caribbean
CRQ	Air Creebec (YN)
CRX	Crossair (LX)
CSA	CSA (OK)
CSB	Air Commerce
CSC	Sichuan Airlines (3U)
CSH	Shanghai Airlines (FM)
CSN	China Southern Airl. (CZ)
CSO	Casino Airlines
CSZ	Shenzhen Airlines (4G)
CTH	China General Aviation (GP)
CTN	Croatia Airlines (OU)
CTP	Tapo Avia (PQ)
CTZ	CATA-Lineas Aerea
CUA	China United Airlines (HR)
CUB	Cubana (CU)
CUT	Court Air
CVA	Air Chathams (CV)
CVU	Grand Canyon Airlines
CWC	Challenge Air Cargo (WE)
CWU	Wuhan Air Lines (WU)
CXA	Xiamen Airlines (MF)
CXH	China Xinhua Airlines (X2)
CXI	Shanxi Aviation (BC)
CXJ	China Xinjiang Airlines (XO)
CXN	China Southwest Airl. (SZ)
CXP	Casino Express (XP)
CXT	Coastal Air Transport (DQ)
CYH	ChinaYunnan Airlines (3Q)
CYN	Zhongyuan Airlines (Z2)
CYP	Cyprus Airways (CY)
DAG	Daghestan Airlines
DAH	Air Algerie (AH)
DAL	Delta Air Lines (DL)
DAN	Maersk Air (DM)
DAO	Daallo Airlines (D3)
DAT	DAT Delta Air Transport
DAZ	DAS Air Cargo
DBY	Britannia Airways (BN)
DHL	DHL Airways (ER)
DHX	DHL Aviation (ES)
DJU	Air Dijibouti (DY)
DLA	Air Dolomiti (EN)
DLH	Lufthansa (LH)
DMO	Domodedovo Airlines (E3)
DNM	Denim Air (3D)
DNV	Donavia (D9)
DOA	Dominicana de Aviacion (DO)
DOB	Dobrolet Airlines
DRG	Italair (B8)
DRK	Druk Air (KB)
DSB	Air Senegal (DS)
DSR	DAS Air Cargo (SE)
DTA	TAAG Angola Airlines (DT)
DTR	Danish Air Transport (DX)
EAA	TAAN
EAQ	Eastern Australia Airlines
EAT	Air Transport Europe
EAV	Eagle Airlines (ZN)
ECA	Eurocypria Airlines (UI)
ECC	Crossair Europe (QE)
EDW	Edelweiss Air
EEA	Ecuatoriana (EU)
EEU	Eurofly Service
EEX	Avanti Air
EEZ	Eurofly (GJ)
EGF	American Eagle Airlines
EIA	Evergreen Intl.Airlines (EZ)
EIN	Aer Lingus (EI)
ELG	Alpi Eagles (E8)
ELK	Elk Airways (S8)
ELL	Estonian Air (OV)
ELO	Eurolot
EKP	Aerolineas Ejecutivas
ELV	TANS
ELY	EL AL Israel Airlines (LY)
ENI	Enimex
ENW	Airnor
EQA	Eagle Aviation (Y4)
EQL	Air Sao Thome & Principe (KY)
ERG	Aviaenergo
ERH	ERA Aviation (7H)
ERT	Red Sea Air
ESL	East Line Airlines (P7)
ETH	Ethiopian Airlines (ET)
EUA	ERA (E5)
EUL	Euralair (RN)
EVA	Eva Air (BR)
EWG	Eurowings (EW)
EWW	Emery Worldwide (GJ)
EXS	Channel Express (LS)
EXT	Night Express Luftverkehr
EXY	South African Express Airways
EZY	Easyjet Airline (U2)
FAB	First Air (7F)
FAJ	Air Fiji (PC)
FAO	Falcon Air Express (F2)
FAT	Farner Air Transport
FBF	Fine Air (FB)
FCN	Falcon Aviation (IH)
FDX	Fed Ex (FX)
FEA	Far Eastern Air Transp. (EF)
FFR	Fischer Air (8F)
FFT	Frontier Airlines (F9)
FIN	Finnair (OY)
FJI	Air Pacific (FJ)
FLI	Atlantic Airways (RC)
FOM	Freedom Air Intl.
FRN	Tulip Air Charter
FRS	Flandre Air (IX)
FSC	Four Star Aviation (HK)
FUA	Futura Intl.Airways (FH)
FWI	Air Guadeloupe (TX)
FWL	Florida West Airlines (RF)
FWQ	Flight West Airlines (YC)
FXI	Flugfelag Islands (NY)
GAP	Air Philippines (2P)
GAW	Gambia Airways
GBL	GB Airways (GT)
GBU	Air Bissau (YZ)
GCO	Gemini Air Cargo (GR)
GDI	Grandair (8L)
GEC	Lufthansa Cargo (LH)
GFA	Gulf Air (GF)
GFT	Gulfstream International (3M)
GHA	Ghana Airways (GH)
GIA	Garuda Indonesia (GA)
GIB	Air Guinee (GI)
GIL	Gill Airways (9C)
GIO	Regionair (RH)
GLA	Great Lakes Airlines (ZK)
GLB	Trans Global
GMI	Germania Fluggesellschaft (ST)
GNT	British Midland Commuter
GRL	Groenlandsfly (GL)
GRO	Allegro Air
GTI	tlas Air (5Y)
GTV	Aerogaviota
GUG	Aviateca (GU)
GYA	Guyana Airways (GY)
GZP	Gazpromavia
HAL	Hawaiian Air (HA)
HAR	Harbour Airlines (HB)
HCB	Helenair
HDA	Dragonair (KA)
HHI	Hamburg International
HJA	Air Haiti
HLF	Hapag-Lloyd Flug (HF)
HLQ	Harlequin Air
HMS	Hemus Air (DU)
HRH	Royal Tongan Airlines (WR)
HTT	Air Tchad
HVN	Vietnam Airlines (VN)
IAC	Indian Airlines (IC)
IAW	Iraqi Airways (IA)
IBB	Binter Canaris (NT)
IBE	Iberia (IB)
ICB	slandsflug (HH)
ICE	Icelandair (FI)
ICL	CAL Cargo Air Lines
ILM	Inter Air (D6)
IMX	Zimex Aviation (MF)

INI	Benair
IRA	Iran Air (IR)
IRB	Iran Airtours
IRC	Iran Aseman Airlines
IRK	Kish Air (KN)
IRM	Mahan Air
ISR	Israir
ISS	Meridiana (IG)
IST	Istanbul Airlines (IL)
ISV	Islenia Airlines
IWD	Iberworld (TY)
IYE	Yemenia Airways (IY)
JAA	Japan Asia Airways (EG)
JAC	Japan Air Commuter (JN)
JAI	Jet Airways Ltd. (9W)
JAK	Jana Arka
JAL	Japan Airlines (JL)
JAT	JAT-Yugoslav Airlines (JU)
JAZ	Japan Air Charter (JZ)
JEA	Jersey European Airw. (JY)
JEM	Emerald Airways (G3)
JEX	JAL Express (JC)
JKK	Spanair (JK)
JLH	Jet Link Holland
JMC	JMC Airlines
JMX	Air Jamaica Express
JSC	Airstan
JTA	Japan Transocean Air
JUS	USA Jet Airlines
KAC	Kuwait Airways (KU)
KAL	Korean Air (KE)
KBA	Ken Borek Airlines (4K)
KDA	Kendell Airlines (KD)
KFA	Kelowna Flightcraft
KFB	Air Botnia (KF)
KGA	Kyrghyzstan Airlines (K2)
KHA	Kitty Hawk Air Cargo (KR)
KHB	Dalavia (H8)
KIL	Kuban Airlines (GW)
KIS	Contact Air (3T)
KJC	Kras Air
KKB	Air South (WV)
KLA	Air Lithuania (TT)
KLC	KLM Cityhopper (HN)
KLM	KLM Royal Dutch Airl. (KL)
KLN	Kaliningrad Avia (K8)
KOR	Air Koryo (JS)
KQA	Kenia Airways (KQ)
KRE	Aerosucre
KSM	Kosmos Aviakompania
KYV	Kibris Turkish Airlines (YK)
KZK	Air Kazakhstan
LAA	Libyan Arab Airlines (LN)
LAJ	British Mediterranean (KJ)
LAL	Air Labrador (WJ)
LAM	Linhas Aereas Mocambique (TM)
LAN	LAN Chile (LA)
LAO	Lao Aviation (QV)
LAP	TAM Paraguayas (PZ)
LAV	Aeropostal (VH)
LBC	Albanian Airlines (7Y)
LBT	Nouvelair Tunisie
LCI	Lufthansa Hinduja Cargo India (LF)
LCO	Ladeco (UC)
LDA	Lauda Air (NG)
LDE	LADE (LD)
LDI	Lauda Air SpA (L4)
LFA	Alfa Hava Yollari (H7)
LGL	Luxair (LG)
LGW	Luftfahrtgesellschaft Walther (HE)
LHN	Express One Intl. (EO)
LIA	Liat Caribbean Airlines (LI)
LIL	Lithuanian Airlines (TE)
LIT	Air Littoral (FU)
LKR	Laker Airways (6F)
LLB	Lloyd Aereo Boliviano (LB)
LOF	Trans States Airlines (9N)
LOG	Loganair (LC)
LOT	LOT Polish Airlines (LO)
LPR	LAPA (MJ)
LRC	Lacsa (LR)
LTP	Latpass Airlines (QI)
LTU	LTU Intl. Airways (LT)
LYC	Lynden Air Cargo (L2)
MAA	MAS Air Cargo (MY)
MAH	Malev Hungarian Airl. (MA)
MAK	MAT-Macedonian Airlines (M7)
MAS	Malaysia Airlines (MH)
MAU	Air Mauritius (MK)
MDG	Air Madagascar (MD)
MDJ	JARO International (JT)
MDL	Mandala Airlines (RI)
MDS	MED Airlines (M8)
MDV	Moldavian Airlines (2M)
MEA	Middle East Airlines (ME)
MEP	Midwest Express (YK)
MES	Mesaba (XJ)
MFZ	Mofaz Air
MGL	Miat Mongolian Airl. (OM)
MKA	MK Airlines (7G)
MLD	Air Moldova (9U)
MLI	Air Mali (L9)
MLV	Air Modova Intl. (3R)
MNA	Merpati (MZ)
MNB	MNG Cargo Airlines (MB)
MNX	Manx Airlines (JG)
MON	Monarch Airlines (ZB)
MPD	Air Plus Comet (2Z)
MPH	Martinair Holland (MP)
MRS	Air Marshall Islands (CW)
MRT	Air Mauritanie (MR)
MSK	Maersk Air(VB)
MSR	Egypt Air (MS)
MTL	RAF Avia
MTM	MTM Aviation
MVD	KMV (KV)
MWT	Midwest Aviation
MXA	Mexicana (MX)
MTS	Mahfooz Aviation (M2)
NAC	Northern Air Cargo (HU)
NAO	North American Airl. (XG)
NCA	Nippon Cargo Airlines (KZ)
NGA	Nigeria Airways (WT)
NIS	Nica (6Y)
NJS	National Jet Systems (NC)
NKS	Spirit Airlines (NK)
NMB	Air Namibia (SW)
NRX	Filder Air Service
NTR	TNT Intl. Aviation Service
NTS	Cirrus Air
NTW	Nationwide Airlines (CE)
NWA	Northwest Airlines (NW)
NZM	Mount Cook Airline (NM)
OAC	Oriental Airways
OAE	Omni Air (X9)
OAL	Olympic Airways (OA)
OCA	Aserca Airlines (R7)
ODS	Odessa Airlines (5K)
OEA	Orient Thai Airlines (OX)
OHY	Onur Air (8Q)
OIR	Slov Air
OKJ	Okada Air (9H)
OLT	Ostfriesische Lufttransport (OL)
OLY	Olympic Aviation (7U)
OMA	Oman Air
OMS	Omsk Avia
ONT	Air Ontario (GX)
ORB	Orenburg Airlines
ORC	Air Cordial
ORF	Oman Royal Flight (RS)
ORM	Orel Air Enterpise
ORZ	Zorex Air Transport
OSL	Sosoliso Airlines
OST	Alania Airline
OVA	Aeronova
OWL	Miami Valley Aviation
OXE	Gregg Air
OZU	Khozu-Avia
PAA	Pan Am
PAC	Polar Air Cargo (PO)
PAL	Philippines (PR)
PAO	Polynesian Airlines (PH)
PAR	Spair Air Transport (S4)
PAS	Pelita Air Service (EP)
PAV	VIP Avia
PAX	Pan Air
PBU	Air Burundi (PB)
PCO	Pacific Coastal (8P)
PEG	Pelangi Air (9P)
PFC	Pacific Intl. Airlines
PGA	PGA-Portugalia (NI)
PGP	Perm Airlines
PGT	Pegasus Airlines
PIA	Pakistan Intl.Airlines (PK)
PLA	Polynesian Airways (PH)
PLK	Pulkovo Aviation (Z8)
PMI	Air Europa Express
PNW	Palestinian Airlines (PF)
PRH	Pro Air (P9)
PTB	Passaredo (Y8)
PTN	Pantanal (P8)
PUA	Pluna (PU)
PUB	Aeropublic
PVV	Continental Airways (PC)
PXA	Pecotox Air
PYR	Pyramid Airlines
QAC	Quatar Air Cargo
QAF	Quatar Amiri Flight
QFA	Qantas (QF)
QLA	Aviation Quebec Labrador (QC)
QNK	Kabo Air (9H)
QQA	Alliance Airlines (QQ)
QSC	ASA African Safari
QTR	Qatar Airways Co. (Q7)
QXE	Horizon Air (QX)
RAM	Royal Air Maroc (AT)
RBA	Royal Brunei (BI)
RDN	Dinar (D7)
RGI	Regional Airlines (VM)
RIT	Asian Spirit
RJA	Royal Jordan an (RJ)
RKA	Air Afrique (RK)
RLD	RAS-Flug (RW)
RME	Armenian Airlines (R3)
RMV	Romavia (VQ)
RNA	Royal Nepal Airlines (RA)
ROM	Aeromar Airlines (BQ)
RON	Air Nauru (ON)
ROT	Tarom (RO)
RPB	Aerorepublica (P5)
RQX	Air Engadina/ KLM Alps (RQ)
RSL	Rio Sul (SL)
RSN	Royal Swazi Natl. Airways

SAM	Sam Columbia (MM)
SAS	Scandinavian (SK)
SAT	Sata Air Acores (SP)
SAY	Scott Airways (CB)
SBI	Sibir Airlines (S7)
SBY	Tempelhof Express (FC)
SBZ	Scibe Airlift Zaire (ZM)
SCH	Schreiner Airways (AW)
SCI	Special Cargo Airways (C7)
RTL	Rheintalflug (WG)
RUS	Cirrus Airlines (C9)
RVV	Reeve Aleutian Airways (RV)
RWD	Alliance Air Express
RYN	Ryan International Airlines
RYR	Ryanair (FR)
RZO	SATA International (S4)
SAA	South African Airways (SA)
SAI	Shaheen International (NL)
SCW	Braathens Malmö Aviation (BU)
SCX	Sun Country Airlines (SY)
SER	Aero California (JR)
SEU	Star Airlines (2R)
SEY	Air Seychelles (HM)
SFB	Air Sofia (CT)
SFR	Safeair (FA)
SGL	Senegal Air
SHK	Shoruk Air (7Q)
SIA	Singapore Airlines (SQ)
SIB	Sibaviatrans (5M)
SIC	Air Sicilia (BM)
SKW	Skywest-Delta Connection (OO)
SKY	Skymark Airlines (BC)
SLK	Silkair (MI)
SLL	Slovak Airlines (6Q)
SLM	Surinam Airways (PY)
SLR	Sobelair (S3)
SNB	Sterling European Airl. (NB)
SNZ	Santa Cruz Imperial
SOL	Solomon Airlines (IE)
SPA	Sierra Pacific Airlines (SI)
STU	STAF (FS)
SUD	Sudan Airways (SD)
SUF	Sunflower Airlines (PI)
SUZ	Premiair Charter
SVA	Saudia (SV)
SVR	Ural Airlines (U6)
SVV	Servivensa (VC)
SWA	Southwest Airlines (WN)
SWD	Southern Winds (A4)
SWL	SAE Swe Aviation
SXS	Sunexpress (XQ)
SYR	Syrianair (RB)
TAB	Taba (TT)
TAE	Tame (EQ)
TAI	TACA Intl. Airlines (TA)
TAJ	Tunisavia
TAM	TAM Brasil (KK)
TAO	Aeromar Airlines (VW)
TAP	TAP Air Portugal (TP)
TAR	Tunis Air (TU)
TAS	Lotus Air
TBA	Transbrasil (TR)
TCF	Shuttle America (S5)
TCV	TACV Cabo Verdes (VR)
TEP	Transeuropean Airlines (UE)
THA	Thai Airways Intl. (TG)
THT	Air Tahiti Nui (TN)
THY	Turkish Airlines (TK)
TII	ATI Aircompany
TMA	TMA of Lebanon (TL)
TPA	TAMPA Columbia (QT)
TRA	Transavia Airlines (HV)
TRJ	AJT Air International(E9)
TRQ	Cityconnect (6N)
TRS	Airtran Airways (FL)
TRZ	Transmeridian Airlines (T9)
TSC	Air Transat (TS)
TSE	Transmile Air Service (TH)
TSG	Trans Air Congo TAC (Q8)
TSO	Transaero Airlines (UN)
TUA	Turkmenistan Airlines (T5)
TUD	Flight Alaska (4Y)
TUI	Tuninter (UG)
TUL	Tulpair Av. Company
TYM	Tyumen Airlines
TYR	Tyrolean Airways (VO)
TZK	Tajikistan Airlines (7J)
UAE	Emirates (EK)
UAL	United Airlines (UA)
UBA	Myanma Airways (UB)
UCA	USAir Express-Commutair
UGA	Uganda Airlines (QU)
TPC	Air Caledonie (TY)
TRA	Transavia Airlines (HV)
TRJ	Tyumen Airlines (VO)
TRS	Air Tran Airways (FL)
TRZ	Transmeridian Airlines (T9)
TSC	Air Transat (TS)
TSO	Trans Aero (4J)
TTR	Tatra Air (QS)
TUI	Tuninter (UG)
UKR	Air Ukraine (GU)
UPA	Air Foyle (GS)
UPS	UPS Airlines (5X)
USA	US Airways (US)
USS	USAir Shuttle (TB)
UYA	Yute Air Alaska (4Y)
UYC	Cameroon Airlines (UY)
UZB	Uzbekistan Airways (HY)
VAL	Voyageur Airways
VAP	Phuket Airlines (9R)
VAS	Atran (V8)
VAZ	Airlines 400
VBW	Air Burkina (VH)
VDA	Volga Dnepr Cargo Airl. (VI)
VEC	Vensecar International (V4)
VEE	Victor Echo
VEX	Virgin Express (TV)
VGA	Air Vegas Airlines (6V)
VHM	VHM Schul- und Charterflug
VID	Aviaprad
VIF	VIF Luftfahrtgesellschaft
VIH	Vichi Air Company
VIK	Viking Airlines
VGD	Vanguard Airlines (NJ)
VIM	VIA (VL)
VIR	Virgin Atlantic Airways (VS)
VKO	Vnukovo Airlines (V5)
VLE	Voloare Airlines (8D)
VLM	VLM (V4)
VRG	Varig (RG)
VSP	VASP (VP)
VTA	Air Tahiti (VT)
VTR	Air Ostrava (8K)
VTS	Everts Air Alaska / Cargo (3K)
VUN	Air Ivoire (VU)
VUR	VIP
VVI	Vivant Air
VXG	Avirex (G2)
VXP	Avion Express
VXX	Aviaekspress Airlines
VZR	Aviazur
WDL	WDL Aviation
WDY	Chicago Express Airlines (C8)
WIF	Wideroe (WF)
WOA	World Airways (WO)
WSG	Wasaya Airways
WTA	Africa West (FK)
WTC	Weasua Airtransport
WTV	Western Aviators
WYC	Wycombe Air Centre
WZP	Zip Air
XAX	Airx
XJC	Xclusive Jet Charter
XKX	Asenca
XLA	Excel Airways (JN)
XME	Australian Air Express (XM)
XNA	Express Net Airlines
XST	Skyteam
YRG	Air Yugoslawia
YRR	Scenic Airlines (YR)
YSS	Yes - Linhas Aéras Charter S.A.
YXA	Airports Authority of India
YZR	Yangtze River Express LLC
ZAK	Zambia Skyways (X7)
ZAN	Zantop International Airlines
ZBA	ZB Air

Länderkennzeichen an Flugzeugen

Kennzeichen-Land

AP	Pakistan
A2	Botswana
A3	Tonga Inseln
A40	Oman
A5	Bhutan
A6	Vereinigte Arabische Emirate
A7	Qatar
A9C	Bahrain
B	Volksrepublik China
B-H	Hongkong
B-M	Macau
B	Republik China (Taiwan)
C	Kanada
CC	Chile
CCCP	CCCP ehemalige Sowjetunion
CN	Marokko
CP	Bolivien
CS	Portugal
CU	Kuba
CX	Uruguay
C2	Nauru
C3	Andorra
C5	Gambia
C6	Bahamas
C9	Mosambik
D	Deutschland
DQ	Fiji Inseln
D2	Angola
D4	Kap Verdische Inseln
D6	Komoren Inseln
EC	Spanien
EI	Irland
EK	Armenien
EL	Liberia
EP	Iran
ER	Moldawien
ES	Estland
ET	Äthiopien
EW	Weißrussland
EX	Kirgisistan
EY	Tadschikistan
EZ	Turkmenistan
E3	Eritrea
F	Frankreich
G	Großbritanien
HA	Ungarn
HB	Schweiz (auch Lichtenstein)
HC	Ecuador
HH	Haiti
HI	Dominikanische Republik
HK	Kolumbien
HL	Südkorea
HP	Panama
HR	Honduras
HS	Thailand
HZ	Saudi Arabien
H4	Salomon Inseln
I	Italien
JA	Japan
JU	Mongolei
JY	Jordanien
J2	Dschibuti
J3	Grenada
J5	Guinea Bissau
J6	St.Lucia
J7	Domenica
J8	St.Vincent und Grenadinen
LN	Norwegen
LV	Argentinien
LX	Luxemburg
LY	Lettland
LZ	Bulgarie
N	USA
OB	Peru
OD	Libanon
OE	Österreich
OH	Finnland
OK	Tschechische Republik
OM	Slowakien
OO	Belgien
OY	Dänemark
P	Nordkorea
PH	Niederlande
PJ	Niederländische Antillen
PK	Indonesien
PP	Brasilien
PB	Brasilien
PT	Brasilen
PZ	Surinam
P2	Papua Neuguinea
P4	Aruba
RA	Russland
RDPL	Laos
RP	Philippinen
SE	Schweden
SP	Polen
ST	Sudan
SU	Ägypten
SX	Griechenland
S2	Bangladesh
S5	Slowenien
S7	Seychellen
S9	Sao Thomè & Principe
TC	Türkei
TF	Island
TG	Guatemala
TI	Costa Rica
TJ	Kamerun
TL	Zentralafrika
TN	Kongo
TR	Gabun
TS	Tunesien
TT	Tschad
TU	Elfenbeinküste
TY	Benin
TZ	Mali
T2	Tuvalu
T3	Kiribati
T7	San Marino
T8A	Palau
T9	Bosnien-Herzegowina
UK	Uzbekistan
UN	Kasachstan
UR	Ukraine
VH	Australien
VN	Vietnam
VP-A	Anguilla
VP-B	Bermuda
VP-C	Cayman Island
VP-F	Falkland Inseln
VP-G	Gibraltar
VP-L	British Virgin Island
V8	Sultanat Brunei
XA/B/C	Mexiko
XT	Burkina Faso
XU	Kambodscha
XY	Myanmar
YA	Afghanistan
YI	Irak
YJ	Vanuatu
YK	Syrien
YL	Lettland
YN	Nicaragua
YR	Rumänien
YS	El Salvador
YU	Serbien und Montenegro
YV	Venezuela
Z	Zimbabwe
ZA	Albanien
ZK	Neuseeland
ZP	Paraguay
ZS	Südafrika
ZR	Mazedonien
3A	Monaco
3B	Mauritius
3C	Äquatorial Guinea
3D	Swaziland
3X	Guinea
4K	Aserbeidschan
4L	Georgien
4R	Sri Lanka
4X	Israel
5A	Libyen
5B	Zypern
5H	Tansania
5N	Nigeria
5R	Madagaskar
5T	Mauritanien
5U	Niger
5V	Togo
5W	West-Samoa
5X	Uganda
5Y	Kenia
6O	Somalia
6V	Senegal
6Y	Jamaika
70	Yemen
7P	Lesotho
7Q	Malawi
7T	Algerien
8P	Barbados
8Q	Malediven
8R	Guayana
9A	Kroatien
9G	Ghana
9H	Malta
9J	Sambia
9K	Kuwait
9L	Sierra Leone
9M	Malaysia
9N	Nepal
9Q	Kongo/Kinshasa
9U	Burundi
9V	Singapur
9XR	Ruanda
9Y	Trinidad und Tobago

Länderkennzeichen an Flugzeugen

Land-Kennzeichen

Land	Kennzeichen
Ägypten	SU
Äquatorial Guinea	3C
Äthiopien	ET
Afghanistan	YA
Albanien	ZA
Algerien	7T
Andorra	C3
Angola	D2
Anguilla	VP-A
Antigua & Barbuda	V2
Argentinien	LV
Armenien	EK
Aruba	P4
Aserbeidschan	4K
Australien	VH
Bahamas	A9C
Bangladesh	S2
Barbados	8P
Barbuba	V2
Belgien	OO
Belize	V3
Benin	TY
Bermuda	VP-B
Bhutan	A5
Bolivien	CP
Bosnien-Herzegowina	T9
Botswana	A2
Brasilien	PP/PT
British Virgin Island	VP-L
Brunei	V8
Bulgarien	LZ
Burkina Faso	XT
Burundi	9U
Cayman Inseln	VP-C
Chile	CC
China, Volksrepublik	B
China,Republik (Taiwan)	B
Costa Rica	TI
Dänemark	OY
Deutschland	D
Djibouti	J2
Dominica	J7
Dominikanische Republik	HI
Ecuador	HC
Elfenbeinküste	TU
El Salvador	YS
Eritrea	E3
Estland	ES
Falkland Inseln	VP-F
Fiji	DQ
Finnland	OH
Frankreich	F
Gabun	TR
Gambia	C5
Georgien	4L
Ghana	9G
Gibraltar	VP-G
Grenada	J3
Griechenland	SX
Großbritannien	G
Guam	N
Guinea	3X
Guinea Bissau	J5
Guyana	8R
Haiti	HH
Honduras	HR
Hongkong	B
Indien	VT
Indonesien	PK
Irak	YI
Iran	EP
Island	TF
Israel	4X
Italien	I
Jamaika	6Y
Japan	JA
Jordanien	JY
Kasachstan	UN
Kenia	5Y
Kirgisistan	EX
Kiribati	T3
Korea, Nord	P
Korea, Süd	HL
Kuwait	9K
Laos	RDPL
Lesotho	7P
Lettland	YL
Libanon	OD
Liberia	EL
Libyen	5A
Liechtenstein	HB
Litauen	LY
Luxemburg	LX
Macau	B
Mazedonien	Z3
Madagaskar	5R
Malawi	7Q
Malaysia	9M
Malediven	8Q
Mali	TZ
Malta	9H
Marokko	CN
Marshall Inseln	V7
Mauritanien	5T
Mauritius	3B
Mexiko	XA
Micronesien	V6
Moldawien	ER
Monaco	3A
Mongolei	JU
Montenegro	YU
Montserrat	P-M
Mozambique	C9
Myanmar	XY
Namibia	V5
Nauru	C2
Nepal	9N
Niederlande	PH
Niederländische Antillen	PJ
Neuseeland	ZK
Nicaragua	YN
Niger	5U
Nigeria	5N
Norwegen	LN
Oman	A40
Pakistan	AP
Palau	T8A
Panama	HP
Papua Neuguinea	P2
Paraguay	ZP
Peru	OB
Philippinen	RP
Polen	SP
Portugal	CS
Puerto Rico	N
Qatar	A7
Rumänien	YR
Russland	RA
Ruanda	9XR
Samoa	5W
San Marino	T7
Sao Thome & Principe	S9
Saudi Arabien	HZ
Schweden	SE
Schweiz	HB
Senegal	6V
Serbien	YU
Seychellen	S7
Sierra Leone	9L
Singapur	9V
Slowakien	OM
Slowenien	S5
Solomon Islands	H4
Somalia	6O
Spanien	EC
Sri Lanka	4R
St.Kitts & Nevis	V4
St.Lucia	J6
St.Vincent und Grenadinen	J8
Sudan	ST
Südafrika	ZS
Surinam	PZ
Swaziland	3D
Syrien	YK
Taiwan (Republik China)	B
Tadschikistan	EY
Tansania	5H
Thailand	HS
Togo	5V
Tonga	A3
Trinidad und Tobago	9Y
Tunesien	TS
Türkei	TC
Turkmenistan	EZ
Turks & Caicos	V-QT
Tuvalu	T2
Uganda	5X
Ukraine	UR
USA	N
Uruguay	CX
Uzbekistan	UK
Vanuatu	YJ
Vereinigte Arabische Emirate	A6
Venezuela	YV
Vietnam	VN
West Samoa	5W
Yemen	7O
Zambia	9J
Zypern	5B

Hinweis an alle Sammler von

POSTKARTEN

Wir fassen die besten 90 Fotos aus dem vorliegenden Buch zu einem Satz exklusiver Postkarten zusammen und bieten Ihnen diesen an.

90 Karten mit Motiven aus dem Buch: Fluggesellschaften Weltweit (5. Auflage), im Format 14 x 9 cm für 30,- EUR plus 3,- EUR Porto & Verpackung (EU-Porto: 6,- EUR). Bei einer Nachnahmelieferung erhöhen sich die Kosten entsprechend den aktuellen Gebühren der Deutschen Post AG.

Sie können mit der beigefügten Bestellkarte diese exklusiven und in der Auflage streng limitierten Postkarten direkt bei uns bestellen.

Die komplette Postkartenliste finden Sie im Internet unter:
www.nara-verlag.de

Aufruf an alle Luftfahrt-Fotografen! Fotos gesucht!

Soll auch Ihr bestes Foto (mit Ihrem Namen in der Bildunterschrift) in der nächsten Ausgabe dieses Buches veröffentlicht werden, so schicken Sie Ihre Dias oder Fotos an:

NARA-Verlag
Kennwort: Fluggesellschaften Weltweit
Postfach 1241
D-85388 Allershausen

Bilder im jpeg- oder tif-Format (mind. 360 dpi) können Sie auch per E-Mail an:

fotos@nara-verlag.de senden.

Hinweis: Alle veröffentlichten und eingesandten Dias oder Fotos gehen in das Eigentum und Nutzungsrecht des Verlages über und können aus organisatorischen Gründen leider nicht zurückgeschickt werden. Eine Jury, unter Vorsitz von Autor und Herausgeber entscheidet über die Veröffentlichung der besten Fotos.

Auszug aus unserem Verlagsprogramm

ISBN 3-925671-27-7
Vergangen,Vergessen, Vorbei
Autor: B:I. Hengi
S: 224, **F**: 17x 24, **A**: 250, 19,95

ISBN 3-925671-34-X
Klassische Verkehrsflugzeuge,
Autor: Tom Singfield
S: 160, **F**: 17x 24, **A**: 200, 21,50

ISBN 3-925671-40-4
Jets, Props & Flops, Ehem. Flugges.
Autor: B. I. Hengi
ca.**S**: 220, **F**: 17x 24, **A**: 200, 21,50

ISBN 3-925671-38-2
Aero Lloyd, Autor: J. Krauthäuser
Geschichte einer Fluggesellschaft
S: 96, **F**: 21x 23, **A**: 130, 15,50

ISBN 3-925671-21-8
LTU, Autor: Krauthäuser & Kappner
Fliegen ist für alle da
S: 152, **F**: 21x 24, **A**: 200, 20,50

ISBN 3-925671-39-0
Connie & Co., Autor: J. Krauthäuser
Oldtimer Flugzeuge a. Flugh. München
S: 40, **F**: 21x 23, **A**: 80, 7,95

ISBN 3-925671-28-5
Panamericana, Autor: N. Scherrer
Props & Jets
S: 128, **F**: 21x 23, **A**: 160, 17,90

ISBN 3-925671-02-1
F 27, Autor: H. J. Becker
Fokkers Turboprop Bestseller
S: 144, **F**: 23x 22,5, **A**: 160, 12,80

ISBN 3-925671-19-6
Flugh. München, Autor: J. Krauthäuser
-Bayerns Tor zur Welt
S: 112, **F**: 21x 23, **A**: 100, 12,90

Preisliste der nachfolgenden Bücher (S. 384)

1. Reihe: B-727, 21,00. IL-62, 22,00. SE.210 Caravelle, 22,00.
2. Reihe: German Colourbirds, 24,80. Airline Kennung 2.Aufl., 11,25. Boeing 367/377 Stratocruiser.
3. Reihe: Kalender „Airliner in special colours" (Erscheint jährlich), 15,50

ISBN 3-925671-16-1
Boeing 727, Autor: S. L. Hopkins
Airliners in service around the world
S: 128, **F**: 21x 29,7, **A**: 250

ISBN 3-925671-20-X
IL-62, Autor: J.Thiel
Airliners in service around the world
S: 128, **F**: 21x 29,7, **A**: 200

ISBN 3-925671-36-3
SE. 210 Caravelle, Autor: J.B.Lenoir
Airliners in service around the world
S: 128, **F**: 21x 29,7, **A**: 250

ISBN 3-925671-31-5
German Colour Birds
Autor: F. Morasch
S: 144, **F**: 21x 29,7, **A**: 220

ISBN 3-925671-16-1
Airline Kennung, 2. Auflage,
Autor: B.I. Hengi
S: 164, **F**: 14,8x10,5, **A**: 590

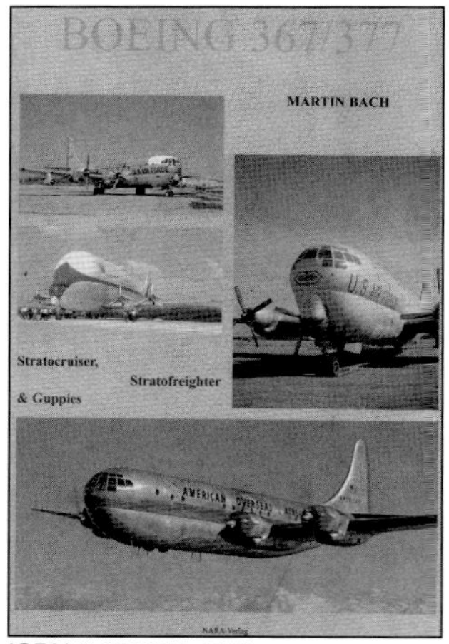

ISBN 3-925671-18-8
Boeing 367/377 Stratocruiser,
-freighter & Guppies, Autor: M. Bach
S: 72, **F**: 21x 29,7, **A**: 100

Abkürzungen:
S = Seitenanzahl, **F** = Format, **A** = Abbildungen

Der Kalender „Airliners in special colours“ im Format 34 x 48 cm mit 12 Monatsblättern + 1 Titelblatt erscheint jährlich.

Das komplette Verlagsprogramm finden Sie im Internet unter: www.nara-verlag.de

In unserem Online-Shop können Sie 24h täglich alle Bücher unseres Verlages bestellen. Darüber hinaus finden Sie eine grosse Auswahl zu verschiedenen Artikel rumd ums Thema Luftfahrt, wie z.B. Videos, Software, Bücher anderer Verlage in D und/oder E, Postkarten, Modelle, Kalender uvm. Reinschauen lohnt sich!